풍산자
개념완성

중학수학

1-1

구성과 특징

완벽한 개념으로 실전에 강해지는 개념기본서!

체계적인 개념과 꼭 필요한 핵심 문제로 확실하게 개념을 다지세요.

개념북

◆ 개념 학습 + 예제, 유제 문제

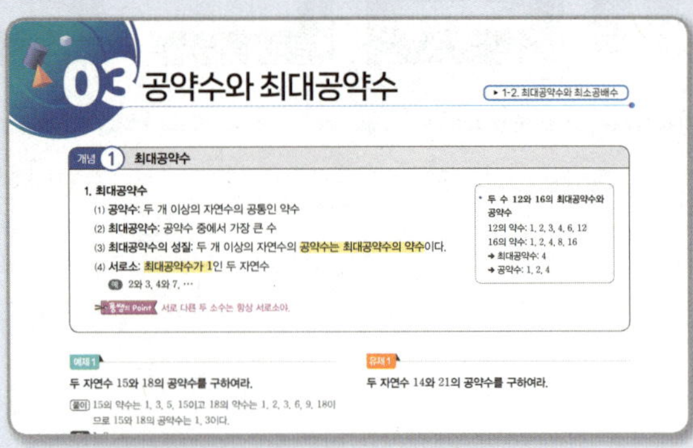

- 주제별 핵심 개념 정리
- 개념 이해를 돕는 → **풍쌤의 Point**
- 개념의 예제를 통해 개념 확립
- 간단한 예제 및 유제 문제

◆ 개념 확인하기

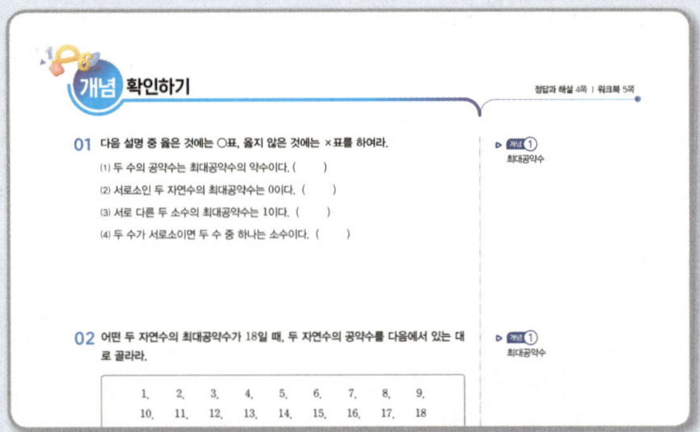

- 개념 확인 및 적용 문제

◆ 유형 확인하기

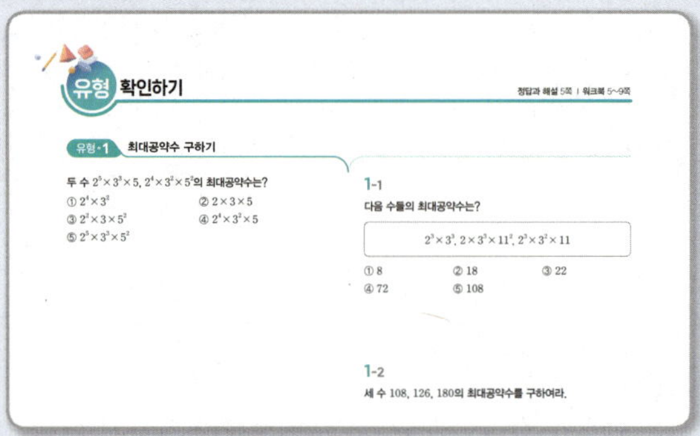

- 주제별 핵심 대표 유형 문제
- 핵심 문제 + 닮은꼴 문제

◆ 단원 마무리하기

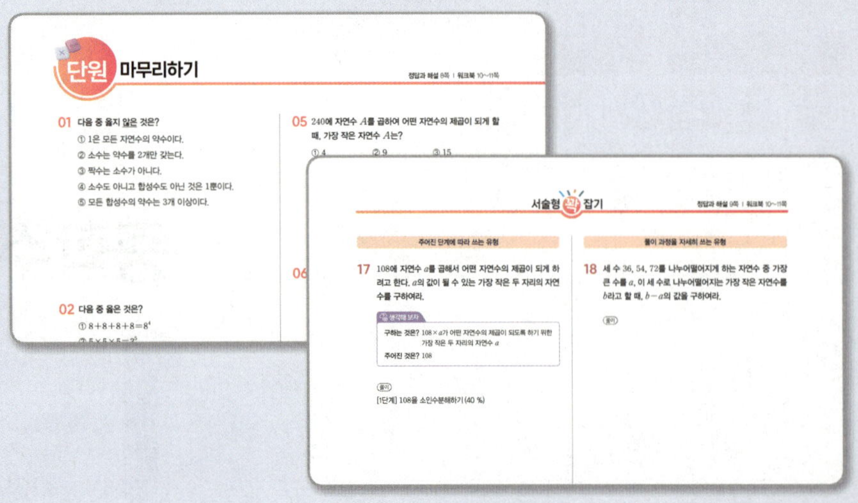

- 중단원별 문제로 개념 점검
- 서술형 꽉 잡기

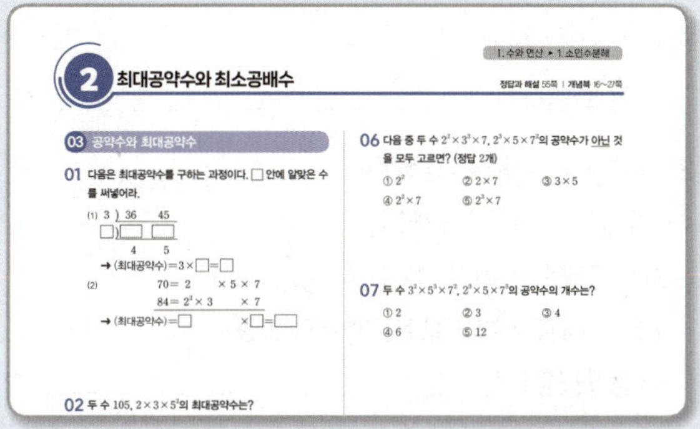

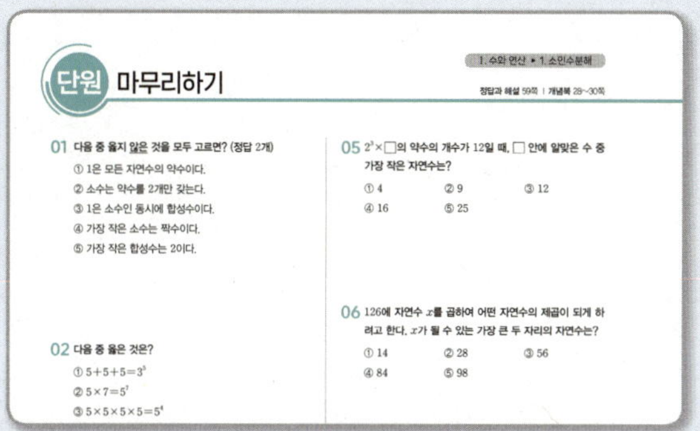

• 개념북과 소단원별 핵심 유형 1:1 맞춤 문제 링크

• 중단원별 마무리 문제 및 서술형 평가 문제

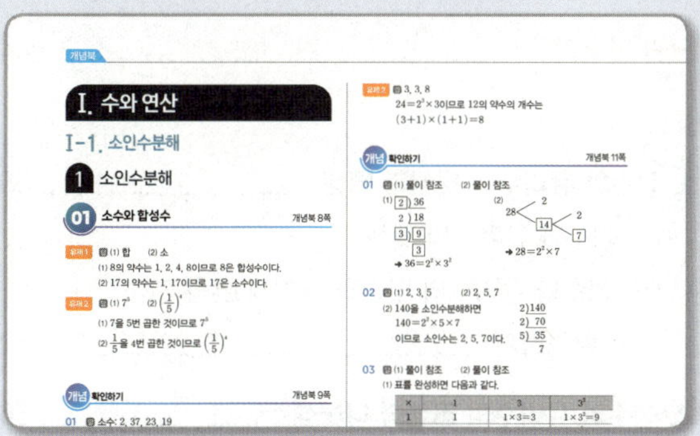

• 문제 해결을 위한 최적의 풀이 방법을 자세히 제공
• 자기 주도학습이 가능한 명확하고 이해하기 쉬운 풀이 수록

이 책의 차례

I 수와 연산

* 워크북이 책 속의 책으로 들어있어요!

힘들고 어려운 때일수록
더 큰 열정과 에너지로
로켓처럼 한 번 더 높이
솟구쳐 오르는 것!
그것이 꿈을 가진 사람의
진면목입니다.

1 소인수분해

01 소수와 합성수

개념 ① 소수와 합성수

1. 소수

(1) **소수**: 1보다 큰 자연수 중에서 약수가 1과 자기 자신뿐인 수

  예 2, 3, 5, 7, 11, …

(2) 소수의 약수는 2개이다.

(3) 소수 중 짝수는 2뿐이고, 2 이외의 소수는 모두 홀수이다.

2. 합성수

(1) **합성수**: 1보다 큰 자연수 중에서 소수가 아닌 수

(2) 합성수의 약수는 3개 이상이다.

  예 4, 6, 8, 9, 10, …

> **풍쌤의 Point** 1은 약수가 1 하나밖에 없기 때문에 소수도 아니고 합성수도 아니야.

◆ **소수**[素:흴 소, 數:셀 수, prime number]

1보다 큰 자연수 중에서 약수가 1과 자기 자신의 2개뿐인 수

◆ **자연수의 분류**

자연수는 약수의 개수에 따라 1, 소수, 합성수로 분류할 수 있다.

약수 { 1개: 1 / 2개: 소수 / 3개 이상: 합성수

예제 1

다음 수가 소수이면 '소', 합성수이면 '합'을 써넣어라.

(1) 12 (　　　)　　　　(2) 13 (　　　)

풀이 (1) 12의 약수는 1, 2, 3, 4, 6, 12이므로 12는 합성수이다.

(2) 13의 약수는 1, 13이므로 13은 소수이다.

답 (1) 합　(2) 소

유제 1

다음 수가 소수이면 '소', 합성수이면 '합'을 써넣어라.

(1) 8 (　　　)　　　　(2) 17 (　　　)

개념 ② 거듭제곱

1. 거듭제곱

(1) **거듭제곱**: 같은 수나 문자를 여러 번 곱할 때, 이것을 곱하는 횟수를 이용하여 식을 간단히 나타내는 것

  참고 2^2은 2의 제곱, 2^3은 2의 세제곱, 2^4은 2의 네제곱, …으로 읽는다.

(2) **밑**: 거듭제곱에서 곱하는 수 또는 문자

(3) **지수**: 거듭제곱에서 곱한 횟수를 나타내는 수

> **풍쌤의 Point** $a^1 = a$와 같이 지수 1은 생략하기로 약속해.

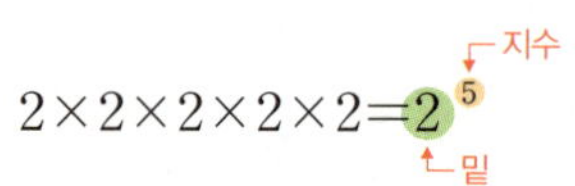

예제 2

다음을 거듭제곱으로 나타내어라.

(1) $3 \times 3 \times 3 \times 3$　　　　(2) $\dfrac{1}{2} \times \dfrac{1}{2} \times \dfrac{1}{2}$

풀이 (1) 3을 4번 곱한 것이므로 3^4

(2) $\dfrac{1}{2}$을 3번 곱한 것이므로 $\left(\dfrac{1}{2}\right)^3$

답 (1) 3^4　(2) $\left(\dfrac{1}{2}\right)^3$

유제 2

다음을 거듭제곱으로 나타내어라.

(1) $7 \times 7 \times 7 \times 7 \times 7$　　　　(2) $\dfrac{1}{5} \times \dfrac{1}{5} \times \dfrac{1}{5} \times \dfrac{1}{5}$

01 다음 수를 소수와 합성수로 구분하여라.

> 2,　12,　37,　9,　14,　23,　19

▷ 개념 **1**
소수와 합성수

02 다음 중 소수는 모두 몇 개인지 구하여라.

> 7,　22,　31,　45,　51

▷ 개념 **1**
소수와 합성수

03 다음 설명 중 옳은 것에는 ○표, 옳지 않은 것에는 ×표를 하여라.

(1) 1은 소수이다. (　　　)

(2) 소수의 약수의 개수는 2개이다. (　　　)

(3) 소수 중 짝수는 오직 하나뿐이다. (　　　)

(4) 가장 작은 합성수는 1이다. (　　　)

▷ 개념 **1**
소수와 합성수

04 다음을 거듭제곱으로 나타내어라.

(1) $13 \times 13 \times 13 \times 13 \times 13$

(2) $2 \times 2 \times 2 \times 3 \times 3$

(3) $\dfrac{1}{3} \times \dfrac{1}{3} \times \dfrac{1}{7} \times \dfrac{1}{7} \times \dfrac{1}{7} \times \dfrac{1}{7}$

▷ 개념 **2**
거듭제곱

05 다음을 [　] 안의 수의 거듭제곱으로 나타내어라.

(1) 81　[3]　　　　(2) 125　[5]

(3) $\dfrac{1}{16}$　$\left[\dfrac{1}{2} \right]$　　　　(4) $\dfrac{1}{27}$　$\left[\dfrac{1}{3} \right]$

▷ 개념 **2**
거듭제곱

02 소인수분해

개념 ① 소인수분해

1. 소인수분해

(1) **인수**: 자연수 a, b, c에 대하여 $a = b \times c$일 때, a의 약수 b, c를 a의 인수라고 한다.

> **풍쌤의 Point** 인수는 자연수의 약수야.

(2) **소인수**: 어떤 자연수의 소수인 인수

> **예** $6 = 1 \times 6 = 2 \times 3$ ➡ 6의 인수는 1, 2, 3, 6이고 소인수는 2, 3이다.

(3) **소인수분해**: 1보다 큰 자연수를 소인수들만의 곱으로 나타내는 것

> **예** 12를 두 가지 방법으로 소인수분해하여 보자.

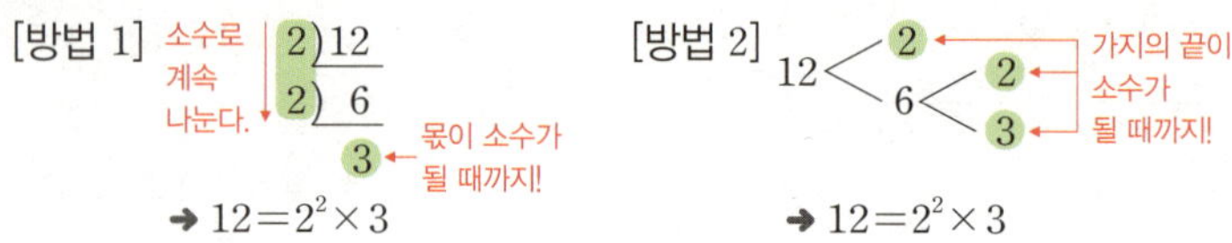

> **풍쌤의 Point** 소인수분해하는 방법은 여러 가지이지만 곱하는 순서를 생각하지 않는다면 그 결과는 오직 한 가지뿐이야.

예제 1

□ 안에 알맞은 수를 써넣고, 소인수분해하여라.

$18 = 2 \times \square = 2 \times 3 \times \square = \square \times \square^2$

(풀이) $18 = 2 \times 9 = 2 \times 3 \times 3 = 2 \times 3^2$

(답) 9, 3, 2, 3

유제 1

□ 안에 알맞은 수를 써넣고, 소인수분해하여라.

$20 = 2 \times \square = 2 \times 2 \times \square = \square^2 \times \square$

개념 ② 소인수분해와 약수의 개수

1. 소인수분해를 이용하여 자연수의 약수의 개수 구하기

자연수 A가 $A = a^m \times b^n$ (a, b는 서로 다른 소수, m, n은 자연수)으로 소인수분해될 때

(1) A의 약수는 a^m의 약수 $1, a, a^2, \cdots, a^m$과 b^n의 약수 $1, b, b^2, \cdots, b^n$을 각각 곱하여 구한다.

(2) A의 약수의 개수: $(m+1) \times (n+1)$(개)

> ◆ a^m의 약수
> ➡ $1, a, a^2, \cdots, a^m$: $(m+1)$개
> b^n의 약수
> ➡ $1, b, b^2, \cdots, b^n$: $(n+1)$개
> $a^m \times b^n$의 약수
> ➡ $\{(m+1) \times (n+1)\}$개

예제 2

□ 안에 알맞은 수를 써넣고, 12의 약수의 개수를 구하여라.

$12 = 2^{\square} \times 3$이므로 12의 약수의 개수는

$(\square + 1) \times (1 + 1) = \square$

(풀이) $12 = 2^2 \times 3$이므로 12의 약수의 개수는 $(2+1) \times (1+1) = 6$

(답) 2, 2, 6

유제 2

□ 안에 알맞은 수를 써넣고, 24의 약수의 개수를 구하여라.

$24 = 2^{\square} \times 3$이므로 24의 약수의 개수는

$(\square + 1) \times (1 + 1) = \square$

---

01 다음은 수를 소인수분해하는 과정이다. □ 안에 알맞은 수를 써넣고, 소인수분해 하여라.

▷ 개념 ①
소인수분해

(1)
$\square\,)\,36$
$2\,)\,18$
$\square\,)\,\square$
$\square$

➜ $36 = $ ______________

(2) 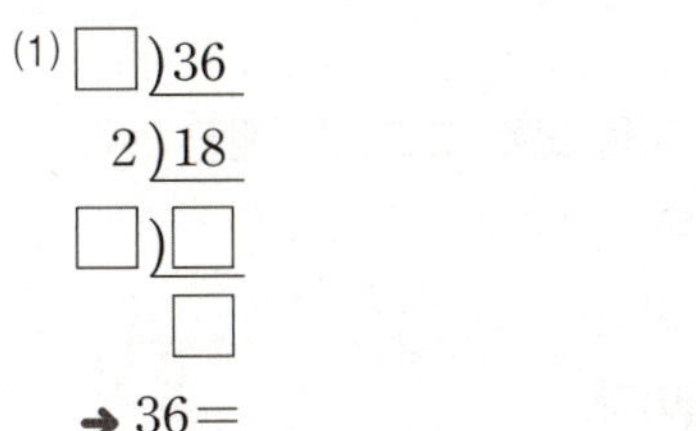

➜ $28 = $ ______________

02 다음 수의 소인수를 모두 구하여라.

▷ 개념 ①
소인수분해

(1) $2^2 \times 3 \times 5^3$

(2) 140

03 다음 표를 완성하고, 각 수의 약수를 모두 구하여라.

▷ 개념 ②
소인수분해와 약수의 개수

(1) $2^2 \times 3^2$

×	1	3	3^2
1	1	$1 \times 3 = 3$	
2			
2^2			

(2) 3×7^2

×	1	7	7^2
1	1	$1 \times 7 = 7$	
3			

04 다음 수의 약수의 개수를 구하여라.

▷ 개념 ②
소인수분해와 약수의 개수

(1) $2^2 \times 3$

(2) 3×5^3

(3) 100

05 $2^2 \times 3 \times 5^3$의 약수의 개수를 구하여라.

▷ 개념 ②
소인수분해와 약수의 개수

확인하기

유형 · 1 소수와 합성수의 성질

다음 설명 중 옳은 것을 모두 고르면? (정답 2개)

① 가장 작은 소수는 3이다.
② 약수가 2개인 수는 모두 소수이다.
③ 모든 홀수는 소수이다.
④ 합성수의 약수는 2개 또는 3개이다.
⑤ 짝수인 소수는 2뿐이다.

1-1

다음 설명 중 옳지 <u>않은</u> 것을 모두 고르면? (정답 2개)

① 3은 소수 중 가장 작은 홀수이다.
② 5의 배수 중 소수는 하나뿐이다.
③ 합성수의 약수는 3개이다.
④ 1은 소수도 아니고 합성수도 아니다.
⑤ 소수이면서 합성수인 자연수가 존재한다.

1-2

다음 〈보기〉 중 옳은 것을 모두 골라라.

> **보기**
>
> ㄱ. 소수는 모두 홀수이다.
> ㄴ. 소수가 아닌 자연수는 모두 합성수이다.
> ㄷ. 2를 제외한 모든 짝수는 소수가 아니다.
> ㄹ. 두 소수의 곱은 합성수이다.

유형 · 2 거듭제곱의 표현

다음 〈보기〉 중 옳은 것을 모두 골라라.

> **보기**
>
> ㄱ. $5 \times 5 \times 5 = 3^5$
> ㄴ. $4 \times 4 \times 4 \times 4 \times 4 = 4^5$
> ㄷ. $2 \times 2 \times 5 = 2^2 \times 5$
> ㄹ. $7 + 7 + 7 + 7 = 7^4$
> ㅁ. $7 \times 3 \times 3 \times 5 \times 7 = 3^2 \times 5 \times 7^2$

2-1

다음 중 옳은 것은?

① $3 + 3 + 3 + 3 = 3^4$
② $6 \times 6 \times 6 = 3^6$
③ $11 \times 11 \times 11 \times 11 = 11^4$
④ $2 \times 2 \times 2 \times 2 \times 2 \times 2 = 6^2$
⑤ $2 \times 2 \times 2 + 5 \times 5 = 2^3 \times 5^2$

2-2

$2^5 = a$, $3^b = 27$을 만족시키는 자연수 a, b에 대하여 $a + b$의 값을 구하여라.

다음 중 소인수분해한 것으로 옳지 <u>않은</u> 것은?

① $28 = 2^2 \times 7$　　　　② $36 = 2^2 \times 3^2$

③ $64 = 8^2$　　　　④ $80 = 2^4 \times 5$

⑤ $240 = 2^4 \times 3 \times 5$

3-1

다음을 소인수분해하여라.

(1) 78　　　　　　　(2) 180

3-2

280을 소인수분해하면 $2^a \times 5^b \times 7^c$일 때, 자연수 a, b, c에 대하여 $a+b+c$의 값을 구하여라.

두 수 98, 350을 소인수분해하고, 두 수에 공통으로 들어 있는 소인수를 모두 구하여라.

4-1

두 수 84, 105를 소인수분해하고, 두 수에 공통으로 들어 있는 소인수를 모두 구하여라.

4-2

다음 중 96과 소인수가 같은 것은?

① 20　　　　　② 33　　　　　③ 42

④ 54　　　　　⑤ 120

유형·5 자연수의 제곱이 되는 수

$50 \times x$가 어떤 자연수의 제곱이 되게 할 때, 다음 중 x의 값이 될 수 있는 수는?

① 10　　　② 15　　　③ 18
④ 25　　　⑤ 34

5-1

28에 자연수를 곱하여 어떤 자연수의 제곱이 되게 할 때, 곱할 수 있는 가장 작은 자연수를 구하여라.

5-2

216에 자연수를 곱하여 어떤 자연수의 제곱이 되게 할 때, 곱할 수 있는 가장 작은 자연수를 구하여라.

유형·6 약수 구하기

다음 중 $2^3 \times 5^2$의 약수가 <u>아닌</u> 것은?

① 1　　　② 2^2　　　③ 2×5^2
④ $2^3 \times 5$　　　⑤ $2^2 \times 5^3$

6-1

다음 〈보기〉 중 $2^5 \times 3^2$의 약수를 모두 골라라.

보기

ㄱ. 2^5　　　ㄴ. 3^2　　　ㄷ. $2^4 \times 3^3$
ㄹ. $2^2 \times 3^5$　　　ㅁ. $2^3 \times 3^2$　　　ㅂ. $2^6 \times 3$

6-2

다음 중 270의 약수를 모두 고르면? (정답 2개)

① $2^2 \times 3$　　　② $3^2 \times 5$　　　③ $3^2 \times 5^2$
④ $2^2 \times 3 \times 5$　　　⑤ $2 \times 3^2 \times 5$

다음 중 48과 약수의 개수가 같은 것은?
① $2^2 \times 5 \times 7$ ② $2^3 \times 3$ ③ 72
④ 80 ⑤ 96

7-1

다음 중 약수의 개수가 가장 많은 것은?
① 27 ② 189 ③ $3^2 \times 7^2$
④ $5^4 \times 11^2$ ⑤ $2 \times 3^2 \times 11$

7-2

54가 자연수 x로 나누어떨어질 때, x가 될 수 있는 자연수 x의 개수를 구하여라.

$2^5 \times 3^a$의 약수가 18개일 때, 자연수 a의 값은?
① 1 ② 2 ③ 3
④ 4 ⑤ 5

8-1

$2^a \times 5^2$의 약수가 12개일 때, 자연수 a의 값을 구하여라.

8-2

108의 약수의 개수와 $2^2 \times 5^x$의 약수의 개수가 같을 때, 자연수 x의 값은?
① 1 ② 2 ③ 3
④ 4 ⑤ 5

03 공약수와 최대공약수

개념 ① 최대공약수

1. 최대공약수
(1) **공약수**: 두 개 이상의 자연수의 공통인 약수
(2) **최대공약수**: 공약수 중에서 가장 큰 수
(3) **최대공약수의 성질**: 두 개 이상의 자연수의 공약수는 최대공약수의 약수이다.
(4) **서로소**: 최대공약수가 1인 두 자연수
예 2와 3, 4와 7, …

풍쌤의 Point 서로 다른 두 소수는 항상 서로소야.

◆ 두 수 **12와 16**의 **최대공약수와 공약수**
12의 약수: 1, 2, 3, 4, 6, 12
16의 약수: 1, 2, 4, 8, 16
➜ 최대공약수: 4
➜ 공약수: 1, 2, 4

예제 1

두 자연수 15와 18의 공약수를 구하여라.

풀이 15의 약수는 1, 3, 5, 15이고 18의 약수는 1, 2, 3, 6, 9, 18이 므로 15와 18의 공약수는 1, 3이다.

답 1, 3

유제 1

두 자연수 14와 21의 공약수를 구하여라.

개념 ② 최대공약수 구하기

1. 최대공약수 구하기
(1) **나눗셈을 이용하는 방법**
① 1이 아닌 공약수로 각 수를 몫이 서로소가 될 때까지 계속 나눈다.
② 나누어 준 공약수를 모두 곱한다.
(2) **소인수분해를 이용하는 방법**
① 각 수를 소인수분해한다.
② 공통인 소인수를 모두 곱한다. 이때 공통인 소인수의 지수가 같으면 그대로, 다르면 작은 것을 택하여 곱한다.

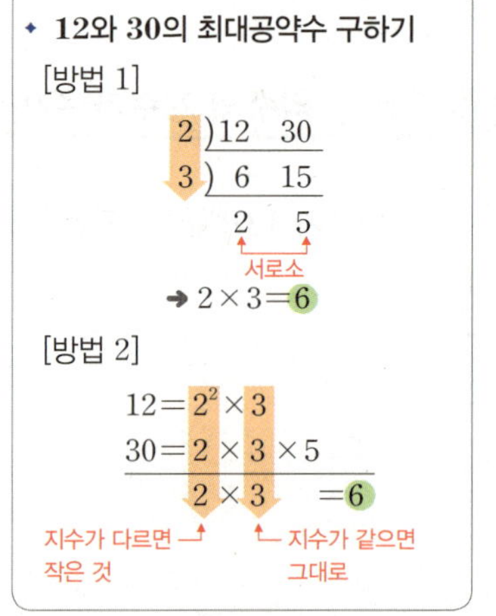

예제 2

36과 90의 최대공약수를 나눗셈을 이용하여 구하는 다음 과정을 완성하여라.

$$
\begin{array}{r}
2\,)\,36\quad 90 \\
3\,)\,18\quad \square \\
\square\,)\,\square\quad 15 \\
\hline
\square\quad \square
\end{array}
$$
➜ (최대공약수)
$=2×3×\square$
$=\square$

답
$$
\begin{array}{r}
2\,)\,36\quad 90 \\
3\,)\,18\quad 45 \\
3\,)\,6\quad 15 \\
\hline
2\quad 5
\end{array}
$$
➜ (최대공약수)
$=2×3×3$
$=18$

유제 2

36과 90의 최대공약수를 소인수분해를 이용하여 구하는 다음 과정을 완성하여라.

$$36＝2^2×3^2$$
$$90＝2×\square^{\square}×5$$
➜ (최대공약수)$=\square×\square^{\square}=\square$

개념 확인하기

01 다음 설명 중 옳은 것에는 ○표, 옳지 않은 것에는 ×표를 하여라.

(1) 두 수의 공약수는 최대공약수의 약수이다. (　　　)

(2) 서로소인 두 자연수의 최대공약수는 0이다. (　　　)

(3) 서로 다른 두 소수의 최대공약수는 1이다. (　　　)

(4) 두 수가 서로소이면 두 수 중 하나는 소수이다. (　　　)

▷ 개념 **①**
최대공약수

02 어떤 두 자연수의 최대공약수가 18일 때, 두 자연수의 공약수를 다음에서 있는 대로 골라라.

1,	2,	3,	4,	5,	6,	7,	8,	9,
10,	11,	12,	13,	14,	15,	16,	17,	18

▷ 개념 **①**
최대공약수

03 오른쪽에서 10과 서로소인 수를 모두 골라라.

3,	4,	5,	14,	21

▷ 개념 **①**
최대공약수

04 다음 수들의 최대공약수를 구하여라.

(1) 60, 48

(2) $2 \times 3^2 \times 5,\ 3^2 \times 5$

(3) 18, 30, 42

(4) $2 \times 3 \times 7,\ 3^2 \times 5 \times 7,\ 3 \times 7$

▷ 개념 **②**
최대공약수 구하기

05 두 자연수 24, 56에 대하여 다음을 구하여라.

(1) 두 수의 최대공약수

(2) 두 수의 공약수

▷ 개념 **②**
최대공약수 구하기

04 공배수와 최소공배수

개념 ① 최소공배수

1. 최소공배수

(1) **공배수**: 두 개 이상의 자연수의 공통인 배수

(2) **최소공배수**: 공배수 중에서 가장 작은 수

(3) **최소공배수의 성질**: 두 개 이상의 자연수의 공배수는 최소공배수의 배수이다.

> **풍쌤의 Point** 두 자연수가 서로소일 때, 두 수의 최소공배수는 두 수의 곱과 같아.

◆ 두 수 2와 3의 최소공배수와 공배수
2의 배수: 2, 4, 6, 8, 10, 12, …
3의 배수: 3, 6, 9, 12, 15, …
➜ 최소공배수: 6
➜ 공배수: 6, 12, 18, …

예제 1

두 자연수 4와 6의 공배수를 구하여라.

[풀이] 4의 배수는 4, 8, 12, 16, 20, 24, …이고 6의 배수는 6, 12, 18, 24, 30, …이므로 4와 6의 공배수는 12, 24, 36, …

[답] 12, 24, 36, …

유제 1

두 자연수 3과 5의 공배수를 구하여라.

개념 ② 최소공배수 구하기

1. 최소공배수 구하기

(1) **나눗셈을 이용하는 방법**

① 1이 아닌 공약수로 각 수를 나눈다. 세 수의 공약수가 없을 때는 두 수의 공약수로 나눈다. 이때 공약수가 없는 수는 그대로 내려 쓴다.

② 어느 두 수의 몫도 서로소가 될 때까지 ①의 과정을 계속한다.

③ 나누어 준 공약수와 마지막 몫을 모두 곱한다.

(2) **소인수분해를 이용하는 방법**

① 각 수를 소인수분해한다.

② 공통인 소인수와 공통이 아닌 소인수를 모두 곱한다. 이때 공통인 소인수의 지수가 같으면 그대로, 다르면 큰 것을 택하여 곱한다.

◆ **12와 30의 최소공배수 구하기**
[방법 1]

$$
\begin{array}{r}
2\,)\underline{12 \quad 30} \\
3\,)\underline{6 \quad 15} \\
2 \quad 5
\end{array}
$$

➜ $2 \times 3 \times 2 \times 5 = 60$

[방법 2]

$$12 = 2^2 \times 3$$
$$30 = 2 \times 3 \times 5$$
$$\overline{\ 2^2 \times 3 \times 5 = 60}$$

지수가 다르면 큰 것 / 지수가 같으면 그대로 / 공통이 아닌 소인수도 곱한다.

예제 2

18과 30의 최소공배수를 나눗셈을 이용하여 구하는 다음 과정을 완성하여라.

$$
\begin{array}{r}
2\,)\underline{18 \quad 30} \\
\square\,)\underline{9 \quad \square} \\
\square \quad \square
\end{array}
$$
➜ (최소공배수) $=2\times\square\times\square\times\square=\square$

[답]
$$
\begin{array}{r}
2\,)\underline{18 \quad 30} \\
3\,)\underline{9 \quad 15} \\
3 \quad 5
\end{array}
$$
➜ (최소공배수) $=2\times3\times3\times5=90$

유제 2

18과 30의 최소공배수를 소인수분해를 이용하여 구하는 다음 과정을 완성하여라.

$$18 = 2 \times \square^{\square}$$
$$30 = \square \times \square \times 5$$
➜ (최소공배수) $= \square \times \square^{\square} \times \square = \square$

개념 확인하기

01 다음 설명 중 옳은 것에는 ○표, 옳지 않은 것에는 ×표를 하여라.

(1) 두 수의 공배수 중 가장 큰 수를 최대공배수라고 한다. (　　)

(2) 두 개 이상의 자연수의 공배수는 최소공배수의 배수이다. (　　)

(3) 서로소인 두 자연수의 최소공배수는 없다. (　　)

▶ 개념 **1**
최소공배수

02 서로소인 다음 두 수의 최소공배수를 구하여라.

(1) 3, 11 　　　　　　　(2) 5, 6

(3) 7, 9 　　　　　　　(4) 10, 13

▶ 개념 **1**
최소공배수

03 두 자연수의 최소공배수가 28일 때, 두 수의 공배수 중 100 이하인 것을 모두 구하여라.

▶ 개념 **1**
최소공배수

04 다음 수들의 최소공배수를 구하여라.

(1) 12, 21 　　　　　　(2) 2×3^2, $2^2 \times 3 \times 5$

(3) 16, 20, 40 　　　　(4) $2^2 \times 3 \times 7$, $3^2 \times 5$, $3^2 \times 7$

▶ 개념 **2**
최소공배수 구하기

05 두 자연수 30, 40에 대하여 다음 물음에 답하여라.

(1) 두 수의 최소공배수를 구하여라.

(2) 두 수의 공배수를 작은 수부터 3개만 구하여라.

▶ 개념 **2**
최소공배수 구하기

05 최대공약수와 최소공배수의 활용

개념 ① 최대공약수의 활용

1. 최대공약수의 실생활 활용 문제

(1) 두 종류 이상의 물건을 <u>가능한 한 많은</u> 사람에게 똑같이 나누어 주는 문제

(2) 직사각형을 <u>가능한 한 큰</u> 정사각형으로 채우는 문제

(3) 몇 개의 자연수를 나누어 각각 일정한 나머지가 생기게 하는 <u>가장 큰</u> 자연수를 구하는 문제

> ◆ **최대공약수의 활용 문제**
> '가장 많은', '가능한 한 큰', '최대의', '될 수 있는 대로 많이' 등의 표현이 있으면서 큰 것을 작게 나누거나 무엇을 나누어 주는 경우

예제 1

연필 36개와 지우개 24개를 가능한 한 많은 학생들에게 남김없이 똑같이 나누어 주려고 한다. 다음 □ 안에 알맞은 것을 써넣어라.

36과 24의 □□□는 □이므로 구하는 학생 수는 □이다.

답 최대공약수, 12, 12

유제 1

사과 30개와 귤 45개를 가능한 한 많은 학생들에게 남김없이 똑같이 나누어 주려고 한다. 다음 □ 안에 알맞은 것을 써넣어라.

30과 45의 □□□는 □이므로 구하는 학생 수는 □이다.

개념 ② 최소공배수의 활용

1. 최소공배수의 실생활 활용 문제

(1) 동시에 출발한 후 출발 지점에서 <u>처음으로 다시</u> 만나는 시각을 구하는 문제

(2) 서로 다른 두 톱니바퀴가 같은 톱니에서 <u>처음으로 다시</u> 맞물릴 때까지의 회전수를 구하는 문제

(3) 직사각형으로 <u>가능한 한 작은</u> 정사각형을 만드는 문제
(직육면체를 쌓아 <u>가장 작은</u> 정육면체를 만드는 문제)

(4) 몇 개의 자연수로 나누어도 나머지가 같은 <u>가장 작은</u> 자연수를 구하는 문제

> ◆ **최소공배수의 활용 문제**
> '가장 작은', '가능한 한 작은', '최소의', '될 수 있는 대로 적게', '처음으로' 등의 표현이 있으면서 정사각형, 정육면체 모양을 만들거나 서로 다시 만나는 경우

2. 최대공약수와 최소공배수의 관계

두 자연수 A, B의 최대공약수를 G, 최소공배수를 L이라고 하면

(1) $A = a \times G$, $B = b \times G$ (단, a, b는 서로소)

(2) $L = a \times b \times G$

> 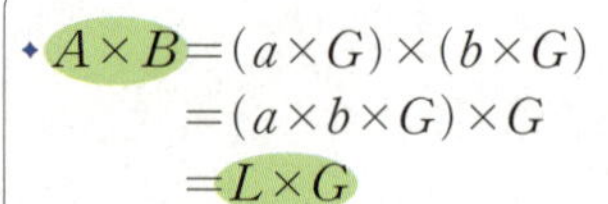
> $$\begin{aligned} A \times B &= (a \times G) \times (b \times G) \\ &= (a \times b \times G) \times G \\ &= L \times G \end{aligned}$$

예제 2

부산행 버스는 20분마다, 대구행 버스는 30분마다 출발한다. 오전 9시에 두 버스가 동시에 출발하였을 때, 다음 □ 안에 알맞은 것을 써넣어라.

20과 30의 □□□는 □이므로 두 버스가 처음으로 다시 동시에 출발하는 시각은 오전 □시이다.

답 최소공배수, 60, 10

유제 2

A회사의 버스는 10분마다, B회사의 버스는 8분마다 운행한다. 오전 6시에 두 회사의 버스가 동시에 출발하였을 때, 다음 □ 안에 알맞은 것을 써넣어라.

10과 8의 □□□는 □이므로 두 버스가 처음으로 다시 동시에 출발하는 시각은 오전 □시 □분이다.

개념 확인하기

01 연필 54자루, 공책 30권을 가능한 한 많은 학생들에게 남김없이 똑같이 나누어 주려고 한다. 다음 ☐ 안에 알맞은 것을 써넣어라.

▷ 개념 ①
최대공약수의 활용

(1) 나누어 주려는 수는 54와 30의 ☐이다.

(2) 연필과 공책을 최대 ☐명에게 나누어 줄 수 있다.

(3) 한 학생에게 연필은 ☐자루, 공책은 ☐권씩 나누어 줄 수 있다.

02 청포도사탕 48개, 목캔디 180개를 되도록 많은 사람들에게 남김없이 똑같이 나누어 주려고 한다. 다음 물음에 답하여라.

▷ 개념 ①
최대공약수의 활용

(1) 최대 몇 명에게 나누어 줄 수 있는지 구하여라.

(2) 한 사람이 받는 청포도사탕과 목캔디의 개수를 각각 구하여라.

03 ㈎, ㈏를 동시에 만족시키는 어떤 자연수 중에서 가장 큰 수를 구하려고 한다. 다음 ☐ 안에 알맞은 것을 써넣어라.

▷ 개념 ①
최대공약수의 활용

> ㈎ 어떤 자연수로 27을 나누면 3이 남는다.
>
> ㈏ 어떤 자연수로 30을 나누면 6이 부족하다.

(1) ㈎에 의해 어떤 수는 ☐의 약수이다.

(2) ㈏에 의해 어떤 수는 ☐의 약수이다.

(3) (1), (2)에 의해 어떤 수는 24와 ☐의 ☐이므로 어떤 수는 ☐이다.

04 1호선과 2호선이 모두 지나는 A 지하철역을 1호선 열차는 8분마다, 2호선 열차는 20분마다 지나간다고 한다. 다음 ☐ 안에 알맞은 것을 써넣어라.

▷ 개념 ②
최소공배수의 활용

(1) 두 열차가 A 지하철역을 동시에 지나가는 시간 간격은 8과 20의 ☐이다.

(2) 오전 10시에 두 열차가 A 지하철역을 동시에 지나갔다면 이 역을 처음으로 다시 동시에 지나가는 시각은 오전 ☐이다.

05 두 자연수의 곱이 320이고 최대공약수가 8일 때, 이 두 자연수의 최소공배수를 구하여라.

▷ 개념 ②
최소공배수의 활용

유형 확인하기

유형·1 최대공약수 구하기

두 수 $2^5 \times 3^3 \times 5$, $2^4 \times 3^2 \times 5^2$의 최대공약수는?

① $2^4 \times 3^2$ 　　　② $2 \times 3 \times 5$

③ $2^2 \times 3 \times 5^2$ 　　④ $2^4 \times 3^2 \times 5$

⑤ $2^5 \times 3^3 \times 5^2$

1-1

다음 수들의 최대공약수는?

$$2^3 \times 3^3,\ 2 \times 3^3 \times 11^2,\ 2^3 \times 3^2 \times 11$$

① 8 　　　② 18 　　　③ 22

④ 72 　　　⑤ 108

1-2

세 수 108, 126, 180의 최대공약수를 구하여라.

유형·2 공약수와 최대공약수의 관계 (1)

두 자연수 A, B의 최대공약수가 16일 때, 두 수 A, B의 공약수의 개수는?

① 3 　　　② 4 　　　③ 5

④ 6 　　　⑤ 7

2-1

두 자연수 A, B의 최대공약수가 $2^2 \times 3$일 때, 두 수 A, B의 공약수의 개수는?

① 3 　　　② 6 　　　③ 8

④ 10 　　　⑤ 12

2-2

세 수 $2^3 \times 3^2$, $2^2 \times 3^2 \times 5$, $2^2 \times 3^3 \times 5^2$의 공약수의 개수를 구하여라.

다음 중 두 수 450, 135의 공약수가 <u>아닌</u> 것은?

① 3　　　　　② 5　　　　　③ 3×5
④ $2 \times 3 \times 5$　　　⑤ $3^2 \times 5$

3-1

다음 중 두 수 $2^3 \times 3 \times 7$, $2^2 \times 3^2 \times 5$의 공약수를 모두 고르면?
(정답 2개)

① 5　　　　　② 6　　　　　③ 7
④ 12　　　　⑤ 21

3-2

세 수 12, 18, 30의 공약수를 모두 구하여라.

다음 중 두 수가 서로소인 것을 모두 고르면? (정답 2개)

① 6, 15　　　② 9, 22　　　③ 12, 33
④ 14, 35　　　⑤ 21, 52

4-1

다음 중 36과 서로소인 자연수는?

① 4　　　　　② 6　　　　　③ 12
④ 18　　　　⑤ 25

4-2

다음 중 두 수가 서로소가 <u>아닌</u> 것은?

① 7, 11　　　② 3, 14　　　③ 12, 27
④ 23, 30　　　⑤ 32, 41

유형 확인하기

유형·5　최소공배수 구하기

두 수 $2^3 \times 3^2 \times 5$, $2^2 \times 3 \times 5^3$의 최소공배수는?

① $2^2 \times 3 \times 5$　　　　② $2^3 \times 3 \times 5$

③ $2^2 \times 3^2 \times 5$　　　　④ $2^3 \times 3 \times 5^3$

⑤ $2^3 \times 3^2 \times 5^3$

5-1

다음 수들의 최소공배수를 구하여라.

$$2^2 \times 3^2,\ 2 \times 3^3 \times 5,\ 3 \times 5^2$$

5-2

세 수 30, 63, 126의 최소공배수를 구하여라.

유형·6　공배수와 최소공배수의 관계

다음 중 두 수 8, 12의 공배수가 <u>아닌</u> 것은?

① 24　　　　② 48　　　　③ 60

④ 72　　　　⑤ 96

6-1

다음 중 두 수 2×5^2, $2^2 \times 5 \times 7$의 공배수가 <u>아닌</u> 것은?

① $2 \times 5^2 \times 7$　　　　② $2^3 \times 5^2 \times 7$

③ $2^2 \times 5^2 \times 7^2$　　　　④ $2^2 \times 5^3 \times 7^3$

⑤ $2^3 \times 5^2 \times 7 \times 11$

6-2

두 자연수 A, B의 최소공배수가 12일 때, 다음 중 A, B의 공배수를 모두 고르면? (정답 2개)

① 6　　　　② 24　　　　③ 36

④ 42　　　　⑤ 64

유형·7 최소공배수가 주어질 때 지수 구하기

두 수 $2^a \times 3^3 \times 5^2$, $2 \times 3^b \times c$의 최소공배수가 $2^3 \times 3^4 \times 5^2 \times 7$일 때, 자연수 a, b, c에 대하여 $a+b+c$의 값을 구하여라.

(단, c는 소수)

7-1

두 수 $3^a \times 7^2$, $3 \times 7^b \times 11^c$의 최소공배수가 $3^2 \times 7^3 \times 11^2$일 때, 자연수 a, b, c에 대하여 $a+b-c$의 값을 구하여라.

7-2

두 수 $2^a \times 3 \times 5$, $2^3 \times 3^b \times 7$의 최대공약수가 $2^2 \times c$, 최소공배수가 $2^3 \times 3^2 \times 5 \times 7$일 때, 자연수 a, b, c에 대하여 $a+b+c$의 값은? (단, c는 소수)

① 5　　　　　② 6　　　　　③ 7
④ 8　　　　　⑤ 9

유형·8 미지수가 포함된 수들의 최소공배수

세 자연수 $10 \times x$, $12 \times x$, $16 \times x$의 최소공배수가 480일 때, 자연수 x의 값은?

① 2　　　　　② 3　　　　　③ 4
④ 5　　　　　⑤ 6

8-1

세 자연수 3, 6, 8에 어떤 소수를 곱하였더니 이들의 최소공배수가 120이 되었다. 이때 곱한 소수는?

① 2　　　　　② 3　　　　　③ 5
④ 7　　　　　⑤ 11

8-2

두 자연수의 비가 5 : 3이고 최소공배수가 90일 때, 두 수 중 작은 수는?

① 6　　　　　② 12　　　　　③ 18
④ 24　　　　　⑤ 30

유형·9 도형에의 활용

오른쪽 그림과 같이 가로, 세로의 길이가 각각 162 cm, 90 cm인 직사각형 모양의 벽에 가능한 한 큰 정사각형 모양의 타일을 빈틈없이 겹치지 않게 붙이려고 할 때, 타일의 한 변의 길이를 구하여라.

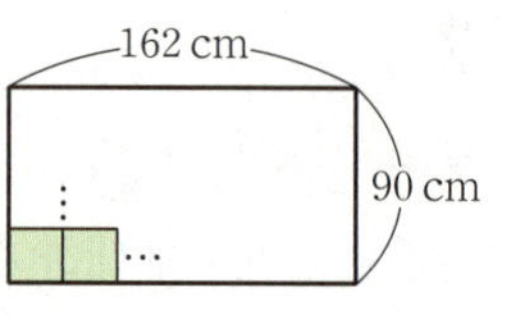

9-1

가로, 세로의 길이가 각각 108 cm, 72 cm인 직사각형 모양의 종이를 똑같은 크기로 잘라서 가능한 한 큰 정사각형 모양의 조각으로 나누려고 한다. 다음을 구하여라.

(1) 정사각형 모양 조각의 한 변의 길이

(2) 나누어진 정사각형 모양 조각의 개수

9-2

오른쪽 그림과 같이 가로, 세로의 길이가 각각 12 cm, 30 cm인 직사각형 모양의 조각을 겹치지 않게 빈틈없이 같은 방향으로 붙여서 가장 작은 정사각형을 만들려고 한다. 다음 물음에 답하여라.

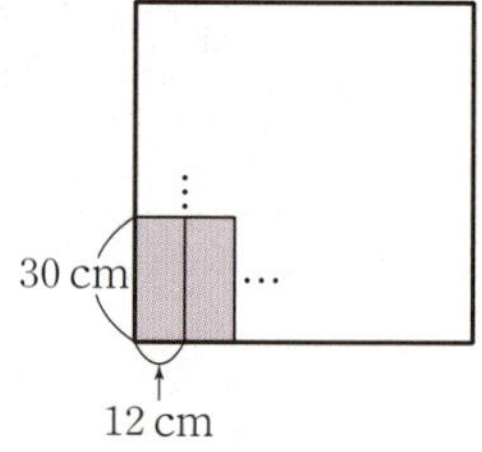

(1) 만든 정사각형의 한 변의 길이를 구하여라.

(2) 필요한 직사각형 모양 조각의 개수를 구하여라.

유형·10 나눗셈의 응용

어떤 수로 35를 나누면 3이 남고, 118을 나누면 2가 부족하다고 한다. 이를 만족시키는 수 중 가장 큰 수는?

① 4　　　　　② 5　　　　　③ 6
④ 7　　　　　⑤ 8

10-1

어떤 수로 38을 나누면 2가 남고, 60을 나누면 나누어떨어진다고 한다. 이를 만족시키는 가장 큰 수를 구하여라.

10-2

5로 나누면 3이 남고, 6으로 나누어도 3이 남는 어떤 자연수 중에서 가장 작은 두 자리의 자연수를 구하여라.

자전거로 공원을 한 바퀴 도는 데 연우는 12분, 지민이는 18분이 걸린다고 한다. 오전 11시에 동시에 출발하여 같은 방향으로 공원을 돌 때, 두 사람이 출발 지점에서 처음으로 다시 만나는 시각은?

① 오전 11시 24분　　② 오전 11시 36분
③ 오전 11시 48분　　④ 오후 12시 12분
⑤ 오후 12시 24분

11-1

어느 고속버스 터미널에서 A 도시로 가는 버스는 30분마다, B 도시로 가는 버스는 42분마다 출발한다고 한다. 오전 9시에 두 지역으로 가는 버스가 동시에 출발한다면 처음으로 다시 두 버스가 동시에 출발하는 시각을 구하여라.

11-2

휴일이 없는 도서관에 9일에 한 번씩 오는 재연이와 6일에 한 번씩 오는 제형이가 이번 주 월요일에 도서관에서 만났다고 한다. 이 두 친구가 도서관에서 처음으로 다시 만나는 날은 무슨 요일인지 구하여라.

두 분수 $\dfrac{20}{3}$, $\dfrac{12}{5}$의 어느 것에 곱하여도 그 결과가 자연수가 되도록 하는 분수 중에서 가장 작은 수를 구하여라.

12-1

두 분수 $\dfrac{15}{4}$, $\dfrac{25}{7}$의 어느 것에 곱하여도 그 결과가 자연수가 되도록 하는 분수 중에서 가장 작은 수를 구하여라.

12-2

세 분수 $\dfrac{6}{5}$, $\dfrac{9}{10}$, $\dfrac{3}{2}$ 중 어느 것에 곱하여도 그 결과가 자연수가 되도록 하는 분수 중에서 가장 작은 수를 구하여라.

마무리하기

01 다음 중 옳지 <u>않은</u> 것은?

① 1은 모든 자연수의 약수이다.

② 소수는 약수를 2개만 갖는다.

③ 짝수는 소수가 아니다.

④ 소수도 아니고 합성수도 아닌 것은 1뿐이다.

⑤ 모든 합성수의 약수는 3개 이상이다.

02 다음 중 옳은 것은?

① $8+8+8+8=8^4$

② $5\times5\times5=3^5$

③ $10000=10^3$

④ $3\times3+7\times7\times7=3^2\times7^3$

⑤ $2\times2\times2\times2\times2\times2\times2=2^7$

03 다음 중 소인수분해한 것으로 옳은 것은?

① $80=2^3\times10$　　② $100=10^2$

③ $56=7\times8$　　④ $81=3^4$

⑤ $72=2^3\times9$

04 다음 중 소인수가 나머지 넷과 <u>다른</u> 하나는?

① 12　　② 48　　③ 54

④ 60　　⑤ 108

05 240에 자연수 A를 곱하여 어떤 자연수의 제곱이 되게 할 때, 가장 작은 자연수 A는?

① 4　　② 9　　③ 15

④ 30　　⑤ 60

06 다음 중 약수의 개수가 나머지 넷과 <u>다른</u> 하나는?

① $2^3\times3^2$　　② 11^{11}　　③ 96

④ $2\times3\times5^2$　　⑤ 400

07 소인수분해하였을 때 소인수가 2개인 자연수 $2^4\times\square$의 약수가 15개일 때, $\square$ 안에 알맞은 수 중 가장 작은 자연수는?

① 2　　② 4　　③ 8

④ 9　　⑤ 16

08 다음 중 두 수가 서로소인 것을 모두 고르면? (정답 2개)

① 63, 14　　② 45, 18　　③ 21, 14

④ 14, 45　　⑤ 8, 21

09 다음 중 두 수 $2^4 \times 3^2 \times 5$, 2×3^2의 공약수가 <u>아닌</u> 것은?

① 2 ② 3^2 ③ 2×3

④ 2×3^2 ⑤ $2^2 \times 3^2$

10 두 분수 $\dfrac{64}{n}$와 $\dfrac{72}{n}$가 모두 자연수가 되도록 하는 자연수 n의 개수는?

① 2 ② 3 ③ 4

④ 5 ⑤ 6

11 어떤 수로 136을 나누면 4가 남고, 84를 나누면 나누어떨어진다고 한다. 다음 중 어떤 수가 될 수 있는 것을 모두 고르면? (정답 2개)

① 5 ② 6 ③ 7

④ 8 ⑤ 12

12 다음 세 수의 최대공약수와 최소공배수를 차례대로 구하면?

$$2^2 \times 3 \times 5^2,\ 2^3 \times 3^4 \times 7^2,\ 2^4 \times 3^2 \times 5 \times 7$$

① 2×3, $2 \times 3 \times 5 \times 7$

② $2^2 \times 3$, $2 \times 3 \times 5 \times 7$

③ 2×3, $2^4 \times 3^4 \times 5^2 \times 7^2$

④ $2^2 \times 3$, $2^4 \times 3^4 \times 5^2 \times 7^2$

⑤ $2^4 \times 3^4$, $2^4 \times 3^4 \times 5^2 \times 7^2$

13 두 자연수의 최소공배수가 6일 때, 다음 중 두 자연수의 공배수가 <u>아닌</u> 것은?

① 3 ② 6 ③ 12

④ 24 ⑤ 36

14 두 수 $2^3 \times 3^a \times 5^2$, $2^5 \times 3^4 \times 5^b$의 최대공약수가 $2^3 \times 3^3 \times 5^2$, 최소공배수가 $2^c \times 3^4 \times 5^3$일 때, 자연수 a, b, c에 대하여 $a+b+c$의 값은?

① 10 ② 11 ③ 12

④ 13 ⑤ 14

15 두 자연수 $8 \times a$와 $12 \times a$의 최소공배수가 144일 때, 최대공약수를 구하여라.

16 가로의 길이가 $18\ \text{cm}$, 세로의 길이가 $30\ \text{cm}$, 높이가 $12\ \text{cm}$인 직육면체 모양의 벽돌을 같은 방향으로 빈틈없이 쌓아서 가장 작은 정육면체 모양을 만들려고 한다. 이때 필요한 벽돌의 개수는?

① 500 ② 600 ③ 700

④ 800 ⑤ 900

주어진 단계에 따라 쓰는 유형	풀이 과정을 자세히 쓰는 유형

17 108에 자연수 a를 곱해서 어떤 자연수의 제곱이 되게 하려고 한다. a의 값이 될 수 있는 가장 작은 두 자리의 자연수를 구하여라.

> 🐷 생각해 보자
>
> 구하는 것은? $108 \times a$가 어떤 자연수의 제곱이 되도록 하기 위한 가장 작은 두 자리의 자연수 a
>
> 주어진 것은? 108

풀이

[1단계] 108을 소인수분해하기 (40 %)

[2단계] 자연수의 제곱이 되기 위한 조건 찾기 (40 %)

[3단계] a의 값 구하기 (20 %)

답

18 세 수 36, 54, 72를 나누어떨어지게 하는 자연수 중 가장 큰 수를 a, 이 세 수로 나누어떨어지는 가장 작은 자연수를 b라고 할 때, $b-a$의 값을 구하여라.

풀이

답

19 운동장을 한 바퀴 도는 데 경민이는 72초, 승엽이는 120초가 걸린다고 한다. 이들이 동시에 출발점에서 출발하여 같은 방향으로 돌 때, 출발점에서 처음으로 다시 만나게 되는 것은 경민이와 승엽이가 각각 몇 바퀴를 돌았을 때인지 구하여라.

풀이

답

2 정수와 유리수

01 정수와 유리수의 뜻

개념 ① 양수와 음수

1. 양수와 음수

(1) **부호를 가진 수**: 서로 반대되는 성질을 가진 수량을 나타낼 때, 그 기준점을 0으로 정하고, 한 쪽을 '+'(양의 부호)를 사용하여 나타내면 다른 한 쪽은 '−'(음의 부호)를 사용하여 나타낸다.

예

| 영상 3 ℃ ➜ +3 ℃ | 2 % 이익 ➜ +2 % | 1 kg 증가 ➜ +1 kg |
| 영하 3 ℃ ➜ −3 ℃ | 2 % 손해 ➜ −2 % | 1 kg 감소 ➜ −1 kg |

◆ 서로 반대되는 성질의 수량

+(양의 부호)	−(음의 부호)
이익, 영상,	손해, 영하,
위, 지상,	아래, 지하,
해발, 상승,	해저, 하락,
증가, 수입,	감소, 지출,
미래, 초과,	과거, 미달,
흑자, 과잉	적자, 부족

(2) **양수와 음수**

① **양수**: 0이 아닌 수에 양의 부호 +를 붙인 수　**예** +1, +50, …

② **음수**: 0이 아닌 수에 음의 부호 −를 붙인 수　**예** −12, −400, …

참고 양수와 음수의 기준이 되는 0은 양수도 아니고 음수도 아니다.

예제 1

부호 +, −를 사용하여 다음 □ 안에 알맞은 것을 써넣어라.

100원의 이익을 +100원으로 나타내면 200원의 손해는 □원으로 나타낸다.

답 −200

유제 1

부호 +, −를 사용하여 다음 □ 안에 알맞은 것을 써넣어라.

점수가 10점 하락한 것을 −10점으로 나타내면 15점 오른 것은 □점으로 나타낸다.

개념 ② 정수와 유리수

1. 정수

(1) **양의 정수**: 자연수에 양의 부호 +를 붙인 수

(2) **음의 정수**: 자연수에 음의 부호 −를 붙인 수

(3) **양의 정수, 0, 음의 정수를 통틀어 정수**라고 한다.

2. 유리수

(1) **양의 유리수**: 분자, 분모가 자연수인 분수에 양의 부호 +를 붙인 수

(2) **음의 유리수**: 분자, 분모가 자연수인 분수에 음의 부호 −를 붙인 수

◆ 유리수의 분류

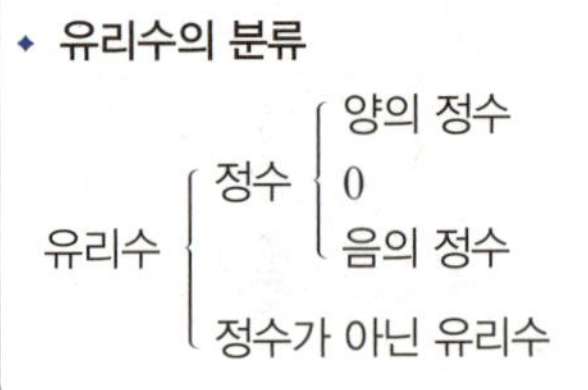

풍쌤의 Point 유리수를 배웠으니까 앞으로 수라고 하면 유리수를 말하는 것으로 생각해.

예제 2

다음 설명 중 옳은 것에는 ○표, 옳지 않은 것에는 ×표를 하여라.

(1) 모든 정수는 유리수이다. (　　)

(2) $-\dfrac{1}{2}$은 음의 정수이다. (　　)

풀이 (2) $-\dfrac{1}{2}$은 음의 유리수이다.

답 (1) ○　(2) ×

유제 2

다음 설명 중 옳은 것에는 ○표, 옳지 않은 것에는 ×표를 하여라.

(1) 정수는 양의 정수와 음의 정수로 이루어져 있다. (　　)

(2) 0은 유리수이다. (　　)

01 다음을 부호 $+$, $-$를 사용하여 나타내어라.

(1) 50명 증가, 20명 감소

(2) 해발 300 m, 해저 50 m

▷ 개념 ① 양수와 음수

02 다음 수를 부호 $+$, $-$를 사용하여 나타내어라.

(1) 0보다 4만큼 큰 수

(2) 0보다 9만큼 작은 수

(3) 0보다 $\dfrac{3}{5}$만큼 큰 수

(4) 0보다 3.4만큼 작은 수

▷ 개념 ① 양수와 음수

03 다음을 양수와 음수로 구분하여라.

$$+4, \quad 0, \quad -2, \quad -7, \quad +0.3, \quad -\frac{5}{9}$$

▷ 개념 ① 양수와 음수

04 다음 수를 보고 물음에 답하여라.

$$4, \quad -\frac{5}{8}, \quad -10, \quad +\frac{6}{2}, \quad 1\frac{4}{7}, \quad -0.4, \quad 0$$

(1) 양의 정수와 양의 유리수를 각각 찾아 써라.

(2) 음의 정수와 음의 유리수를 각각 찾아 써라.

(3) 정수가 아닌 유리수를 찾아 써라.

(4) 양수도 아니고 음수도 아닌 수를 찾아 써라.

▷ 개념 ② 정수와 유리수

유형 확인하기

다음 중 양의 부호와 음의 부호를 사용하여 나타낸 것으로 옳지 <u>않은</u> 것은?

① 9개 추가: $+9$개

② 10 cm 감소: -10 cm

③ 5 ℃ 하강: -5 ℃

④ 4시간 후: $+4$시간

⑤ 800원 지출: $+800$원

1-1

다음 중 양의 부호와 음의 부호를 사용하여 나타낸 것으로 옳은 것은?

① 2 kg 감소: $+2$ kg　　② 20점 향상: -20점

③ 5점 실점: -5점　　④ 15 % 인상: -15 %

⑤ 출발 2개월 전: $+2$개월

1-2

다음 중 나머지 넷과 부호가 <u>다른</u> 하나는?

① 0보다 6만큼 큰 수　　② 5 m 전진한 것

③ 10 kg 초과한 것　　④ 7 % 상승한 것

⑤ 0보다 0.12만큼 작은 수

다음 수 중 음의 정수의 개수는?

$$-\frac{6}{2}, \quad -2, \quad 4, \quad +7, \quad 0, \quad +\frac{10}{5}, \quad -9$$

① 1　　　　② 2　　　　③ 3

④ 4　　　　⑤ 5

2-1

다음 중 자연수가 아닌 정수를 모두 고르면? (정답 2개)

① $-\dfrac{12}{4}$　　　② $+3$　　　③ -0.6

④ 0　　　　⑤ $\dfrac{18}{6}$

2-2

다음 수에 대한 설명으로 옳지 <u>않은</u> 것은?

$$-\frac{1}{3}, \quad 2, \quad 0, \quad +\frac{5}{4}, \quad -8, \quad +5$$

① 정수는 4개이다.

② 음의 정수는 1개이다.

③ 자연수는 2개이다.

④ 자연수가 아닌 정수는 1개이다.

⑤ 양의 정수도 아니고 음의 정수도 아닌 정수는 1개이다.

다음 수에 대한 설명으로 옳은 것은?

$$-2.8, \quad -4, \quad +\frac{4}{5}, \quad 0, \quad \frac{4}{2}, \quad 3.2, \quad -\frac{9}{3}, \quad \frac{1}{7}$$

① 양수는 5개이다.
② 음의 정수는 3개이다.
③ 자연수는 없다.
④ 정수가 아닌 유리수는 4개이다.
⑤ 음의 유리수는 2개이다.

3-1

다음 수에 대한 설명으로 옳지 <u>않은</u> 것은?

$$-5, \quad \frac{6}{2}, \quad 0, \quad -1, \quad \frac{1}{4}, \quad +1.0, \quad -\frac{3}{5}$$

① 음수는 3개이다.
② 양의 정수는 2개이다.
③ 자연수가 아닌 정수는 2개이다.
④ 정수가 아닌 유리수는 2개이다.
⑤ 양의 유리수는 3개이다.

3-2

다음 중 정수가 아닌 유리수를 모두 고르면? (정답 2개)

① -5　　　　② $-\dfrac{1}{3}$　　　　③ 0
④ 1.2　　　　⑤ $+4$

다음 설명 중 옳지 <u>않은</u> 것은?

① 0은 유리수이다.
② 모든 정수는 유리수이다.
③ 0과 1 사이에는 정수가 없다.
④ 양의 유리수가 아닌 유리수는 음의 유리수이다.
⑤ 자연수에 $+$부호를 붙인 수가 양의 정수이다.

4-1

다음 설명 중 옳은 것은?

① 0은 자연수이다.
② 모든 자연수는 정수이다.
③ 양의 정수도 아니고 음의 정수도 아닌 정수는 없다.
④ 유리수는 분모, 분자가 모두 정수인 분수로 나타낼 수 있는 수이다.
⑤ 유리수는 양의 정수, 0, 음의 정수로 나뉜다.

4-2

다음 〈보기〉 중 옳은 것을 모두 골라라.

> **보기**
>
> ㄱ. 0은 양수이다.
> ㄴ. 정수는 양의 정수와 음의 정수로 이루어져 있다.
> ㄷ. 양의 정수 중에서 가장 작은 수는 1이다.
> ㄹ. 유리수 중에는 정수가 아닌 것도 있다.

02 수직선과 절댓값

개념 ① 수직선

1. 수직선

(1) **수직선**: 직선 위에 기준이 되는 점 O를 잡아 수 0을 대응시키고 점 O의 좌우에 같은 간격의 점을 잡아 오른쪽의 점들은 차례대로 $+1$, $+2$, $+3$, …을, 왼쪽의 점들은 차례대로 -1, -2, -3, …을 대응시켜서 만든 직선을 수직선이라고 한다. 이때 기준이 되는 점 O를 원점이라고 한다.

(2) **수직선과 유리수**: 정수와 마찬가지로 모든 유리수도 수직선 위의 점에 대응시킬 수 있다.

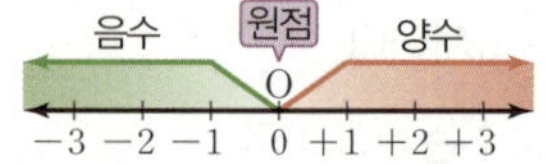
◆ 수직선

원점의 오른쪽에는 양수를, 왼쪽에는 음수를 나타낸 직선

예제 1

다음 수를 주어진 수직선 위에 나타내어라.

(1) -1 (2) $+\dfrac{4}{3}$

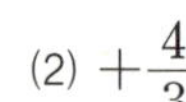

풀이
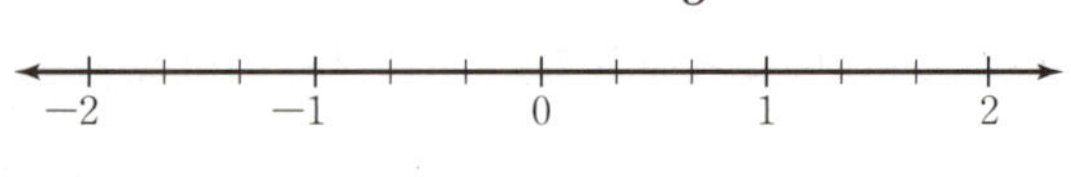

답 풀이 참조

유제 1

다음 수를 주어진 수직선 위에 나타내어라.

(1) $-\dfrac{1}{3}$ (2) $+\dfrac{2}{3}$

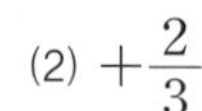

개념 ② 절댓값

1. 절댓값

(1) **절댓값**: 수직선 위에서 어떤 수에 대응하는 점과 원점 사이의 거리

(2) **절댓값의 표현**: a의 절댓값은 기호 $|\ \ |$를 사용하여 $|a|$로 나타내고, '절댓값 a'라고 읽는다.

예 $+4$의 절댓값 ➡ $|+4|=4$, $-\dfrac{3}{2}$의 절댓값 ➡ $\left|-\dfrac{3}{2}\right|=\dfrac{3}{2}$

(3) **절댓값의 성질**

① 절댓값은 거리이므로 0 또는 양수이다.

② 절댓값이 가장 작은 수는 0이다.

③ 절댓값이 클수록 원점에서 멀리 떨어져 있다.

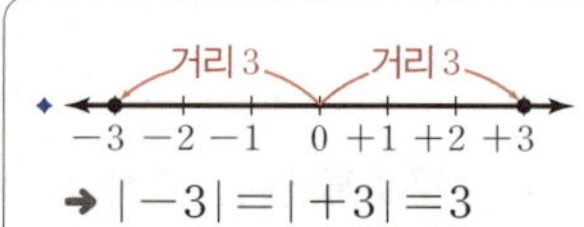
$\rightarrow |-3|=|+3|=3$

예제 2

다음 수의 절댓값을 기호를 사용하여 나타내고, 그 값을 구하여라.

(1) $+3$ (2) $-\dfrac{1}{3}$

답 (1) $|+3|=3$ (2) $\left|-\dfrac{1}{3}\right|=\dfrac{1}{3}$

유제 2

다음 수의 절댓값을 기호를 사용하여 나타내고, 그 값을 구하여라.

(1) $+\dfrac{1}{5}$ (2) -7

개념 확인하기

01 다음 수직선에서 점 A, B, C, D, E가 나타내는 수를 각각 말하여라.

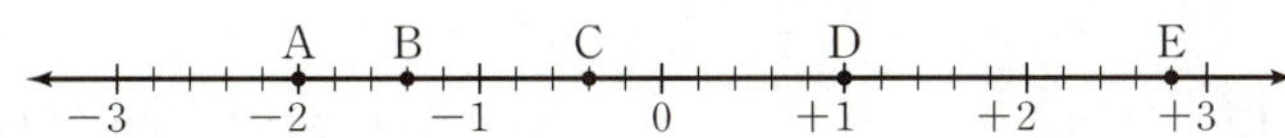

▶ 개념 ① 수직선

02 다음 수를 주어진 수직선 위에 나타내어라.

(1) -3 (2) $+\dfrac{9}{4}$ (3) $+1.5$ (4) $-\dfrac{1}{2}$

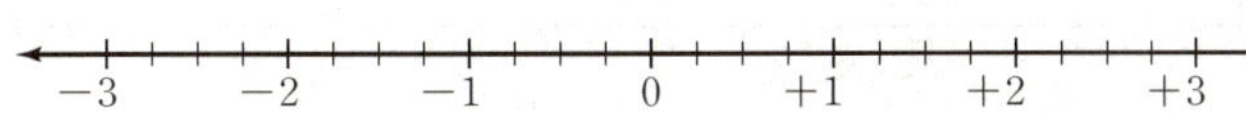

▶ 개념 ① 수직선

03 다음을 구하여라.

(1) -9의 절댓값   (2) $|+6|$ (3) 절댓값이 5인 두 수

▶ 개념 ② 절댓값

04 다음 설명 중 옳은 것은?

① 절댓값은 항상 양수이다.

② 절댓값이 가장 작은 수는 1이다.

③ 절댓값이 음수인 수는 항상 2개이다.

④ 원점으로부터 가까이 있는 점에 대응하는 수일수록 절댓값이 크다.

⑤ 절댓값이 같고 부호가 다른 두 수의 합은 항상 0이다.

▶ 개념 ② 절댓값

05 다음 수 중 수직선 위에 나타내었을 때, 원점에서 가장 멀리 떨어져 있는 수는?

① -6 ② -4.5 ③ $-\dfrac{2}{3}$

④ 4 ⑤ 5.1

▶ 개념 ② 절댓값

03 수의 대소 관계

개념 ① 수의 대소 관계

1. 수의 대소 관계

(1) 양수는 0보다 크고, 음수는 0보다 작다.

(2) 양수는 음수보다 크다.

(3) 양수끼리는 절댓값이 큰 수가 더 크다.

(4) 음수끼리는 절댓값이 큰 수가 더 작다.

예 (1) -1과 $+1$의 대소 관계 ➡ 양수가 음수보다 크므로 $-1 < +1$

(2) $+2$와 $+3$의 대소 관계 ➡ 양수끼리는 절댓값이 큰 수가 더 크므로 $+2 < +3$

(3) -3과 -1의 대소 관계 ➡ 음수끼리는 절댓값이 작은 수가 더 크므로 $-3 < -1$

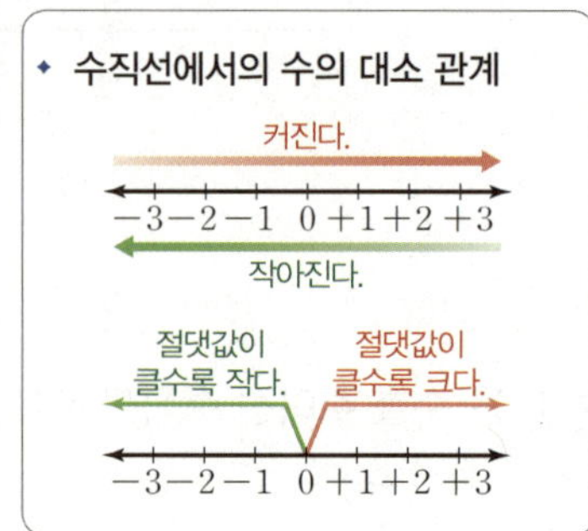

예제 1

다음 설명 중 옳은 것에는 ○표, 옳지 않은 것에는 ×표를 하여라.

(1) 양수는 0보다 크다. (　　　)

(2) 두 음수 중 절댓값이 큰 수가 더 크다. (　　　)

풀이 (2) 두 음수 중 절댓값이 큰 수가 더 작다.

답 (1) ○　(2) ×

유제 1

다음 설명 중 옳은 것에는 ○표, 옳지 않은 것에는 ×표를 하여라.

(1) 0보다 작은 음의 정수는 오직 하나이다. (　　　)

(2) 양수는 음수보다 크다. (　　　)

개념 ② 부등호의 사용

1. 부등호의 사용

(1) 부등호 $>$, $<$, $\geq$, $\leq$를 사용하여 수의 대소 관계를 나타낼 수 있다.

$x > a$	$x < a$	$x \geq a$	$x \leq a$
• x는 a보다 크다.	• x는 a보다 작다.	• x는 a보다 크거나 같다.	• x는 a보다 작거나 같다.
• x는 a 초과이다.	• x는 a 미만이다.	• x는 a 이상이다.	• x는 a 이하이다.
		• x는 a보다 작지 않다.	• x는 a보다 크지 않다.

풍쌤의 Point 기호 $\geq$는 '$>$ 또는 $=$'를, 기호 $\leq$는 '$<$ 또는 $=$'를 의미해.

(2) 세 개 이상의 수 사이의 대소 관계도 부등호를 사용하여 나타낼 수 있다.

예 x는 2 이상 5 미만이다. ➡ $2 \leq x < 5$

예제 2

다음을 부등호를 사용하여 나타내어라.

(1) x는 3 이상이다.　　　　(2) x는 -1보다 작다.

답 (1) $x \geq 3$　(2) $x < -1$

유제 2

다음을 부등호를 사용하여 나타내어라.

(1) x는 5보다 크다.　　　　(2) x는 0보다 작거나 같다.

정답과 해설 11쪽 ㅣ 워크북 14쪽

01 다음 □ 안에 알맞은 부등호를 써넣어라.

(1) $+7 \square +5$　　(2) $-6 \square +2$　　(3) $0 \square -\dfrac{4}{5}$　　(4) $-3 \square -3.5$

▷ 개념 ① 수의 대소 관계

02 다음 수를 큰 수부터 차례대로 나열하여라.

(1) $+10,\ +2,\ +\dfrac{7}{3}$

(2) $-\dfrac{1}{3},\ -\dfrac{3}{4},\ +2$

▷ 개념 ① 수의 대소 관계

03 다음 〈보기〉 중 대소 관계가 옳은 것을 모두 고른 것은?

보기

ㄱ. $|-3| < |+2|$

ㄴ. $-0.25 > -\dfrac{1}{5}$

ㄷ. $\dfrac{7}{2} > \dfrac{13}{4}$

ㄹ. $\left|-\dfrac{6}{5}\right| > \left|-\dfrac{7}{6}\right|$

① ㄱ, ㄴ　　　　② ㄱ, ㄷ　　　　③ ㄴ, ㄷ

④ ㄴ, ㄹ　　　　⑤ ㄷ, ㄹ

▷ 개념 ① 수의 대소 관계

04 다음을 부등호를 사용하여 나타내어라.

(1) x는 -4보다 작거나 같다.

(2) x는 7 초과이다.

(3) x는 -5보다 크고 $\dfrac{3}{4}$보다 크지 않다.

▷ 개념 ② 부등호의 사용

05 다음 중 $-2 \leq x < 5$를 나타내는 것은?

① x는 -2보다 크고 5보다 작다.

② x는 -2 이상이고 5 미만이다.

③ x는 -2보다 작지 않고 5보다 크지 않다.

④ x는 -2 초과이고 5보다 작다.

⑤ x는 -2보다 크거나 같고 5보다 작거나 같다.

▷ 개념 ② 부등호의 사용

유형 확인하기

유형·1 수직선 위의 점

다음 중 수직선 위의 점을 나타낸 것으로 옳지 <u>않은</u> 것은?

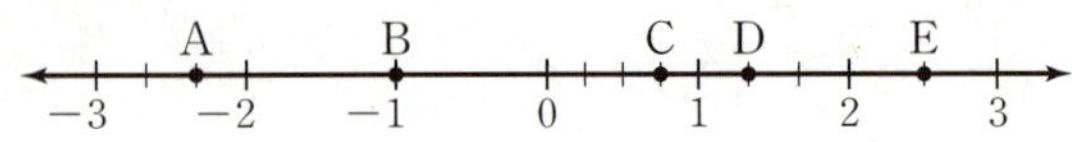

① A: $-\dfrac{7}{3}$　　② B: -1　　③ C: $+\dfrac{3}{4}$

④ D: $+\dfrac{4}{3}$　　⑤ E: $+\dfrac{3}{2}$

1-1

다음 중 수직선 위의 점을 나타낸 것으로 옳지 <u>않은</u> 것은?

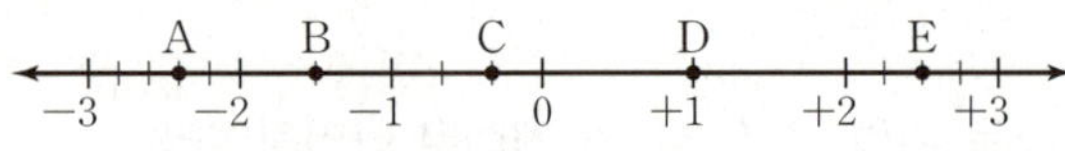

① A: $-\dfrac{12}{5}$　　② B: $-\dfrac{3}{2}$　　③ C: $-\dfrac{2}{3}$

④ D: 1　　⑤ E: $\dfrac{5}{2}$

1-2

다음 수를 수직선 위에 나타낼 때, 원점을 기준으로 왼쪽에 있는 수의 개수는?

$$-8.8, \quad \frac{15}{4}, \quad 0, \quad -1, \quad -\frac{5}{2}$$

① 1　　　② 2　　　③ 3

④ 4　　　⑤ 5

유형·2 절댓값

다음 중 절댓값이 가장 큰 수는?

① 3　　　② $-\dfrac{4}{3}$　　　③ 0

④ $-\dfrac{7}{2}$　　　⑤ 2

2-1

다음 수들을 절댓값이 작은 수부터 차례대로 나열하여라.

$$-2, \quad 1.5, \quad \frac{7}{3}, \quad 0, \quad -\frac{1}{2}, \quad \frac{1}{4}$$

2-2

다음 수 중 수직선 위에 나타내었을 때, 원점에서 가장 가까운 수는?

① $-\dfrac{1}{4}$　　　② 0.5　　　③ 1

④ $\dfrac{3}{2}$　　　⑤ -2

　절댓값이 같고 부호가 다른 수

두 수 a, b의 절댓값이 같고, 수직선 위에 나타내었을 때 두 점 사이의 거리가 8이다. 이때 두 수 a, b를 각각 구하여라. (단, $a<b$)

3-1

두 수 a, b는 부호가 반대이고, 수직선 위에 나타내었을 때 두 점 사이의 거리가 10이다. 두 점이 원점으로부터 같은 거리에 있을 때, 두 수 a, b를 각각 구하여라. (단, $a<b$)

3-2

두 수 a, b는 절댓값이 같고 수직선에서 두 수를 나타내는 두 점 사이의 거리가 $\dfrac{15}{2}$일 때, 두 수 a, b를 각각 구하여라. (단, $a<b$)

　절댓값이 주어진 수

절댓값이 $\dfrac{13}{4}$보다 작은 정수를 모두 구하여라.

4-1

다음 수를 모두 구하여라.

(1) 절댓값이 4 이하인 정수

(2) 절댓값이 $\dfrac{7}{3}$보다 작은 정수

4-2

절댓값이 $\dfrac{18}{5}$보다 작은 정수의 개수는?

① 3　　　　② 4　　　　③ 5
④ 6　　　　⑤ 7

유형 • 5 수의 대소 관계 (1)

다음 중 두 수의 대소 관계가 옳은 것은?

① $-2>0$

② $\left|-\dfrac{3}{2}\right|<1$

③ $2<1.5$

④ $|-4|>|-5|$

⑤ $-\dfrac{1}{2}<-\dfrac{1}{3}$

5-1

다음 □ 안에 알맞은 부등호를 써넣어라.

(1) $\dfrac{3}{5}$ □ 0.62

(2) $|-7|$ □ 4

(3) $|-3|$ □ $|-5|$

(4) $-\dfrac{4}{5}$ □ $-\dfrac{5}{4}$

5-2

다음 중 □ 안에 들어갈 부등호가 나머지 넷과 <u>다른</u> 하나는?

① -6 □ 4

② $-\dfrac{4}{5}$ □ $-\dfrac{1}{3}$

③ $\dfrac{5}{6}$ □ $\dfrac{3}{2}$

④ -7 □ $|-7|$

⑤ $\left|-\dfrac{1}{2}\right|$ □ $\left|+\dfrac{1}{3}\right|$

유형 • 6 수의 대소 관계 (2)

다음 수 중 가장 작은 수를 구하여라.

$$+4.5,\quad -3,\quad +\dfrac{2}{3},\quad 0,\quad -7.2,\quad +\dfrac{5}{2}$$

6-1

다음 수 중 두 번째로 큰 수를 구하여라.

$$5,\quad -\dfrac{7}{2},\quad \dfrac{5}{4},\quad 0,\quad 9.3,\quad -10$$

6-2

다음 수 중 $|-2|$보다 큰 수는 모두 몇 개인지 구하여라.

$$-\dfrac{2}{3},\quad 4,\quad 0,\quad \dfrac{7}{5},\quad -2,\quad \dfrac{13}{6}$$

'a는 $-\dfrac{4}{3}$보다 작지 않고 $\dfrac{8}{3}$ 미만이다.'를 부등호를 사용하여 바르게 나타낸 것은?

① $-\dfrac{4}{3} \leq a \leq \dfrac{8}{3}$ ② $-\dfrac{4}{3} < a \leq \dfrac{8}{3}$

③ $-\dfrac{4}{3} < a < \dfrac{8}{3}$ ④ $-\dfrac{4}{3} \leq a < \dfrac{8}{3}$

⑤ $\dfrac{4}{3} \leq a < \dfrac{8}{3}$

7-1

'x는 -2 이상이고 5보다 크지 않다.'를 부등호를 사용하여 바르게 나타낸 것은?

① $-2 < x < 5$ ② $-2 \leq x < 5$

③ $-2 < x \leq 5$ ④ $-2 \leq x \leq 5$

⑤ $x < -2$ 또는 $x \geq 5$

7-2

다음 중 옳지 않은 것은?

① x는 3 이하이다. ➡ $x \leq 3$

② x는 -1보다 작지 않고 6 미만이다. ➡ $-1 \leq x < 6$

③ x는 -4보다 크거나 같고 2보다 크지 않다.

   ➡ $-4 \leq x \leq 2$

④ x는 -2 초과이고 5보다 작다. ➡ $-2 < x < 5$

⑤ x는 -5 이상이고 4 미만이다. ➡ $-5 < x < 4$

두 수 $-\dfrac{10}{3}$과 $\dfrac{9}{4}$ 사이에 있는 정수의 개수를 구하여라.

8-1

다음을 만족시키는 정수 x를 모두 구하여라.

$$x는 -4보다 크고 \frac{5}{6} 이하이다.$$

8-2

$\dfrac{7}{3}$보다 큰 정수 중에서 가장 작은 수와 $\dfrac{1}{4}$보다 작은 정수 중에서 가장 큰 수의 합을 구하여라.

단원 마무리하기

01 다음은 사랑이의 일기이다. 밑줄 친 부분을 부호 $+$, $-$를 사용하여 나타낸 것으로 옳지 <u>않은</u> 것을 모두 고르면?

(정답 2개)

> 나는 과학을 참 좋아한다. 해발고도가 ①100 m 올라갈 때마다 기온이 ②0.6 ℃씩 하강한다는 설명을 들었을 때 자연의 신비함을 느꼈고, 단맛을 가장 잘 느끼는 음식물의 온도가 ③영상 35 ℃라는 설명에서 인체의 신비함을 느꼈다. 오늘은 에베레스트산이 ④해발 8848 m라는 것과 내가 맛있게 먹는 고등어가 ⑤수심 50 m에서 서식한다는 것을 배웠다.

① $+100$ m   ② -0.6 ℃   ③ $+35$ ℃

④ -8848 m   ⑤ $+50$ m

02 유리수를 다음과 같이 분류할 때, A에 속하는 수는?

$$\text{유리수} \begin{cases} \text{정수} \\ \boxed{A} \end{cases}$$

① $-\dfrac{6}{2}$ ② $-\dfrac{5}{3}$ ③ $\dfrac{0}{4}$

④ $\dfrac{2}{1}$ ⑤ $\dfrac{24}{6}$

03 다음 수에 대한 설명으로 옳은 것은?

$$\dfrac{5}{1}, \ -1, \ +\dfrac{5}{3}, \ 0, \ -\dfrac{6}{4}, \ 2.9, \ -\dfrac{12}{6}$$

① 자연수는 2개이다.

② 음의 정수는 1개이다.

③ 양의 유리수는 4개이다.

④ 정수가 아닌 유리수는 4개이다.

⑤ 양수도 아니고 음수도 아닌 수는 1개이다.

04 다음 설명 중 옳지 <u>않은</u> 것을 모두 고르면? (정답 2개)

① 0은 유리수가 아니다.

② 모든 자연수는 정수이다.

③ 모든 정수는 유리수이다.

④ 정수는 양의 정수와 음의 정수로 이루어져 있다.

⑤ 음의 정수 중 가장 큰 수는 -1이다.

05 다음 중 수직선 위의 점을 나타낸 것으로 옳지 <u>않은</u> 것은?

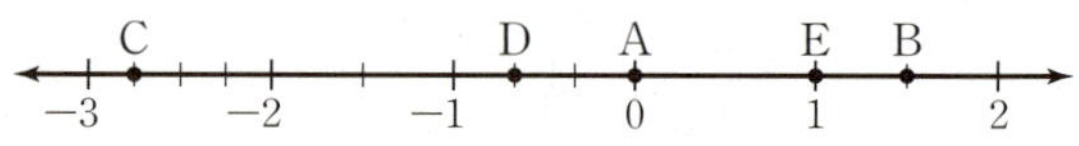

① A: 0   ② B: $\dfrac{3}{2}$ ③ C: $-\dfrac{11}{4}$

④ D: $-\dfrac{3}{4}$ ⑤ E: 1

06 다음 중 수직선 위에 나타내었을 때, 가장 오른쪽에 있는 수는?

① -4 ② $\dfrac{5}{2}$ ③ 0

④ -0.8 ⑤ 2.9

07 다음 중 수직선 위에 나타내었을 때, 원점에 가장 가까이 있는 수는?

① -1.2 ② $-\dfrac{4}{5}$ ③ $-\dfrac{1}{3}$

④ 0.5   ⑤ $\dfrac{9}{8}$

08 수직선 위에서 -2와 6에 대응하는 점으로부터 같은 거리에 있는 점에 대응하는 수는?

① -1 ② 0 ③ 1

④ 2 ⑤ 3

09 다음 설명 중 옳지 <u>않은</u> 것은?

① 양수는 절댓값이 클수록 크다.

② 절댓값이 가장 작은 수는 0이다.

③ $a<b$이면 $|a|<|b|$이다.

④ 0을 제외한 모든 수들의 절댓값은 0보다 크다.

⑤ 절댓값이 같은 두 수에 대응하는 점은 원점으로부터 같은 거리에 있다.

10 수직선 위에서 $-5\dfrac{2}{3}$에 가장 가까운 정수를 a, $\dfrac{12}{5}$에 가장 가까운 정수를 b라고 할 때, $|a|+|b|$의 값은?

① 5 ② 6 ③ 7

④ 8 ⑤ 9

11 다음 조건을 모두 만족시키는 두 수를 구하여라.

> (가) 두 수의 절댓값이 같다.
>
> (나) 두 수의 차가 14이다.

12 절댓값이 2보다 크고 $\dfrac{9}{2}$보다 작은 정수의 개수를 구하여라.

13 다음 중 두 수의 대소 관계가 옳은 것을 모두 고르면?

(정답 2개)

① $|-3|<+2$ ② $-0.21>-\dfrac{1}{10}$

③ $0<-1$ ④ $\left|-\dfrac{2}{5}\right|>-1$

⑤ $|-1.1|>\left|+\dfrac{3}{4}\right|$

14 다음 중 부등호를 사용하여 바르게 나타낸 것은?

① x는 $\dfrac{3}{2}$보다 크거나 같다. → $x>\dfrac{3}{2}$

② x는 -2 이상 8 미만이다. → $-2\leq x\leq 8$

③ x는 5보다 크지 않다. → $x<5$

④ x는 $-\dfrac{2}{5}$보다 작지 않고 4보다 작거나 같다.

→ $-\dfrac{2}{5}\leq x\leq 4$

⑤ x는 4보다 크거나 같고 10 이하이다. → $4\leq x<10$

15 $-\dfrac{7}{2}$보다 작지 않고 5 미만인 정수 a의 개수는?

① 4 ② 5 ③ 6

④ 7 ⑤ 8

16 두 유리수 $-\dfrac{7}{3}$과 4.9 사이에 있는 정수 중 수직선 위에 나타내었을 때, 원점에서 멀리 떨어진 순서로 두 번째에 있는 수는?

① 5 ② 4 ③ 3

④ 2 ⑤ 1

주어진 단계에 따라 쓰는 유형	풀이 과정을 자세히 쓰는 유형

17 다음 수 중 양수의 개수를 A, 정수가 아닌 음의 유리수의 개수를 B라고 할 때, $A+B$의 값을 구하여라.

$$5.0, \quad +\frac{10}{3}, \quad 0, \quad -\frac{5}{4}, \quad -3.6, \quad -\frac{4}{2}, \quad 7$$

생각해 보자

구하는 것은? 양수의 개수, 정수가 아닌 음의 유리수의 개수

주어진 것은? $5.0, +\dfrac{10}{3}, 0, -\dfrac{5}{4}, -3.6, -\dfrac{4}{2}, 7$

(풀이)

[1단계] A의 값 구하기 (40 %)

[2단계] B의 값 구하기 (50 %)

[3단계] $A+B$의 값 구하기 (10 %)

(답)

18 다음 조건을 만족시키는 두 수 x, y에 대하여 y의 값을 모두 구하여라.

⑺ 수직선 위에서 두 수 x, y를 나타내는 점으로부터 같은 거리에 있는 점이 나타내는 수가 5이다.

⑻ $|x| = 2$이다.

(풀이)

(답)

19 두 유리수 $-\dfrac{17}{5}$과 $\dfrac{15}{7}$ 사이에 있는 정수 중 절댓값이 가장 큰 정수와 절댓값이 가장 작은 정수를 차례대로 구하여라.

(풀이)

(답)

정수와 유리수의 계산

3

01 정수와 유리수의 덧셈

개념 ① 정수와 유리수의 덧셈

1. 정수와 유리수의 덧셈

(1) **부호가 같은 두 수의 덧셈**: 두 수의 절댓값의 합에 공통인 부호를 붙인다.

예 $(+2)+(+3)=+(2+3)=+5$, $(-2)+(-3)=-(2+3)=-5$

(2) **부호가 다른 두 수의 덧셈**: 두 수의 절댓값의 차에 절댓값이 큰 수의 부호를 붙인다.

예 $(-2)+(+3)=+(3-2)=+1$, $(+2)+(-3)=-(3-2)=-1$

풍쌤의 Point 절댓값이 같고 부호가 다른 두 수를 더하면 그 합은 항상 0이야.

예제 1

다음 설명에서 옳은 것에 ○표 하고, □ 안에 알맞은 것을 써넣어라.

> 부호가 같은 두 수의 덧셈을 할 때, 두 수의 절댓값의 (합, 차)에 공통인 □를 붙인다.

답 합, 부호

유제 1

다음 설명에서 옳은 것에 ○표 하여라.

> 부호가 다른 두 수의 덧셈을 할 때, 두 수의 절댓값의 (합, 차)에 절댓값이 (큰, 작은) 수의 부호를 붙인다.

개념 ② 덧셈에 대한 계산 법칙

1. 덧셈에 대한 계산 법칙: 세 수 a, b, c에 대하여 다음이 성립한다.

(1) **덧셈의 교환법칙**: $a+b=b+a$

예 $(+5)+(-7)=(-7)+(+5)=-2$

(2) **덧셈의 결합법칙**: $(a+b)+c=a+(b+c)$

예 $\{(-3)+(+4)\}+(+5)=(-3)+\{(+4)+(+5)\}=+6$

$$\begin{aligned}&(-2)+(-3)+(+2)\\&=(-3)+(-2)+(+2) \quad \text{덧셈의 교환법칙}\\&=(-3)+\{(-2)+(+2)\} \quad \text{덧셈의 결합법칙}\\&=(-3)+0=-3\end{aligned}$$

예제 2

다음 계산 과정 중 덧셈의 교환법칙이 사용된 곳을 찾아라.

$$\begin{aligned}&(-2)+(+5)+(+2)\\&=(+5)+(-2)+(+2) \quad \text{(가)}\\&=(+5)+\{(-2)+(+2)\} \quad \text{(나)}\\&=(+5)+0 \quad \text{(다)}\\&=+5\end{aligned}$$

풀이 더하는 두 수의 순서를 바꾼 과정을 찾으면 (가)이다.

답 (가)

유제 2

다음 계산 과정 중 덧셈의 결합법칙이 사용된 곳을 찾아라.

$$\begin{aligned}&(+3)+(-7)+(-3)\\&=(+3)+(-3)+(-7) \quad \text{(가)}\\&=\{(+3)+(-3)\}+(-7) \quad \text{(나)}\\&=0+(-7) \quad \text{(다)}\\&=-7\end{aligned}$$

개념 확인하기

01 다음 수직선으로 설명할 수 있는 덧셈식을 완성하여라.

▷ 개념 ①
정수와 유리수의 덧셈

(1) 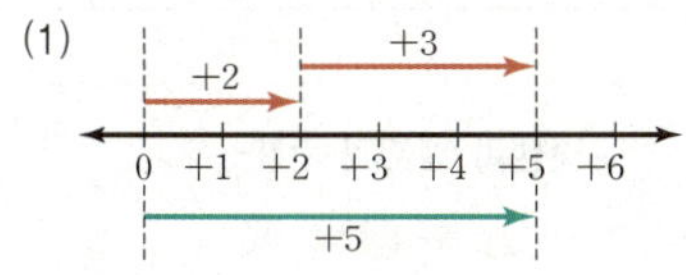

$$(+2)+(\boxed{})=\boxed{}$$

(2) 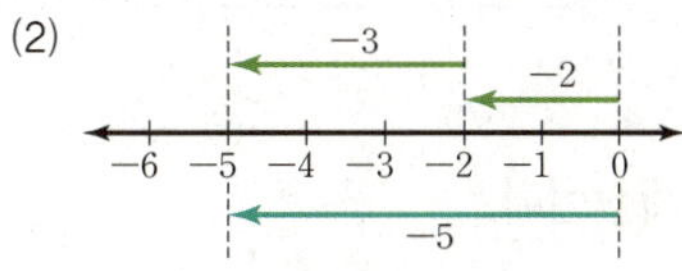

$$(-2)+(\boxed{})=\boxed{}$$

(3) 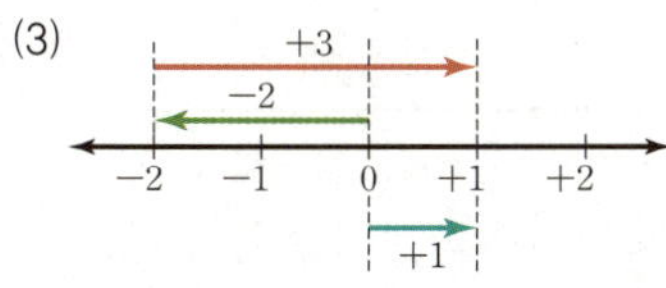

$$(\boxed{})+(+3)=\boxed{}$$

(4) 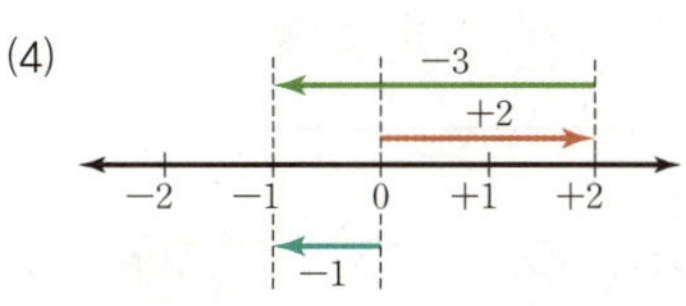

$$(\boxed{})+(-3)=\boxed{}$$

02 다음을 계산하여라.

▷ 개념 ①
정수와 유리수의 덧셈

(1) $(+3)+(+7)$

(2) $(-7)+(-5)$

(3) $(+6)+(-12)$

03 다음을 계산하여라.

▷ 개념 ①
정수와 유리수의 덧셈

(1) $\left(-\dfrac{1}{2}\right)+\left(-\dfrac{2}{3}\right)$

(2) $\left(+\dfrac{5}{7}\right)+\left(-\dfrac{2}{3}\right)$

(3) $(-5.7)+(+2.4)$

04 다음 계산 과정 ㉠, ㉡에 이용된 덧셈에 대한 계산 법칙을 각각 써라.

▷ 개념 ②
덧셈에 대한 계산 법칙

$$\left(-\dfrac{4}{5}\right)+(+3.5)+\left(+\dfrac{4}{5}\right)$$
$$=\left(-\dfrac{4}{5}\right)+\left(+\dfrac{4}{5}\right)+(+3.5) \quad ㉠$$
$$=\left\{\left(-\dfrac{4}{5}\right)+\left(+\dfrac{4}{5}\right)\right\}+(+3.5) \quad ㉡$$
$$=0+(+3.5)=+3.5$$

02 정수와 유리수의 덧셈과 뺄셈의 혼합 계산

▶ 3-1. 정수와 유리수의 덧셈과 뺄셈

개념 ① 정수와 유리수의 뺄셈

1. 정수와 유리수의 뺄셈

빼는 수의 부호를 바꾸어 덧셈으로 고쳐서 계산한다.

부호를 바꾼다.

예 $(+5)-(+3)=(+5)+(-3)=+2$, $(+5)-(-3)=(+5)+(+3)=+8$

덧셈으로 고친다.　　　　덧셈으로 고친다.

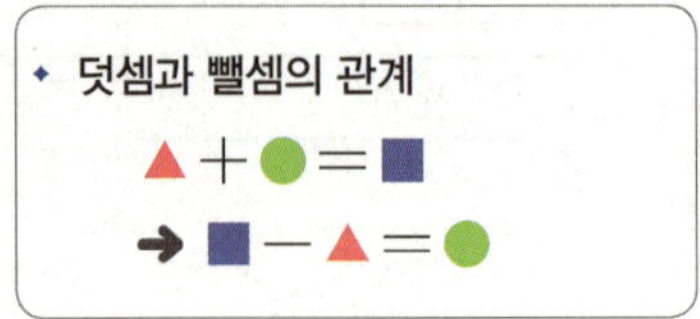

예제 1

다음 ○ 안에 알맞은 부호를 써넣고, 계산을 완성하여라.

$$(+4)-(+8)=(+4)\bigcirc(-8)=\bigcirc(8-4)$$
$$=\boxed{}$$

풀이 $(+4)-(+8)=(+4)+(-8)=-(8-4)=-4$

답 $+,\ -,\ -4$

유제 1

다음 ○ 안에 알맞은 부호를 써넣고, 계산을 완성하여라.

$$(+2)-(-5)=(+2)\bigcirc(+5)=\bigcirc(2+5)$$
$$=\boxed{}$$

개념 ② 덧셈과 뺄셈의 혼합 계산

1. 덧셈과 뺄셈의 혼합 계산

(1) **덧셈과 뺄셈의 혼합 계산**

① 뺄셈을 덧셈으로 고친다.

② 왼쪽부터 차례대로 계산한다. 계산이 간편해지는 경우 덧셈의 교환법칙과 결합법칙을 이용하여 순서를 적당히 바꾸어 계산한다.

예 $(+3)+(-4)-(-2)=(+3)+(-4)+(+2)=(+3)+(+2)+(-4)$
$$=(+5)+(-4)=+1$$

(2) **부호가 생략된 수가 있는 덧셈과 뺄셈**: 생략된 양의 부호 $+$를 넣고 괄호가 있는 식으로 고쳐서 계산하면 편리하다.

예 $-3+7-2=(-3)+(+7)-(+2)=(-3)+(+7)+(-2)$
$$=(-3)+(-2)+(+7)=(-5)+(+7)=+2$$

예제 2

다음 □ 안에 알맞은 수를 써넣어 계산을 완성하여라.

$$(+3)-(+7)+(+4)=(+3)+(\boxed{})+(+4)$$
$$=\{(+3)+(+4)\}+(\boxed{})$$
$$=(\boxed{})+(\boxed{})=\boxed{}$$

풀이 $(+3)-(+7)+(+4)=(+3)+(-7)+(+4)$
$$=\{(+3)+(+4)\}+(-7)$$
$$=(+7)+(-7)=0$$

답 $-7,\ -7,\ +7,\ -7,\ 0$

유제 2

다음 □ 안에 알맞은 수를 써넣어 계산을 완성하여라.

$$(+8)+(-5)-(-2)=(+8)+(-5)+(\boxed{})$$
$$=\{(+8)+(\boxed{})\}+(-5)$$
$$=(\boxed{})+(\boxed{})=\boxed{}$$

개념 확인하기

01 다음을 계산하여라.

(1) $(+3)-(+7)$

(2) $(+5)-(-2)$

(3) $\left(-\dfrac{3}{5}\right)-\left(+\dfrac{1}{5}\right)$

(4) $\left(-\dfrac{1}{2}\right)-\left(-\dfrac{2}{3}\right)$

▷ 개념 ① 정수와 유리수의 뺄셈

02 다음을 계산하여라.

(1) $(+10)-(+5)-(-2)$

(2) $(-8)-(-4)-(+9)$

(3) $(-1.2)-(+3.7)-(-5.9)$

(4) $\left(+\dfrac{2}{3}\right)-\left(+\dfrac{5}{6}\right)-\left(-\dfrac{1}{2}\right)$

▷ 개념 ① 정수와 유리수의 뺄셈

03 다음을 계산하여라.

(1) $(-9)+(+5)-(-7)$

(2) $(+5)-(-3)+(-10)$

(3) $(-1.2)+(-3.2)-(-3.4)$

(4) $\left(-\dfrac{1}{2}\right)-(+4)+\left(-\dfrac{2}{3}\right)$

▷ 개념 ② 덧셈과 뺄셈의 혼합 계산

04 다음을 계산하여라.

(1) $7-5+4$

(2) $-8+13-1$

(3) $1+\dfrac{7}{2}-\dfrac{1}{3}$

(4) $\dfrac{2}{3}-\dfrac{3}{4}+\dfrac{1}{6}$

▷ 개념 ② 덧셈과 뺄셈의 혼합 계산

유형 확인하기

유형·1 수직선을 이용한 덧셈

다음 그림은 수직선을 이용하여 수의 계산을 한 것이다. 이 그림이 나타내는 식은?

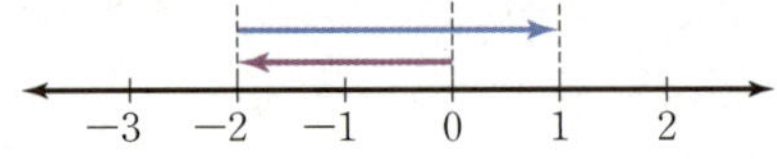

① $(-3)+(+2)=-1$

② $(-2)+(-3)=-5$

③ $(-2)+(-1)=-3$

④ $(-2)+(+1)=-1$

⑤ $(-2)+(+3)=+1$

1-1

다음 수직선으로 설명할 수 있는 계산식은?

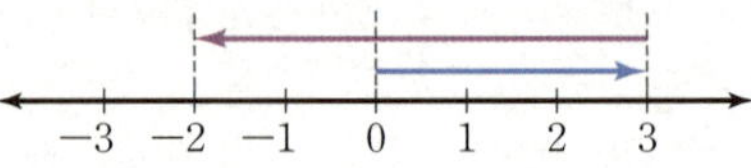

① $(+3)+(-2)=+1$

② $(+3)+(-5)=-2$

③ $(+3)+(+5)=+8$

④ $(+5)+(-3)=+2$

⑤ $(-5)+(+2)=-3$

1-2

다음 수직선으로 설명할 수 있는 덧셈식을 구하여라.

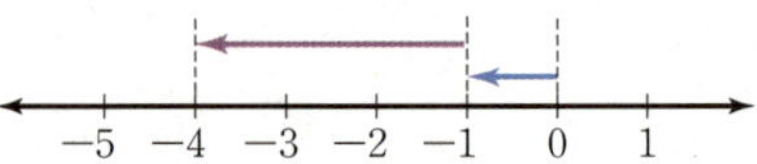

유형·2 부호가 같은 두 수의 덧셈

다음 중 계산 결과가 옳은 것은?

① $(+9)+(+3)=+11$

② $(-7)+(-2)=-5$

③ $(+6.4)+(+3.2)=+3.2$

④ $\left(-\dfrac{1}{2}\right)+\left(-\dfrac{1}{4}\right)=-\dfrac{1}{4}$

⑤ $(+3)+\left(+\dfrac{5}{2}\right)=+\dfrac{11}{2}$

2-1

다음을 계산하여라.

(1) $(+7)+(+4)$

(2) $(-9)+(-6)$

(3) $(+1.5)+\left(+\dfrac{3}{2}\right)$

(4) $\left(-\dfrac{3}{8}\right)+\left(-\dfrac{5}{12}\right)$

2-2

다음을 계산하여라.

$$\left(+\dfrac{2}{3}\right)+\left(+\dfrac{1}{2}\right)+(+1)$$

다음 중 계산 결과가 옳지 <u>않은</u> 것은?

① $(+2)+(-6)=-4$

② $(-7)+(+8)=+1$

③ $(+3.2)+(-9.8)=-6.6$

④ $\left(-\dfrac{1}{5}\right)+\left(+\dfrac{2}{15}\right)=+\dfrac{1}{15}$

⑤ $(+1)+\left(-\dfrac{5}{2}\right)=-\dfrac{3}{2}$

3-1

다음을 계산하여라.

(1) $(+24)+(-9)$ (2) $(-2)+\left(+\dfrac{1}{4}\right)$

(3) $(+3.1)+(-1.9)$ (4) $\left(-\dfrac{4}{3}\right)+\left(+\dfrac{7}{2}\right)$

3-2

다음을 계산하여라.

$$(-1.8)+(-2)+\left(+\dfrac{3}{2}\right)$$

다음 계산 과정 중 덧셈의 결합법칙이 사용된 곳은?

$$
\begin{aligned}
&\left(-\dfrac{2}{9}\right)+(+4)+\left(-\dfrac{7}{9}\right) \\
&=(+4)+\left(-\dfrac{2}{9}\right)+\left(-\dfrac{7}{9}\right) \quad\text{㉠} \\
&=(+4)+\left\{\left(-\dfrac{2}{9}\right)+\left(-\dfrac{7}{9}\right)\right\} \quad\text{㉡} \\
&=(+4)+(-1) \quad\text{㉢} \\
&=+3 \quad\text{㉣}
\end{aligned}
$$

① ㉠   ② ㉡   ③ ㉢

④ ㉣   ⑤ ㉠, ㉡

4-1

다음 계산 과정에서 ☐ 안에 알맞은 것을 써넣어라.

$$
\begin{aligned}
&(-3.1)+(+1)+(-1.9) \\
&=(-3.1)+(\boxed{})+(+1) \quad\text{덧셈의 교환법칙} \\
&=\{(-3.1)+(\boxed{})\}+(+1) \quad\text{덧셈의 }\boxed{} \\
&=(\boxed{})+(+1) \\
&=\boxed{}
\end{aligned}
$$

4-2

덧셈의 교환법칙과 결합법칙을 이용하여 다음을 계산하여라.

(1) $\left(-\dfrac{1}{2}\right)+(+4)+\left(+\dfrac{1}{2}\right)$

(2) $(-3.4)+(+52)+(-6.6)$

유형·5 정수와 유리수의 뺄셈

다음 중 계산 결과가 옳은 것은?

① $(+9)-(+3)=+12$

② $(+8)-(-4)=+4$

③ $(-2.6)-(+0.6)=-2$

④ $\left(+\dfrac{3}{10}\right)-(-0.1)=-\dfrac{1}{5}$

⑤ $\left(+\dfrac{5}{6}\right)-\left(-\dfrac{1}{3}\right)=+\dfrac{7}{6}$

5-1

다음을 계산하여라.

(1) $(+4)-(+8)$

(2) $(-3)-(-9)$

(3) $(+5)-(-7)$

(4) $(-11)-(+6)$

5-2

다음을 계산하여라.

(1) $(+0.12)-(+3.14)$

(2) $\left(-\dfrac{3}{2}\right)-\left(-\dfrac{5}{6}\right)$

(3) $(-0.2)-\left(+\dfrac{2}{5}\right)$

(4) $\left(+\dfrac{5}{6}\right)-\left(-\dfrac{3}{4}\right)$

유형·6 덧셈과 뺄셈의 혼합 계산

다음을 계산하여라.

(1) $(+6)+(-9)-(-2)$

(2) $(+5)-(+4)+(-3)$

(3) $\left(-\dfrac{1}{4}\right)-\left(-\dfrac{2}{5}\right)+\left(-\dfrac{3}{4}\right)$

(4) $(+5.2)+\left(+\dfrac{4}{5}\right)-(-6.7)$

6-1

다음을 계산하여라.

(1) $(-11)+(-3)-(-6)$

(2) $(-2)+\left(+\dfrac{4}{3}\right)-\left(-\dfrac{5}{3}\right)$

(3) $\left(-\dfrac{1}{2}\right)-\left(+\dfrac{1}{3}\right)+\left(-\dfrac{2}{3}\right)$

(4) $\left(-\dfrac{5}{2}\right)-(+1.2)+(+0.6)$

6-2

다음을 계산하여라.

$$(-11)-(+10)+|-9|-(-12)$$

다음을 계산하여라.

(1) $-6+12-4-3$

(2) $-7-11+5-8$

(3) $\dfrac{3}{5}+\dfrac{3}{10}-1-\dfrac{3}{2}$

(4) $\dfrac{3}{2}+\dfrac{1}{4}-\dfrac{1}{6}+\dfrac{5}{12}$

7-1

다음을 계산하여라.

(1) $8-2-10+5$

(2) $15-3-2+4$

(3) $-5.1+3.9-2.6+3.8$

(4) $-\dfrac{8}{3}-\dfrac{3}{4}+2-\dfrac{5}{12}$

7-2

다음을 계산하여라.

$$1-2+3-4+\cdots+47-48+49-50$$

-2보다 7만큼 큰 수를 a, -5보다 -3만큼 작은 수를 b라고 할 때, $a-b$의 값을 구하여라.

8-1

다음 수를 구하여라.

(1) 9보다 -6만큼 큰 수

(2) -2보다 $-\dfrac{4}{3}$만큼 작은 수

8-2

-3보다 $-\dfrac{5}{2}$만큼 작은 수를 a라고 할 때, $|a|$의 값을 구하여라.

03 정수와 유리수의 곱셈

개념 ① 정수와 유리수의 곱셈

1. 정수와 유리수의 곱셈

(1) **부호가 같은 두 수의 곱셈**: 두 수의 **절댓값의 곱**에 **＋부호**를 붙인다.

예 ① $(+2) \times (+3) = +(2 \times 3) = +6$
　　　　같은 부호　　　　　두 수의 절댓값의 곱

　② $(-5) \times (-2) = +(5 \times 2) = +10$
　　　　같은 부호　　　　　두 수의 절댓값의 곱

(2) **부호가 다른 두 수의 곱셈**: 두 수의 **절댓값의 곱**에 **－부호**를 붙인다.

예 ① $(+2) \times (-3) = -(2 \times 3) = -6$
　　　　다른 부호　　　　　두 수의 절댓값의 곱

　② $(-5) \times (+2) = -(5 \times 2) = -10$
　　　　다른 부호　　　　　두 수의 절댓값의 곱

◆ (양수)×(양수)
　＝＋(두 수의 절댓값의 곱)
◆ (음수)×(음수)
　＝＋(두 수의 절댓값의 곱)

◆ (양수)×(음수)
　＝－(두 수의 절댓값의 곱)
◆ (음수)×(양수)
　＝－(두 수의 절댓값의 곱)

풍쌤의 Point 0은 어떤 수와 곱해도 0이야.

예제 1

다음 설명에서 옳은 것에 ○표 하고, □ 안에 알맞은 것을 써넣어라.

> 부호가 같은 두 수의 곱셈을 할 때, 두 수의 □의 곱에 (양, 음)의 부호 (＋, －)를 붙인다.

답 절댓값, 양, ＋

유제 1

다음 설명에서 옳은 것에 ○표 하고, □ 안에 알맞은 것을 써넣어라.

> 부호가 다른 두 수의 곱셈을 할 때, 두 수의 □의 곱에 (양, 음)의 부호 (＋, －)를 붙인다.

개념 ② 곱셈에 대한 계산 법칙

1. 곱셈에 대한 계산 법칙

세 수 a, b, c에 대하여 다음이 성립한다.

(1) **곱셈의 교환법칙**: $a \times b = b \times a$

(2) **곱셈의 결합법칙**: $(a \times b) \times c = a \times (b \times c)$

$$(+2) \times (-3) \times (-5)$$
$$= (-3) \times (+2) \times (-5)$$ ← 곱셈의 교환법칙
$$= (-3) \times \{(+2) \times (-5)\}$$ ← 곱셈의 결합법칙
$$= (-3) \times (-10) = +30$$

예제 2

다음 계산 과정 중 곱셈의 교환법칙이 사용된 곳을 찾아라.

$$(-2) \times (-9) \times (+5)$$
$$= (-2) \times (+5) \times (-9)$$ (가)
$$= \{(-2) \times (+5)\} \times (-9)$$ (나)
$$= (-10) \times (-9)$$ (다)
$$= +90$$

풀이 곱하는 두 수의 순서를 바꾼 과정을 찾으면 (가)이다.

답 (가)

유제 2

다음 계산 과정 중 곱셈의 결합법칙이 사용된 곳을 찾아라.

$$(+5) \times (-7) \times (+2)$$
$$= (-7) \times (+5) \times (+2)$$ (가)
$$= (-7) \times \{(+5) \times (+2)\}$$ (나)
$$= (-7) \times (+10)$$ (다)
$$= -70$$

---

01 다음을 계산하여라.

(1) $(+3) \times (+7)$ 　　(2) $(-2) \times (-6)$ 　　(3) $(+5) \times 0$

(4) $\left(+\dfrac{1}{2}\right) \times \left(+\dfrac{2}{3}\right)$ 　　(5) $(-9) \times \left(-\dfrac{5}{18}\right)$ 　　(6) $\left(-\dfrac{4}{7}\right) \times \left(-\dfrac{21}{2}\right)$

▷ 개념 ① 정수와 유리수의 곱셈

02 다음을 계산하여라.

(1) $(+8) \times (-4)$ 　　(2) $(-2) \times (+13)$ 　　(3) $\left(+\dfrac{9}{5}\right) \times (-45)$

(4) $\left(+\dfrac{10}{3}\right) \times \left(-\dfrac{9}{8}\right)$ 　　(5) $\left(-\dfrac{9}{32}\right) \times \left(+\dfrac{8}{3}\right)$ 　　(6) $(-1.5) \times \left(+\dfrac{4}{9}\right)$

▷ 개념 ① 정수와 유리수의 곱셈

03 다음 계산 과정 ㉠, ㉡에 이용된 곱셈에 대한 계산 법칙을 각각 써라.

$$
\begin{aligned}
&(-4) \times \left(+\dfrac{8}{3}\right) \times \left(+\dfrac{1}{2}\right) \\
&= (-4) \times \left(+\dfrac{1}{2}\right) \times \left(+\dfrac{8}{3}\right) \quad ㉠\\
&= \left\{(-4) \times \left(+\dfrac{1}{2}\right)\right\} \times \left(+\dfrac{8}{3}\right) \quad ㉡\\
&= (-2) \times \left(+\dfrac{8}{3}\right) \\
&= -\dfrac{16}{3}
\end{aligned}
$$

▷ 개념 ② 곱셈에 대한 계산 법칙

04 곱셈의 교환법칙과 결합법칙을 이용하여 다음을 계산하여라.

(1) $(-5) \times (+13) \times (-2)$ 　　(2) $\left(+\dfrac{5}{7}\right) \times (-6) \times \left(+\dfrac{14}{15}\right)$

▷ 개념 ② 곱셈에 대한 계산 법칙

04 거듭제곱의 계산과 분배법칙

개념 1 세 개 이상의 수의 곱셈과 거듭제곱의 계산

1. 세 개 이상의 수의 곱셈과 거듭제곱의 계산

(1) **세 개 이상의 수의 곱셈**: 먼저 곱의 부호를 정하고, 각 수의 절댓값의 곱에 그 부호를 붙인다. 이때 곱의 부호는 음수의 개수가

짝수 개이면 ➜ +, 홀수 개이면 ➜ -

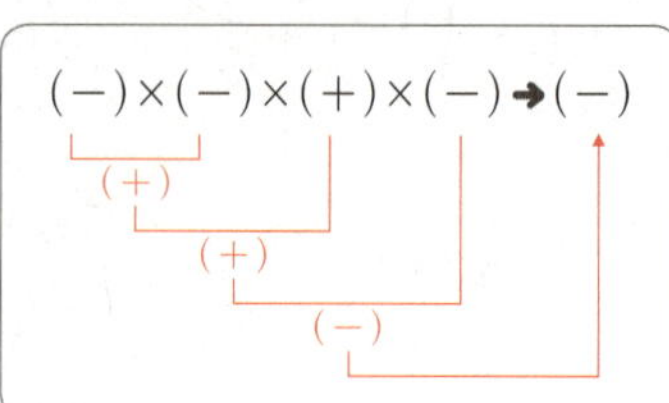

예 ① $(-5)\times(-2)\times(+3)=+(5\times2\times3)=+30$

음수가 짝수 개

② $(-5)\times(-2)\times(-3)=-(5\times2\times3)=-30$

음수가 홀수 개

(2) **거듭제곱의 계산**: 양수의 거듭제곱은 지수에 관계없이 양의 부호 +를 붙이고, **음수의 거듭제곱은 지수가 짝수**이면 양의 부호 +, **지수가 홀수**이면 음의 부호 -를 붙인다.

예 ① $(-2)^2=(-2)\times(-2)=+4$, $(-2)^3=(-2)\times(-2)\times(-2)=-8$

② $(-2)^2=(-2)\times(-2)=+4$, $-2^2=-(2\times2)=-4$이므로 $(-2)^2\neq-2^2$

예제 1

다음 ○ 안에 알맞은 부호를 써넣고, 계산을 완성하여라.

$$(+6)\times\left(+\frac{2}{3}\right)\times(-4)=\bigcirc\left(6\times\frac{2}{3}\times4\right)=\boxed{}$$

풀이 $(+6)\times\left(+\frac{2}{3}\right)\times(-4)=-\left(6\times\frac{2}{3}\times4\right)=-16$

답 $-$, -16

유제 1

다음 ○ 안에 알맞은 부호를 써넣고, 계산을 완성하여라.

$$\left(-\frac{5}{7}\right)\times\left(-\frac{2}{5}\right)\times(-21)=\bigcirc\left(\frac{5}{7}\times\frac{2}{5}\times21\right)=\boxed{}$$

개념 2 분배법칙

1. 분배법칙: 세 수 a, b, c에 대하여 다음이 성립한다.

(1) $a\times(b+c)=a\times b+a\times c$, $(a+b)\times c=a\times c+b\times c$

(2) $a\times b+a\times c=a\times(b+c)$, $a\times c+b\times c=(a+b)\times c$

예제 2

다음은 분배법칙을 이용하여 계산하는 과정이다. □ 안에 알맞은 수를 써넣어 계산을 완성하여라.

$$18\times\left\{\left(-\frac{2}{3}\right)+\frac{1}{6}\right\}=18\times\left(-\frac{2}{3}\right)+18\times\boxed{}$$
$$=(-12)+\boxed{}=\boxed{}$$

풀이 $18\times\left\{\left(-\frac{2}{3}\right)+\frac{1}{6}\right\}=18\times\left(-\frac{2}{3}\right)+18\times\frac{1}{6}$
$$=(-12)+3=-9$$

답 $\frac{1}{6}$, 3, -9

유제 2

다음은 분배법칙을 이용하여 계산하는 과정이다. □ 안에 알맞은 수를 써넣어 계산을 완성하여라.

$$\left(\frac{3}{4}-\frac{1}{5}\right)\times20=\frac{3}{4}\times20+\left(\boxed{}\right)\times20$$
$$=15+\left(\boxed{}\right)=\boxed{}$$

개념 확인하기

01 다음을 계산하여라.

(1) $(+4) \times (-7) \times \left(+\dfrac{1}{4}\right)$

(2) $(+6) \times (-3) \times \left(-\dfrac{5}{12}\right)$

(3) $\left(-\dfrac{4}{15}\right) \times \left(-\dfrac{5}{8}\right) \times \left(-\dfrac{3}{2}\right)$

(4) $\left(-\dfrac{12}{5}\right) \times \left(+\dfrac{10}{3}\right) \times \left(-\dfrac{3}{7}\right)$

▷ 개념 ① 세 개 이상의 수의 곱셈과 거듭제곱의 계산

02 다음을 계산하여라.

(1) $(-4) \times (+2) \times (-25) \times (-2)$

(2) $\left(+\dfrac{2}{5}\right) \times (-20) \times \left(+\dfrac{1}{6}\right) \times \left(-\dfrac{9}{4}\right)$

(3) $\left(+\dfrac{4}{5}\right) \times \left(+\dfrac{3}{7}\right) \times \left(-\dfrac{10}{9}\right) \times \left(+\dfrac{21}{2}\right)$

(4) $(-6) \times \left(+\dfrac{2}{3}\right) \times \left(-\dfrac{5}{9}\right) \times \left(-\dfrac{12}{5}\right)$

▷ 개념 ① 세 개 이상의 수의 곱셈과 거듭제곱의 계산

03 다음을 계산하여라.

(1) $(-3)^3$

(2) $(-1)^6$

(3) -2^3

(4) $\left(-\dfrac{3}{2}\right)^2$

▷ 개념 ① 세 개 이상의 수의 곱셈과 거듭제곱의 계산

04 다음을 계산하여라.

(1) $(-1)^{10}$

(2) $(-1)^{15}$

(3) $(-1)^2 + (-1)^3 \times 2 + (-1)^4 \times 3$

(4) $(-1) + (-1)^2 + (-1)^3 + \cdots + (-1)^{10}$

▷ 개념 ① 세 개 이상의 수의 곱셈과 거듭제곱의 계산

05 다음은 분배법칙을 이용하여 계산한 것이다. □ 안에 알맞은 수를 써넣어라.

$$16 \times \left\{ \left(-\dfrac{1}{8}\right) + \dfrac{3}{4} \right\} = 16 \times \left(\boxed{} \right) + 16 \times \dfrac{3}{4} = \boxed{}$$

▷ 개념 ② 분배법칙

05 정수와 유리수의 나눗셈

개념 ① 정수와 유리수의 나눗셈

1. 정수와 유리수의 나눗셈

(1) **부호가 같은 두 수의 나눗셈**: 두 수의 **절댓값의 나눗셈의 몫**에 **＋부호**를 붙인다.

예 ① $(+15) \div (+3) = +(15 \div 3) = +5$, ② $(-15) \div (-3) = +(15 \div 3) = +5$
  같은 부호 — 두 수의 나눗셈의 몫   같은 부호 — 두 수의 나눗셈의 몫

◆ (양수)÷(양수)
 ＝＋(절댓값의 나눗셈의 몫)
◆ (음수)÷(음수)
 ＝＋(절댓값의 나눗셈의 몫)

(2) **부호가 다른 두 수의 나눗셈**: 두 수의 **절댓값의 나눗셈의 몫**에 **－부호**를 붙인다.

예 ① $(+15) \div (-3) = -(15 \div 3) = -5$, ② $(-15) \div (+3) = -(15 \div 3) = -5$
  다른 부호 — 두 수의 나눗셈의 몫   다른 부호 — 두 수의 나눗셈의 몫

◆ (양수)÷(음수)
 ＝－(절댓값의 나눗셈의 몫)
◆ (음수)÷(양수)
 ＝－(절댓값의 나눗셈의 몫)

풍쌤의 Point 어떤 수를 0으로 나누는 것은 생각하지 않도록 해.

예제 1

다음 설명에서 옳은 것에 ○표 하고, □ 안에 알맞은 것을 써넣어라.

> 부호가 같은 두 수의 나눗셈을 할 때, 두 수의 □□□의 나눗셈의 몫에 (양, 음)의 부호 (＋, －)를 붙인다.

답 절댓값, 양, ＋

유제 1

다음 설명에서 옳은 것에 ○표 하고, □ 안에 알맞은 것을 써넣어라.

> 부호가 다른 두 수의 나눗셈을 할 때, 두 수의 □□□의 나눗셈의 몫에 (양, 음)의 부호 (＋, －)를 붙인다.

개념 ② 역수

1. 역수

(1) **역수**: 어떤 두 수의 곱이 1일 때, 한 수를 다른 수의 역수라고 한다.

  예 $2 \times \dfrac{1}{2} = 1$이므로 2의 역수는 $\dfrac{1}{2}$이고 $\dfrac{1}{2}$의 역수는 2이다.

풍쌤의 Point 어떤 수와 그 수의 역수의 부호는 같아. 역수를 구할 때 부호를 바꾸면 안돼.

(2) **역수를 이용한 나눗셈**: 어떤 수를 **0이 아닌 수로 나누는 것**은 나누는 수의 **역수를 곱하는 것**과 같다. 예 $5 \div \dfrac{2}{3} = 5 \times \dfrac{3}{2} = \dfrac{15}{2}$

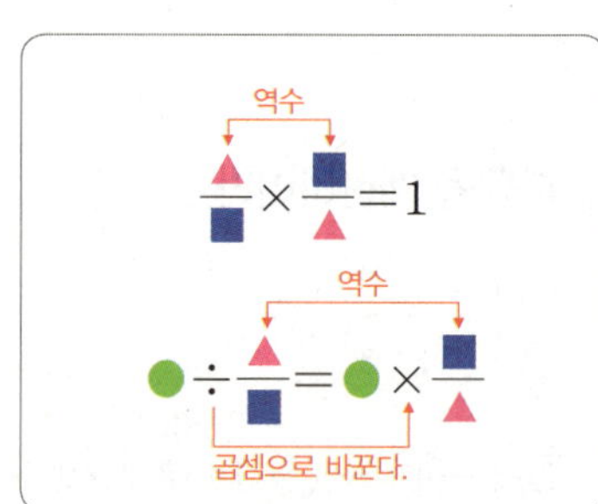

예제 2

다음 □ 안에 알맞은 것을 써넣어라.

> 어떤 두 수의 곱이 □일 때, 한 수를 다른 수의 역수라고 하므로 -4의 역수를 구하면
> $(-4) \times (\boxed{}) = 1$에서 -4의 역수는 $\boxed{}$이다.

답 1, $-\dfrac{1}{4}$, $-\dfrac{1}{4}$

유제 2

다음 □ 안에 알맞은 것을 써넣어라.

> 어떤 두 수의 곱이 □일 때, 한 수를 다른 수의 역수라고 하므로 $-\dfrac{5}{3}$의 역수를 구하면
> $\left(-\dfrac{5}{3}\right) \times (\boxed{}) = 1$에서 $-\dfrac{5}{3}$의 역수는 $\boxed{}$이다.

개념 확인하기

01 다음을 계산하여라.

(1) $(+12) \div (+3)$

(2) $(-28) \div (-4)$

(3) $(+40) \div (-8)$

(4) $(-72) \div (+6)$

> **개념 ①**
> 정수와 유리수의 나눗셈

02 다음을 계산하여라.

(1) $(-20) \div (+2) \div (+5)$

(2) $(-36) \div (-2) \div (+6)$

(3) $(+60) \div (+3) \div (-5)$

(4) $(-90) \div (-6) \div (-3)$

> **개념 ①**
> 정수와 유리수의 나눗셈

03 다음 수의 역수를 구하여라.

(1) $+\dfrac{1}{8}$

(2) $-\dfrac{7}{2}$

(3) -5

(4) 1

> **개념 ②**
> 역수

04 다음을 계산하여라.

(1) $\left(+\dfrac{4}{5}\right) \div \left(+\dfrac{2}{7}\right)$

(2) $(-8) \div \left(+\dfrac{4}{3}\right)$

(3) $\left(+\dfrac{3}{4}\right) \div \left(-\dfrac{6}{5}\right)$

(4) $\left(-\dfrac{5}{2}\right) \div (-10)$

> **개념 ②**
> 역수

05 다음을 계산하여라.

(1) $(-4) \div \left(+\dfrac{2}{5}\right) \div \left(-\dfrac{1}{3}\right)$

(2) $(+6) \div \left(-\dfrac{1}{2}\right) \div \left(+\dfrac{4}{3}\right)$

(3) $(-12) \div \left(+\dfrac{4}{7}\right) \div \left(+\dfrac{7}{2}\right)$

(4) $\left(-\dfrac{14}{3}\right) \div (-7) \div \left(-\dfrac{2}{9}\right)$

> **개념 ②**
> 역수

06 정수와 유리수의 혼합 계산

개념 ① 곱셈과 나눗셈의 혼합 계산

1. 곱셈, 나눗셈의 혼합 계산

① 거듭제곱이 있으면 거듭제곱을 먼저 계산한다.

② 나눗셈은 역수를 이용하여 곱셈으로 바꾸어 계산한다.

예 $\left(-\dfrac{9}{5}\right) \div (+3)^2 \times (+5) = \left(-\dfrac{9}{5}\right) \div (+9) \times (+5) = \left(-\dfrac{9}{5}\right) \times \left(+\dfrac{1}{9}\right) \times (+5)$

$\qquad = \left(-\dfrac{1}{5}\right) \times (+5) = -1$

예제 1

다음 $\square$ 안에 알맞은 수를 써넣어 계산을 완성하여라.

$(+16) \div (-2)^2 \times \left(+\dfrac{3}{4}\right) = (+16) \div (\square) \times \left(+\dfrac{3}{4}\right)$

$\qquad = (+16) \times \left(\square\right) \times \left(+\dfrac{3}{4}\right)$

$\qquad = (\square) \times \left(+\dfrac{3}{4}\right) = \square$

답 $+4,\ +\dfrac{1}{4},\ +4,\ +3$

유제 1

다음 $\square$ 안에 알맞은 수를 써넣어 계산을 완성하여라.

$(-6) \times (-1)^3 \div \left(-\dfrac{2}{3}\right) = (-6) \times (\square) \div \left(-\dfrac{2}{3}\right)$

$\qquad = (-6) \times (\square) \times \left(\square\right)$

$\qquad = \square$

개념 ② 덧셈, 뺄셈, 곱셈, 나눗셈의 혼합 계산

1. 덧셈, 뺄셈, 곱셈, 나눗셈의 혼합 계산

① 거듭제곱이 있으면 거듭제곱을 먼저 계산한다.

② 괄호가 있으면 괄호 안을 먼저 계산한다. 이때 괄호는

$\qquad$ 소괄호 ( ) ➡ 중괄호 { } ➡ 대괄호 [ ]

의 순서로 계산한다.

③ 곱셈과 나눗셈을 먼저 계산하고, 덧셈과 뺄셈은 나중에 계산한다.

◆ 혼합 계산의 순서

> 거듭제곱
> ↓
> 괄호 ( ) → { } → [ ]
> ↓
> 곱셈, 나눗셈
> ↓
> 덧셈, 뺄셈

예제 2

다음 $\square$ 안에 알맞은 수를 써넣어 계산 과정을 완성하여라.

$5 + (-2)^3 \times \left(+\dfrac{3}{8}\right) = 5 + (\square) \times \left(+\dfrac{3}{8}\right)$

$\qquad = 5 + (\square) = \square$

답 $-8,\ -3,\ +2$

유제 2

다음 $\square$ 안에 알맞은 수를 써넣어 계산 과정을 완성하여라.

$(-4) - (-1)^6 \div \left(-\dfrac{2}{3}\right) = (-4) - (\square) \div \left(-\dfrac{2}{3}\right)$

$\qquad = (-4) - (\square) \times \left(\square\right)$

$\qquad = (-4) - \left(\square\right) = \square$

개념 확인하기

01 다음을 계산하여라.

(1) $(-6) \div 2 \times (-3)$

(2) $(-2)^4 \div (-8) \times (+7)$

(3) $\left(-\dfrac{3}{4}\right) \times \left(-\dfrac{2}{7}\right) \div \left(-\dfrac{8}{7}\right)$

(4) $\left(-\dfrac{2}{3}\right)^2 \div (-2) \times (-3)$

▷ 개념 ①
곱셈과 나눗셈의 혼합 계산

02 다음을 계산하여라.

(1) $(-4) \div (-10) \times (+15) \div (+2)$

(2) $\left(-\dfrac{4}{5}\right) \div \left(+\dfrac{7}{12}\right) \div \left(-\dfrac{3}{14}\right) \times \left(-\dfrac{5}{4}\right)$

(3) $\left(+\dfrac{1}{2}\right) \div (+4) \times (-2)^2 \div \left(-\dfrac{5}{12}\right)$

(4) $\left(-\dfrac{12}{5}\right) \times (-9) \div (+3)^2 \times \left(+\dfrac{5}{6}\right)$

▷ 개념 ①
곱셈과 나눗셈의 혼합 계산

03 다음 식의 계산 순서를 차례대로 나열하여라.

(1) $7 - \left\{ \left(-\dfrac{2}{5}\right) + (-2)^3 \times \dfrac{9}{5} \right\} \times 6$

ㄱ, ㄴ, ㄷ, ㄹ, ㅁ

(2) $4 - \left\{ (-2)^3 + 4 \times 7 \right\} \div 2$

ㄱ, ㄴ, ㄷ, ㄹ, ㅁ

▷ 개념 ②
덧셈, 뺄셈, 곱셈, 나눗셈의 혼합 계산

04 다음을 계산하여라.

(1) $(-4) \times 6 - (-8) \div 2$

(2) $\dfrac{1}{3} - \left(\dfrac{1}{2}\right)^2 \div \left(-\dfrac{3}{8}\right)$

(3) $-4 + \left\{ 1 - \left(-\dfrac{1}{2}\right) \times \dfrac{1}{3} \right\} \div \dfrac{7}{6}$

(4) $3 \div \left\{ \left(\dfrac{1}{2} + 3\right) \times 6 - (-2)^2 \right\}$

▷ 개념 ②
덧셈, 뺄셈, 곱셈, 나눗셈의 혼합 계산

유형·1 부호가 같은 두 수의 곱셈

다음 중 계산 결과가 옳은 것은?

① $(+9) \times (+3) = +12$

② $(-7) \times (-2) = -14$

③ $(+6.4) \times (+2) = +8.4$

④ $\left(-\dfrac{3}{2}\right) \times \left(-\dfrac{1}{4}\right) = +\dfrac{3}{8}$

⑤ $(+1) \times \left(+\dfrac{5}{2}\right) = +\dfrac{7}{2}$

1-1

다음을 계산하여라.

(1) $(+1.5) \times \left(+\dfrac{3}{2}\right)$

(2) $\left(+\dfrac{3}{4}\right) \times \left(+1\dfrac{1}{6}\right)$

(3) $(-2.5) \times (-0.4)$

(4) $\left(-\dfrac{3}{2}\right) \times \left(-\dfrac{4}{27}\right)$

1-2

$A = (+6) \times \left(+\dfrac{4}{9}\right)$, $B = \left(-\dfrac{2}{3}\right) \times \left(-\dfrac{9}{8}\right)$일 때, $A \times B$의 값을 구하여라.

유형·2 부호가 다른 두 수의 곱셈

다음 중 계산 결과가 옳은 것은?

① $(+2) \times (-6) = -4$

② $(-7) \times (+8) = +56$

③ $\left(+\dfrac{16}{5}\right) \times (-2.5) = +8$

④ $\left(-\dfrac{2}{3}\right) \times \left(+\dfrac{3}{2}\right) = -\dfrac{1}{2}$

⑤ $\left(-\dfrac{2}{7}\right) \times \left(+\dfrac{14}{5}\right) = -\dfrac{4}{5}$

2-1

다음을 계산하여라.

(1) $(+2) \times \left(-\dfrac{1}{6}\right)$

(2) $(+3.2) \times (-0.3)$

(3) $\left(-\dfrac{4}{5}\right) \times \left(+\dfrac{10}{3}\right)$

(4) $\left(+\dfrac{35}{24}\right) \times \left(-\dfrac{3}{14}\right)$

2-2

$A = \left(+\dfrac{4}{5}\right) \times \left(-\dfrac{25}{12}\right)$, $B = \left(-\dfrac{4}{3}\right) \times \left(-\dfrac{9}{20}\right)$일 때, $A \times B$의 값을 구하여라.

세 수 $-\dfrac{5}{3}, -\dfrac{3}{2}, 2$ 중 서로 다른 두 수를 뽑아 곱했을 때, 그 결과가 가장 큰 수를 A, 가장 작은 수를 B라고 하자. 이때 $A \times B$의 값을 구하여라.

3-1

세 수 $-\dfrac{9}{4}, \dfrac{4}{5}, 10$ 중에서 두 수를 뽑아 곱했을 때, 그 결과가 가장 큰 수를 A, 가장 작은 수를 B라고 하자. 이때 $A \times B$의 값을 구하여라.

3-2

다음 네 유리수 중 서로 다른 세 수를 뽑아 곱했을 때, 그 결과가 가장 큰 수를 구하여라.

$$-\dfrac{16}{3}, \quad 4, \quad \dfrac{1}{2}, \quad -\dfrac{9}{4}$$

다음 계산 과정 ㉠, ㉡에 이용된 곱셈에 대한 계산 법칙을 각각 써라.

$$(-4) \times \left(+\dfrac{8}{3}\right) \times \left(+\dfrac{1}{2}\right)$$
$$= (-4) \times \left(+\dfrac{1}{2}\right) \times \left(+\dfrac{8}{3}\right) \quad ㉠$$
$$= \left\{(-4) \times \left(+\dfrac{1}{2}\right)\right\} \times \left(+\dfrac{8}{3}\right) \quad ㉡$$
$$= (-2) \times \left(+\dfrac{8}{3}\right)$$
$$= -\dfrac{16}{3}$$

4-1

다음은 곱셈에 대한 계산 법칙을 이용하여 계산한 것이다. ☐ 안에 알맞은 것을 써넣어라.

$$\dfrac{5}{4} \times (-9) \times \left(-\dfrac{8}{5}\right)$$
$$= (\ \square\ ) \times \dfrac{5}{4} \times \left(-\dfrac{8}{5}\right) \quad \text{곱셈의 교환법칙}$$
$$= (\ \square\ ) \times \left\{\dfrac{5}{4} \times \left(-\dfrac{8}{5}\right)\right\} \quad \text{곱셈의 } \square$$
$$= (\ \square\ ) \times (\ \square\ ) = \square$$

4-2

곱셈의 교환법칙과 결합법칙을 이용하여 다음을 계산하여라.

(1) $\left(-\dfrac{1}{5}\right) \times (-2) \times 25$

(2) $\left(-\dfrac{1}{2}\right) \times \left(-\dfrac{1}{3}\right) \times \left(-\dfrac{2}{5}\right)$

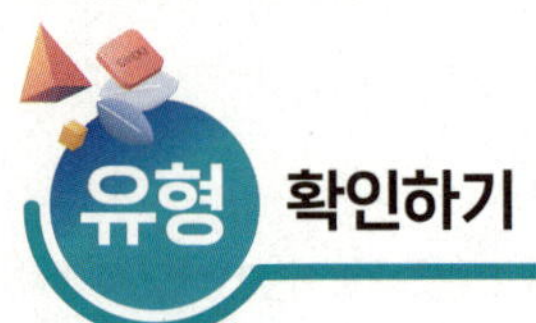

유형 · 5 거듭제곱의 계산

다음 중 계산 결과가 옳은 것은?

① $(-2)^2 = -4$

② $(-5)^3 + (-5^3) = 0$

③ $-\left(-\dfrac{1}{4}\right)^2 = \dfrac{1}{16}$

④ $(-3)^2 + (-1^4) = 8$

⑤ $\left(-\dfrac{3}{2}\right)^3 \times (-2^2) = -\dfrac{27}{2}$

5-1

다음을 계산하여라.

(1) $-(-4)^2$

(2) $\left(-\dfrac{2}{3}\right)^3$

(3) $(-2)^3 - 3^3$

(4) $\left(-\dfrac{2}{5}\right)^2 \times (-1)^5$

5-2

다음을 계산하여라.

$$-2^4 \times \left(-\dfrac{1}{4}\right)^2 \times (-5)^3$$

유형 · 6 $(-1)^n$의 계산

다음 중 계산 결과가 옳지 <u>않은</u> 것은?

① $(-1)^6 = 1$

② $-1^{11} = -1$

③ $-(-1)^{22} = -1$

④ $-(-1^{33}) = 1$

⑤ $(-1)^{100} - (-1)^{105} = 0$

6-1

다음을 계산하여라.

(1) $(-1)^{2049}$

(2) $-(-1)^{2049}$

(3) $(-1^{10}) + (-1)^{15}$

(4) $-(-1^2) - (-1)^4$

6-2

n이 홀수일 때, 다음 식의 값을 구하여라.

$$(-1)^n + (-1)^{n+1} - (-1)^{2n}$$

다음을 계산하여라.

(1) $(-3^2) \times \left(-\dfrac{1}{3}\right)^3 \times (+45)$

(2) $(-4)^3 \times (-2.5) \times \left(+\dfrac{1}{2}\right)^2 \times (-1^{10})$

7-1

다음을 계산하여라.

(1) $(-1^{100}) \times \left(-\dfrac{1}{2}\right)^3 \times \left(-\dfrac{4}{3}\right)$

(2) $(-1)^3 \times (-0.5) \times (-3^2) \times \left(-\dfrac{8}{9}\right)$

7-2

다음을 계산하여라.

$$(-2)^3 \times \left(+\dfrac{1}{4}\right)^2 \times |-10| \times (-0.4)$$

다음은 분배법칙을 이용하여 계산하는 과정이다. ☐ 안에 알맞은 수를 써넣어라.

$$
\begin{aligned}
45 \times 102 &= 45 \times (\boxed{} + 2) \\
&= 45 \times \boxed{} + 45 \times 2 \\
&= \boxed{} + 90 \\
&= \boxed{}
\end{aligned}
$$

8-1

분배법칙을 이용하여 다음을 계산하여라.

(1) $57 \times (-2.8) + 43 \times (-2.8)$

(2) $72 \times \left(\dfrac{2}{9} + \dfrac{5}{12}\right)$

8-2

분배법칙을 이용하여 다음을 계산하여라.

$$5.02 \times 124 + 5.02 \times (-24)$$

유형 · 9 역수 구하기

0.4의 역수를 a, $-1\dfrac{3}{5}$의 역수를 b라고 할 때, $a \div b$의 값을 구하여라.

9-1

-0.2의 역수를 a, $2\dfrac{1}{2}$의 역수를 b라고 할 때, $a \times b$의 값을 구하여라.

9-2

a의 역수가 -2이고 0.8의 역수가 b일 때, $a-b$의 값을 구하여라.

유형 · 10 정수와 유리수의 나눗셈

다음 중 계산 결과가 옳은 것은?

① $(+36) \div (+3) = -12$
② $(-48) \div (+6) = +8$
③ $(-42) \div (-7) = -6$
④ $\left(-\dfrac{1}{2}\right) \div (+2) = -\dfrac{1}{4}$
⑤ $\left(-\dfrac{2}{3}\right) \div \left(-\dfrac{3}{2}\right) = -\dfrac{4}{9}$

10-1

다음을 계산하여라.

(1) $(+64) \div (+4)$
(2) $(-56) \div (-7)$
(3) $(+27) \div (-3)$
(4) $(-42) \div (+6)$

10-2

다음을 계산하여라.

(1) $(+3) \div \left(-\dfrac{1}{7}\right)$ (2) $\left(+\dfrac{5}{2}\right) \div (+10)$

(3) $(-1.8) \div (+0.6)$ (4) $\left(-\dfrac{3}{4}\right) \div \left(-\dfrac{9}{8}\right)$

다음을 계산하여라.

(1) $\left(+\dfrac{8}{3}\right)\times\left(-\dfrac{1}{6}\right)\div(-2)^3$

(2) $\left(-\dfrac{1}{4}\right)^2\div\left(-\dfrac{5}{2}\right)\times(+5)$

11-1

다음을 계산하여라.

(1) $\left(-\dfrac{12}{5}\right)\times(-9)\div(-3)^3$

(2) $(+12)\times\left(-\dfrac{1}{3}\right)^2\div\left(-\dfrac{1}{10}\right)$

11-2

다음 ☐ 안에 알맞은 수를 구하여라.

$$\left(-\dfrac{1}{4}\right)^2\div(☐)\times\left(-\dfrac{20}{9}\right)=\dfrac{1}{18}$$

다음을 계산하여라.

(1) $(-28)\div\left\{(-6)^2\times\left(-\dfrac{1}{12}\right)-1\right\}$

(2) $\left\{\dfrac{3}{2}-(-1.5)^2\times\left(-\dfrac{2}{9}\right)\right\}\div\dfrac{3}{2}+\left(-\dfrac{2}{3}\right)$

12-1

다음을 계산하여라.

(1) $12\div\left\{2+\left(3^2-3\div\dfrac{1}{2}\right)\times\dfrac{1}{3}\right\}^2$

(2) $(-2)^3-2\times\left\{\left(-\dfrac{1}{2}\right)\div(1-0.8)+1\right\}$

12-2

다음을 계산하여라.

$$-2^3-\dfrac{4}{3}\times\left\{\left(\dfrac{1}{2}+\dfrac{2}{5}\right)\div\left(-\dfrac{3}{5}\right)\right\}$$

01 $A=\left(-\dfrac{2}{5}\right)-\left(+\dfrac{1}{10}\right)$, $B=\left(-\dfrac{3}{2}\right)-\left(-\dfrac{1}{4}\right)$일 때, $A-B$의 값은?

① $-\dfrac{7}{10}$ ② $-\dfrac{2}{5}$ ③ $\dfrac{1}{5}$

④ $\dfrac{3}{4}$ ⑤ $\dfrac{9}{10}$

02 $\dfrac{1}{2}-\dfrac{2}{3}+\dfrac{3}{4}-\dfrac{5}{6}$ 를 계산하면?

① -1 ② $-\dfrac{2}{3}$ ③ $-\dfrac{5}{12}$

④ $-\dfrac{1}{4}$ ⑤ $-\dfrac{1}{12}$

03 다음을 계산하면?

$$6-[3-\{2-(5-8)+1\}]$$

① 1 ② 3 ③ 5

④ 7 ⑤ 9

04 -2보다 6만큼 작은 수를 a, 2보다 $-\dfrac{1}{3}$만큼 작은 수를 b라고 할 때, $a-b$의 값은?

① -11 ② $-\dfrac{31}{3}$ ③ $-\dfrac{29}{3}$

④ $-\dfrac{23}{3}$ ⑤ $-\dfrac{20}{3}$

05 두 유리수 $-\dfrac{7}{3}$과 $\dfrac{5}{6}$ 사이에 있는 모든 정수의 합과 곱을 차례대로 구하면?

① $-3, -2$ ② $-3, -1$ ③ $-3, 0$

④ $-2, -2$ ⑤ $-2, 0$

06 수미, 성현, 유정, 민수 네 사람이 다음과 같이 계산했을 때, 잘못 계산한 사람을 모두 고른 것은?

> 수미: $-1^2\times(-3)=3$
> 성현: $(-2)^2\times(-8)=32$
> 유정: $(-1)^3\times(-2^3)=8$
> 민수: $-3^2\times(-1^2)\times(+4)=-36$

① 수미, 유정 ② 성현, 민수

③ 성현, 유정 ④ 유정, 민수

⑤ 수미, 민수

07 다음을 계산하여라.

$$(-1)+(-1)^2+(-1)^3+\cdots+(-1)^{1001}$$

08 지현이와 정한이가 가위바위보를 하여 이기면 $+2$점, 지면 -1점을 얻기로 하였다. 지현이는 3번 져서 점수가 $+5$점이 되었을 때, 지현이가 이긴 횟수는?

(단, 비기는 경우는 없다.)

① 2 ② 3 ③ 4

④ 5 ⑤ 6

09 다음 중 계산 결과가 옳은 것은?

① $(-1) \div \left(-\dfrac{9}{7}\right) = \dfrac{9}{7}$

② $0 \div 3 = 3$

③ $\left(+\dfrac{3}{4}\right) \div \dfrac{3}{8} = 2$

④ $7 \div 1 = \dfrac{1}{7}$

⑤ $\dfrac{1}{14} \div \left(-\dfrac{1}{7}\right) = \dfrac{1}{2}$

10 두 유리수 a, b에 대하여 $a \times (-4) = +20$, $b \div \left(-\dfrac{1}{3}\right) = -5$일 때, $a \div b$의 값은?

① $-\dfrac{25}{3}$ ② -3 ③ -1

④ 3 ⑤ $\dfrac{25}{3}$

11 $(-3) \div (+12) \div (-4)$를 계산하면?

① $-\dfrac{9}{4}$ ② $-\dfrac{1}{16}$ ③ 1

④ $\dfrac{1}{16}$ ⑤ $\dfrac{9}{4}$

12 $(-20) \div \left(-\dfrac{5}{3}\right) \times \dfrac{15}{14} = \dfrac{b}{a}$일 때, $a+b$의 값은?

(단, a와 b는 서로소인 자연수)

① 64 ② 76 ③ 79

④ 83 ⑤ 97

13 다음 $\square$ 안에 알맞은 수를 구하여라.

$$\left(-\dfrac{2}{3}\right)^2 \div \left(+\dfrac{2}{3}\right) \times (\square) = -4$$

14 $(-5)^2 \times (-0.4) \times \left(+\dfrac{3}{2}\right) \div \left(+\dfrac{4}{15}\right) \div (-1)^3$을 계산하면?

① $-\dfrac{225}{4}$ ② $-\dfrac{49}{9}$ ③ $-\dfrac{4}{25}$

④ $\dfrac{49}{9}$ ⑤ $\dfrac{225}{4}$

15 0.6의 역수를 a, 1.2의 역수를 b, $2\dfrac{2}{5}$의 역수를 c, -1의 역수를 d라고 할 때, $a \div b + c \times d$의 값은?

① $\dfrac{5}{32}$ ② $\dfrac{5}{27}$ ③ $\dfrac{7}{6}$

④ $\dfrac{19}{12}$ ⑤ $\dfrac{35}{18}$

16 다음 식의 계산 순서를 바르게 나열한 것은?

$$0.25 - \left[\dfrac{2}{3} - \left\{ (-3) - \dfrac{1}{3} \div \left(-\dfrac{2}{3}\right) \right\} \times \dfrac{1}{3} \right]$$
$$\underset{\textstyle ㉠}{\uparrow} \quad \underset{\textstyle ㉡}{\uparrow} \quad\quad \underset{\textstyle ㉢}{\uparrow} \; \underset{\textstyle ㉣}{\uparrow} \quad\quad \underset{\textstyle ㉤}{\uparrow}$$

① ㉠, ㉡, ㉢, ㉣, ㉤ ② ㉠, ㉣, ㉤, ㉢, ㉡

③ ㉣, ㉢, ㉡, ㉤, ㉠ ④ ㉣, ㉢, ㉤, ㉡, ㉠

⑤ ㉣, ㉤, ㉢, ㉡, ㉠

| 주어진 단계에 따라 쓰는 유형 | 풀이 과정을 자세히 쓰는 유형 |

17 오른쪽 그림과 같은 정육면체 모양의 주사위에서 마주 보는 면에 적혀 있는 두 수의 곱은 1이다. 이때 마주 보는 면에 적혀 있는 두 수의 관계를 말하고, 보이지 않는 세 면에 적혀 있는 세 수의 곱을 구하여라.

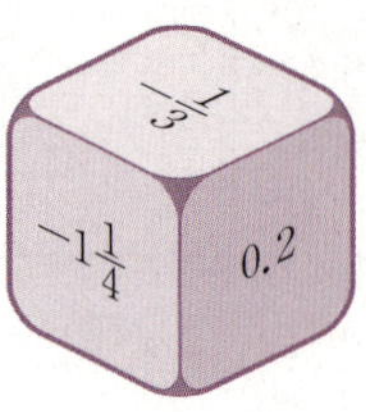

> 🤔 생각해 보자
>
> **구하는 것은?** 마주 보는 면에 적혀 있는 두 수의 관계, 보이지 않는 세 면에 적혀 있는 세 수의 곱
>
> **주어진 것은?** ① 마주 보는 면에 적혀 있는 두 수의 곱이 1
>
> ② 세 수 $-\dfrac{1}{3}$, $-1\dfrac{1}{4}$, 0.2

(풀이)

[1단계] 마주 보는 면에 적혀 있는 두 수의 관계 알기 (20 %)

[2단계] 보이지 않는 세 면에 적혀 있는 수 구하기 (60 %)

[3단계] 보이지 않는 세 면에 적혀 있는 세 수의 곱 구하기 (20 %)

(답)

18 다음을 계산하여라.

$$\left(-\frac{1}{4}\right)\div\left(-\frac{1}{2}\right)^{3}-(-6)\times\left\{\frac{4}{3}+(-2)\right\}$$

(풀이)

(답)

19 어떤 유리수에 $-\dfrac{5}{3}$를 곱해야 할 것을 잘못하여 나누었더니 $\dfrac{3}{4}$이 되었다. 바르게 계산한 답을 구하여라.

(풀이)

(답)

문자의 사용과 식의 계산

1

1. 문자의 사용과 식의 값

2. 일차식의 덧셈과 뺄셈

01 문자의 사용, 기호의 생략

개념 ① 문자의 사용

1. 문자의 사용

문자를 사용하여 수량 사이의 관계를 식으로 간단히 나타낼 수 있다.

> **예** 한 개에 1000원인 사과 x개의 값을 문자를 사용한 식으로 나타내어 보자.
> (사과 x개의 값)$=$(사과 한 개의 값)$\times$(사과의 개수)$=1000\times x$(원)

◆ 문자를 사용한 식에서 자주 쓰이는 공식
① (물건의 값)
$=$(한 개의 값)$\times$(물건의 개수)
② (거리)$=$(속력)$\times$(시간)

예제 1

다음을 문자를 사용한 식으로 나타내어라.

(1) 한 권에 2500원인 수첩 a권을 살 때, 필요한 금액

(2) 한 변의 길이가 x cm인 정육각형의 둘레의 길이

풀이 (1) (필요한 금액)$=$(수첩 한 권의 가격)$\times$(수첩의 개수)
$\qquad\qquad\qquad\quad=2500\times a$(원)
(2) (정육각형의 둘레의 길이)$=$(한 변의 길이)$\times 6$
$\qquad\qquad\qquad\qquad\qquad=x\times 6$(cm)

답 (1) $(2500\times a)$원 (2) $(x\times 6)$ cm

유제 1

다음을 문자를 사용한 식으로 나타내어라.

(1) x세인 형보다 30세 많은 아버지의 나이

(2) 우리 반 학생 25명 중에서 여학생이 a명일 때의 남학생 수

개념 ② 기호의 생략

1. 곱셈 기호의 생략

(1) (수)$\times$(문자): 수를 문자 앞에 쓴다. **예** $2\times x=2x,\ 0.1\times x=0.1x$

(2) $1\times$(문자), $-1\times$(문자): 1을 생략한다. **예** $a\times 1=a,\ (-1)\times a=-a$

> **풍쌤의 Point** 숫자 1은 생략하지만 0.1에서 1은 생략하지 않아.

(3) (문자)$\times$(문자): 보통 알파벳 순서로 쓴다. **예** $c\times a=ac,\ y\times x\times a=axy$

(4) 같은 문자끼리의 곱: 거듭제곱으로 나타낸다. **예** $x\times x\times x=x^3,\ a\times b\times a=a^2b$

(5) 괄호가 있는 식과 수의 곱: 수를 괄호 앞에 쓴다.
예 $(1+x)\times 5=5(x+1),\ (a+b)\times(-2)=-2(a+b)$

2. 나눗셈 기호의 생략

나눗셈 기호 $\div$를 사용하지 않고 분수의 꼴로 나타낸다.

예 $x\div 3=x\times\dfrac{1}{3}=\dfrac{x}{3},\ x\div(-4)=-\dfrac{x}{4}$

◆ 나눗셈 기호의 생략
$a\div b=\dfrac{a}{b}$ (단, $b\neq 0$)

예제 2

다음 식을 기호 $\times$, $\div$를 생략하여 나타내어라.

(1) $a\times 5$ (2) $(-2)\div b$

풀이 (1) $a\times 5=5a$ (2) $(-2)\div b=\dfrac{-2}{b}=-\dfrac{2}{b}$

답 (1) $5a$ (2) $-\dfrac{2}{b}$

유제 2

다음 식을 기호 $\times$, $\div$를 생략하여 나타내어라.

(1) $y\times x\times(-1)$ (2) $(a-b)\div 3$

 개념 확인하기

01 다음을 문자를 사용한 식으로 나타내어라.

(1) 한 개에 3000원 하는 사과 a개와 한 개에 5000원 하는 배 b개의 가격의 합

(2) 한 변의 길이가 x cm인 마름모의 둘레의 길이

▷ 개념 ① 문자의 사용

02 다음을 문자를 사용한 식으로 나타내어라.

(1) 1100원짜리 생수를 a개 사고 10000원을 내었을 때의 거스름돈

(2) 시속 2 km로 x시간 동안 간 거리

▷ 개념 ① 문자의 사용

03 다음 식을 기호 $\times$를 생략하여 나타내어라.

(1) $2 \times b \times b \times a$

(2) $-5 \times (x+y) \times a$

(3) $4 \times x + (-2) \times y$

(4) $a \times b \times (-1) \times a \times a$

▷ 개념 ② 기호의 생략

04 다음 식을 기호 $\div$를 생략하여 나타내어라.

(1) $a \div (-3)$

(2) $a \div (b-2)$

(3) $x \div (-5y)$

(4) $(x-y) \div z$

▷ 개념 ② 기호의 생략

05 다음 식을 기호 $\times$, $\div$를 생략하여 나타내어라.

(1) $a \div (b+3)$

(2) $a \div b \times 3$

(3) $3 \times x \times x + 5 \div y$

(4) $(2 \times x + y) \div z \times (-1)$

▷ 개념 ② 기호의 생략

02 식의 값

개념 ① 식의 값

1. 대입

문자를 포함한 식에서 문자 대신 수를 넣는 것

◆ 대입(代: 대신할 대, 入: 들 입)이란 '대신 다른 것을 넣는다.'는 뜻이다.

2. 식의 값

(1) **식의 값**: 식의 문자에 어떤 수를 대입하여 계산한 결과

(2) 식의 값을 구하는 방법

① 문자에 수를 대입할 때는 생략된 곱셈 기호를 다시 쓴다.

② 문자에 음수를 대입할 때는 반드시 괄호를 사용한다.

[예] $x=2$일 때, $5x-3$의 값을 구하여 보자.

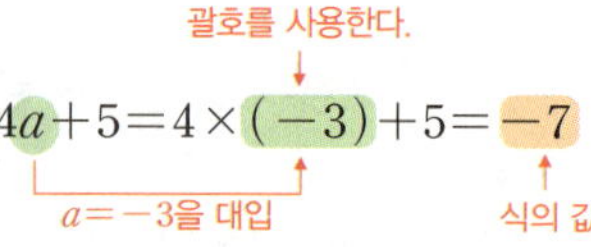

곱셈 기호를 다시 쓴다.

$$5x-3=5\times2-3=7$$

$x=2$를 대입 　　식의 값

$a=-3$일 때, $4a+5$의 값을 구하여 보자.

괄호를 사용한다.

$$4a+5=4\times(-3)+5=-7$$

$a=-3$을 대입 　　식의 값

예제 1

다음은 $x=3$일 때, 주어진 식의 값을 구한 것이다. ☐ 안에 알맞은 수를 써넣어라.

(1) $2x-5 \Rightarrow 2\times\boxed{}-5=\boxed{}$

(2) $-x+7 \Rightarrow -\boxed{}+7=\boxed{}$

[풀이] (1) $2\times3-5=6-5=1$

(2) $-3+7=4$

[답] (1) 3, 1　(2) 3, 4

유제 1

다음은 $x=-2$일 때, 주어진 식의 값을 구한 것이다. ☐ 안에 알맞은 수를 써넣어라.

(1) $3x+9 \Rightarrow 3\times(\boxed{})+9=\boxed{}$

(2) $-x-3 \Rightarrow -(\boxed{})-3=\boxed{}$

예제 2

다음은 $x=2$, $y=-3$일 때, 주어진 식의 값을 구한 것이다. ☐ 안에 알맞은 수를 써넣어라.

(1) $3x+y \Rightarrow 3\times\boxed{}+(\boxed{})=\boxed{}$

(2) $-x-2y \Rightarrow -\boxed{}-2\times(\boxed{})=\boxed{}$

[풀이] (1) $3\times2+(-3)=6+(-3)=3$

(2) $-2-2\times(-3)=-2+6=4$

[답] (1) 2, -3, 3　(2) 2, -3, 4

유제 2

다음은 $x=-2$, $y=5$일 때, 주어진 식의 값을 구한 것이다. ☐ 안에 알맞은 수를 써넣어라.

(1) $2x-3y \Rightarrow 2\times(\boxed{})-3\times\boxed{}=\boxed{}$

(2) $-x-2y \Rightarrow -(\boxed{})-2\times\boxed{}=\boxed{}$

01 $a=-2$일 때, 다음 식의 값을 구하여라.

▷ 개념 ① 식의 값

(1) $6-a^3$

(2) $9a-a^2$

02 $x=-4$일 때, 다음 식의 값을 구하여라.

▷ 개념 ① 식의 값

(1) $-\dfrac{8}{x}-2$

(2) $-\dfrac{1}{2}x^2+4$

03 $a=3,\ b=-2$일 때, 다음 식의 값을 구하여라.

▷ 개념 ① 식의 값

(1) $a+\dfrac{1}{2}b$

(2) $3a-5b$

(3) $2a-b^2$

(4) $\dfrac{3a+2b}{a-b}$

04 $a=-3,\ b=4$일 때, 다음 중 식의 값이 가장 큰 것은?

▷ 개념 ① 식의 값

① $a+3b$

② $\dfrac{3b}{a}$

③ $-\dfrac{1}{2}ab$

④ $-2a+b$

⑤ $a^2-\dfrac{1}{4}b^2$

유형·1 문자를 사용하여 식 나타내기

다음을 기호 $\times$, $\div$를 생략하여 문자를 사용한 식으로 나타내어라.

(1) 한 자루에 a원인 볼펜 4자루와 한 권에 b원인 공책 5권을 사고 10000원을 내었을 때의 거스름돈

(2) 십의 자리 숫자가 m, 일의 자리 숫자가 n인 두 자리의 자연수

(3) 농도가 15 %인 소금물 y g에 녹아 있는 소금의 양

(4) 정가가 a원인 물건을 20 % 할인했을 때의 물건의 가격

1-1

다음을 기호 $\times$, $\div$를 생략하여 문자를 사용한 식으로 나타내어라.

(1) 소금물 x g에 5 g의 소금이 녹아 있을 때, 소금물의 농도

(2) 수학 점수가 x점, 영어 점수가 y점일 때, 두 과목의 평균 점수

1-2

다음을 기호 $\times$, $\div$를 생략하여 문자를 사용한 식으로 나타내어라.

(1) 백의 자리 숫자가 a, 십의 자리 숫자가 b, 일의 자리 숫자가 c인 세 자리의 자연수

(2) x km의 거리를 시속 60 km로 달렸을 때 걸린 시간

유형·2 곱셈 기호 또는 나눗셈 기호의 생략

다음 중 기호 $\times$ 또는 $\div$를 생략하여 나타낸 식으로 옳은 것은?

① $0.1 \times x \times x = 0.x^2$

② $(a-b) \times 2 \times x = 2(a-b)x$

③ $2 \div a \div b = \dfrac{2b}{a}$

④ $a \div \dfrac{1}{4} \div b = \dfrac{a}{4b}$

⑤ $a + b \div c = \dfrac{a+b}{c}$

2-1

다음을 기호 $\times$ 또는 $\div$를 생략하여 나타내어라.

(1) $(-1) \times a + a \div \dfrac{c}{b}$

(2) $(x-6) \div 5 + (y-1) \times 2$

2-2

다음을 기호 $\div$를 생략하여 나타내어라.

(1) $(x+3) \div 2y$

(2) $a \div (x+y)$

다음 중 기호 $\times$, $\div$를 생략하여 나타낸 것으로 옳지 <u>않은</u> 것은?

① $a \div 3 \times b = \dfrac{ab}{3}$

② $4 \times (x+y) \div 5 = \dfrac{4(x+y)}{5}$

③ $m \times m \times m \times m \div 3 = \dfrac{m^4}{3}$

④ $p \div (5 \times q \div r) = \dfrac{5pq}{r}$

⑤ $a \times a \times a \div b \div (-1) = -\dfrac{a^3}{b}$

3-1

다음을 기호 $\times$, $\div$를 생략하여 나타내어라.

(1) $a - b \times c \div \dfrac{1}{3}$ (2) $3 \div (a+b) \times c$

3-2

다음 중 기호 $\times$, $\div$를 생략하여 나타낼 때, $\dfrac{a}{bc}$와 같은 것은?

① $a \times b \div c$ ② $a \div c \times b$ ③ $a \div b \times c$

④ $a \div b \div c$ ⑤ $a \div (b \div c)$

오른쪽 그림과 같은 평행사변형의 넓이를 문자를 사용한 식으로 나타내어라.

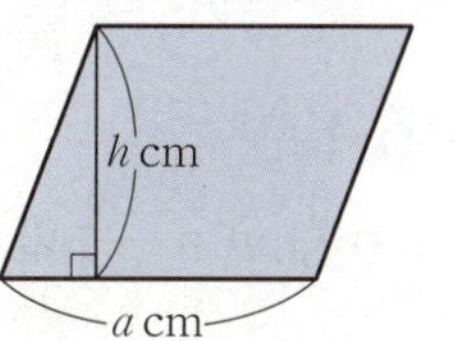

4-1

오른쪽 그림과 같은 도형의 넓이를 문자를 사용한 식으로 나타내어라.

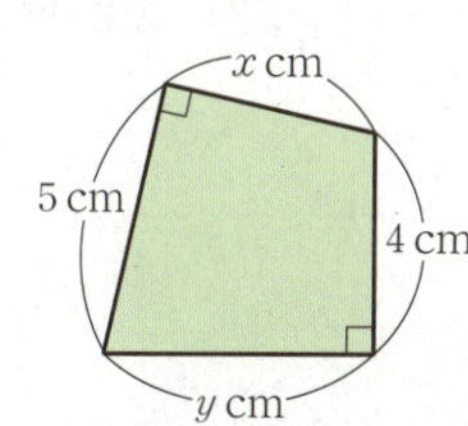

4-2

가로의 길이가 x cm, 세로의 길이가 y cm, 높이가 z cm인 직육면체의 겉넓이를 S cm^{2}라고 할 때, S를 문자 x, y, z를 사용한 식으로 나타내어라.

유형 확인하기

유형·5   식의 값

다음 식의 값을 구하여라.

(1) $a=-3$, $b=2$일 때, $-a^2+ab+2$

(2) $x=\dfrac{1}{2}$, $y=-4$일 때, $8x^2-2y$

5-1

다음 식의 값을 구하여라.

(1) $a=2$, $b=-4$일 때, $-3a+\dfrac{1}{2}b^2$

(2) $x=-2$, $y=\dfrac{1}{3}$일 때, $2x^2-6xy$

5-2

$x=3$, $y=-\dfrac{1}{2}$일 때, $-3x^2+4xy+1$의 값을 구하여라.

유형·6   문자가 분모에 있는 경우의 식의 값

$x=-\dfrac{2}{5}$, $y=\dfrac{1}{2}$일 때, $\dfrac{4}{x}+\dfrac{3}{y}$의 값을 구하여라.

6-1

$a=\dfrac{1}{2}$, $b=-\dfrac{1}{4}$일 때, $-\dfrac{3}{a}+\dfrac{2}{b}$의 값을 구하여라.

6-2

$a=\dfrac{1}{3}$, $b=-\dfrac{1}{2}$, $c=\dfrac{1}{5}$일 때, $\dfrac{1}{a}-\dfrac{5}{b}-\dfrac{2}{c}$의 값은?

① 1   ② 2   ③ 3

④ 4   ⑤ 5

온도를 나타내는 방법에는 섭씨온도(℃)와 화씨온도(℉)가 있다. 화씨온도가 a ℉일 때, 섭씨온도는 $\dfrac{5}{9}(a-32)$ ℃이다. 화씨온도가 68 ℉일 때, 섭씨온도는 몇 ℃인지 구하여라.

7-1

귀뚜라미는 기온에 따라 우는 횟수가 달라지는데 온도가 x ℃일 때, 1분 동안 $\left(\dfrac{36}{5}x-32\right)$회 운다고 한다. 기온이 30 ℃일 때, 귀뚜라미가 1분 동안 우는 횟수를 구하여라.

7-2

기온이 x ℃일 때, 공기 중에서 소리의 속력은 초속 $(0.6x+331)$ m이다. 기온이 15 ℃일 때, 10초 동안 소리가 전달된 거리를 구하여라.

$x=\dfrac{1}{2}$일 때, 다음 중 식의 값이 가장 큰 것은?

① $-x$ 　② $-x^2$ 　③ $(-x)^2$

④ x^2 　⑤ $\dfrac{1}{x^2}$

8-1

$x=-1$일 때, 다음 중 식의 값이 나머지 넷과 <u>다른</u> 하나는?

① x^2 　② $(-x)^2$ 　③ $-x^2$

④ $(-x)^3$ 　⑤ $-x^3$

8-2

$-1<a<0$일 때, 다음을 식의 값이 작은 것부터 차례대로 나열하여라.

$$a,\ -a,\ a^2,\ -a^2,\ (-a)^3$$

03 다항식과 일차식

개념 ① 다항식과 일차식

1. 단항식과 다항식

(1) **항**: 수 또는 문자의 곱으로 이루어진 식

(2) **상수항**: 수만으로 이루어진 항

(3) **계수**: 수와 문자의 곱으로 이루어진 항에서 문자 앞에 곱해진 수

(4) **단항식**: 한 개의 항으로만 이루어진 식

(5) **다항식**: 한 개의 항 또는 두 개 이상의 항의 합으로 이루어진 식

> **풍쌤의 Point** 단항식도 다항식이라 할 수 있어.

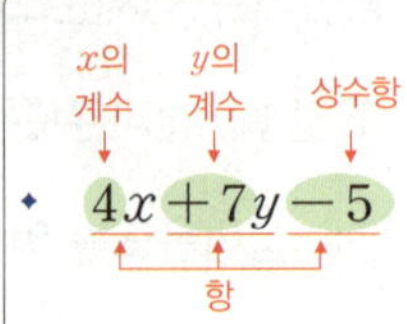

2. 일차식

(1) **차수**: 문자를 포함한 항에서 문자가 곱해진 개수

(2) **다항식의 차수**: 다항식에서 차수가 가장 큰 항의 차수

> **풍쌤의 Point** 상수항의 차수는 0이야.

(3) **일차식**: 차수가 1인 다항식

◆ 다항식의 차수

차수 2   차수 1
$$5x^2 + 3x - 1$$
➜ 다항식의 차수는 2

예제 1

다음 다항식 중에서 일차식을 모두 골라라.

(1) $5a$　　　　　(2) $x^2 - 1$

(3) b^3　　　　　(4) $-2y + 6$

풀이 차수가 1인 다항식은 (1), (4)이다.

답 (1), (4)

유제 1

다음 다항식 중에서 일차식을 모두 골라라.

(1) $a^2 - a$　　　　　(2) $0.1x + 0.5$

(3) -1　　　　　(4) $\dfrac{1}{3}y$

개념 ② 단항식, 일차식과 수의 곱셈, 나눗셈

1. 단항식과 수의 곱셈, 나눗셈

(1) (수)×(단항식), (단항식)×(수): 수끼리 곱하여 문자 앞에 쓴다.

(2) (단항식)÷(수): 나누는 수의 역수를 곱하여 계산한다.

2. 일차식과 수의 곱셈, 나눗셈

(1) (수)×(일차식), (일차식)×(수): 분배법칙을 이용하여 일차식의 각 항에 그 수를 곱하여 계산한다.

(2) (일차식)÷(수): 나누는 수의 역수를 곱하여 계산한다.

◆ 분배법칙
$$a(b+c) = a \times b + a \times c$$
$$(a+b)c = a \times c + b \times c$$

◆ 괄호 앞의 '−'
➜ 괄호 안의 각 항의 부호를 반대로
$$-(a+b) = -a - b$$
$$-(a-b) = -a + b$$

예제 2

다음을 계산하여라.

(1) $9y \times 6$　　　　　(2) $3x \div \dfrac{2}{5}$

풀이 (2) $3x \div \dfrac{2}{5} = 3x \times \dfrac{5}{2} = \dfrac{15}{2}x$

답 (1) $54y$　(2) $\dfrac{15}{2}x$

유제 2

다음을 계산하여라.

(1) $5(2x+3)$　　　　　(2) $(4x-12) \div 4$

01 다음 중 다항식 $x+2y-7$에 대한 설명으로 옳지 <u>않은</u> 것은?

① x의 계수는 1이다.
② 항은 x, $2y$, 7이다.
③ 상수항은 -7이다.
④ x와 y의 차수가 같다.
⑤ y의 계수는 2이다.

> 개념 ①
> 다항식과 일차식

02 다음 다항식 중에서 일차식을 모두 골라라.

(1) $5-3x$ (2) $3x^2-2x$ (3) $-5x$

(4) $\dfrac{x}{2}-1$ (5) -8 (6) $\dfrac{1}{2}x^3-1$

> 개념 ①
> 다항식과 일차식

03 다음을 계산하여라.

(1) $(-2b)\times(-9)$ (2) $4(2x-3)$

(3) $-5(6x+7)$ (4) $(10x+3)\times\dfrac{1}{5}$

> 개념 ②
> 단항식, 일차식과 수의 곱셈, 나눗셈

04 다음을 계산하여라.

(1) $(-12a)\div\left(-\dfrac{3}{8}\right)$ (2) $(-6x+9)\div\left(-\dfrac{3}{2}\right)$

> 개념 ②
> 단항식, 일차식과 수의 곱셈, 나눗셈

05 다음 중 옳지 <u>않은</u> 것은?

① $(-6a)\times(-4)=24a$
② $\dfrac{2}{9}b\div\left(-\dfrac{8}{15}\right)=-\dfrac{5}{12}b$
③ $4\left(\dfrac{1}{2}-3x\right)=2-12x$
④ $(9x-6)\div3=3x-2$
⑤ $(-15x+10)\div\left(-\dfrac{5}{3}\right)=-9x+6$

> 개념 ②
> 단항식, 일차식과 수의 곱셈, 나눗셈

04 일차식의 덧셈과 뺄셈

개념 ① 동류항의 덧셈과 뺄셈

1. 동류항

(1) **동류항**: 문자와 차수가 각각 같은 항

▶ **풍쌤의 Point** 상수항끼리는 모두 동류항이야.

2. 동류항의 덧셈과 뺄셈: 동류항끼리 모아서 분배법칙을 이용하여 계산한다.

예 $6x+3y+2x-y$ 를 계산하여 보자.

동류항

$$6x+3y+2x-y=6x+2x+3y-y=(6+2)x+(3-1)y=8x+2y$$

동류항

◆ 동류항(同: 한가지 동, 類: 무리 류, 項: 목 항)은 '같은 무리의 항'이라는 뜻이다.

◆ **덧셈의 계산 법칙**
세 수 a, b, c에 대하여
① 덧셈의 교환법칙
$a+b=b+a$
② 덧셈의 결합법칙
$(a+b)+c=a+(b+c)$

예제 1

다음을 계산하여라.

(1) $2a+5a=(2+\square)\times a=\square a$

(2) $4b+(-8b)=(4-\square)\times b=\square b$

풀이 (1) $2a+5a=(2+5)\times a=7a$

(2) $4b+(-8b)=(4-8)\times b=-4b$

답 (1) 5, 7 (2) 8, -4

유제 1

다음을 계산하여라.

(1) $x+2x+3x=(\square+2+3)\times x=\square x$

(2) $3y-(-5y)-6y=(3+\square-6)\times y=\square y$

개념 ② 일차식의 덧셈과 뺄셈

1. 일차식의 덧셈과 뺄셈

일차식의 덧셈, 뺄셈은 다음과 같은 순서로 계산한다.

① 괄호가 있으면 분배법칙을 이용하여 괄호를 푼다.

② 동류항끼리 모아서 계산한다.

예 $2(3x+1)+4(2x-1)$ 을 계산하여 보자.

$$2(3x+1)+4(2x-1)=6x+2+8x-4=(6+8)x+(2-4)=14x-2$$

◆ 괄호 앞에 '−'가 있으면 괄호 안의 모든 항의 부호를 바꾸어서 괄호를 푼다.
➡ $-(2a-8)=-2a+8$

예제 2

다음을 계산하여라.

(1) $3x+1+5x+7$ (2) $(4x-2)+(-2x+9)$

풀이 (1) $3x+1+5x+7=(3+5)x+(1+7)=8x+8$

(2) $(4x-2)+(-2x+9)=4x-2-2x+9$
$=(4-2)x-2+9=2x+7$

답 (1) $8x+8$ (2) $2x+7$

유제 2

다음을 계산하여라.

(1) $6x-3-3x+6$ (2) $(4x+6)-(7x-9)$

---

01 다음에서 동류항끼리 짝을 지어라.

$$4x, \quad 2y^2, \quad -\frac{1}{3}x, \quad 5, \quad 2y, \quad -9$$

▷ 개념 ①
동류항의 덧셈과 뺄셈

02 다음을 계산하여라.

(1) $9x+3+3x-11$

(2) $2x-4-6x+9$

(3) $5x+7y-4x-10y$

(4) $\dfrac{1}{4}x+2y-\dfrac{9}{4}x-8y$

▷ 개념 ①
동류항의 덧셈과 뺄셈

03 다음을 계산하여라.

(1) $(7x+3)+(2x-7)$

(2) $(x+7)-(5x-3)$

(3) $2(3x+4)+3(x-2)$

(4) $-(3x+4)+\dfrac{2}{3}(9x-6)$

▷ 개념 ②
일차식의 덧셈과 뺄셈

04 다음을 계산하여라.

(1) $5(2x-1)-3(3x+2)$

(2) $\dfrac{1}{2}(-10x-6)-\dfrac{2}{7}(7-21x)$

▷ 개념 ②
일차식의 덧셈과 뺄셈

유형·1 다항식의 이해

다음 중 다항식 $3x^2-4x+5$에 대한 설명으로 옳지 <u>않은</u> 것은?

① 다항식의 차수는 2이다.

② 상수항은 5이다.

③ x의 계수는 -4이다.

④ 항은 $3x^2$, $4x$, 5이다.

⑤ x^2의 계수는 3이다.

1-1

다항식 $-\dfrac{x}{3}+2y-9$에서 x의 계수를 a, 상수항을 b라고 할 때, ab의 값을 구하여라.

1-2

다음 중 다항식 $-5x^2-2x+3$에 대한 설명으로 옳지 <u>않은</u> 것은?

① 항은 $-5x^2$, $-2x$, 3이다.

② 상수항은 3이다.

③ x^2의 계수는 -5이다.

④ x의 계수는 2이다.

⑤ 다항식의 차수는 2이다.

유형·2 일차식의 판별

다음 중 일차식인 것을 모두 고르면? (정답 2개)

① $-0.5x$ ② $0\times x-7$ ③ $\dfrac{9}{x}-2x$

④ $-\dfrac{3}{2}b+5$ ⑤ $3a+\dfrac{1}{2}a^2$

2-1

다음 중 일차식이 <u>아닌</u> 것을 모두 고르면? (정답 2개)

① $0.01x$ ② $-4x+3$ ③ $\dfrac{x}{2}-1$

④ $\dfrac{3}{x}+1$ ⑤ $1-x-x^2$

2-2

다음 중 일차식인 것은?

① $\dfrac{1}{x}-1$ ② $\dfrac{x+1}{3}$ ③ $0.1x^2-x$

④ -4 ⑤ $3x-1-x-2x$

다음 중 옳은 것은?

① $3x \times (-2) = 3x - 2$

② $(-16a) \div \dfrac{4}{3} = -\dfrac{64}{3}a$

③ $(-3) \times (-2y) = -6y$

④ $\left(a + \dfrac{1}{3}\right) \div \dfrac{1}{3} = 3a + 1$

⑤ $-2(4x - 7) = -8x - 14$

3-1

다음 중 옳은 것은?

① $2x \times \dfrac{1}{4} = 8x$

② $(-4x) \div (-1) = -4x$

③ $6a \div \left(-\dfrac{3}{2}\right) = -9a$

④ $\left(2x - \dfrac{1}{2}\right) \times 4 = 8x - \dfrac{1}{2}$

⑤ $-(10x - 6) \div 2 = -5x + 3$

3-2

다음 중 옳은 것은?

① $\dfrac{1}{3}(6x - 12) = 2x - 12$

② $(5x + 20) \div 5 = 5x + 4$

③ $-3(x - 1) = -3x - 3$

④ $(10x - 15) \times \dfrac{2}{5} = 4x - 6$

⑤ $\left(\dfrac{2}{3}x - \dfrac{1}{2}\right) \times 6 = 4x - 12$

$-4(2x - 3) \div \dfrac{2}{3}$ 를 간단히 하면 $ax + b$일 때, $a + b$의 값을 구하여라. (단, a, b는 상수)

4-1

$12\left(\dfrac{x}{3} + 1\right) \div \left(-\dfrac{4}{3}\right)$ 를 간단히 하면 $ax + b$일 때, $a - b$의 값을 구하여라. (단, a, b는 상수)

4-2

$-2(3x - 6) \div \left(-\dfrac{3}{4}\right) = ax + b$일 때, $2a + b$의 값은?

(단, a, b는 상수)

① 0   ② 2   ③ 4

④ 6   ⑤ 8

유형 · 5   동류항

다음 중 동류항끼리 짝지어진 것은?

① $-4x,\ -4$　　　② $3x,\ 3y$　　　③ $7,\ -7$

④ $x^2,\ x$　　　⑤ $-x,\ -\dfrac{1}{x}$

5-1

다음 중 동류항끼리 짝지어진 것을 모두 고르면? (정답 2개)

① $0,\ x$　　　② $y^2,\ 2y$　　　③ $x,\ \dfrac{1}{x}$

④ $\dfrac{x}{4},\ \dfrac{1}{2}x$　　　⑤ $6,\ -1$

5-2

다음에서 $2x$와 동류항인 것을 모두 골라라.

$$2x^2,\quad -4a,\quad 8x,\quad -\frac{x}{2},\quad \frac{6}{x},\quad -x$$

유형 · 6   일차식의 덧셈과 뺄셈

$8(x+2)-4(3x-5)=Ax+B$라고 할 때, $A+B$의 값은?
(단, $A,\ B$는 상수)

① 26　　　② 28　　　③ 30

④ 32　　　⑤ 34

6-1

$3(x-1)-2(-x+1)=Ax+B$라고 할 때, AB의 값은?
(단, $A,\ B$는 상수)

① -30　　　② -25　　　③ 5

④ 25　　　⑤ 30

6-2

다음을 계산하여라.

$$(6x+3)\div 3-(1-x)\div \frac{1}{2}$$

다음을 계산하여라.

(1) $\dfrac{2x+1}{4}-\dfrac{-x+5}{2}$

(2) $x-\dfrac{x+1}{2}+\dfrac{x-2}{3}$

7-1

다음을 계산하여라.

(1) $\dfrac{x-4}{6}+\dfrac{2x-9}{3}$

(2) $2x-\dfrac{5x-3}{4}+\dfrac{x-2}{2}$

7-2

$\dfrac{4x-1}{3}-\dfrac{3x-1}{4}=Ax+B$일 때, $A+B$의 값을 구하여라.

(단, A, B는 상수)

다음을 계산하여라.

(1) $2x+\{6x+11-(2x-3)\}+1$

(2) $5x-[7x-3-\{x-(4x-5)\}]$

8-1

다음을 계산하여라.

(1) $9x-3-\{4-(10-2x)\}$

(2) $6x+[-5x+2-\{x-(3x-4)\}]$

8-2

$4x+2-[-2x+\{1-(3-x)\}]$를 간단히 하면?

① $-5x-6$ ② $-5x-4$ ③ $-5x$

④ $5x+4$ ⑤ $5x+6$

01 다음 중 문자를 사용하여 나타낸 것으로 옳지 <u>않은</u> 것은?

① x원의 20 % → $\frac{1}{5}x$원

② x %의 소금물 700 g에 녹아 있는 소금의 양
  → $7x$ g

③ 밑변의 길이가 x cm, 높이가 y cm인 삼각형의 넓이
  → $\frac{1}{2}xy$ cm^2

④ 어떤 수 x의 3배보다 2만큼 큰 수 → $3(x+2)$

⑤ 500원짜리 동전 x개와 1000원짜리 지폐 y장의 금액
  의 합 → $500(x+2y)$원

02 다음 중 기호 $\times$, $\div$를 생략하여 나타낸 식으로 옳은 것은?

① $x\times(-5)\times y=x-5y$

② $a+b\div5=\dfrac{a+b}{5}$

③ $a\times4+b\div(-3)=4a-\dfrac{b}{3}$

④ $(-4)\div x+y=-\dfrac{4}{x+y}$

⑤ $(x+y)\times(-1)=x+y-1$

03 다음 〈보기〉 중 옳은 것을 모두 고른 것은?

보기
> ㄱ. $a\div(-5)\div c=\dfrac{-5a}{c}$
>
> ㄴ. $a\div\dfrac{1}{b}\div c=\dfrac{ab}{c}$
>
> ㄷ. $\dfrac{1}{a}\div\dfrac{1}{b}\div\dfrac{1}{c}=\dfrac{c}{ab}$
>
> ㄹ. $a\div(b\div c)=\dfrac{ac}{b}$

① ㄱ ② ㄴ ③ ㄱ, ㄷ

④ ㄴ, ㄹ ⑤ ㄱ, ㄷ, ㄹ

04 $x=-2$, $y=3$일 때, x^3-xy^2의 값을 구하여라.

05 $a=-\dfrac{1}{2}$일 때, 다음 중 식의 값이 나머지 넷과 <u>다른</u> 하나는?

① $-\dfrac{1}{2}a$ ② a^2 ③ $(-a)^2$

④ $-a^2$ ⑤ $-2a^3$

06 남학생 20명, 여학생 15명이 있는 학급에서 남학생의 키의 평균이 a cm이고, 이 학급 전체 학생의 키의 평균이 b cm이다. 이 학급 여학생의 키의 평균을 a, b를 사용하여 나타내어라.

07 다음 중 옳지 <u>않은</u> 것은?

① $\dfrac{x}{2}$, $-5x$는 동류항이다.

② $0.3x+5$는 일차식이다.

③ $-4x^2+3x+1$의 항은 3개이다.

④ $2x^2-6x+7$에서 x의 계수와 상수항의 합은 13이다.

⑤ $-3x^2+8x-4$에서 x^2의 계수는 -3이다.

08 다음 중 $-\dfrac{3}{2}x$와 동류항인 것의 개수는?

> $\dfrac{x}{4}$, $2x^2$, $\dfrac{3}{2x}$, $-0.1x$, $-3y$

① 1 ② 2 ③ 3

④ 4 ⑤ 5

09 다음 중 옳지 <u>않은</u> 것은?

① $10x \div (-5) = -2x$

② $(-1) \times (-x+4) = x-4$

③ $(-9x+3) \times \left(-\dfrac{1}{3}\right) = 3x-1$

④ $(6x-8) \div \dfrac{1}{2} = 3x-4$

⑤ $\dfrac{4x-28}{12} = \dfrac{1}{3}x - \dfrac{7}{3}$

10 $3x^2+4x-1-5x-ax^2+b$를 간단히 하였더니 상수항이 0인 일차식이 되었다. 이때 $a+b$의 값을 구하여라.

(단, a, b는 상수)

11 $2(-4x+1)-3(-3x+2)$를 계산하면 x의 계수가 a, 상수항이 b이다. 이때 $a+b$의 값은?

① -4 ② -3 ③ -2

④ -1 ⑤ 0

12 $\dfrac{2x-6}{3}-\dfrac{3x-5}{4}$를 계산하면 $ax+b$일 때, $a-b$의 값은? (단, a, b는 상수)

① $-\dfrac{5}{6}$ ② $-\dfrac{2}{3}$ ③ $\dfrac{2}{3}$

④ $\dfrac{5}{6}$ ⑤ 1

13 오른쪽 그림에서 색칠한 부분의 둘레의 길이는?

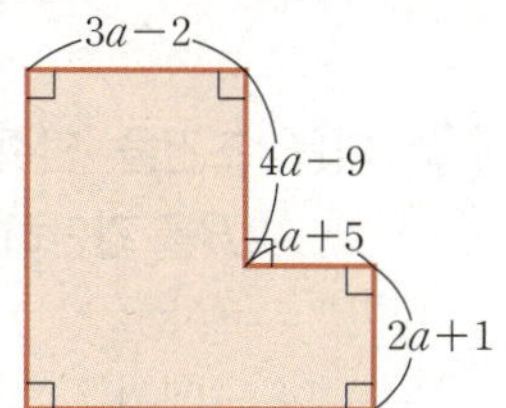

① $10a-5$

② $10a+5$

③ $20a-10$

④ $20a-8$

⑤ $20a+10$

14 $A=2x+y$, $B=x-3y$일 때, $A-4B-\{5A-3(2A+3B)\}$를 x, y를 사용하여 나타내어라.

15 다음 $\square$ 안에 알맞은 식을 구하여라.

$$(2a+7) - \boxed{} = -3a+10$$

16 어떤 식에 $-11x+8$을 더해야 할 것을 잘못하여 빼었더니 $-2x+4$가 되었다. 이때 바르게 계산한 답을 구하여라.

<table><tr><td>주어진 단계에 따라 쓰는 유형</td></tr></table>

17 다음 조건을 만족시키는 두 다항식 A, B에 대하여 $A+2B$를 간단히 하여라.

> (가) A에서 $7x-5$를 빼면 $-3x+2$이다.
> (나) A에서 B를 빼면 $x+10$이다.

생각해 보자

구하는 것은? 조건을 만족시키는 두 다항식 A, B에 대하여
$$A+2B$$
주어진 것은? A에서 $7x-5$를 빼면 $-3x+2$이고,
A에서 B를 빼면 $x+10$이다.

(풀이)
[1단계] 다항식 A 구하기 (40 %)

[2단계] 다항식 B 구하기 (40 %)

[3단계] $A+2B$ 간단히 하기 (20 %)

(답)

<table><tr><td>풀이 과정을 자세히 쓰는 유형</td></tr></table>

18 오른쪽 그림과 같은 직사각형에서 색칠한 부분의 넓이를 구하여라.

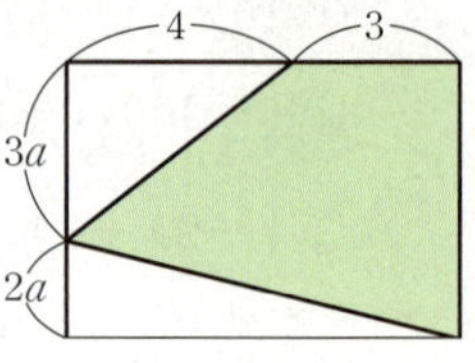

(풀이)

(답)

19 다음 식을 간단히 하여라.

$$\frac{1}{4}\left[-5x+\{5-7(3+x)\}\right]-\frac{2}{3}(x-3)$$

(풀이)

(답)

2 일차방정식

01 방정식과 항등식

개념 ① 등식

1. 등식

(1) **등식**: 등호(=)를 사용하여 두 수 또는 두 식이 같음을 나타낸 식

(2) **좌변**: 등식에서 등호의 왼쪽 부분

(3) **우변**: 등식에서 등호의 오른쪽 부분

(4) **양변**: 좌변과 우변

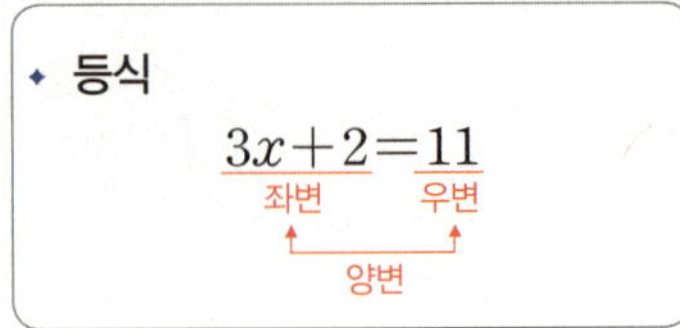

예제 1

다음 중 등식인 것에는 ○표, 등식이 아닌 것에는 ×표를 하여라.

(1) $1+8=9$ (　　) 　　(2) $2x-1$ (　　)

(3) $7-2<6$ (　　) 　　(4) $2x+3=10$ (　　)

풀이 등호가 있는 식은 (1), (4)이다.

답 (1) ○ (2) × (3) × (4) ○

유제 1

다음 중 등식인 것에는 ○표, 등식이 아닌 것에는 ×표를 하여라.

(1) $3a+2b-5$ (　　) 　　(2) $1+3x\leq7$ (　　)

(3) $x+3=9-x$ (　　) 　　(4) $2\times3=6$ (　　)

개념 ② 방정식과 항등식

1. 방정식

(1) **방정식**: 미지수의 값에 따라 참이 되기도 하고 거짓이 되기도 하는 등식

(2) **방정식의 해(근)**: 방정식을 참이 되게 하는 미지수의 값

(3) **방정식을 푼다**: 방정식의 해를 구하는 것

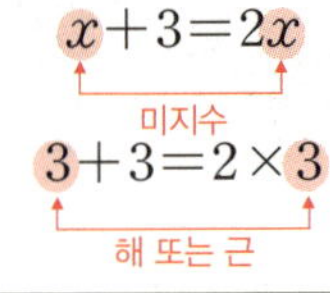

예 x의 값이 1, 2, 3일 때, 방정식 $4x+8=20$의 해를 구하여 보자.

$x=1$일 때, $4\times1+8=4+8=12$ ➜ $12\neq20$이므로 거짓

$x=2$일 때, $4\times2+8=8+8=16$ ➜ $16\neq20$이므로 거짓

$x=3$일 때, $4\times3+8=12+8=20$ ➜ $20=20$이므로 참

따라서 방정식 $4x+8=20$의 해는 $x=3$이다.

2. 항등식: 미지수에 어떤 값을 대입하여도 항상 참이 되는 등식

예제 2

다음이 방정식인 것에는 '방', 항등식인 것에는 '항'을 써넣어라.

(1) $x+1=3$ (　　)

(2) $5x=x+4x$ (　　)

(3) $-(3-x)=x-3$ (　　)

(4) $2x-3=x+3$ (　　)

풀이 미지수 x에 어떤 값을 대입하여도 항상 참이 되는 항등식은 (2), (3)이다.

답 (1) 방 (2) 항 (3) 항 (4) 방

유제 2

다음이 방정식인 것에는 '방', 항등식인 것에는 '항'을 써넣어라.

(1) $2x+3=7$ (　　)

(2) $x-3=2(x-1)$ (　　)

(3) $5x-2x=3x$ (　　)

(4) $5-3x=-3x+5$ (　　)

01 다음 중 등식인 것은?

① $3x+5$　　　② $2x-1<x+2$　　　③ $5x-10\geq0$

④ $x+2=4-x$　　　⑤ $2(1-x)+3x-1$

▷ **개념 ①**
등식

02 다음 문장을 등식으로 나타내어라.

> 어머니의 나이 42세에 희정이의 나이 x세를 더하면 56세이다.

▷ **개념 ①**
등식

03 다음 중 x의 값에 관계없이 항상 성립하는 등식은?

① $2x=3x+1$　　　　② $x-3=4x-3$

③ $6=2+4x$　　　　④ $5x-2=3$

⑤ $3x-2=2(x-1)+x$

▷ **개념 ②**
방정식과 항등식

04 다음의 각 x의 값에 대하여 등식의 참, 거짓을 판별하고, 방정식의 해를 구하여라.

방정식	x의 값	등식의 참, 거짓	방정식의 해
	-1		
$5x=x-4$	0	$0\neq0-4$ (거짓)	
	1		

▷ **개념 ②**
방정식과 항등식

05 다음 중 $x=-2$를 해로 갖는 방정식은?

① $2x+3=-7$　　　　② $3x-5=x-1$

③ $5-x=3x-3$　　　　④ $2(x+1)=4+3x$

⑤ $4x-1=2x-3$

▷ **개념 ②**
방정식과 항등식

02 등식의 성질

개념 ① 등식의 성질

1. 등식의 성질

(1) 등식의 양변에 같은 수를 더하여도 등식은 성립한다. 즉,

$$a=b\text{이면 } a+c=b+c$$

(2) 등식의 양변에서 같은 수를 빼어도 등식은 성립한다. 즉,

$$a=b\text{이면 } a-c=b-c$$

(3) 등식의 양변에 같은 수를 곱하여도 등식은 성립한다. 즉,

$$a=b\text{이면 } a\times c=b\times c$$

(4) 등식의 양변을 0이 아닌 같은 수로 나누어도 등식은 성립한다. 즉,

$$a=b\text{이면 } \frac{a}{c}=\frac{b}{c} \ (\text{단},\ c\neq0)$$

> ◆ 등식의 성질의 예
> (1) $a=b$이면 $a+3=b+3$
> (2) $a=b$이면 $a-5=b-5$
> (3) $a=b$이면 $a\times6=b\times6$
> (4) $a=b$이면 $\dfrac{a}{3}=\dfrac{b}{3}$

예제 1

$a=b$일 때, 다음 등식이 성립하도록 ☐ 안에 알맞은 식을 써넣어라.

(1) $a+5=$ ☐ (2) ☐ $=b-3$

풀이 등식의 양변에 같은 수를 더하거나 빼어도 등식이 성립한다.

답 (1) $b+5$ (2) $a-3$

유제 1

$a=b$일 때, 다음 등식이 성립하도록 ☐ 안에 알맞은 식을 써넣어라.

(1) $a\times2=$ ☐ (2) ☐ $=\dfrac{b}{4}$

개념 ② 등식의 성질을 이용한 방정식의 풀이

1. 등식의 성질을 이용한 방정식의 풀이

등식의 성질을 이용하여 방정식을 '$x=(\text{수})$'의 꼴로 바꾸어 해를 구한다.

> **예** 등식의 성질을 이용하여 다음 방정식을 풀어 보자.
>
> (1) $x+1=2$ ➜ 등식의 양변에서 1을 빼면 $x+1-1=2-1$, 즉 $x=1$
>
> (2) $\dfrac{x}{3}=1$ ➜ 등식의 양변에 3을 곱하면 $\dfrac{x}{3}\times3=1\times3$, 즉 $x=3$
>
> (3) $2x=4$ ➜ 등식의 양변을 2로 나누면 $\dfrac{2x}{2}=\dfrac{4}{2}$, 즉 $x=2$

> ◆ $x-2=3$
> ➜ $x-2+2=3+2$
> ➜ $x=5$

예제 2

다음은 등식의 성질을 이용하여 방정식의 해를 구하는 과정이다. ☐ 안에 알맞은 수를 써넣어라.

$$3x-2=4 \Rightarrow 3x-2+\square=4+\square \Rightarrow 3x=\square$$

$$\Rightarrow \frac{3x}{\square}=\frac{\square}{\square} \Rightarrow x=\square$$

풀이 등식의 양변에 2를 더하고 3으로 나누어 해를 구한다.

답 2, 2, 6, 3, 6, 3, 2

유제 2

다음은 등식의 성질을 이용하여 방정식의 해를 구하는 과정이다. ☐ 안에 알맞은 수를 써넣어라.

$$\frac{1}{2}x+4=-5 \Rightarrow \frac{1}{2}x+4-\square=-5-\square \Rightarrow \frac{1}{2}x=\square$$

$$\Rightarrow \frac{1}{2}x\times\square=\square\times\square \Rightarrow x=\square$$

01 $a=b$일 때, 다음 중 옳지 <u>않은</u> 것은?

① $a+c=b+c$ ② $3a-c=3b-c$

③ $\dfrac{2a}{c}=\dfrac{2b}{c}$ ④ $c-a=c-b$

⑤ $-\dfrac{1}{4}a=-\dfrac{1}{4}b$

▷ 개념 ① 등식의 성질

02 다음 중 옳은 것은?

① $a=b$이면 $a=b-1$이다.   ② $\dfrac{a}{3}=b$이면 $a=2b$이다.

③ $a=2b$이면 $\dfrac{a}{4}=\dfrac{b}{8}$이다.   ④ $a=b$이면 $1-a=1-b$이다.

⑤ $a=3b$이면 $-3a+1=-6b+1$이다.

▷ 개념 ① 등식의 성질

03 다음 계산 과정 ⑺, ⑷에서 이용된 등식의 성질을 아래 〈보기〉에서 각각 골라라.

$$4x+1=9 \xrightarrow{\text{(가)}} 4x=8 \xrightarrow{\text{(나)}} x=2$$

보기

$a=b$이고, c가 자연수일 때

ㄱ. $a+c=b+c$ ㄴ. $a-c=b-c$

ㄷ. $a\times c=b\times c$ ㄹ. $\dfrac{a}{c}=\dfrac{b}{c}$

▷ 개념 ② 등식의 성질을 이용한 방정식의 풀이

04 등식의 성질을 이용하여 방정식 $\dfrac{3}{2}x-4=2$를 풀어라.

▷ 개념 ② 등식의 성질을 이용한 방정식의 풀이

유형·1　등식의 이해

다음 중 x를 사용한 식으로 나타낼 때, 등식인 것을 모두 고르면? (정답 2개)

① x의 2배는 10보다 크다.

② x에 -3을 곱한 후 7을 더한다.

③ x의 4배는 y의 3배에서 4를 뺀 수이다.

④ 한 명의 입장료가 x원일 때, 5명의 입장료

⑤ x km를 시속 20 km로 갔더니 3시간이 걸렸다.

1-1

다음 문장을 등식으로 나타내어라.

> 어떤 수 x에서 2를 뺀 값은 x의 3배와 같다.

1-2

다음 중 등식인 것을 모두 고르면? (정답 2개)

① $-x+4<0$　　② $1+1=2$

③ $5y$　　④ $4-x=0$

⑤ $1+x\geq3$

유형·2　방정식의 해

다음 중 [ ] 안의 수가 주어진 방정식의 해인 것은?

① $x+4=5$ $[-1]$

② $-3x+1=-8$ $[-3]$

③ $5x=x+4$ $[-1]$

④ $2(x-3)=x-4$ $[2]$

⑤ $3(2x+1)=2+x$ $[-5]$

2-1

다음 중 [ ] 안의 수가 주어진 방정식의 해인 것은?

① $-2x=2$ $[1]$

② $x+3=-2$ $[-1]$

③ $2x-3=x+3$ $[6]$

④ $4-2x=9-7x$ $[2]$

⑤ $4(2x-1)=-8+x$ $[-2]$

2-2

x의 값이 $-2, -1, 0, 1, 2$일 때, x의 값 중에서 방정식 $2x=-(1-x)$의 해인 것은?

① -2　　② -1　　③ 0

④ 1　　⑤ 2

유형·3 항등식 찾기

다음 중 x의 값에 관계없이 항상 참인 등식을 모두 고르면?

(정답 2개)

① $2x=4$ ② $x+1=2x$

③ $x-5=5-x$ ④ $x+1=2x+1-x$

⑤ $3x-3=3(x-1)$

3-1

다음 중 항등식인 것은?

① $x+1=2$ ② $x-3=0$

③ $-x+1=1-x$ ④ $2x-5=1$

⑤ $2x+x=3$

3-2

다음 중 모든 x의 값에 대하여 항상 참인 등식은?

① $2x-3=5x$ ② $3x-2=4$

③ $-3x+2=2x-3$ ④ $-2x+4=2(2-x)$

⑤ $-6x+1=-3x-8$

유형·4 항등식이 될 조건

등식 $3(2x-1)=x+\boxed{}$가 x에 관한 항등식일 때, $\boxed{}$ 안에 알맞은 식은?

① $5x-3$ ② $5x+3$ ③ $6x-1$

④ $7x-3$ ⑤ $7x+3$

4-1

다음 등식이 항등식일 때, $\boxed{}$ 안에 알맞은 식을 구하여라.

$$2(x-3)=x+\boxed{}$$

4-2

등식 $4x+b+1=ax-1$이 x에 관한 항등식일 때, 상수 a, b의 값을 각각 구하면?

① $a=-4,\ b=-2$ ② $a=-4,\ b=0$

③ $a=-4,\ b=2$ ④ $a=4,\ b=-2$

⑤ $a=4,\ b=2$

유형 5 등식의 성질 (1)

다음에서 이용된 등식의 성질을 아래 〈보기〉에서 골라라.

> **보기**
>
> $a=b$이고, c가 자연수일 때
>
> ㄱ. $a+c=b+c$ ㄴ. $a-c=b-c$
>
> ㄷ. $a\times c=b\times c$ ㄹ. $\dfrac{a}{c}=\dfrac{b}{c}$

(1) $x+6=1$이면 $x=-5$이다.

(2) $3x=-9$이면 $x=-3$이다.

(3) $\dfrac{1}{5}x=2$이면 $x=10$이다.

5-1

다음에서 이용된 등식의 성질을 말하여라.

(1) $4x=-12$이면 $x=-3$이다.

(2) $x-5=1$이면 $x=6$이다.

(3) $\dfrac{1}{3}x=-4$이면 $x=-12$이다.

5-2

다음 〈보기〉 중 등식의 모양을 바꾸는 과정에서 '$a=b$이면 $ac=bc$이다.'를 이용한 것을 찾아라. (단, c는 자연수)

> **보기**
>
> ㄱ. $\dfrac{x}{3}=2 \rightarrow x=6$ ㄴ. $6x=12 \rightarrow x=2$
>
> ㄷ. $x-1=3 \rightarrow x=4$ ㄹ. $x+2=5 \rightarrow x=3$

유형 6 등식의 성질 (2)

다음 중 옳지 <u>않은</u> 것은?

① $a=b$이면 $a-3=b-3$이다.

② $a=b$이면 $a+2=b+2$이다.

③ $a+5=b+5$이면 $a=b$이다.

④ $2a=3b$이면 $\dfrac{a}{2}=\dfrac{b}{3}$이다.

⑤ $a=4b$이면 $\dfrac{a}{4}=b$이다.

6-1

다음 중 옳지 <u>않은</u> 것은?

① $a-c=b-c$이면 $a=b$이다.

② $\dfrac{a}{4}=\dfrac{b}{3}$이면 $3a=4b$이다.

③ $a-2=b-1$이면 $a-1=b$이다.

④ $ac=bc$이면 $a=b$이다.

⑤ $a+b=0$이면 $2a=-2b$이다.

6-2

$a=b$일 때, 다음 중 옳지 <u>않은</u> 것은?

① $ac=bc$ ② $a+c=b+c$

③ $a-c=b-c$ ④ $c-a=c-b$

⑤ $\dfrac{a}{c}=\dfrac{b}{c}$

다음은 등식의 성질을 이용하여 방정식의 해를 구하는 과정이다. (다)에서 이용된 등식의 성질은?

$$\frac{1}{2}x-3=\frac{3}{4}-3x \quad \text{(가)}$$
$$2x-12=3-12x \quad \text{(나)}$$
$$14x-12=3 \quad \text{(다)}$$
$$14x=15 \quad \text{(라)}$$
$$\therefore x=\frac{15}{14}$$

① $a=b$이면 $a+c=b+c$이다. (단, $c>0$)

② $a=b$이면 $a-c=b-c$이다. (단, $c>0$)

③ $a=b$이면 $ac=bc$이다.

④ $a=b$이면 $\dfrac{a}{c}=\dfrac{b}{c}$이다. (단, $c\neq0$)

⑤ $a=b$이면 $b=a$이다.

7-1

오른쪽 방정식을 푸는 과정에서 (가), (나)에서 이용된 등식의 성질을 다음 〈보기〉에서 각각 골라라.

$$\frac{x-1}{2}=4 \quad \text{(가)}$$
$$x-1=8 \quad \text{(나)}$$
$$\therefore x=9$$

보기

$a=b$이고, c가 자연수일 때

ㄱ. $a+c=b+c$　　ㄴ. $a-c=b-c$

ㄷ. $a\times c=b\times c$　　ㄹ. $\dfrac{a}{c}=\dfrac{b}{c}$

7-2

오른쪽은 방정식 $3x-4=8$을 등식의 성질을 이용하여 푼 것이다. ㉠, ㉡, ㉢에 알맞은 세 수의 합을 구하여라.

$$3x-4+\boxed{㉠}=8+\boxed{㉠}$$
$$3x=\boxed{㉡}$$
$$\frac{3x}{\boxed{㉢}}=\frac{\boxed{㉡}}{\boxed{㉢}}$$
$$\therefore x=4$$

등식의 성질을 이용하여 다음 방정식을 풀어라.

(1) $4x+15=27$　　　(2) $12-5x=-8$

8-1

등식의 성질을 이용하여 다음 방정식을 풀어라.

(1) $2x+3=1$　　　(2) $\dfrac{1}{3}x-4=2$

8-2

방정식 $\dfrac{1}{2}x+1=-x+\dfrac{5}{2}$ 를 등식의 성질을 이용하여 풀어라.

03 일차방정식의 풀이

개념 ① 일차방정식

1. 이항

이항: 등식의 성질을 이용하여 등식의 한 변에 있는 항을 부호를 바꾸어 다른 변으로 옮기는 것

> **풍쌤의 Point** $+$를 이항하면 $-$, $-$를 이항하면 $+$야.

$$2x+3=1$$
$$2x=1-3$$
이항

2. 일차방정식

일차방정식: 방정식의 우변에 있는 모든 항을 좌변으로 이항하여 동류항끼리 정리했을 때 '(일차식)$=0$'의 꼴이 되는 방정식

예 $2x+1=0$, $3x-1=4$는 모두 일차방정식이다.

✦ 일차방정식
$$4x-3=0$$
일차식

예제 1

다음 등식에서 밑줄 친 항을 각각 이항하여라.

(1) $x+4=5$ (2) $x-2=-3$

(3) $x=-3x+12$ (4) $2x-1=x+3$

풀이 밑줄 친 항의 부호를 바꾸어 다른 변으로 옮긴다.

답 (1) $x=5-4$ (2) $x=-3+2$
　　(3) $x+3x=12$ (4) $2x-x=3+1$

유제 1

다음 등식에서 밑줄 친 항을 각각 이항하여라.

(1) $x-5=3$ (2) $3x=2x+4$

(3) $9-x=3$ (4) $x-3=17-3x$

개념 ② 일차방정식의 풀이

1. 일차방정식의 풀이

① 미지수 x를 포함하는 항은 좌변으로, 상수항은 우변으로 이항한다.

② 양변을 정리하여 $ax=b\ (a\neq0)$의 꼴로 만든다.

③ x의 계수 a로 양변을 나눈다.
$$x=\frac{b}{a}$$

$$3x-2=x+4$$
$$3x-x=4+2$$
$$2x=6$$
$$\therefore\ x=3$$

예제 2

다음 일차방정식을 풀어라.

(1) $2x+7=19$ (2) $2x=3+x$

풀이 (1) $2x+7=19$에서 $2x=19-7$, $2x=12$　　$\therefore\ x=6$
　　(2) $2x=3+x$에서 $2x-x=3$　　$\therefore\ x=3$

답 (1) $x=6$ (2) $x=3$

유제 2

다음 일차방정식을 풀어라.

(1) $4x=15+x$ (2) $x-12=-3x$

개념 확인하기

01 다음을 이항만을 이용하여 $ax=b$의 꼴로 나타내어라. (단, $a>0$)

(1) $2x-7=3$

(2) $6x=3x-5$

(3) $3x-5=2x+3$

(4) $4-x=-5x+10$

▷ 개념 ① 일차방정식

02 다음 중 일차방정식을 모두 골라라.

(1) $9-4x=3$

(2) $5x-1=x-2$

(3) $x^2+2=x$

(4) $2x^2-2=3x+2x^2$

▷ 개념 ① 일차방정식

03 다음 일차방정식을 풀어라.

(1) $9x-5=2x+23$

(2) $13-7x=22-4x$

(3) $8x-12=3x+13$

(4) $15-9x=-21-3x$

▷ 개념 ② 일차방정식의 풀이

04 다음 중 일차방정식의 해가 나머지 넷과 <u>다른</u> 하나는?

① $6x-4=2$

② $-2x-2=4x-8$

③ $8x+3=6x-1$

④ $-4x+5=-x+2$

⑤ $2x-7=3x-8$

▷ 개념 ② 일차방정식의 풀이

04 복잡한 일차방정식의 풀이

개념 1 복잡한 일차방정식의 풀이(1)

1. 괄호가 있는 일차방정식의 풀이

분배법칙을 이용하여 괄호를 먼저 풀어 정리한 후 일차방정식의 풀이 방법에 따라 해를 구한다.

$$\bullet\ x+1=2(x-1)$$
$$x+1=2x-2$$
분배법칙 이용

2. 계수가 소수인 일차방정식의 풀이

양변에 $10, 100, 1000, \cdots$ 중에서 적당한 수를 곱하여 계수를 정수로 바꾼 후 일차방정식의 풀이 방법에 따라 해를 구한다.

$$\bullet\ 0.2x+1.5=0.9$$
$$2x+15=9$$
$\times 10$

예제 1

다음 일차방정식을 풀어라.

(1) $3(2x-1)=9$

(2) $0.2x+0.5=0.3$

풀이 (1) 괄호를 풀면 $6x-3=9$
$6x=9+3,\ 6x=12$ ∴ $x=2$
(2) 양변에 10을 곱하면 $2x+5=3$
$2x=3-5,\ 2x=-2$ ∴ $x=-1$

답 (1) $x=2$ (2) $x=-1$

유제 1

다음 일차방정식을 풀어라.

(1) $-3(x-4)=27$

(2) $0.1x-2=-3.5-0.4x$

개념 2 복잡한 일차방정식의 풀이(2)

1. 계수가 분수인 일차방정식의 풀이

양변에 분모의 최소공배수를 곱하여 계수를 정수로 바꾼 후 일차방정식의 풀이 방법에 따라 해를 구한다.

$$\bullet\ \frac{x}{4}-\frac{x}{3}=1$$
$$3x-4x=12$$
$\times 12$

2. 비례식으로 주어진 경우의 풀이

비례식의 성질 '$a:b=x:y$이면 $ay=bx$'임을 이용한다.

예제 2

다음 일차방정식을 풀어라.

(1) $\dfrac{1}{2}x-\dfrac{1}{4}=\dfrac{3}{4}$

(2) $0.2:(x+3)=1:(x-1)$

풀이 (1) 양변에 분모의 최소공배수 4를 곱하면
$2x-1=3,\ 2x=4$ ∴ $x=2$
(2) $0.2\times(x-1)=(x+3)\times 1$의 양변에 10을 곱하면
$2(x-1)=10(x+3),\ 2x-2=10x+30,\ -8x=32$
∴ $x=-4$

답 (1) $x=2$ (2) $x=-4$

유제 2

다음 일차방정식을 풀어라.

(1) $\dfrac{3}{4}x=\dfrac{2}{3}x-\dfrac{1}{4}$

(2) $2x:(3x-2)=\dfrac{1}{2}:1$

개념 확인하기

01 다음 일차방정식을 풀어라.

(1) $5(x-4)=x$ (2) $2(9-x)=4x$

(3) $2(x+3)=-3x+11$ (4) $5x-2(x-1)=-10$

▷ 개념 ①
복잡한 일차방정식의 풀이(1)

02 다음 일차방정식을 풀어라.

(1) $0.3x+2=5+0.9x$ (2) $3.4x-1.5=2.9x$

(3) $0.25x-0.14=0.36$ (4) $-0.12x-0.7=0.03x-0.1$

▷ 개념 ①
복잡한 일차방정식의 풀이(1)

03 다음 일차방정식을 풀어라.

(1) $\dfrac{1}{4}x-\dfrac{1}{6}=\dfrac{1}{3}$ (2) $\dfrac{x-8}{5}=\dfrac{x}{3}$

(3) $\dfrac{x}{2}+\dfrac{11}{3}=-\dfrac{4}{3}x$ (4) $\dfrac{5x-1}{2}=\dfrac{x+1}{7}+3$

▷ 개념 ②
복잡한 일차방정식의 풀이(2)

04 다음 비례식을 만족시키는 x의 값은?

$$(-2x+7):(-x+3)=3:2$$

① 5 ② 3 ③ 1

④ -1 ⑤ -3

▷ 개념 ②
복잡한 일차방정식의 풀이(2)

 유형 확인하기

유형·1 이항

다음 중 이항을 바르게 한 것은?

① $x-2=3 \rightarrow x=3-2$

② $2x=4-x \rightarrow 2x-x=4$

③ $5x-1=6x+4 \rightarrow 5x-6x=4-1$

④ $-x+3=-4x+1 \rightarrow -x+4x=1-3$

⑤ $1-6x=6-x \rightarrow -6x-x=6-1$

1-1

다음 중 이항을 바르게 한 것은?

① $x-5=1 \rightarrow x=1-5$

② $5x=3-x \rightarrow 5x-x=3$

③ $2x-1=4x+4 \rightarrow 2x-4x=4-1$

④ $2-7x=7-x \rightarrow -7x-x=7-2$

⑤ $-2x+1=-3x+1 \rightarrow -2x+3x=1-1$

1-2

다음 중 이항을 바르게 한 것은?

① $2-3x=8 \rightarrow 3x=8-2$

② $2x-5=x \rightarrow 2x-x=-5$

③ $-x+1=4 \rightarrow -x=4-1$

④ $3x+2=x+5 \rightarrow 3x-x=5+2$

⑤ $7x-8=-5x \rightarrow 7x+5x=-8$

유형·2 일차방정식의 뜻

다음 〈보기〉에서 일차방정식을 모두 골라라.

보기
ㄱ. $x=4x-3$ ㄴ. $x^2+3=5x-7$
ㄷ. $3x+5$ ㄹ. $2x+4=2(x+2)$
ㅁ. $3x+1=-3x-1$

2-1

다음 중 일차방정식을 모두 고르면? (정답 2개)

① $4x-4>0$ ② $x-3=x^3$

③ $-x=7x+1$ ④ $-x+2=-(x-2)$

⑤ $x^2-4x=x^2+2x-6$

2-2

다음 중 일차방정식이 <u>아닌</u> 것은?

① $x+2=3x+1$ ② $4x+3=5$

③ $2x+1=1-2x$ ④ $x-3=-3+x$

⑤ $x^2+x=x^2+3$

유형·3 일차방정식이 되기 위한 조건

다음 중 $ax+5=4x-3$이 x에 관한 일차방정식이 되기 위한 상수 a의 값으로 적당하지 <u>않은</u> 것은?

① -4 ② -2 ③ 0

④ 2 ⑤ 4

3-1

$ax+1=3x-2$가 x에 관한 일차방정식이 되기 위한 상수 a의 값의 조건을 구하여라.

3-2

$ax^2+2=bx+5$가 x에 관한 일차방정식이 되기 위한 상수 a, b의 조건은?

① $a\neq0,\ b\neq0$ ② $a\neq0,\ b=0$

③ $a=0,\ b\neq0$ ④ $a=0,\ b=0$

⑤ $a\neq b$

유형·4 일차방정식의 풀이

일차방정식 $5x-9=2x+3$의 해를 $x=a$, 일차방정식 $-2x+4=-6+3x$의 해를 $x=b$라고 할 때, $a+b$의 값을 구하여라.

4-1

일차방정식 $4x-11=-3x+10$의 해를 $x=a$, 일차방정식 $8x-5=6x+4$의 해를 $x=b$라고 할 때, $a-2b$의 값을 구하여라.

4-2

일차방정식 $4x-3=2x-7$의 해를 $x=a$, 일차방정식 $-3x+4=2x-16$의 해를 $x=b$라고 할 때, ab의 값을 구하여라.

유형 · 5 복잡한 일차방정식의 풀이

다음 일차방정식을 풀어라.

(1) $2(x-7)-3(2x-1)=-(5x+8)$

(2) $0.3(x+4)=\dfrac{3}{5}x-1.5$

5-1

다음 일차방정식을 풀어라.

(1) $4(3x-2)=9(5+x)-2$

(2) $0.5x+1=\dfrac{1}{5}(x-1)$

5-2

일차방정식 $\dfrac{2x+1}{3}-1=0.2(3x+4)$의 해를 $x=a$, 일차방정식 $\dfrac{x}{2}-\dfrac{x}{6}=\dfrac{1}{4}(2x+6)$의 해를 $x=b$라고 할 때, $a+b$의 값을 구하여라.

유형 · 6 비례식으로 주어진 일차방정식의 풀이

비례식 $(-3x-1):(x+4)=5:2$를 만족시키는 x의 값을 구하여라.

6-1

다음 비례식을 만족시키는 x의 값을 구하여라.

$$(4x-1):2=(x+1):3$$

6-2

비례식 $(x-1):(3x-2)=2:5$를 만족시키는 x의 값은?

① -1 ② 0 ③ 1

④ 2 ⑤ 3

 일차방정식의 해가 주어질 때 미지수 구하기

일차방정식 $3(x-2)=x-a$의 해가 $x=-3$일 때, 상수 a의 값은?

① -12　　② -6　　③ 0

④ 6　　⑤ 12

7-1

일차방정식 $ax-1=2x+3$의 해가 $x=2$일 때, 상수 a의 값은?

① 1　　② 2　　③ 3

④ 4　　⑤ 5

7-2

일차방정식 $\dfrac{5x+a}{2}=\dfrac{x-3}{4}-a$의 해가 $x=-1$일 때, 상수 a의 값을 구하여라.

 두 방정식의 해가 같을 때 미지수 구하기

다음 두 일차방정식의 해가 같을 때, 상수 a의 값은?

$$2(4-3x)=-x+13, \quad \dfrac{2}{3}x+2=\dfrac{x}{6}-a$$

① -2　　② $-\dfrac{3}{2}$　　③ -1

④ $-\dfrac{3}{4}$　　⑤ $-\dfrac{1}{2}$

8-1

다음 두 일차방정식의 해가 같을 때, 상수 a의 값을 구하여라.

$$\dfrac{3}{2}x-1=\dfrac{x}{4}+\dfrac{3}{2}, \quad 3-4x=-x+a$$

8-2

다음 두 일차방정식의 해가 같을 때, 상수 a의 값을 구하여라.

$$0.2x-0.1=-0.5x+2, \quad \dfrac{x-4a}{2}=3x-\dfrac{3a}{4}$$

05 일차방정식의 활용 (1) - 수, 나이, 과부족

개념 ① 수에 관한 일차방정식의 활용

1. 수에 관한 문제

(1) **어떤 수에 관한 문제**: 어떤 수를 x로 놓고 조건에 맞게 방정식을 세워서 푼다.

(2) **연속하는 수에 관한 문제**: 기준이 되는 수를 x로 놓고 다른 수를 x로 나타낸다.

참고 ① 연속하는 두 정수 ➔ x, $x+1$ (또는 $x-1$, x)

② 연속하는 세 정수 ➔ x, $x+1$, $x+2$ (또는 $x-1$, x, $x+1$)

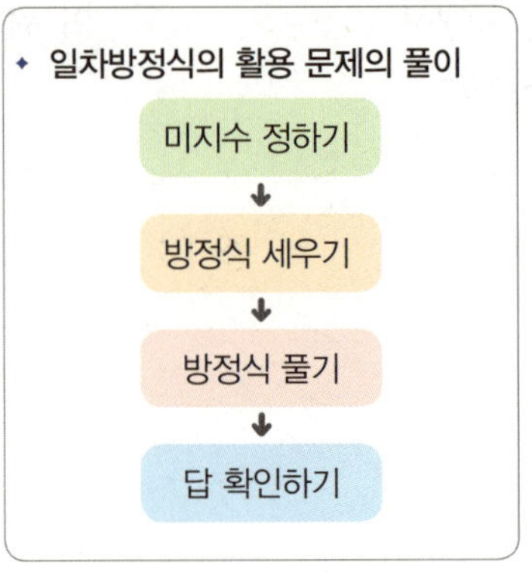

예제 1

어떤 수에서 7을 뺀 수는 -10이다. 어떤 수를 다음 순서에 따라 구하여라.

① 미지수 x 정하기	어떤 수를 x라고 하자.
② 방정식 세우기	$x-7=-10$
③ 방정식 풀기	$x=-3$
④ 답 확인하기	$-3-7=-10$이므로 어떤 수는 -3이다.

답 풀이 참조

유제 1

어떤 수의 5배에서 2를 뺀 것은 그 수의 3배보다 8만큼 크다. 어떤 수를 다음 순서에 따라 구하여라.

① 미지수 x 정하기	
② 방정식 세우기	
③ 방정식 풀기	
④ 답 확인하기	

개념 ② 나이, 과부족에 관한 일차방정식의 활용

1. 나이, 과부족에 관한 문제

(1) **나이에 관한 문제**: '몇 년 후'와 같은 조건이 주어지면 몇 년을 미지수 x로, 나이의 합이나 차가 주어지면 어느 한 사람의 나이를 미지수 x로 놓는다.

(2) **과부족에 관한 문제**: 전체 개수를 미지수로 나타낸 후 전체 개수에서 남는 것은 더해 주고, 모자라는 것은 빼 준다.

◆ 현재 나이가 13세일 때,
x년 후의 나이 ➔ $13+x$(세)
◆ 학생 x명에게 사탕을 5개씩 나누어 줄 때의 사탕의 개수 ➔ $5x$(개)

예제 2

지수의 나이는 언니의 나이보다 3세 더 적고, 지수와 언니의 나이의 합은 25세이다. 지수의 나이를 다음 순서에 따라 구하여라.

① 미지수 x 정하기	지수의 나이를 x세라고 하자.
② 방정식 세우기	$x+(x+3)=25$
③ 방정식 풀기	$x=11$
④ 답 확인하기	$11+14=25$이므로 지수는 11세이다.

답 풀이 참조

유제 2

모둠 학생들에게 초콜릿을 3개씩 나누어 주었더니 3개가 남고, 4개씩 나누어 주었더니 5개가 모자랐다. 모둠 학생 수를 다음 순서에 따라 구하여라.

① 미지수 x 정하기	
② 방정식 세우기	
③ 방정식 풀기	
④ 답 확인하기	

01 연속하는 세 자연수의 합이 18일 때, 세 자연수를 다음 순서에 따라 구하여라.

① 연속하는 세 자연수를 x로 나타내기	
② 방정식 세우기	
③ 방정식 풀기	
④ 답 확인하기	

▷ 개념 ①
수에 관한 일차방정식의 활용

02 일의 자리 숫자가 7인 두 자리의 자연수가 있다. 이 자연수는 각 자리 숫자의 합의 3배와 같다. 이 자연수를 다음 순서에 따라 구하여라.

① 미지수 x 정하기	
② 방정식 세우기	
③ 방정식 풀기	
④ 답 확인하기	

▷ 개념 ①
수에 관한 일차방정식의 활용

03 올해 어머니의 나이는 42세, 아들의 나이는 13세이다. 어머니의 나이가 아들의 나이의 2배가 되는 것은 몇 년 후인지 다음 순서에 따라 구하여라.

① 미지수 x 정하기	
② 방정식 세우기	
③ 방정식 풀기	
④ 답 확인하기	

▷ 개념 ②
나이, 과부족에 관한 일차방정식의 활용

04 빵을 한 상자에 5개씩 담았더니 3개가 남았고, 6개씩 담았더니 1개가 모자랐다. 상자의 개수를 다음 순서에 따라 구하여라.

① 미지수 x 정하기	
② 방정식 세우기	
③ 방정식 풀기	
④ 답 확인하기	

▷ 개념 ②
나이, 과부족에 관한 일차방정식의 활용

06 일차방정식의 활용 (2) - 속력, 농도

개념 ① 속력에 관한 일차방정식의 활용

1. 속력에 관한 문제

$$(거리)=(속력)\times(시간), \quad (속력)=\frac{(거리)}{(시간)}, \quad (시간)=\frac{(거리)}{(속력)}$$

예제 1

희정이가 등산을 하는 데 올라갈 때는 시속 $2\,\text{km}$로 걸어갔고, 내려올 때는 시속 $3\,\text{km}$로 걸어서 총 5시간이 걸렸다. 등산로의 길이를 $x\,\text{km}$라고 할 때, 다음 ☐ 안에 알맞은 것을 써넣어라.

> 올라갈 때 걸린 시간은 $\dfrac{x}{2}$시간이고, 내려올 때 걸린 시간
>
> 은 ☐시간이므로 $\dfrac{x}{2}+$ ☐ $=5$에서 $x=$☐이다.
>
> 따라서 등산로의 길이는 ☐km이다.

답 $\dfrac{x}{3}, \dfrac{x}{3}, 6, 6$

유제 1

두 지점 A, B 사이를 왕복하는 데 갈 때는 시속 $12\,\text{km}$로 자전거를 탔고, 올 때는 시속 $4\,\text{km}$로 걸었더니 총 3시간이 걸렸다. 두 지점 사이의 거리를 $x\,\text{km}$라고 할 때, 다음 ☐ 안에 알맞은 것을 써넣어라.

> 갈 때 걸린 시간은 $\dfrac{x}{12}$시간이고, 올 때 걸리는 시간은
>
> ☐시간이므로 $\dfrac{x}{12}+$ ☐ $=3$에서 $x=$☐이다.
>
> 따라서 두 지점 사이의 거리는 ☐km이다.

개념 ② 농도에 관한 일차방정식의 활용

1. 농도에 관한 문제

(1) $(소금물의 농도)=\dfrac{(소금의 양)}{(소금물의 양)}\times100(\%)$

(2) $(소금의 양)=\dfrac{(소금물의 농도)}{100}\times(소금물의 양)$

◆ 소금의 양으로 방정식 세우기
① (물을 넣기 전 소금의 양)
　＝(물을 넣은 후 소금의 양)
② (물을 증발시키기 전 소금의 양)
　＝(물을 증발시킨 후 소금의 양)

예제 2

$15\,\%$의 소금물 $100\,\text{g}$에 물을 더 넣어 $10\,\%$의 소금물을 만들려고 한다. 더 넣을 물의 양을 $x\,\text{g}$이라고 할 때, 다음 ☐ 안에 알맞은 것을 써넣어라.

> 물을 넣기 전의 소금의 양은 $\dfrac{15}{100}\times$☐(g)이고, 물
>
> 을 넣은 후의 소금의 양은 $\dfrac{10}{100}\times(\boxed{})(\text{g})$이
>
> 다. 물을 넣기 전과 넣은 후의 소금의 양은 같으므로
>
> $\dfrac{15}{100}\times$☐$=\dfrac{10}{100}\times(\boxed{})$, $x=$☐이다.
>
> 따라서 더 넣을 물의 양은 ☐g이다.

답 $100, 100+x, 100, 100+x, 50, 50$

유제 2

$10\,\%$의 소금물 $300\,\text{g}$에 물을 더 넣어 $8\,\%$의 소금물을 만들려고 한다. 더 넣을 물의 양을 $x\,\text{g}$이라고 할 때, 다음 ☐ 안에 알맞은 것을 써넣어라.

> 물을 넣기 전의 소금의 양은 $\dfrac{10}{100}\times$☐(g)이고, 물
>
> 을 넣은 후의 소금의 양은 $\dfrac{8}{100}\times(\boxed{})(\text{g})$이
>
> 다. 물을 넣기 전과 넣은 후의 소금의 양은 같으므로
>
> $\dfrac{10}{100}\times$☐$=\dfrac{8}{100}\times(\boxed{})$, $x=$☐이다.
>
> 따라서 더 넣을 물의 양은 ☐g이다.

개념 확인하기

01 두 지점 A, B 사이를 유람선을 타고 왕복하는 데 갈 때는 시속 30 km로, 올 때는 시속 20 km로 운항하여 총 4시간이 걸렸다. 두 지점 A, B 사이의 거리를 x km 라고 할 때, 다음 표를 완성하여라.

▷ 개념 ①
속력에 관한 일차방정식의 활용

	갈 때	올 때
거리(km)	x	
시속(km)	30	
걸린 시간(시간)		
방정식 세우기	
두 지점 사이의 거리(km)	

02 현정이가 집에서 도서관까지 가는 데 시속 10 km로 자전거를 타고 가면 같은 길을 시속 5 km로 걸어서 가는 것보다 30분 빨리 도착한다고 한다. 집에서 도서관까지의 거리를 구하여라.

▷ 개념 ①
속력에 관한 일차방정식의 활용

03 문주네 집과 창빈이네 집 사이의 거리는 2.1 km이다. 문주는 분속 80 m로, 창빈이는 분속 60 m로 서로의 집을 향하여 동시에 출발하였다. 두 사람은 출발한 지 몇 분 후에 서로 만나는지 구하여라.

▷ 개념 ①
속력에 관한 일차방정식의 활용

04 5 %의 설탕물과 10 %의 설탕물을 섞어서 농도가 8 %인 설탕물 300 g을 만들려고 한다. 이때 5 %의 설탕물의 양은 몇 g인지 구하여라.

▷ 개념 ②
농도에 관한 일차방정식의 활용

유형 확인하기

유형 ∘ 1 수에 관한 문제

연속하는 세 홀수의 합이 45일 때, 가장 큰 수는?

① 11   ② 13   ③ 15
④ 17   ⑤ 19

1-1

연속하는 세 자연수의 합이 21일 때, 가운데 수를 구하여라.

1-2

연속하는 세 짝수의 합이 60일 때, 가장 작은 수를 구하여라.

유형 ∘ 2 자릿수에 관한 문제

일의 자리 숫자가 8인 두 자리의 자연수가 있다. 이 자연수가 각 자리 숫자의 합의 2배와 같을 때, 이 수를 구하여라.

2-1

일의 자리 숫자가 4인 두 자리의 자연수가 있다. 이 자연수가 각 자리 숫자의 합의 4배와 같을 때, 이 수를 구하여라.

2-2

일의 자리 숫자가 5인 두 자리의 자연수가 있다. 이 자연수의 일의 자리 숫자와 십의 자리 숫자를 바꾼 수는 처음 수보다 18이 더 클 때, 처음 수를 구하여라.

다음은 은진이네 반 담임 선생님이 학생들에게 자신의 나이에 대해 설명한 것이다. 현재 선생님의 나이는 몇 세인지 구하여라.

> 현재 나와 내 아들의 나이의 합은 53세란다. 또, 14년 후에는 내 나이가 아들 나이의 2배가 되지.

3-1

현재 아버지의 나이는 42세이고, 10년 후에는 딸의 나이의 2배가 된다고 할 때, 현재 딸의 나이는 몇 세인지 구하여라.

3-2

현재 어머니의 나이는 39세이고, 딸의 나이는 9세이다. 어머니의 나이가 딸의 나이의 3배가 되는 것은 몇 년 후인지 구하여라.

오늘 교실을 청소한 학생들에게 사탕을 나누어 주려고 한다. 사탕을 5개씩 나누어 주면 7개가 모자라고, 4개씩 나누어 주면 10개가 남는다고 할 때, 교실을 청소한 학생 수는?

① 11　　　　② 13　　　　③ 15
④ 17　　　　⑤ 19

4-1

사과를 상자에 담는데 한 상자에 5개씩 담으면 6개가 모자라고, 4개씩 담으면 3개가 남는다고 한다. 이때 다음을 구하여라.

⑴ 상자의 개수　　　　⑵ 사과의 개수

4-2

어느 제과점에서 새로 개발한 쿠키를 시식용으로 만들어 제과 학원의 수강생들에게 나누어 주는데 8개씩 나누어 주면 6개가 부족하고, 7개씩 나누어 주면 9개가 남는다고 한다. 이때 시식용으로 만든 쿠키의 개수는?

① 112　　　　② 114　　　　③ 116
④ 118　　　　⑤ 120

유형·5 속력에 관한 문제

집에서 학교까지 가는 데 시속 6 km로 달리면 시속 4 km로 걷는 것보다 5분 빨리 도착한다고 한다. 집에서 학교까지의 거리는 몇 km인지 구하여라.

5-1

자전거로 강변 산책로의 두 지점 A, B 사이를 왕복하는 데 갈 때는 시속 30 km로, 올 때는 시속 20 km로 달려 총 2시간 40분이 걸렸을 때, 두 지점 A, B 사이의 거리는?

① 20 km ② 24 km ③ 28 km

④ 32 km ⑤ 36 km

5-2

초속 50 m로 달리는 기차가 길이 400 m인 터널을 완전히 통과하는 데 20초가 걸린다고 할 때, 기차의 길이는?

① 400 m ② 500 m ③ 600 m

④ 700 m ⑤ 800 m

유형·6 농도에 관한 문제

12 %의 소금물 100 g에 물을 더 넣어 10 %의 소금물을 만들려고 한다. 이때 물을 몇 g 더 넣어야 하는가?

① 5 g ② 10 g ③ 15 g

④ 20 g ⑤ 25 g

6-1

8 %의 소금물 100 g에 물을 더 넣어 4 %의 소금물을 만들려고 한다. 이때 물을 몇 g 더 넣어야 하는지 구하여라.

6-2

5 %의 설탕물 200 g이 있다. 이 설탕물에서 물을 증발시켜 8 %의 설탕물을 만들려고 한다. 이때 물을 몇 g 증발시켜야 하는지 구하여라.

유형 7 · 원가, 정가에 관한 문제

슈퍼데이를 맞이하여 어느 슈퍼마켓에서는 신선식품을 정가에서 20 % 할인하여 판매하였다. 할인하여 판매한 가격이 3600원일 때, 이 상품의 정가는?

① 4500원   ② 4600원   ③ 4700원
④ 4800원   ⑤ 4900원

7-1

어느 의류 매장에서는 정가의 25 %를 할인하여 판매하는 행사를 하고 있다. 혜원이가 이 매장에서 구입한 옷의 가격이 21000원일 때, 이 옷의 정가를 구하여라.

7-2

어떤 수학 참고서는 원가에 15 %의 이익을 붙여서 정가를 정하고, 정가에서 800원 할인해서 팔았더니 원가에 대하여 5 %의 이익을 얻었다. 이때 이 참고서의 원가를 구하여라.

유형 8 · 일에 관한 문제

어떤 일을 완성하는 데 선영이 혼자 하면 6일이 걸리고, 경호 혼자 하면 9일이 걸린다고 한다. 선영이가 혼자 4일 동안 한 후 나머지를 경호가 혼자 하여 끝냈을 때, 경호가 일한 날수를 구하여라.

8-1

어떤 일을 끝내는 데 용민이는 20일, 재인이는 30일이 걸린다고 한다. 이 일을 둘이 함께 하여 끝내는 데 걸리는 날수를 구하여라.

8-2

어떤 일을 혼자 완성하는 데 형은 16일, 동생은 12일 걸린다고 한다. 형이 혼자 4일 동안 일한 후 나머지를 동생이 혼자 하여 완성하였다. 동생이 일한 날수를 구하여라.

01 다음 일차방정식 중 해가 $x=4$인 것은?

① $4x=4$ ② $x+3=2x-1$

③ $x+4=5$ ④ $-x+1=-5x$

⑤ $2(x+1)=7$

02 다음 중 x의 값에 관계없이 항상 참인 등식은?

① $x+1=3$

② $5x-1=4x$

③ $x+2x+5=3x+5$

④ $x-2=2-x$

⑤ $2(3-x)=6-x-11$

03 등식 $2(x-a)=bx-3$이 모든 수 x에 대하여 항상 참일 때, ab의 값을 구하여라. (단, a, b는 상수)

04 다음 중 옳지 <u>않은</u> 것은?

① $a-b=0$이면 $a-2=b-2$이다.

② $a+1=b+1$이면 $a=b$이다.

③ $a=3b$이면 $\dfrac{a}{3}=b$이다.

④ $3a=4b$이면 $\dfrac{a}{3}=\dfrac{b}{4}$이다.

⑤ $-\dfrac{a}{5}=-\dfrac{b}{5}$이면 $a=b$이다.

05 $5x-7=-ax$가 x에 관한 일차방정식이 되기 위한 상수 a의 값으로 적당하지 <u>않은</u> 것은?

① -5 ② -2 ③ 0

④ 2 ⑤ 5

06 다음 방정식 중 해가 나머지 넷과 <u>다른</u> 하나는?

① $4x-5=3$

② $3-x=7-3x$

③ $1-3(2x-3)=x-4$

④ $\dfrac{-2x+1}{3}=\dfrac{5x-12}{2}$

⑤ $0.04x+1.3=-1.2x-1.18$

07 방정식 $ax-3=8-2x+2a$의 해가 $x=-5$일 때, 상수 a의 값은?

① -5 ② -4 ③ -3

④ -2 ⑤ -1

08 다음 세 일차방정식의 해가 모두 같을 때, $a+b$의 값을 구하여라. (단, a, b는 상수)

$$6x-5(x-1)=7, \quad 2x-7=a+1,$$
$$9-x=b-5(x-3)$$

09 일차방정식 $9x=6x+3$의 해가 일차방정식 $x+2a=4ax+3$의 해보다 3만큼 큰 수일 때, 상수 a의 값은?

① $-\dfrac{1}{2}$ ② $-\dfrac{1}{3}$ ③ $\dfrac{1}{3}$

④ $\dfrac{1}{2}$ ⑤ 1

10 일차방정식 $4(x-1)-2=2(x+9)$의 해는 일차방정식 $\dfrac{3x}{2}=-x+4m$의 해의 3배이다. 이때 상수 m의 값을 구하여라.

11 보람이는 일차방정식 $2x+3=5x+7$을 푸는데 좌변의 상수항 3을 잘못 보고 풀어서 해를 $x=-5$로 구하였다. 보람이는 3을 어떤 수로 잘못 보고 풀었는가?

① -8 ② -6 ③ 4

④ 6 ⑤ 8

12 일차방정식 $0.4(x-2)-0.3(x+1)=1.2$의 해를 $x=a$, 일차방정식 $\dfrac{x}{3}-\dfrac{x-2}{6}=\dfrac{x+1}{2}$의 해를 $x=b$라고 할 때, $a-4b$의 값을 구하여라.

13 한 변의 길이가 10 cm인 정사각형을 가로의 길이는 $x\text{ cm}$ 늘이고, 세로의 길이는 5 cm 줄여서 새로운 직사각형을 만들었더니 넓이가 90 cm^2가 되었다. 새로운 직사각형의 가로의 길이를 구하여라.

14 민엽이는 구슬의 무게를 측정하기 위해 윗접시 저울을 사용하였는데, 다음 그림과 같이 저울의 왼쪽에 무게가 같은 구슬 3개를, 오른쪽에 100 g짜리 추 3개, 40 g짜리 추 6개를 올려놓았더니 수평이 되었다. 이때 구슬 1개의 무게를 구하여라.

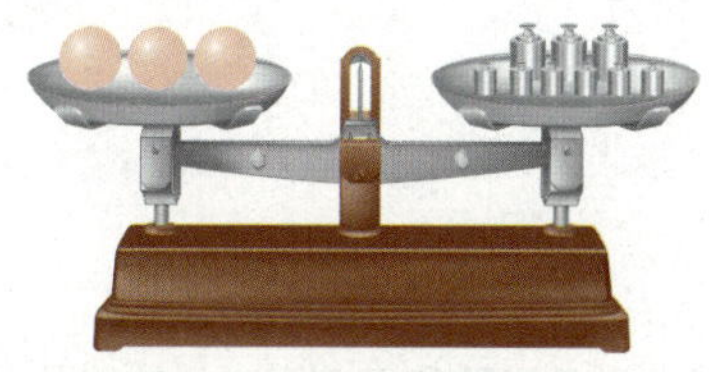

15 $6\,\%$의 소금물 400 g이 있다. 이 소금물에 물 200 g을 넣은 후 $10\,\%$의 소금물이 되게 하려면 소금을 몇 g 더 넣으면 되는지 구하여라.

16 어느 중학교의 올해 남학생과 여학생은 작년에 비해 남학생은 $10\,\%$ 증가했고 여학생은 $7\,\%$ 감소하여 전체적으로 8명이 증가하였다. 작년의 전체 학생이 420명일 때, 올해 남학생 수를 구하여라.

주어진 단계에 따라 쓰는 유형	풀이 과정을 자세히 쓰는 유형

17 일의 자리 숫자가 8인 두 자리의 자연수가 있다. 이 자연수의 십의 자리 숫자와 일의 자리 숫자를 바꾼 수는 처음 수의 2배보다 7만큼 크다고 할 때, 처음 수를 구하여라.

🧠 생각해 보자

> **구하는 것은?** 조건을 만족시키는 두 자리의 자연수
>
> **주어진 것은?** 일의 자리 숫자가 8
> 십의 자리 숫자와 일의 자리 숫자를 바꾼 수는 처음 수의 2배보다 7만큼 크다.

(풀이)

[1단계] 처음 두 자리의 자연수를 문자로 나타내기 (30 %)

[2단계] 십의 자리와 일의 자리 숫자를 바꾼 두 자리의 자연수를 문자로 나타내기 (30 %)

[3단계] 조건에 맞게 방정식 세우기 (20 %)

[4단계] 방정식을 풀어 처음 수 구하기 (20 %)

(답)

18 다음 두 일차방정식의 해가 같을 때, 상수 a의 값을 구하여라.

$$\frac{x+9}{6} - 0.25(3x-2) = \frac{1}{4}$$
$$a - 2x = ax + 10$$

(풀이)

(답)

19 학교에서 도서관까지 가는 데 민우는 시속 4 km로 걸어가고 지연이는 시속 10 km로 자전거를 타고 갔다. 두 사람이 학교에서 동시에 출발하여 지연이가 민우보다 27분 먼저 도서관에 도착하였을 때, 학교에서 도서관까지의 거리를 구하여라.

(풀이)

(답)

1 좌표평면과 그래프

01 순서쌍과 좌표

개념 ① 수직선 위의 점의 좌표

1. 수직선 위의 점의 좌표

(1) **점의 좌표**: 수직선 위의 한 점에 대응하는 수를 그 점의 좌표라 하고, 점 P의 좌표가 a일 때, 기호로 $P(a)$와 같이 나타낸다.

(2) **원점**(O): 수직선 위의 좌표가 0인 점

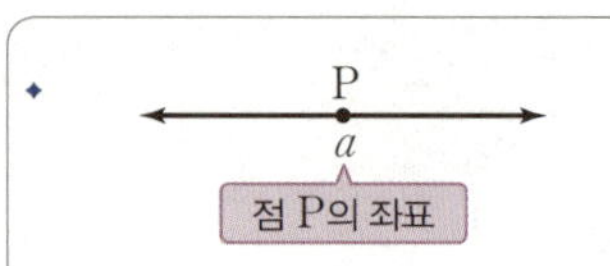

예제 1

다음 수직선 위의 두 점 A, B의 좌표를 기호로 나타내어라.

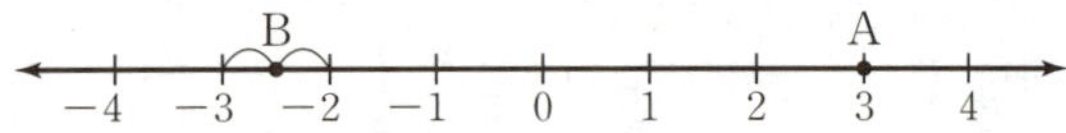

답 $A(3)$, $B\left(-\dfrac{5}{2}\right)$

유제 1

다음 수직선 위의 두 점 A, B의 좌표를 기호로 나타내어라.

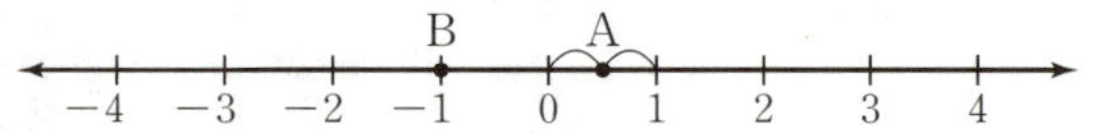

개념 ② 좌표평면 위의 점의 좌표

1. 좌표평면

(1) **좌표평면**: 두 수직선이 점 O에서 서로 수직으로 만날 때, 가로의 수직선을 x축, 세로의 수직선을 y축이라 하고, x축과 y축을 통틀어 좌표축이라고 한다.

(2) **원점**(O): x축과 y축이 만나는 점

(3) **좌표평면**: 좌표축이 정해져 있는 평면

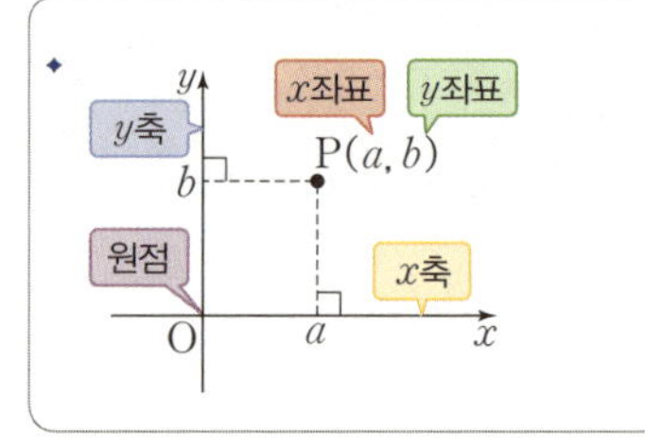

2. 좌표평면 위의 점의 좌표

(1) **순서쌍**: 두 수 a, b의 순서를 정하여 (a, b)와 같이 짝지어 나타낸 쌍

> **풍쌤의 Point** $(a, b) \neq (b, a)$야. 예를 들어 $(2, 4) \neq (4, 2)$야.

(2) **좌표평면 위의 점의 좌표**: 좌표평면 위의 한 점 P에서 x축, y축에 각각 내린 수선과 축이 만나는 점에 대응하는 수를 각각 a, b라고 할 때, 순서쌍 (a, b)를 점 P의 좌표라 하고, 기호로 $P(a, b)$와 같이 나타낸다. 이때 a를 점 P의 x좌표, b를 점 P의 y좌표라고 한다.

> **풍쌤의 Point** x축 위의 모든 점들의 y좌표는 0이고, y축 위의 모든 점들의 x좌표는 0이야.

예제 2

오른쪽 좌표평면 위의 두 점 A, B의 좌표를 나타내어라.

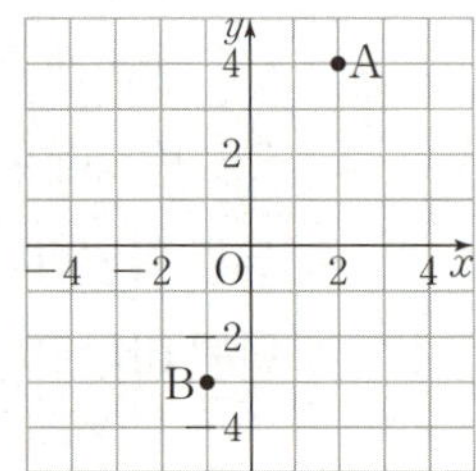

답 $A(2, 4)$, $B(-1, -3)$

유제 2

오른쪽 좌표평면 위의 두 점 A, B의 좌표를 나타내어라.

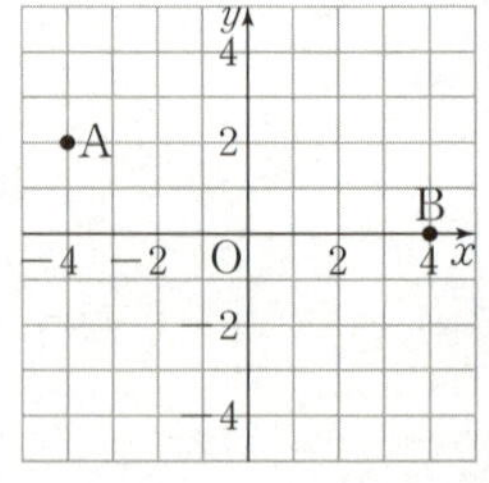

개념 확인하기

01 다음 수직선 위의 네 점 A, B, C, D의 좌표를 기호로 나타내어라.

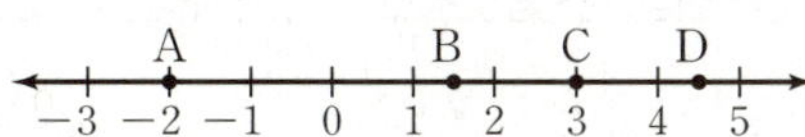

(단, 점 B와 점 D는 눈금의 중앙을 나타낸다.)

▷ **개념 ①**
수직선 위의 점의 좌표

02 다음 점의 좌표를 기호로 쓰고, 오른쪽 좌표평면 위에 나타내어라.

(1) x좌표가 -3이고, y좌표가 4인 점 A

(2) y축 위에 있고, y좌표가 -3인 점 B

(3) x축 위에 있고, x좌표가 2인 점 C

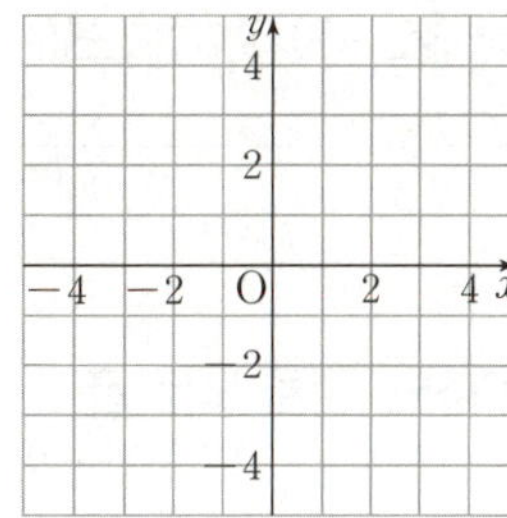

▷ **개념 ②**
좌표평면 위의 점의 좌표

03 다음 중 오른쪽 좌표평면 위의 점의 좌표를 나타낸 것으로 옳지 <u>않은</u> 것은?

① $A(-2, 3)$　　　② $B(1, 4)$

③ $C(-2, -2)$　　④ $D(3, 0)$

⑤ $E(-4, 3)$

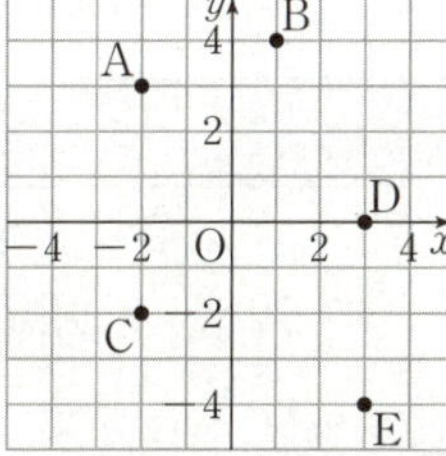

▷ **개념 ②**
좌표평면 위의 점의 좌표

04 점 $A(-3a, a+4)$는 x축 위의 점이고, 점 $B(2b-6, b+1)$은 y축 위의 점일 때, ab의 값은?

① 10　　　② 4　　　③ -8　　　④ -10　　　⑤ -12

▷ **개념 ②**
좌표평면 위의 점의 좌표

02 사분면

개념 ① 사분면

1. 사분면

(1) **사분면**: 좌표평면은 두 좌표축에 의하여 네 부분으로 나누어지는데 그 각각을 제1사분면, 제2사분면, 제3사분면, 제4사분면이라고 한다.

(2) 각 사분면에서의 x좌표와 y좌표의 부호

	제1사분면	제2사분면	제3사분면	제4사분면
x좌표	+	−	−	+
y좌표	+	+	−	−

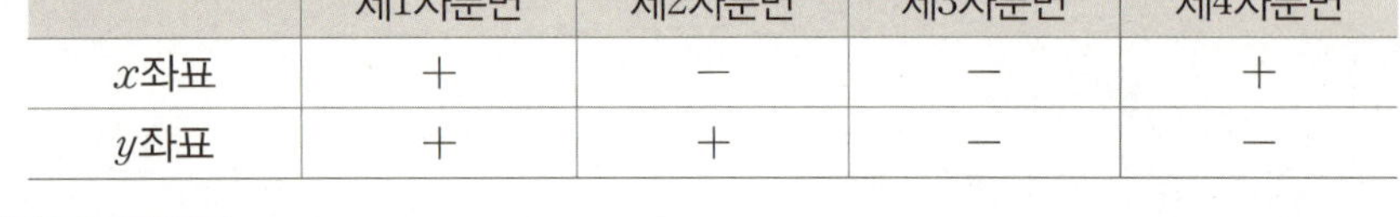

풍쌤의 Point 두 점 $(2, 0)$, $(0, -3)$과 같은 좌표축 위의 점들은 어느 사분면에도 속하지 않아.

예제 1

좌표평면 위의 다음 점 중 제2사분면에 속하는 점을 모두 골라라.

$$A(1, 3),\ B(-5, 2),\ C(-4, -6),$$
$$D(5, -3),\ E(-7, 0),\ F(-8, 9)$$

풀이 제2사분면 위의 점은 $(x$좌표$) < 0$, $(y$좌표$) > 0$이다.

답 B, F

유제 1

좌표평면 위의 다음 점 중 제3사분면에 속하는 점을 모두 골라라.

$$A(-2, 4),\ B(0, -5),\ C(-3, -8),$$
$$D(-1, -10),\ E(7, 8),\ F(4, -5)$$

개념 ② 대칭인 점의 좌표

1. 대칭인 점의 좌표

점 $P(a, b)$에 대하여

(1) x축에 대하여 대칭인 점 Q의 좌표 ➔ $Q(a, -b)$

(2) y축에 대하여 대칭인 점 R의 좌표 ➔ $R(-a, b)$

(3) 원점에 대하여 대칭인 점 S의 좌표 ➔ $S(-a, -b)$

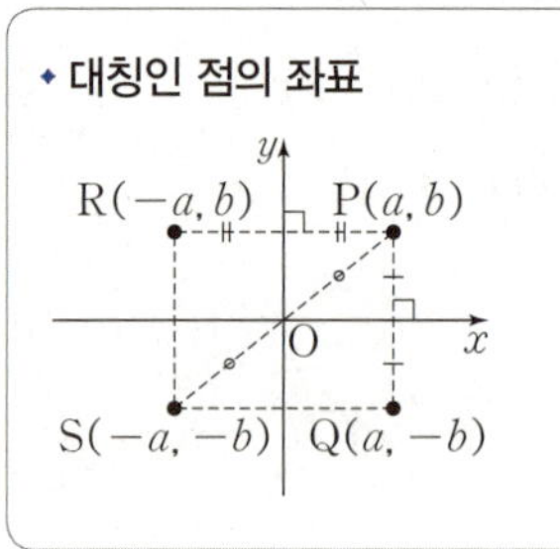

예제 2

점 $(3, 6)$에 대하여 다음 점의 좌표를 구하여라.

(1) x축에 대하여 대칭인 점

(2) y축에 대하여 대칭인 점

(3) 원점에 대하여 대칭인 점

풀이 (1) x축에 대하여 대칭이면 y좌표의 부호만 바뀐다.

(2) y축에 대하여 대칭이면 x좌표의 부호만 바뀐다.

답 (1) $(3, -6)$ (2) $(-3, 6)$ (3) $(-3, -6)$

유제 2

점 $(-2, 7)$에 대하여 다음 점의 좌표를 구하여라.

(1) x축에 대하여 대칭인 점

(2) y축에 대하여 대칭인 점

(3) 원점에 대하여 대칭인 점

01 다음 각 점은 제몇 사분면 위의 점인지 구하여라.

(1) A$(-4, 3)$　　(2) B$(-5, -2)$　　(3) C$(1, -6)$　　(4) D$(3, 7)$

▷ 개념 ① 사분면

02 두 수 a, b에 대하여 $a>0$, $b>0$일 때, 다음 표를 완성하여라.

점의 좌표	(a, b)	$(-a, b)$	$(a, -b)$	$(-a, -b)$
(x좌표, y좌표)의 부호	$(+, +)$			
사분면	제1사분면			

▷ 개념 ① 사분면

03 점 $(a, 7)$이 제2사분면 위의 점일 때, 다음 중 a의 값이 될 수 있는 것을 모두 고르면? (정답 2개)

① -3　　② -1　　③ 1　　④ 3　　⑤ 5

▷ 개념 ① 사분면

04 점 $(2, 5)$와 다음에 대하여 대칭인 점의 좌표를 구하여라.

(1) x축　　(2) y축　　(3) 원점

▷ 개념 ② 대칭인 점의 좌표

05 점 A$(-3, 4)$와 y축에 대하여 대칭인 점이 점 B$(a-2, b+6)$일 때, $a+b$의 값은?

① 3　　② 4　　③ 5　　④ 6　　⑤ 7

▷ 개념 ② 대칭인 점의 좌표

유형·1 순서쌍

x의 값은 0, 1이고 y의 값은 a, b, c인 두 수 x, y에 대하여 순서쌍 (x, y)를 모두 구하여라.

1-1

x의 값은 a, b, c이고 y의 값은 0, 2인 두 수 x, y에 대하여 다음 순서쌍을 모두 구하여라.

(1) (x, y) (2) (y, x)

1-2

두 순서쌍 $\left(\dfrac{1}{3}a, 10\right)$, $(-9, 2b)$가 서로 같을 때, a, b의 값을 각각 구하여라.

유형·2 좌표평면 위의 점의 좌표

다음 중 오른쪽 좌표평면 위의 점의 좌표를 바르게 나타낸 것은?

① P(3, 2)
② Q(2, −5)
③ R(−4, 3)
④ S(0, 4)
⑤ T(5, −4)

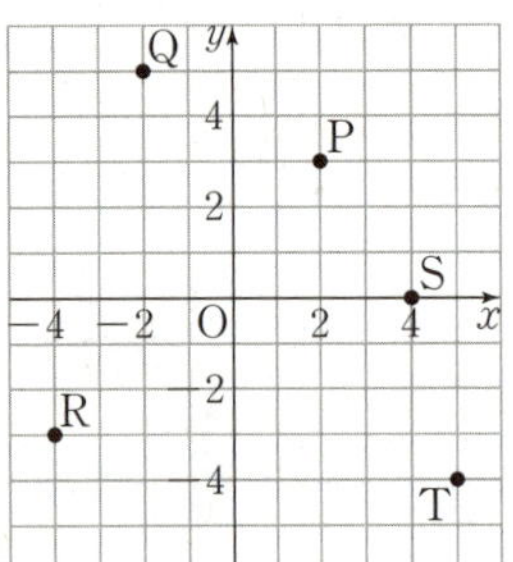

2-1

다음 점들을 좌표평면 위에 나타내어라.

A(−3, 5)
B(0, −2)
C(4, −3)
D(5, 0)
E(1, 3)
F(−1, −4)

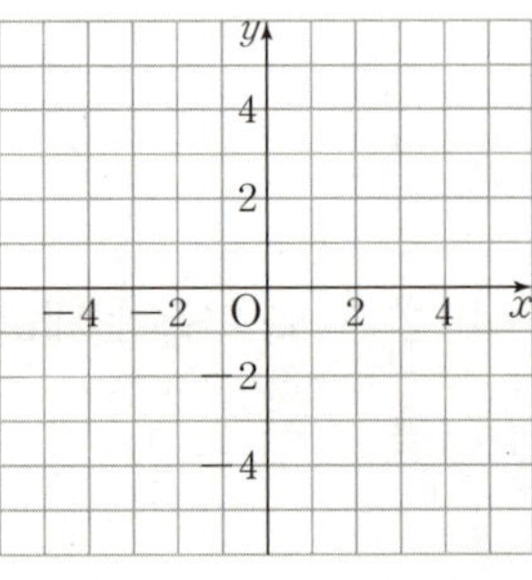

2-2

다음 중 오른쪽 좌표평면 위의 점의 좌표를 바르게 나타낸 것은?

① A(1, 4)
② B(2, 5)
③ C(−3, −5)
④ D(0, 1)
⑤ E(1, −2)

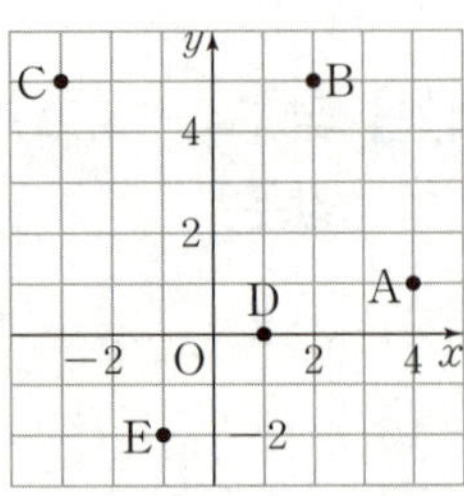

x축 위에 있고, x좌표가 -7인 점의 좌표는?

① $(-7, 7)$ ② $(-7, 0)$ ③ $(0, -7)$
④ $(0, 7)$ ⑤ $(7, 0)$

3-1

y축 위에 있고, y좌표가 -15인 점의 좌표는?

① $(-15, -15)$ ② $(-15, 0)$ ③ $(0, -15)$
④ $(0, 15)$ ⑤ $(15, 15)$

3-2

두 점 $A(a-2, 2a)$, $B(3-3b, b+1)$이 각각 x축, y축 위에 있을 때, $b-a$의 값은?

① -3 ② -2 ③ -1
④ 0 ⑤ 1

세 점 $A(-4, -1)$, $B(3, -1)$, $C(0, 5)$를 오른쪽 좌표평면 위에 나타내고, 삼각형 ABC의 넓이를 구하여라.

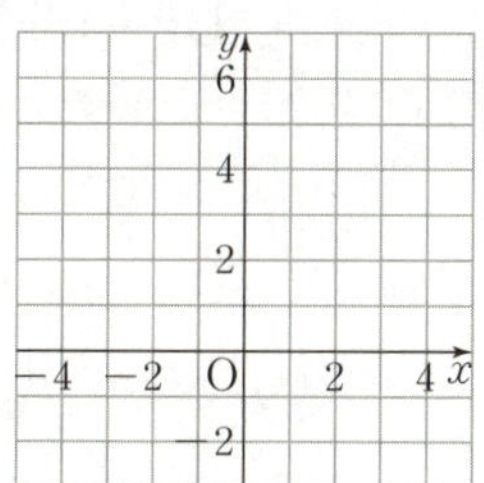

4-1

다음 세 점을 좌표평면 위에 나타내고, 삼각형 ABC의 넓이를 구하여라.

$A(4, 3)$
$B(-2, 3)$
$C(1, -2)$

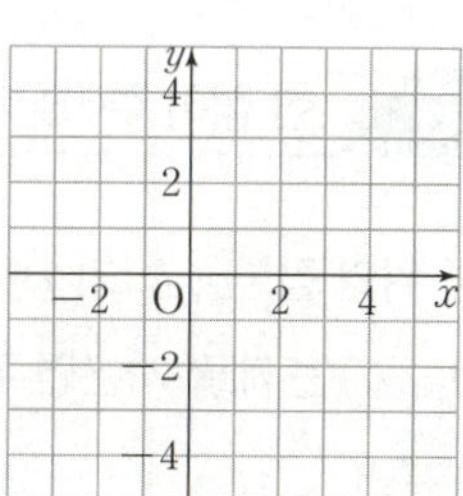

4-2

좌표평면 위의 세 점 $A(1, 3)$, $B(-3, 0)$, $C(1, -2)$를 꼭짓점으로 하는 삼각형 ABC의 넓이를 구하여라.

유형·5 주어진 점의 사분면 정하기

다음 중 좌표평면 위의 점과 그 점이 속하는 사분면을 바르게 짝지은 것은?

① $A(-3, -5)$, 제1사분면
② $B(-1, 8)$, 제2사분면
③ $C(0, 7)$, 제3사분면
④ $D(4, 5)$, 제4사분면
⑤ $E(-3, 0)$, 제4사분면

5-1

좌표평면 위의 다음 점들 중에서 제4사분면에 속하는 점을 모두 고른 것은?

$$A(3, -3), B(0, 4), C(-3, 4),$$
$$D(-1, -4), E(5, 2), F(6, -2)$$

① 점 A, B　　② 점 A, F　　③ 점 B, E
④ 점 C, D　　⑤ 점 C, F

5-2

좌표평면 위의 다음 점들 중에서 제3사분면에 속하는 점은 모두 몇 개인지 구하여라.

$$A(-1, -6), B(2, -14), C(5, 12),$$
$$D(-15, 3), E(-6, -5), F(3, 0)$$

유형·6 한 점이 주어질 때 다른 점이 속하는 사분면 구하기

좌표평면 위의 점 (a, b)가 제2사분면 위의 점일 때, 점 $(-b, ab)$는 제몇 사분면 위의 점인가?

① 제1사분면　　　　② 제2사분면
③ 제3사분면　　　　④ 제4사분면
⑤ 어느 사분면에도 속하지 않는다.

6-1

좌표평면 위의 점 $(-a, b)$가 제3사분면 위의 점일 때, 점 $(-b, a)$는 제몇 사분면 위의 점인지 구하여라.

6-2

좌표평면 위의 점 (a, b)가 제3사분면 위의 점일 때, 점 $(a+b, ab)$는 제몇 사분면 위의 점인지 구하여라.

$a>0$, $b<0$일 때, 점 $(a-b, ab)$는 제몇 사분면 위의 점인가?

① 제1사분면　　　　② 제2사분면

③ 제3사분면　　　　④ 제4사분면

⑤ 어느 사분면에도 속하지 않는다.

7-1

$x+y<0$, $xy>0$일 때, 점 (x, y)는 제몇 사분면 위의 점인가?

① 제1사분면　　　　② 제2사분면

③ 제3사분면　　　　④ 제4사분면

⑤ 어느 사분면에도 속하지 않는다.

7-2

$a<0$, $b>0$일 때, 다음 중 제4사분면 위의 점은?

① (a, b)　　　　② $(a-b, ab)$

③ $(-a, -a+b)$　　　　④ (a, ab)

⑤ $(-a+b, a-b)$

두 점 $A(a, 4)$, $B(-3, b)$가 x축에 대하여 대칭일 때, $a+b$의 값은?

① -7　　　　② -5　　　　③ -3

④ -1　　　　⑤ 1

8-1

두 점 $P(2, -6)$, $Q(a, b)$가 y축에 대하여 대칭일 때, $a-b$의 값을 구하여라.

8-2

점 $A(a, -2)$와 원점에 대하여 대칭인 점이 $B(5, b)$일 때, $a+2b$의 값을 구하여라.

03 그래프

개념 ① 그래프

1. 그래프

(1) **변수**: 여러 가지로 변하는 값을 나타내는 문자

(2) **그래프**: 두 변수 x, y의 순서쌍 (x, y)를 좌표로 하는 점을 좌표평면 위에 모두 나타낸 것

◆ 그래프는 점, 직선, 곡선 등으로 표현된다.

풍쌤의 Point 주어진 자료나 상황을 그래프로 나타내면 그 변화 상태를 한눈에 쉽게 파악할 수 있어.

예제 1

오른쪽 그래프는 은우가 집에서부터 900 m 떨어진 학교까지 걸어갈 때, 시간에 따른 이동 거리를 나타낸 것이다. ☐ 안에 알맞은 수나 말을 써넣어라.

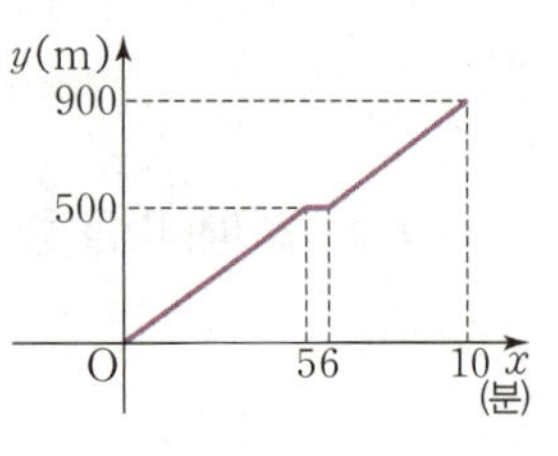

(1) 주어진 그래프에서 x축은 시간을, y축은 ☐ 를 나타낸다.

(2) 은우가 집에서부터 학교까지 가는 데 걸린 시간은 ☐ 분이다.

답 (1) 거리 (2) 10

유제 1

예제 1의 그래프를 보고, ☐ 안에 알맞은 수를 써넣어라.

(1) 은우는 걸어가다가 ☐ 분에서 ☐ 분 사이에 멈춰있었다.

(2) 은우가 집에서 출발한 지 5분 동안 이동한 거리는 ☐ m 이다.

개념 확인하기

정답과 해설 46쪽 | 워크북 48쪽

※ 오른쪽 그래프는 어떤 오토바이가 출발한 지 x초 후의 속력이 초속 y m일 때, x와 y 사이의 관계를 나타낸 것이다. 다음 물음에 답하여라.

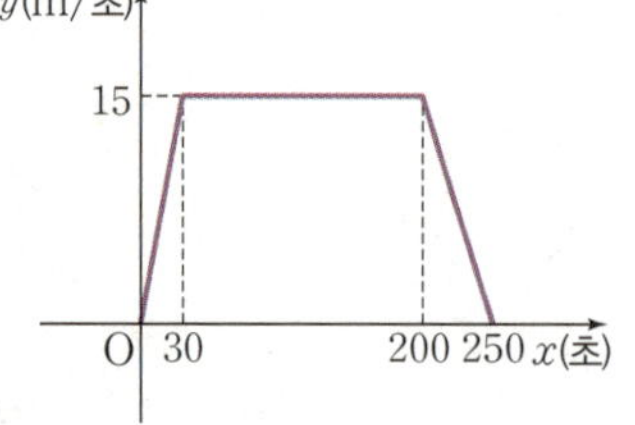
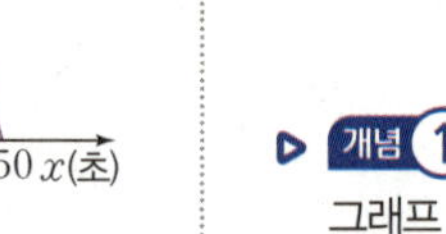

01 오토바이가 가장 빨리 움직일 때의 속력을 구하여라.

▷ 개념 ① 그래프

02 오토바이의 속력이 감소하는 것은 몇 초부터 몇 초까지인지 구하여라.

▷ 개념 ① 그래프

03 오토바이가 일정한 속력으로 움직인 시간을 구하여라.

▷ 개념 ① 그래프

04 오토바이가 움직이기 시작해서 정지할 때까지 걸린 시간을 구하여라.

▷ 개념 ① 그래프

유형•1 그래프

다음과 같은 모양의 병에 물을 받으려고 한다. 일정한 속도로 물을 받기 시작한 지 x초 후의 병에 담긴 물의 높이를 y cm라고 할 때, x와 y 사이의 관계를 그래프로 나타내어라.

(1) 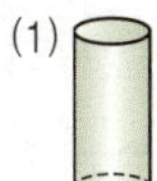

(2) 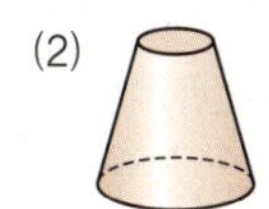

(3) 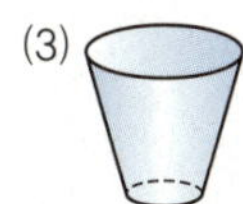

(4) 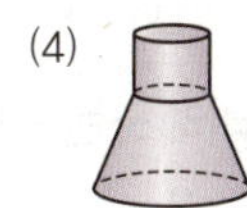

1-1

오른쪽 그림과 같은 용기에 매분 일정한 양의 물을 넣으려고 한다. 용기에 물을 넣기 시작한 지 x시간 후의 물의 높이를 y라고 할 때, x와 y 사이의 관계를 그래프로 나타내어라.

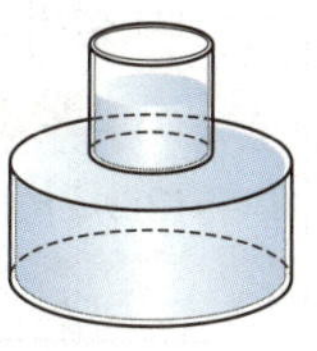

1-2

다음 중 용기에 매분 일정한 양의 물을 넣을 때, 시간 x에 따른 물의 높이 y의 관계를 나타낸 그래프가 오른쪽 그림과 같은 용기를 골라라.

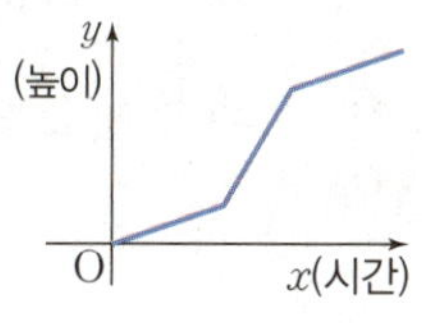

(1) 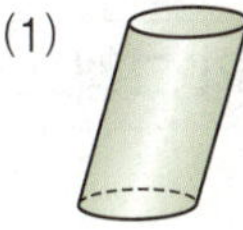

(2) 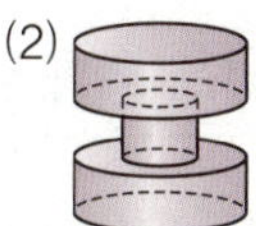

유형•2 그래프의 이해

오른쪽 그래프는 장난감 자동차가 출발한 지 x초 후의 이동 거리를 y m라고 할 때, x와 y 사이의 관계를 나타낸 것이다. 다음을 구하여라.

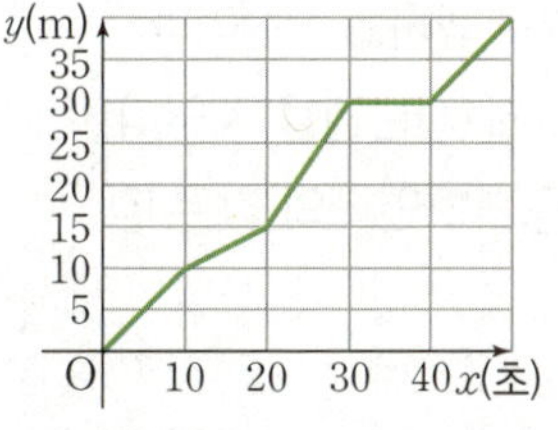

(1) 출발한 후 10초 동안 이동한 거리

(2) 출발한 후 15 m를 이동하는 데 걸린 시간

(3) 이동하지 않고 멈춰 있던 시간

2-1

오른쪽 그래프는 모형 비행기가 출발한 지 x분 후의 속력이 분속 y m일 때, x와 y 사이의 관계를 나타낸 것이다. 모형 비행기가 일정한 속력으로 비행한 총 시간을 구하여라.

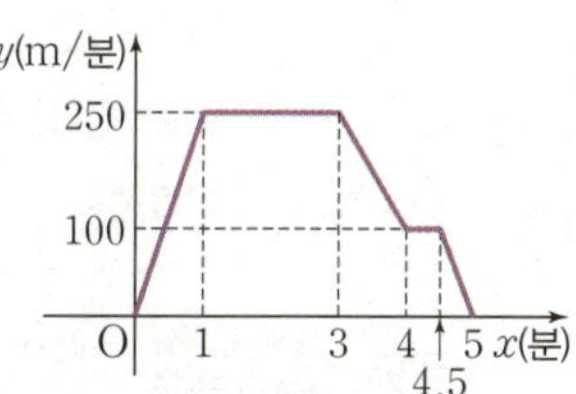

2-2

다음 그래프는 일정한 속도로 회전하는 대관람차가 출발한 지 x분 후의 높이를 y m라고 할 때, x와 y 사이의 관계를 나타낸 것이다. 대관람차가 한 바퀴 회전하는 데 걸린 시간을 구하여라.

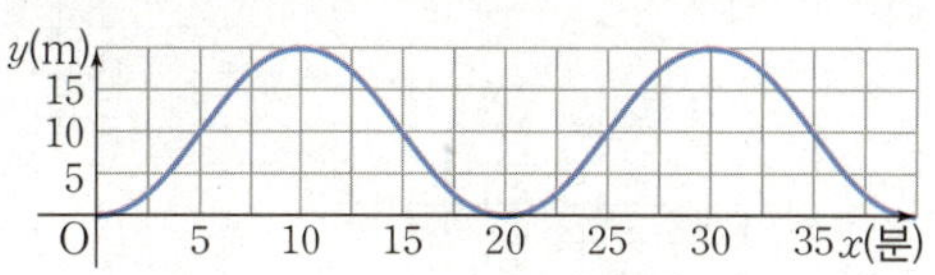

04 정비례 관계와 그 그래프

개념 ① 정비례 관계

1. 정비례 관계

(1) **정비례**: 두 변수 x, y에 대하여 x의 값이 2배, 3배, 4배, …가 될 때, y의 값도 2배, 3배, 4배, …가 되는 관계가 있으면 y는 x에 정비례한다고 한다.

(2) y가 x에 정비례할 때, x와 y 사이의 관계식은 $y=ax$($a \neq 0$인 상수) 꼴이다.

> ◆ y가 x에 정비례할 때,
> $\dfrac{y}{x}$ ($x \neq 0$)의 값은 항상 일정하다.
> → $y=ax$에서 $\dfrac{y}{x}=a$ (일정)

예제 1

다음 중 y가 x에 정비례하는 식을 모두 골라라.

(1) $y=3x$　　(2) $y=x+1$　　(3) $y=-\dfrac{1}{2}x$　　(4) $y=3$

[풀이] 정비례하는 관계식은 $y=ax$($a \neq 0$) 꼴이다.

[답] (1), (3)

유제 1

다음 중 y가 x에 정비례하는 식을 모두 골라라.

(1) $y=x+3$　　(2) $y=\dfrac{2}{5}x$　　(3) $y=\dfrac{2}{x}$　　(4) $y=-x$

개념 ② 정비례 관계 $y=ax$($a \neq 0$)의 그래프

1. 정비례 관계 $y=ax$($a \neq 0$)의 그래프

(1) **정비례 관계의 그래프**: x의 값의 범위가 수 전체일 때, 정비례 관계 $y=ax$($a \neq 0$)의 그래프는 원점을 지나는 직선이다.

(2) **그래프의 성질**

① $a>0$일 때
- 오른쪽 위로 향하는 직선이다.
- 제1사분면, 제3사분면을 지난다.
- x의 값이 증가하면 y의 값도 증가한다.

② $a<0$일 때
- 오른쪽 아래로 향하는 직선이다.
- 제2사분면, 제4사분면을 지난다.
- x의 값이 증가하면 y의 값은 감소한다.

> **풍쌤의 Point** 정비례 관계 $y=ax$($a \neq 0$)의 그래프는 $|a|$의 값이 클수록 y축에 더 가까운 직선이야.

> ◆ 정비례 관계 $y=ax$($a \neq 0$)의 그래프
> (1) $a>0$일 때
> 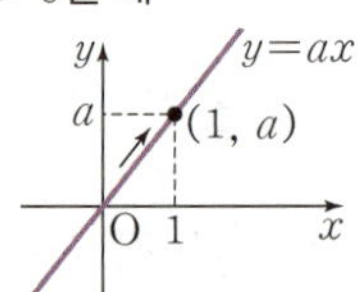
> (2) $a<0$일 때
> 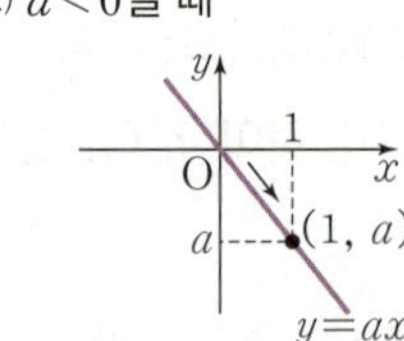

예제 2

x의 값이 -3, -2, -1, 0, 1, 2, 3일 때, 정비례 관계 $y=x$의 그래프를 그려라.

[답] 
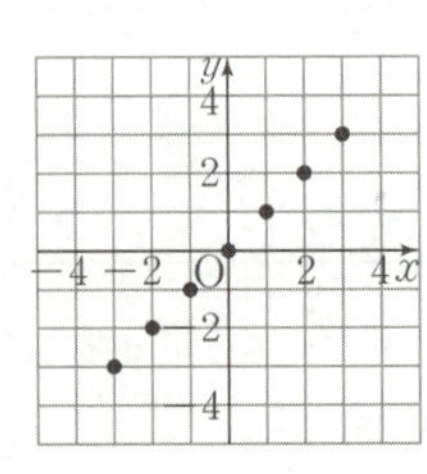

유제 2

x의 값이 -3, -2, -1, 0, 1, 2, 3일 때, 정비례 관계 $y=-x$의 그래프를 그려라.

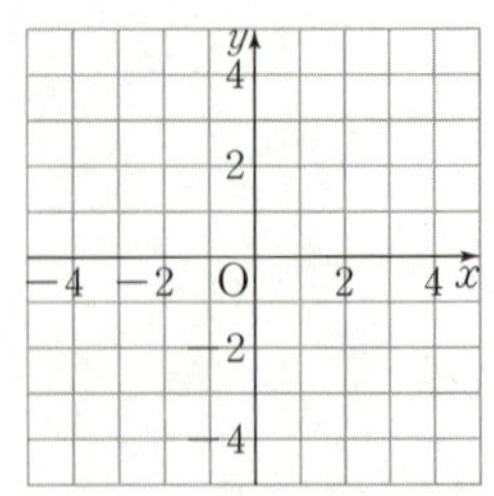

01 다음 중 y가 x에 정비례하는 것을 모두 고르면? (정답 2개)

① 1자루에 500원 하는 볼펜 x자루의 가격은 y원이다.

② 무게가 500 g인 케이크를 x조각으로 똑같이 자를 때, 한 조각의 무게는 y g이다.

③ 200쪽인 책을 하루에 10쪽씩 x일 동안 읽고 남은 쪽수는 y쪽이다.

④ 300 L들이 물통에서 물이 1분당 20 L씩 x분 동안 빠져 나가고 남은 물의 양은 y L이다.

⑤ 반지름의 길이가 x cm인 원의 둘레의 길이는 y cm이다.

▶ 개념 ① 정비례 관계

02 정비례 관계 $y=-2x$에 대하여 다음 물음에 답하여라.

(1) x와 y 사이의 관계를 나타낸 다음 표를 완성하여라.

x	-2	-1	0	1	2
y					

(2) x의 값의 범위가 수 전체일 때, 정비례 관계 $y=-2x$의 그래프를 오른쪽 좌표평면 위에 그려라.

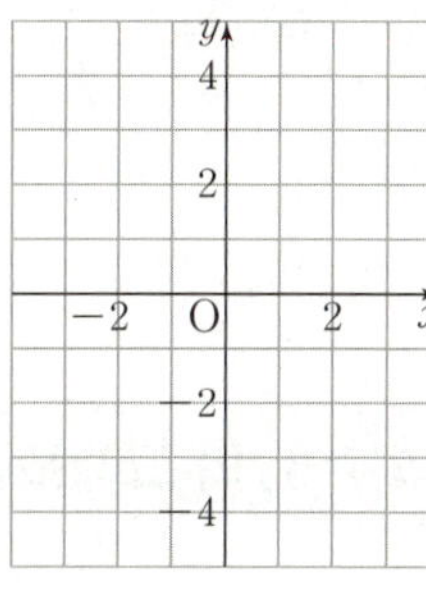

▶ 개념 ② 정비례 관계 $y=ax\,(a\neq0)$의 그래프

03 정비례 관계 $y=5x$의 그래프에 대한 다음 설명 중 옳은 것을 모두 고르면?

(정답 2개)

① 원점을 지나는 직선이다.

② 제2사분면과 제4사분면을 지난다.

③ 점 $(-2,\,10)$을 지난다.

④ x의 값이 증가하면 y의 값도 증가한다.

⑤ 정비례 관계 $y=7x$의 그래프보다 y축에 더 가까운 직선이다.

▶ 개념 ② 정비례 관계 $y=ax\,(a\neq0)$의 그래프

04 다음 중 정비례 관계 $y=\dfrac{1}{4}x$의 그래프 위의 점이 <u>아닌</u> 것은?

① $(0,\,0)$ ② $(4,\,1)$ ③ $\left(6,\,\dfrac{3}{2}\right)$

④ $(-2,\,-2)$ ⑤ $(-8,\,-2)$

▶ 개념 ② 정비례 관계 $y=ax\,(a\neq0)$의 그래프

05 반비례 관계와 그 그래프

개념 ① 반비례 관계

1. 반비례 관계

(1) **반비례**: 두 변수 x, y에 대하여 x의 값이 2배, 3배, 4배, …가 될 때, y의 값이 $\frac{1}{2}$배, $\frac{1}{3}$배, $\frac{1}{4}$배, …가 되는 관계가 있으면 y는 x에 반비례한다고 한다.

(2) **반비례**: y가 x에 반비례할 때, x와 y 사이의 관계식은 $y=\dfrac{a}{x}$ ($a\neq0$인 상수) 꼴이다.

> ◆ y가 x에 반비례할 때, xy의 값은 항상 일정하다.
> → $y=\dfrac{a}{x}$에서 $xy=a$ (일정)

예제 1

다음 중 y가 x에 반비례하는 식을 모두 골라라.

(1) $y=\dfrac{2}{x}$　(2) $y=\dfrac{1}{x}+1$　(3) $y=-\dfrac{x}{3}$　(4) $y=-\dfrac{5}{x}$

풀이 반비례하는 관계식은 $y=\dfrac{a}{x}$ ($a\neq0$) 꼴이다.

답 (1), (4)

유제 1

다음 중 y가 x에 반비례하는 식을 모두 골라라.

(1) $y=-\dfrac{x}{7}$　(2) $y=-\dfrac{6}{x}$　(3) $y=\dfrac{7}{x}$　(4) $y=\dfrac{x}{9}$

개념 ② 반비례 관계 $y=\dfrac{a}{x}$ $(a\neq0)$의 그래프

1. 반비례 관계 $y=\dfrac{a}{x}$ $(a\neq0)$의 그래프

(1) **반비례 관계의 그래프**: x의 값의 범위가 0을 제외한 수 전체일 때, 반비례 관계 $y=\dfrac{a}{x}$ ($a\neq0$)의 그래프는 원점에 대하여 대칭이고, 두 좌표축에 점점 가까워지면서 한없이 뻗어나가는 한 쌍의 매끄러운 곡선이다.

(2) **그래프의 성질**

① $a>0$일 때
- 제1사분면, 제3사분면을 지난다.
- x의 값이 증가하면 y의 값은 감소한다.

② $a<0$일 때
- 제2사분면, 제4사분면을 지난다.
- x의 값이 증가하면 y의 값도 증가한다.

> ◆ 반비례 관계 $y=\dfrac{a}{x}$ $(a\neq0)$의 그래프
> (1) $a>0$일 때 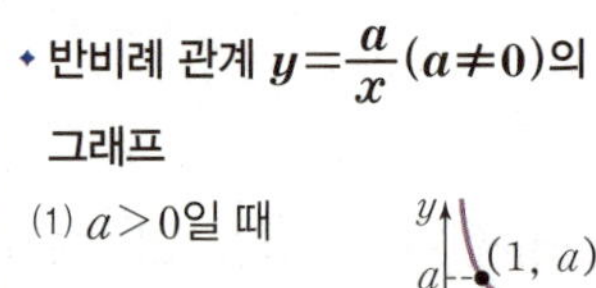
> (2) $a<0$일 때 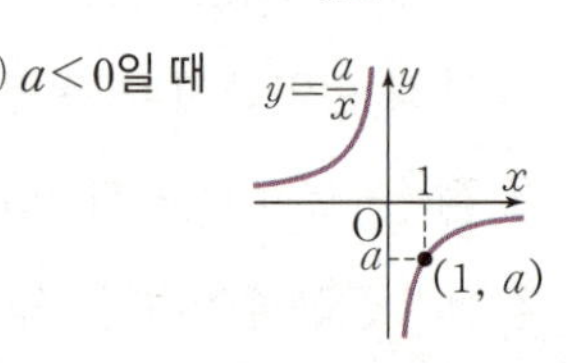

> ➤ 풍쌤의 Point 　반비례 관계 $y=\dfrac{a}{x}$ $(a\neq0)$의 그래프는 $|a|$의 값이 클수록 원점에서 멀어져.

예제 2

x의 값이 -4, -2, -1, 1, 2, 4 일 때, 반비례 관계 $y=\dfrac{4}{x}$의 그래프를 그려라.

답 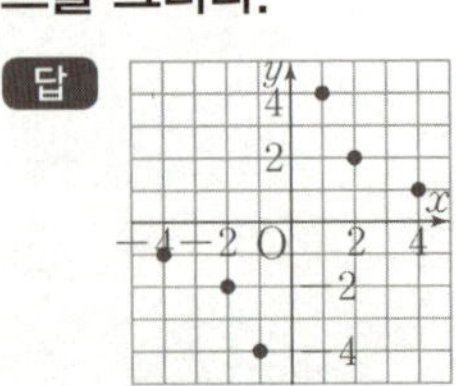

유제 2

x의 값이 -4, -2, -1, 1, 2, 4 일 때, 반비례 관계 $y=-\dfrac{4}{x}$의 그래프를 그려라.

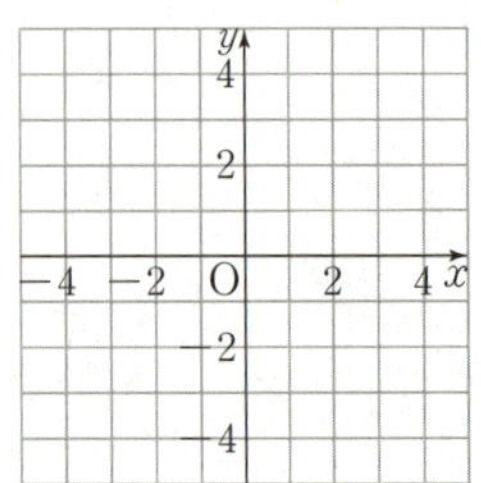

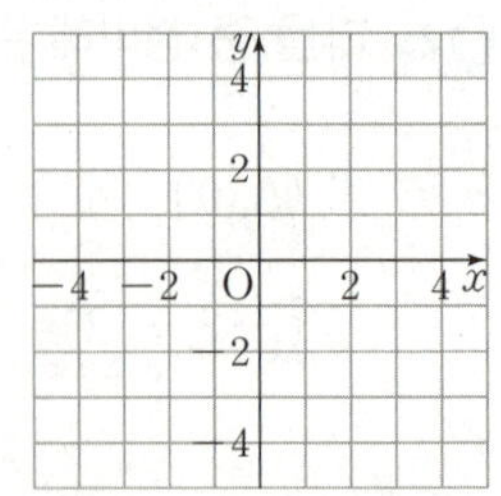

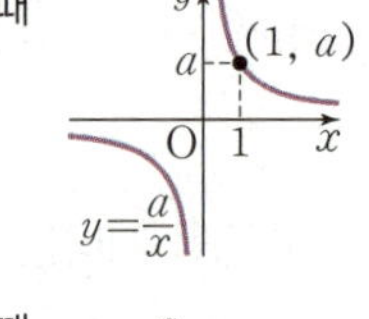

01 다음 중 x와 y 사이의 관계가 나머지 넷과 <u>다른</u> 하나는?

▷ **개념 ①**
반비례 관계

① x %의 소금물 y g에 들어 있는 소금의 양은 20 g이다.

② 직각을 낀 두 변의 길이가 각각 6 cm, x cm인 직각삼각형의 넓이는 y cm^{2}이다.

③ 시속 x km로 3시간 동안 달린 거리는 y km이다.

④ 한 변의 길이가 x cm인 정사각형의 둘레의 길이는 y cm이다.

⑤ 1분 동안의 맥박 수가 85일 때, x분 동안의 총 맥박 수는 y이다.

02 반비례 관계 $y = \dfrac{6}{x}$에 대하여 다음 물음에 답하여라.

▷ **개념 ②**
반비례 관계 $y = \dfrac{a}{x}\,(a \neq 0)$의 그래프

(1) x와 y 사이의 관계를 나타낸 다음 표를 완성하여라.

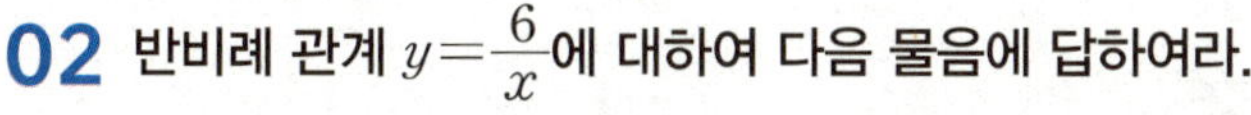

x	-6	-3	-2	-1	1	2	3	6
y								

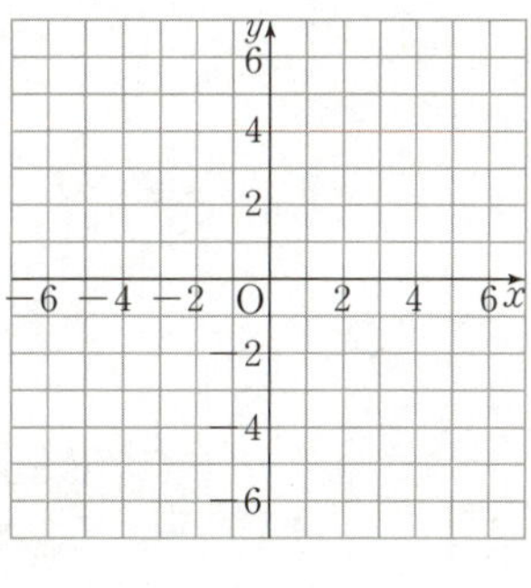

(2) x의 값의 범위가 0을 제외한 수 전체일 때, 반비례 관계 $y = \dfrac{6}{x}$의 그래프를 오른쪽 좌표평면 위에 그려라.

03 반비례 관계 $y = -\dfrac{4}{x}$의 그래프에 대한 다음 설명 중 옳은 것을 모두 고르면?

(정답 2개)

▷ **개념 ②**
반비례 관계 $y = \dfrac{a}{x}\,(a \neq 0)$의 그래프

① 원점을 지나는 곡선이다.

② 제2사분면과 제4사분면을 지난다.

③ 점 $(2, -2)$를 지난다.

④ x의 값이 증가하면 y의 값은 감소한다.

⑤ $y = \dfrac{6}{x}$의 그래프보다 원점에서 멀리 떨어져 있다.

04 다음 중 반비례 관계 $y = \dfrac{8}{x}$의 그래프 위의 점이 <u>아닌</u> 것은?

▷ **개념 ②**
반비례 관계 $y = \dfrac{a}{x}\,(a \neq 0)$의 그래프

① $(1, 8)$　　② $(2, 4)$　　③ $(4, 2)$　　④ $\left(3, \dfrac{3}{8}\right)$　　⑤ $(-8, -1)$

유형 **확인하기**

유형 **1** 정비례 관계 찾기

다음 중 y가 x에 정비례하는 것을 모두 고르면? (정답 2개)

① $y=x-5$　　② $\dfrac{y}{x}=-6$　　③ $y=\dfrac{x}{2}+3$

④ $y=\dfrac{3}{x}$　　⑤ $y=7x$

1-1

다음 중 x의 값이 2배, 3배, 4배, …가 될 때, y의 값도 2배, 3배, 4배, …가 되는 것은?

① $y=\dfrac{x}{5}-1$　　② $6x-y=0$　　③ $x+y=-3$

④ $y=\dfrac{10}{x}$　　⑤ $y-x=2$

1-2

다음 중 y가 x에 정비례하는 것은?

① 두 대각선의 길이가 각각 x cm, y cm인 마름모의 넓이는 50 cm²이다.

② 50 L의 물이 담겨 있는 물통에 매분 2 L의 물을 넣을 때, x분 후에 물통에 담겨 있는 물의 양은 y L이다.

③ 200 g의 물에 소금 x g을 넣어 만든 소금물의 농도는 y %이다.

④ 90 km의 거리를 시속 x km로 달릴 때, 걸린 시간은 y시간이다.

⑤ 길이 1 m의 무게가 20 g인 철사 x m의 무게는 y g이다.

유형 **2** 정비례 관계의 이해

y가 x에 정비례하고, $x=12$일 때 $y=10$이다. $x=-6$일 때, y의 값은?

① -5　　② -1　　③ 1

④ 5　　⑤ 12

2-1

y가 x에 정비례하고, $x=6$일 때 $y=9$이다. x와 y 사이의 관계식을 구하여라.

2-2

y가 x가 정비례하고, $x=6$일 때 $y=-18$이다. $y=2$일 때, x의 값을 구하여라.

다음 중 정비례 관계 $y=\dfrac{1}{2}x$의 그래프에 대한 설명으로 옳지

않은 것을 모두 고르면? (정답 2개)

① 점 $(-4,\,2)$를 지난다.

② 원점을 지나는 직선이다.

③ 제1사분면과 제3사분면을 지난다.

④ 그래프는 오른쪽 위로 향하는 직선이다.

⑤ 정비례 관계 $y=2x$의 그래프보다 y축에 더 가깝다.

3-1

다음 중 정비례 관계 $y=-\dfrac{4}{3}x$의 그래프에 대한 설명으로 옳지

않은 것은?

① 점 $(6,\,-8)$을 지난다.

② 원점을 지나는 직선이다.

③ 제2사분면과 제4사분면을 지난다.

④ x의 값이 증가하면 y의 값도 증가한다.

⑤ 정비례 관계 $y=-3x$의 그래프보다 x축에 더 가깝다.

3-2

다음 중 그래프가 y축에 가장 가까운 것은?

① $y=-\dfrac{5}{4}x$ 　　② $y=3x$ 　　③ $y=-2x$

④ $y=\dfrac{2}{3}x$ 　　⑤ $y=-5x$

정비례 관계 $y=-2x$의 그래프가 두 점 $(-3,\,a)$, $(b,\,-4)$를 지날 때, $a+b$의 값을 구하여라.

4-1

정비례 관계 $y=5x$의 그래프가 두 점 $(2,\,a)$, $(b,\,-15)$를 지날 때, $a-b$의 값을 구하여라.

4-2

세 점 $(-1,\,a)$, $(b,\,-5)$, $(c,\,3)$이 정비례 관계 $y=2x$의 그래프 위의 점일 때, $a+b+c$의 값을 구하여라.

유형·5 정비례 관계의 식 구하기

오른쪽 그림과 같은 직선을 그래프로 하는 정비례 관계에 대하여 다음 물음에 답하여라.

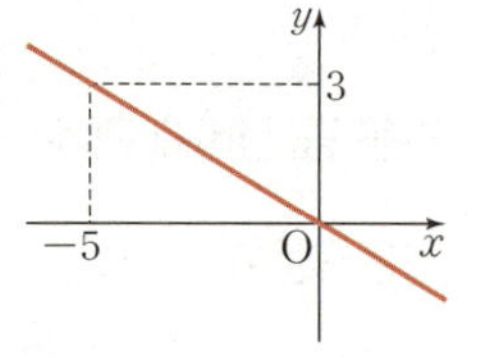

(1) 정비례 관계식을 구하여라.

(2) 그래프가 점 $(10, k)$를 지날 때, k의 값을 구하여라.

5-1

오른쪽 그림과 같은 정비례 관계의 그래프가 점 $(-3, k)$를 지날 때, k의 값을 구하여라.

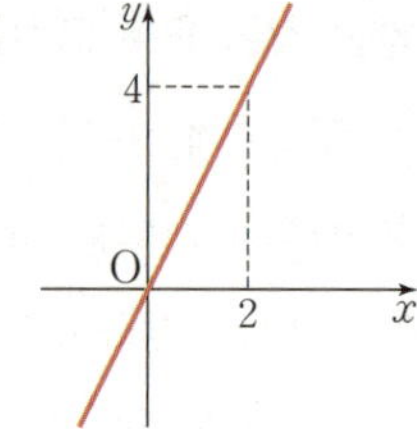

5-2

정비례 관계 $y=ax$의 그래프가 두 점 $(3, -15)$, $(-2, b)$를 지날 때, $a+b$의 값을 구하여라. (단, a는 상수)

유형·6 정비례 관계의 활용

$4\,\mathrm{L}$의 휘발유로 $48\,\mathrm{km}$를 달릴 수 있는 자동차에 휘발유 $x\,\mathrm{L}$를 채웠을 때, 달릴 수 있는 거리를 $y\,\mathrm{km}$라고 하자. 다음 물음에 답하여라.

(1) x와 y 사이의 관계식을 구하여라.

(2) $15\,\mathrm{L}$의 휘발유로 달릴 수 있는 거리를 구하여라.

(3) $264\,\mathrm{km}$를 가려면 몇 L의 휘발유가 필요한지 구하여라.

6-1

높이가 $60\,\mathrm{cm}$인 원기둥 모양의 물통에 물을 채우고 있다. 수면의 높이가 매분 $4\,\mathrm{cm}$씩 올라가고, 물을 채우기 시작한 지 x분 후의 수면의 높이를 $y\,\mathrm{cm}$라고 할 때, 다음 물음에 답하여라.

(1) x와 y 사이의 관계식을 구하여라.

(2) 물통에 물을 가득 채우는 데 걸리는 시간을 구하여라.

6-2

톱니 수가 각각 30개, 45개인 두 톱니바퀴 A, B가 서로 맞물려 돌아가고 있다. 톱니바퀴 A가 x번 회전할 때, 톱니바퀴 B가 y번 회전한다고 한다. 다음 물음에 답하여라.

(1) x와 y 사이의 관계식을 구하여라.

(2) 톱니바퀴 A가 6번 회전할 때, 톱니바퀴 B는 몇 번 회전하는지 구하여라.

다음 중 y가 x에 반비례하는 것을 모두 고르면? (정답 2개)

① $y=5-x$ ② $xy=-3$ ③ $x+y=1$

④ $\dfrac{x}{y}=-2$ ⑤ $y=\dfrac{6}{x}$

7-1

다음 중 x의 값이 2배, 3배, 4배, …가 될 때, y의 값이 $\dfrac{1}{2}$배, $\dfrac{1}{3}$배, $\dfrac{1}{4}$배, …가 되는 것은?

① $y=x-\dfrac{4}{5}$ ② $x+y=7$ ③ $y=3-x$

④ $y=\dfrac{x}{6}$ ⑤ $xy=-\dfrac{1}{9}$

7-2

다음 중 y가 x에 반비례하는 것은?

① 10 %의 소금물 x g 속에 들어 있는 소금의 양은 y g이다.

② 20 km의 거리를 시속 x km로 달릴 때, 걸린 시간은 y시간이다.

③ 밑변의 길이가 x cm, 높이가 6 cm인 삼각형의 넓이는 y cm²이다.

④ 한 권에 1000원인 공책 x권의 값은 y원이다.

⑤ 가로의 길이가 x cm, 세로의 길이가 5 cm인 직사각형의 둘레의 길이는 y cm이다.

y가 x에 반비례하고, $x=3$일 때 $y=-6$이다. $x=9$일 때, y의 값은?

① -3 ② -2 ③ -1

④ 1 ⑤ 2

8-1

y가 x에 반비례하고, $x=3$일 때 $y=5$이다. x와 y 사이의 관계식을 구하여라.

8-2

y가 x가 반비례하고, $x=-6$일 때 $y=2$이다. $y=3$일 때, x의 값을 구하여라.

유형·9 반비례 관계 $y=\dfrac{a}{x}\,(a\neq 0)$의 그래프의 성질

다음 중 반비례 관계 $y=\dfrac{8}{x}$의 그래프에 대한 설명으로 옳은 것은?

① 좌표축과 점 $(0,\,1)$에서 만난다.

② $x>0$일 때, x의 값이 증가하면 y의 값도 증가한다.

③ 점 $(-1,\,4)$를 지난다.

④ $x<0$일 때, 제2사분면을 지난다.

⑤ 반비례 관계 $y=\dfrac{6}{x}$의 그래프보다 원점에서 멀리 떨어져 있다.

9-1

다음 중 반비례 관계 $y=-\dfrac{6}{x}$의 그래프에 대한 설명으로 옳지 <u>않은</u> 것을 모두 고르면? (정답 2개)

① 점 $(-2,\,3)$을 지난다.

② 제2사분면과 제4사분면을 지난다.

③ 좌표축에 한없이 가까워지는 한 쌍의 곡선이다.

④ x의 값이 증가하면 y의 값은 감소한다.

⑤ 반비례 관계 $y=\dfrac{4}{x}$의 그래프보다 원점에 가깝다.

9-2

다음 중 그 그래프가 x의 값이 증가하면 y의 값도 증가하는 것을 모두 고르면? (정답 2개)

① $y=\dfrac{1}{5}x$ 　　② $y=-\dfrac{7}{x}$ 　　③ $y=-3x$

④ $y=-5x$ 　　⑤ $y=\dfrac{2}{x}$

유형·10 반비례 관계 $y=\dfrac{a}{x}\,(a\neq 0)$의 그래프 위의 점

반비례 관계 $y=-\dfrac{9}{x}$의 그래프가 두 점 $(3,\,a)$, $(b,\,6)$을 지날 때, $a+b$의 값을 구하여라.

10-1

반비례 관계 $y=\dfrac{15}{x}$의 그래프가 두 점 $(5,\,a)$, $(b,\,-9)$를 지날 때, ab의 값을 구하여라.

10-2

반비례 관계 $y=\dfrac{a}{x}$의 그래프가 두 점 $(3,\,-5)$, $(5,\,b)$를 지날 때, $a+b$의 값을 구하여라. (단, a는 상수)

 반비례 관계의 식 구하기

오른쪽 그림과 같은 곡선을 그래프로 하는 반비례 관계에 대하여 다음 물음에 답하여라.

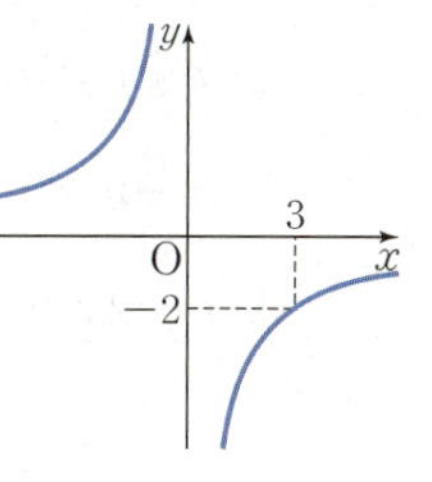

(1) 반비례 관계식을 구하여라.

(2) 그래프가 점 $(4, k)$를 지날 때, k의 값을 구하여라.

11-1

오른쪽 그림과 같은 반비례 관계의 그래프가 점 $(2, k)$를 지날 때, k의 값을 구하여라.

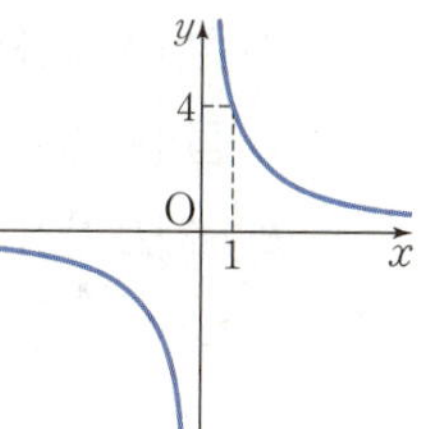

11-2

오른쪽 그림과 같이 정비례 관계 $y=-\dfrac{1}{2}x$의 그래프와 반비례 관계 $y=\dfrac{a}{x}$의 그래프가 점 P에서 만날 때, $a+b$의 값을 구하여라.

(단, a는 상수)

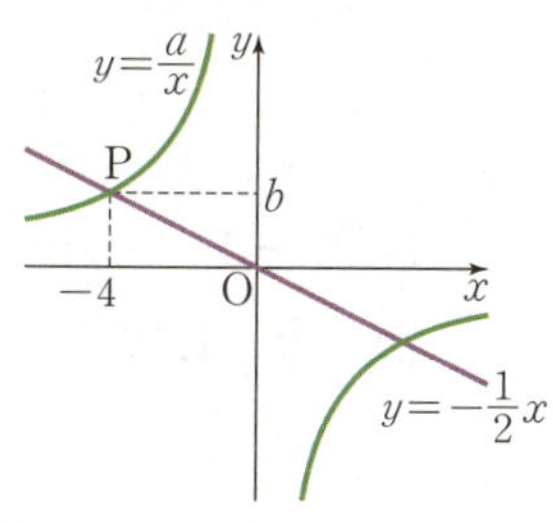

 반비례 관계의 활용

넓이가 24 m^2인 벽을 칠할 수 있는 페인트로 가로의 길이가 x m인 직사각형 모양의 벽을 칠할 때, 세로의 길이는 y m까지 칠할 수 있다고 한다. 다음 물음에 답하여라.

(1) x와 y 사이의 관계식을 구하여라.

(2) 가로의 길이가 6 m인 직사각형 모양의 벽을 칠할 때, 세로의 길이는 몇 m까지 칠할 수 있는지 구하여라.

12-1

고은이네 농장에서는 하루에 500 L의 우유가 생산된다. 이 우유를 x L들이 통에 담을 때 필요한 통의 개수를 y라고 하자. 다음 물음에 답하여라.

(1) x와 y 사이의 관계식을 구하여라.

(2) 생산된 우유를 25 L들이 통에 담을 때, 필요한 통은 몇 개인지 구하여라.

12-2

톱니 수가 각각 36개, x개인 두 톱니바퀴 A, B가 서로 맞물려 돌아가고 있다. 톱니바퀴 A가 3번 회전할 때, 톱니바퀴 B는 y번 회전한다고 한다. 다음 물음에 답하여라.

(1) x와 y 사이의 관계식을 구하여라.

(2) 톱니바퀴 B의 톱니 수가 12개이고 톱니바퀴 A가 3번 회전할 때, 톱니바퀴 B는 몇 번 회전하는지 구하여라.

01 다음 설명 중 옳지 <u>않은</u> 것은?

① x축 위의 점은 y좌표가 0이다.

② y축 위의 점은 x좌표가 0이다.

③ 점 $(4, 0)$은 제1사분면 위의 점이다.

④ 점 $(-5, -2)$는 제3사분면 위의 점이다.

⑤ x좌표가 3, y좌표가 -7인 점의 좌표는 $(3, -7)$이다.

02 점 $P(-3a+6, a-3)$은 x축 위의 점이고, 점 $Q(-b+1, 2b-3)$은 y축 위의 점일 때, $a+b$의 값은?

① 1 　　② 2 　　③ 3

④ 4 　　⑤ 5

03 좌표평면 위의 세 점 $A(-4, -5)$, $B(a, -5)$, $C(-4, b)$가 다음 조건을 모두 만족시킬 때, $a-b$의 값을 구하여라.

> ㈎ 점 B는 제4사분면, 점 C는 제2사분면 위의 점이다.
> ㈏ 두 점 A와 B 사이의 거리는 6이다.
> ㈐ 두 점 A와 C 사이의 거리는 8이다.

04 세 점 $A(1, 3)$, $B(4, -1)$, $C(a, 3)$을 꼭짓점으로 하는 삼각형 ABC의 넓이가 12일 때, a의 값을 구하여라.

(단, $a>1$)

05 점 $P(x, -y)$가 제3사분면 위의 점일 때, 다음 중 옳은 것을 모두 고르면? (정답 2개)

① $x+y>0$ 　　② $xy<0$

③ $x-y>0$ 　　④ $\dfrac{x}{y}>0$

⑤ $y-2x>0$

06 점 $A(3, -2)$와 x축에 대하여 대칭인 점을 B, y축에 대하여 대칭인 점을 C, 원점에 대하여 대칭인 점을 D라고 할 때, 사각형 ABDC의 둘레의 길이를 구하여라.

07 다음 중 y가 x에 정비례하는 것은?

① 가로의 길이가 x cm, 세로의 길이가 4 cm인 직사각형의 둘레의 길이는 y cm이다.

② 무게가 300 g인 그릇에 물 x g를 넣었을 때, 전체의 무게는 y g이다.

③ 넓이가 30 cm^{2}인 직사각형에서 가로의 길이가 x cm이면 세로의 길이는 y cm이다.

④ 한 개에 500원 하는 아이스크림 x개의 값은 y원이다.

⑤ 하루 24시간 중 낮의 길이가 x시간이면 밤의 길이는 y시간이다.

08 오른쪽 그림에서 정비례 관계 $y=\dfrac{4}{5}x$의 그래프로 적당한 것은?

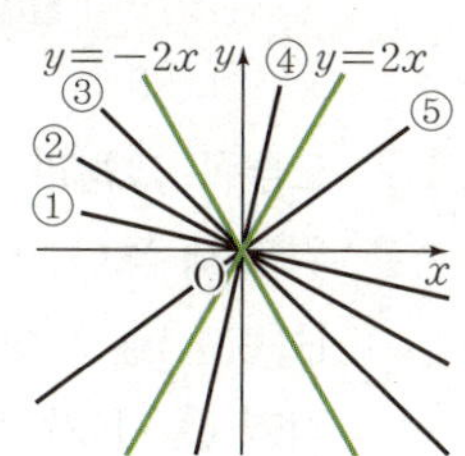

09 점 $\mathrm{P}(2a-1,\ -a+11)$이 정비례 관계 $y=3x$의 그래프 위에 있을 때, a의 값은?

① 3 ② 2 ③ 1
④ -1 ⑤ -2

10 다음 중 정비례 관계 $y=\dfrac{3}{8}x$의 그래프에 대한 설명으로 옳지 <u>않은</u> 것을 모두 고르면? (정답 2개)

① 원점을 지나는 직선이다.
② 제2, 4사분면을 지난다.
③ 오른쪽 아래로 향하는 직선이다.
④ x의 값이 증가하면 y의 값도 증가한다.
⑤ 점 $\left(4,\ \dfrac{3}{2}\right)$을 지난다.

11 오른쪽 그림과 같이 두 정비례 관계 $y=-x,\ y=\dfrac{2}{3}x$의 그래프가 각각 두 점 $\mathrm{P}(2,\ b),\ \mathrm{Q}(a,\ b)$를 지날 때, $a-2b$의 값을 구하여라.

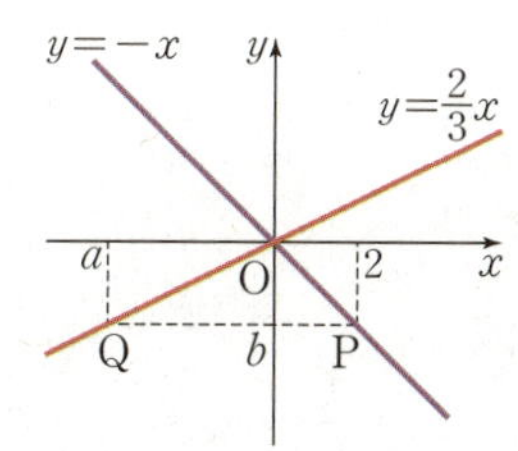

12 y가 x에 반비례하고, $x=-4$일 때 $y=9$이다. $x=6$일 때, y의 값은?

① -12 ② -6 ③ 6
④ 12 ⑤ 18

13 반비례 관계 $y=\dfrac{a}{x}$의 그래프가 오른쪽 그림과 같을 때, k의 값을 구하여라. (단, a는 상수)

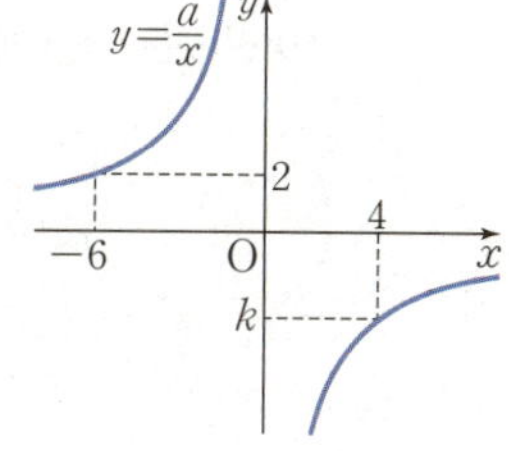

14 다음 중 오른쪽 그래프에 대한 설명으로 옳지 <u>않은</u> 것은?

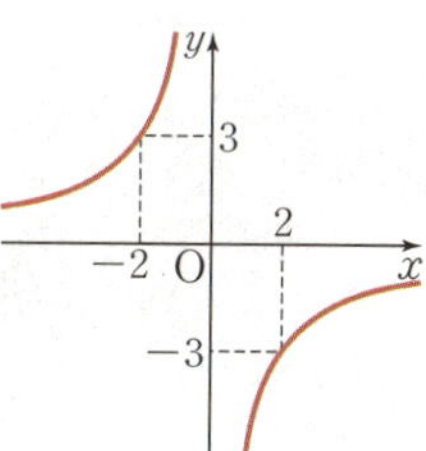

① $x>0$일 때, x의 값이 증가하면 y의 값도 증가한다.
② 점 $(-6,\ 1)$을 지난다.
③ 반비례 관계식은 $y=-\dfrac{6}{x}$이다.
④ $y=-\dfrac{8}{x}$의 그래프보다 원점에서 멀리 떨어져 있다.
⑤ xy의 값이 일정하다.

15 매분 5 L씩 물을 넣으면 40분만에 가득 차는 물탱크가 있다. 매분 x L씩 y분 동안 물을 넣어 물탱크를 가득 채우려고 한다. 이 물탱크를 25분만에 가득 채우려면 매분 몇 L씩 물을 넣어야 하는가?

① 6 L ② 7 L ③ 8 L
④ 9 L ⑤ 10 L

주어진 단계에 따라 쓰는 유형

16 정비례 관계 $y=ax$의 그래프가 점 $\left(-\dfrac{1}{2},\,3\right)$을 지나고,

반비례 관계 $y=\dfrac{a}{x}$의 그래프가 점 $(4,\,b)$를 지날 때,

$a-2b$의 값을 구하여라. (단, a는 상수)

> **생각해 보자**
>
> **구하는 것은?** 정비례 관계의 그래프가 한 점을 지날 때의 미지수의 값 a와 반비례 관계의 그래프가 지나는 점의 y좌표 b에 대하여 $a-2b$의 값
>
> **주어진 것은?** 정비례 관계의 그래프가 지나는 점의 좌표 $\left(-\dfrac{1}{2},\,3\right)$과 반비례 관계의 그래프가 지나는 점의 x좌표 4

(풀이)

[1단계] a의 값 구하기 (40 %)

[2단계] b의 값 구하기 (40 %)

[3단계] $a-2b$의 값 구하기 (20 %)

(답)

풀이 과정을 자세히 쓰는 유형

17 오른쪽 그림과 같이 좌표평면 위의 세 점 $O(0,0)$, $A(6,0)$, $B(0,8)$을 꼭짓점으로 하는 삼각형 OAB가 있다. 정비례 관계 $y=ax$의 그래프와 변 AB가 만나는 점을 P라고 하자. 삼각형 OAP와 삼각형 OPB의 넓이의 비가 $1:3$일 때, 상수 a의 값을 구하여라.

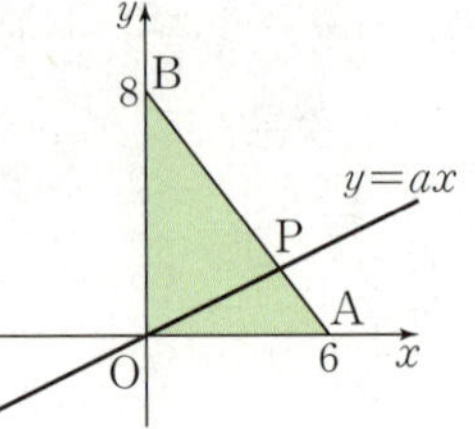

(풀이)

(답)

18 오른쪽 그림과 같이 $y=-\dfrac{3}{8}x$와 $y=\dfrac{a}{x}$의 그래프가 점 P에서 만난다.

반비례 관계 $y=\dfrac{a}{x}$의 그래프가 점 $(b,\,-2)$를 지날 때, ab의 값을 구하여라.

(단, a는 상수)

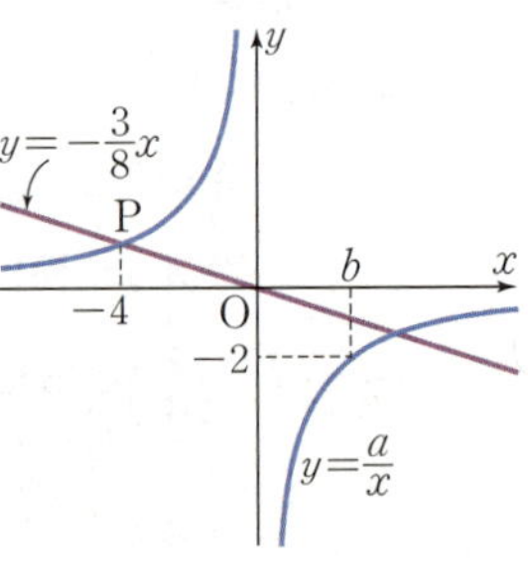

(풀이)

(답)

빠른 정답

Ⅰ. 수와 연산

1. 소인수 분해

1 소인수분해

01 소수와 합성수 　개념북 8쪽

유제1 (1) 합　(2) 소　유제2 (1) 7^5　(2) $\left(\dfrac{1}{5}\right)^4$

개념 확인하기 　개념북 9쪽

01 소수: 2, 37, 23, 19
　합성수: 12, 9, 14

02 2개　　03 (1) × (2) ○ (3) ○ (4) ×

04 (1) 13^5　(2) $2^3 \times 3^2$　(3) $\left(\dfrac{1}{3}\right)^2 \times \left(\dfrac{1}{7}\right)^4$

05 (1) 3^4　(2) 5^3　(3) $\left(\dfrac{1}{2}\right)^4$　(4) $\left(\dfrac{1}{3}\right)^3$

02 소인수분해 　개념북 10쪽

유제1 10, 5, 2, 5　　유제2 3, 3, 8

개념 확인하기 　개념북 11쪽

01 (1) (차례대로) 2, 3, 9, 3, $2^2 \times 3^2$
　(2) (차례대로) 14, 7, $2^2 \times 7$

02 (1) 2, 3, 5　(2) 2, 5, 7

03 (1) (위에서부터) $1 \times 3^2 = 9$, $2 \times 1 = 2$, $2 \times 3 = 6$, $2 \times 3^2 = 18$,
　　$2^2 \times 1 = 4$, $2^2 \times 3 = 12$, $2^2 \times 3^2 = 36$ /
　　1, 2, 3, 4, 6, 9, 12, 18, 36
　(2) (위에서부터) $1 \times 7^2 = 49$, $3 \times 1 = 3$, $3 \times 7 = 21$, $3 \times 7^2 = 147$ /
　　1, 3, 7, 21, 49, 147

04 (1) 6　(2) 8　(3) 9　05 24

유형 확인하기 　개념북 12~15쪽

유형1 ②, ⑤　　1-1 ③, ⑤　　1-2 ㄷ, ㄹ

유형2 ㄴ, ㄷ, ㅁ　2-1 ③　　2-2 35

유형3 ③

3-1 $2 \times 3 \times 13$　(2) $2^2 \times 3^2 \times 5$　3-2 5

유형4 $98 = 2 \times 7^2$, $350 = 2 \times 5^2 \times 7$, 공통인 소인수: 2, 7

4-1 $84 = 2^2 \times 3 \times 7$, $105 = 3 \times 5 \times 7$, 공통인 소인수: 3, 7

4-2 ④

유형5 ③　　5-1 7　　5-2 6

유형6 ⑤　　6-1 ㄱ, ㄴ, ㅁ　6-2 ②, ⑤

유형7 ④　　7-1 ④　　7-2 8

유형8 ②　　8-1 3　　8-2 ③

2 최대공약수와 최소공배수

03 공약수와 최대공약수 　개념북 16쪽

유제1 1, 7

유제2 (위에서부터) 3, 2, 2, 3, 2, 18

개념 확인하기 　개념북 17쪽

01 (1) ○　(2) ×　(3) ○　(4) ×

02 1, 2, 3, 6, 9, 18　　03 3, 21

04 (1) 12　(2) 45　(3) 6　(4) 21

05 (1) 8　(2) 1, 2, 4, 8

04 공배수와 최소공배수 　개념북 18쪽

유제1 15, 30, 45, …　　유제2 풀이 참조

개념 확인하기 　개념북 19쪽

01 (1) ×　(2) ○　(3) ×

02 (1) 33　(2) 30　(3) 63　(4) 130

03 28, 56, 84

04 (1) 84　(2) 180　(3) 80　(4) 1260

05 (1) 120　(2) 120, 240, 360

05 최대공약수와 최소공배수의 활용 　개념북 20쪽

유제1 최대공약수, 15, 15　유제2 최소공배수, 40, 6, 40

개념 확인하기 　개념북 21쪽

01 (1) 최대공약수　(2) 6　(3) 9, 5

02 (1) 12명　(2) 청포도사탕: 4, 목캔디: 15

03 (1) 24　(2) 36　(3) 36, 최대공약수, 12

04 (1) 공배수　(2) 10시 40분

05 40

유형1 ④	1-1 ②	1-2 18
유형2 ③	2-1 ②	2-2 9
유형3 ④	3-1 ②, ④	3-2 1, 2, 3, 6
유형4 ②, ⑤	4-1 ⑤	4-2 ③
유형5 ⑤	5-1 2700	5-2 630
유형6 ③	6-1 ①	6-2 ②, ③
유형7 14	7-1 3	7-2 ③
유형8 ①	8-1 ③	8-2 ③
유형9 18 cm		

9-1   (1) 36 cm   (2) 6   9-2   (1) 60 cm   (2) 10

유형10 ⑤	10-1 12	10-2 33
유형11 ②		

11-1   오후 12시 30분   11-2   금요일

유형12 $\dfrac{15}{4}$ 12-1 $\dfrac{28}{5}$ 12-2 $\dfrac{10}{3}$

01 ③	02 ⑤	03 ④	04 ④	05 ③
06 ⑤	07 ④	08 ④, ⑤	09 ⑤	10 ③
11 ②, ⑤	12 ④	13 ①	14 ②	15 24
16 ⑤	17 12	18 198		

19 경민: 5바퀴, 승엽: 3바퀴

2. 정수와 유리수

1   정수와 유리수의 뜻

01   정수와 유리수의 뜻   개념북 32쪽

유제1 $+15$ 유제2   (1) ×   (2) ○

개념 확인하기   개념북 33쪽

01   (1) $+50$명, -20명   (2) $+300$ m, -50 m

02   (1) $+4$ (2) -9 (3) $+\dfrac{3}{5}$ (4) -3.4

03   양수: $+4$, $+0.3$ / 음수: -2, -7, $-\dfrac{5}{9}$

04   (1) 양의 정수: 4, $+\dfrac{6}{2}$ / 양의 유리수: 4, $+\dfrac{6}{2}$, $1\dfrac{4}{7}$

     (2) 음의 정수: -10 / 음의 유리수: $-\dfrac{5}{8}$, -10, -0.4

     (3) $-\dfrac{5}{8}$, $1\dfrac{4}{7}$, -0.4

     (4) 0

유형1 ⑤	1-1 ③	1-2 ⑤
유형2 ③	2-1 ①, ④	2-2 ④
유형3 ④	3-1 ③	3-2 ②, ④
유형4 ④	4-1 ②	4-2 ㄷ, ㄹ

2   정수와 유리수의 대소 관계

02   수직선과 절댓값   개념북 36쪽

유제1
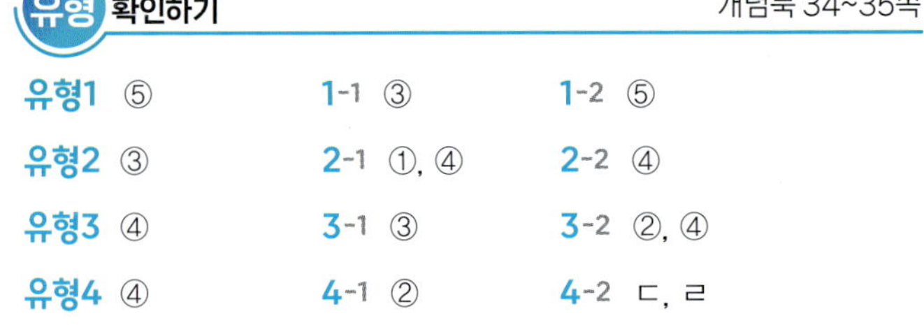

유제2   (1) $\left|+\dfrac{1}{5}\right|=\dfrac{1}{5}$ (2) $|-7|=7$

개념 확인하기   개념북 37쪽

01   A: -2, B: $-\dfrac{7}{5}$, C: $-\dfrac{2}{5}$, D: $+1$, E: $+\dfrac{14}{5}$

02
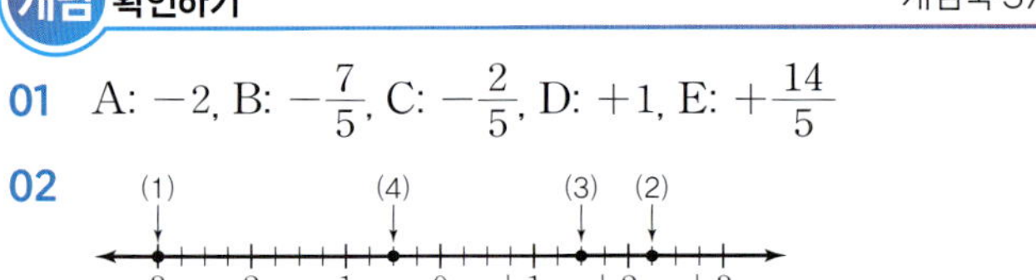

03   (1) 9   (2) 6   (3) -5, $+5$

04   ⑤   05   ①

03   수의 대소 관계   개념북 38쪽

유제1   (1) ×   (2) ○   유제2   (1) $x>5$ (2) $x\leq 0$

개념 확인하기   개념북 39쪽

01   (1) $>$ (2) $<$ (3) $>$ (4) $>$

02   (1) $+10$, $+\dfrac{7}{3}$, $+2$ (2) $+2$, $-\dfrac{1}{3}$, $-\dfrac{3}{4}$

03   ⑤

04   (1) $x\leq -4$ (2) $x>7$ (3) $-5<x\leq \dfrac{3}{4}$

05   ②

유형 확인하기   개념북 40~43쪽

유형1 ⑤	1-1 ③	1-2 ③
유형2 ④		

2-1 0, $\dfrac{1}{4}$, $-\dfrac{1}{2}$, 1.5, -2, $\dfrac{7}{3}$ 2-2   ①

유형3 $a=-4$, $b=4$

3-1 $a=-5$, $b=5$ 3-2 $a=-\dfrac{15}{4}$, $b=\dfrac{15}{4}$

유형4 -3, -2, -1, 0, 1, 2, 3

3. 정수와 유리수의 계산

1 정수와 유리수의 덧셈과 뺄셈

01 정수와 유리수의 덧셈　　　개념북 48쪽

유제1 차, 큰　　　　**유제2** (나)

개념 확인하기　　　　개념북 49쪽

01 (1) $+3$, $+5$　(2) -3, -5　(3) -2, $+1$　(4) $+2$, -1

02 (1) $+10$　　(2) -12　　(3) -6

03 (1) $-\dfrac{7}{6}$　　(2) $+\dfrac{1}{21}$　　(3) -3.3

04 ㉠ 덧셈의 교환법칙, ㉡ 덧셈의 결합법칙

02 정수와 유리수의 덧셈과 뺄셈의 혼합 계산　개념북 50쪽

유제1 $+$, $+$, $+7$　　　**유제2** $+2$, $+2$, $+10$, -5, $+5$

개념 확인하기　　　　개념북 51쪽

01 (1) -4　　(2) $+7$　　(3) $-\dfrac{4}{5}$　　(4) $+\dfrac{1}{6}$

02 (1) $+7$　　(2) -13　　(3) $+1$　　(4) $+\dfrac{1}{3}$

03 (1) $+3$　　(2) -2　　(3) -1　　(4) $-\dfrac{31}{6}$

04 (1) $+6$　　(2) $+4$　　(3) $+\dfrac{25}{6}$　　(4) $+\dfrac{1}{12}$

2 정수와 유리수의 곱셈과 나눗셈

03 정수와 유리수의 곱셈　　　개념북 56쪽

유제1 절댓값, 음, $-$　　　**유제2** (나)

개념 확인하기　　　　개념북 57쪽

01 (1) $+21$　　(2) $+12$　　(3) 0

　　(4) $+\dfrac{1}{3}$　　(5) $+\dfrac{5}{2}$　　(6) $+6$

02 (1) -32　　(2) -26　　(3) -81

　　(4) $-\dfrac{15}{4}$　　(5) $-\dfrac{3}{4}$　　(6) $-\dfrac{2}{3}$

03 ㉠ 곱셈의 교환법칙, ㉡ 곱셈의 결합법칙

04 (1) $+130$　　(2) -4

04 거듭제곱의 계산과 분배법칙   개념북 58쪽

[유제 1] $-$, -6 [유제 2] $-\dfrac{1}{5}$, -4, 11

개념 확인하기   개념북 59쪽

01 (1) -7 (2) $\dfrac{15}{2}$ (3) $-\dfrac{1}{4}$ (4) $\dfrac{24}{7}$

02 (1) -400 (2) 3 (3) -4 (4) $-\dfrac{16}{3}$

03 (1) -27 (2) 1 (3) -8 (4) $\dfrac{9}{4}$

04 (1) 1 (2) -1 (3) 2 (4) 0

05 $-\dfrac{1}{8}$, 10

05 정수와 유리수의 나눗셈   개념북 60쪽

[유제 1] 절댓값, 음, $-$ [유제 2] 1, $-\dfrac{3}{5}$, $-\dfrac{3}{5}$

개념 확인하기   개념북 61쪽

01 (1) $+4$ (2) $+7$ (3) -5 (4) -12

02 (1) -2 (2) $+3$ (3) -4 (4) -5

03 (1) $+8$ (2) $-\dfrac{2}{7}$ (3) $-\dfrac{1}{5}$ (4) 1

04 (1) $+\dfrac{14}{5}$ (2) -6 (3) $-\dfrac{5}{8}$ (4) $+\dfrac{1}{4}$

05 (1) $+30$ (2) -9 (3) -6 (4) -3

06 정수와 유리수의 혼합 계산   개념북 62쪽

[유제 1] -1, -1, $-\dfrac{3}{2}$, -9

[유제 2] $+1$, $+1$, $-\dfrac{3}{2}$, $-\dfrac{3}{2}$, $-\dfrac{5}{2}$

개념 확인하기   개념북 63쪽

01 (1) 9 (2) -14 (3) $-\dfrac{3}{16}$ (4) $\dfrac{2}{3}$

02 (1) 3 (2) -8 (3) $-\dfrac{6}{5}$ (4) 2

03 (1) ㉢, ㉣, ㉡, ㉤, ㉠   (2) ㉡, ㉣, ㉢, ㉤, ㉠

04 (1) -20 (2) 1 (3) -3 (4) $\dfrac{3}{17}$

유형 확인하기   개념북 64~69쪽

유형1 ④

1-1 (1) $+\dfrac{9}{4}$ (2) $+\dfrac{7}{8}$ (3) $+1$ (4) $+\dfrac{2}{9}$

1-2 $+2$

유형2 ⑤

2-1 (1) $-\dfrac{1}{3}$ (2) -0.96 (3) $-\dfrac{8}{3}$ (4) $-\dfrac{5}{16}$

2-2 -1

유형3 $-\dfrac{25}{3}$ **3-1** -180 **3-2** $+48$

유형4 ㉠ 곱셈의 교환법칙, ㉡ 곱셈의 결합법칙

4-1 (차례대로) -9, 결합법칙, -9, -9, -2, $+18$

4-2 (1) $+10$ (2) $-\dfrac{1}{15}$

유형5 ④

5-1 (1) -16 (2) $-\dfrac{8}{27}$ (3) -35 (4) $-\dfrac{4}{25}$

5-2 125

유형6 ⑤

6-1 (1) -1 (2) 1 (3) -2 (4) 0

6-2 -1

유형7 (1) 15 (2) -40

7-1 (1) $-\dfrac{1}{6}$ (2) 4 **7-2** 2

유형8 100, 100, 4500, 4590

8-1 (1) -280 (2) 46 **8-2** 502

유형9 -4 **9-1** -2 **9-2** $-\dfrac{7}{4}$

유형10 ④

10-1 (1) $+16$ (2) $+8$ (3) -9 (4) -7

10-2 (1) -21 (2) $+\dfrac{1}{4}$ (3) -3 (4) $+\dfrac{2}{3}$

유형11 (1) $\dfrac{1}{18}$ (2) $-\dfrac{1}{8}$

11-1 (1) $-\dfrac{4}{5}$ (2) $-\dfrac{40}{3}$ **11-2** $-\dfrac{5}{2}$

유형12 (1) 7 (2) $\dfrac{2}{3}$

12-1 (1) $\dfrac{4}{3}$ (2) -5 **12-2** -6

단원 마무리하기   개념북 70~72쪽

01 ④   **02** ④   **03** ⑤   **04** ②   **05** ③

06 ②   **07** -1 **08** ③   **09** ③   **10** ②

11 ④   **12** ⑤   **13** -6 **14** ⑤   **15** ④

16 ④   **17** 역수 관계, 12 **18** -2 **19** $\dfrac{25}{12}$

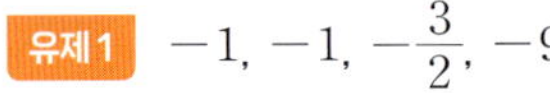

Ⅱ. 문자와 식

1. 문자의 사용과 식의 계산

1 문자의 사용과 식의 값

01 문자의 사용, 기호의 생략 　　　　개념북 74쪽

유제1　$(x+30)$세　(2) $(25-a)$명

유제2　(1) $-xy$　(2) $\dfrac{a-b}{3}$

개념 확인하기 　　　　개념북 75쪽

01　(1) $(3000\times a+5000\times b)$원　(2) $(4\times x)$cm

02　(1) $(10000-1100\times a)$원　(2) $(2\times x)$km

03　(1) $2ab^2$　(2) $-5a(x+y)$　(3) $4x-2y$　(4) $-a^3b$

04　(1) $-\dfrac{a}{3}$　(2) $\dfrac{a}{b-2}$　(3) $-\dfrac{x}{5y}$　(4) $\dfrac{x-y}{z}$

05　(1) $\dfrac{a}{b+3}$　(2) $\dfrac{3a}{b}$　(3) $3x^2+\dfrac{5}{y}$　(4) $-\dfrac{2x+y}{z}$

02 식의 값 　　　　개념북 76쪽

유제1　(1) $-2,\ 3$　(2) $-2,\ -1$

유제2　(1) $-2,\ 5,\ -19$　(2) $-2,\ 5,\ -8$

개념 확인하기 　　　　개념북 77쪽

01　(1) 14　(2) -22　　02　(1) 0　(2) -4

03　(1) 2　(2) 19　(3) 2　(4) 1

04　④

유형 확인하기 　　　　개념북 78~81쪽

유형1　(1) $\{10000-(4a+5b)\}$원　(2) $10m+n$

　　　(3) $\dfrac{3}{20}y$ g　(4) $\dfrac{4}{5}a$원

1-1　(1) $\dfrac{500}{x}$ %　(2) $\dfrac{x+y}{2}$점

1-2　(1) $100a+10b+c$　(2) $\dfrac{x}{60}$시간

유형2　②

2-1　(1) $-a+\dfrac{ab}{c}$　(2) $\dfrac{x-6}{5}+2(y-1)$

2-2　(1) $\dfrac{x+3}{2y}$　(2) $\dfrac{a}{x+y}$

유형3　④

3-1　(1) $a-3bc$　(2) $\dfrac{3c}{a+b}$

3-2　④

유형4　ah cm^2

4-1　$\left(\dfrac{5}{2}x+2y\right)$ cm^2

4-2　$S=2(xy+yz+zx)$

유형5　(1) -13　(2) 10

5-1　(1) 2　(2) 12　　　5-2　-32

유형6　-4　　　6-1　-14　　　6-2　③

유형7　$20\ ℃$　　　7-1　184　　　7-2　3400 m

유형8　⑤　　　8-1　③

8-2　$a,\ -a^2,\ (-a)^3,\ a^2,\ -a$

2 일차식의 덧셈과 뺄셈

03 다항식과 일차식 　　　　개념북 82쪽

유제1　(2), (4)　　　유제2　(1) $10x+15$　(2) $x-3$

개념 확인하기 　　　　개념북 83쪽

01　②　　　　　　　02　(1), (3), (4)

03　(1) $18b$　(2) $8x-12$　(3) $-30x-35$　(4) $2x+\dfrac{3}{5}$

04　(1) $32a$　(2) $4x-6$　　05　⑤

04 일차식의 덧셈과 뺄셈 　　　　개념북 84쪽

유제1　(1) $1,\ 6$　(2) $5,\ 2$　　　유제2　(1) $3x+3$　(2) $-3x+15$

개념 확인하기 　　　　개념북 85쪽

01　$4x$와 $-\dfrac{1}{3}x,\ 5$와 -9

02　(1) $12x-8$　(2) $-4x+5$　(3) $x-3y$　(4) $-2x-6y$

03　(1) $9x-4$　(2) $-4x+10$　(3) $9x+2$　(4) $3x-8$

04　(1) $x-11$　(2) $x-5$

유형 확인하기 　　　　개념북 86~89쪽

유형1　④　　　1-1　3　　　1-2　④

유형2　①, ④　　　2-1　④, ⑤　　　2-2　②

유형3　④　　　3-1　⑤　　　3-2　④

유형4　6　　　4-1　6　　　4-2　①

유형5　③　　　5-1　④, ⑤　　　5-2　$8x,\ -\dfrac{x}{2},\ -x$

단원 마무리하기 개념북 90~92쪽

2. 일차방정식

1 방정식과 그 해

01 방정식과 항등식 기념북 94쪽

유제1 (1) ×　(2) ×　(3) ○　(4) ○

유제2 (1) 방　(2) 방　(3) 항　(4) 항

개념 확인하기 개념북 95쪽

04

방정식	x의 값	등식의 참, 거짓	방정식의 해
	-1	$-5=-1-4$ (참)	
$5x=x-4$	0	$0\neq0-4$ (거짓)	$x=-1$
	1	$5\neq1-4$ (거짓)	

05 ④

02 등식의 성질 개념북 96쪽

유제1 (1) $b\times2$　　(2) $\dfrac{a}{4}$

유제2 $4,\ 4,\ -9,\ 2,\ -9,\ 2,\ -18$

개념 확인하기 개념북 97쪽

유형 확인하기 개념북 98~101쪽

5-1 (1) 등식의 양변을 0이 아닌 같은 수로 나누어도 등식은 성립한다.
　　(2) 등식의 양변에 같은 수를 더하여도 등식은 성립한다.
　　(3) 등식의 양변에 같은 수를 곱하여도 등식은 성립한다.

5-2 ㄱ

2 일차방정식의 풀이

03 일차방정식의 풀이 개념북 102쪽

유제1 (1) $x=3+5$　　(2) $3x-2x=4$
　　　(3) $-x=3-9$　　(4) $x+3x=17+3$

유제2 (1) $x=5$　(2) $x=3$

개념 확인하기 개념북 103쪽

04 복잡한 일차방정식의 풀이 개념북 104쪽

유제1 (1) $x=-5$　(2) $x=-3$

유제2 (1) $x=-3$　(2) $x=-2$

개념 확인하기 개념북 105쪽

유형 확인하기

유형1 ④	1-1 ⑤	1-2 ③
유형2 ㄱ, ㅁ	2-1 ③, ⑤	2-2 ④
유형3 ⑤	3-1 $a \neq 3$	3-2 ③
유형4 6	4-1 -6	4-2 -8
유형5 (1) $x=3$ (2) $x=9$		
5-1 (1) $x=17$ (2) $x=-4$	5-2 13	
유형6 $x=-2$	6-1 $x=\dfrac{1}{2}$	6-2 ①
유형7 ⑤	7-1 ④	7-2 1
유형8 ②	8-1 -3	8-2 -6

3 일차방정식의 활용

05 일차방정식의 활용 (1) - 수, 나이, 과부족

유제1 ① 어떤 수를 x라고 하자. ② $5x-2=3x+8$
③ $2x=10$ ∴ $x=5$
④ $5 \times 5 - 2 = 3 \times 5 + 8$이므로 어떤 수는 5이다.

유제2 ① 모둠 학생 수를 x명이라고 하자.
② $3x+3=4x-5$
③ $x=8$
④ $3 \times 8 + 3 = 4 \times 8 - 5$이므로 모둠 학생 수는 8명이다.

개념 확인하기

01 ① 연속하는 세 자연수를 $x-1$, x, $x+1$이라고 하자.
② $(x-1)+x+(x+1)=18$
③ $3x=18$ ∴ $x=6$
④ $(6-1)+6+(6+1)=18$이므로 연속하는 세 자연수는 5, 6, 7이다.

02 ① 십의 자리 숫자를 x라고 하자. ② $10x+7=3(x+7)$
③ $10x+7=3x+21$, $7x=14$ ∴ $x=2$
④ $27=3 \times (2+7)$이므로 구하는 자연수는 27이다.

03 ① x년 후에 어머니의 나이가 아들의 나이의 2배라고 하자.
② $42+x=2(13+x)$
③ $42+x=26+2x$ ∴ $x=16$
④ 16년 후에 어머니의 나이는 58세, 아들의 나이는 29세이므로 어머니의 나이는 아들의 나이의 2배가 된다.

04 ① 상자의 개수를 x라고 하자. ② $5x+3=6x-1$
③ $x=4$
④ $5 \times 4 + 3 = 6 \times 4 - 1$이므로 상자의 개수는 40이다.

06 일차방정식의 활용 (2) - 속력, 농도

유제1 $\dfrac{x}{4}$, $\dfrac{x}{4}$, 9, 9

유제2 300, $300+x$, 300, $300+x$, 75, 75

개념 확인하기

01 (위에서부터) x, 20, $\dfrac{x}{30}$, $\dfrac{x}{20}$, $\dfrac{x}{30}+\dfrac{x}{20}=4$, 48

02 5 km   03 15분 후   04 120 g

유형 확인하기

유형1 ④	1-1 7	1-2 18
유형2 18	2-1 24	2-2 35
유형3 40세	3-1 16세	3-2 6년 후
유형4 ④		
4-1 (1) 9 (2) 39	4-2 ②	
유형5 1 km	5-1 ④	5-2 ③
유형6 ④	6-1 100 g	6-2 75 g
유형7 ①	7-1 28000원	7-2 8000원
유형8 3	8-1 12	8-2 9

단원 마무리하기

01 ②	02 ③	03 3	04 ④	05 ①
06 ⑤	07 ③	08 -2	09 ④	10 $\dfrac{5}{2}$
11 ①	12 25	13 18 cm	14 180 g	15 40 g
16 242	17 38	18 -8	19 3 km	

Ⅲ. 좌표평면과 그래프

1. 좌표평면과 그래프

1 순서쌍과 좌표

01 순서쌍과 좌표

유제1  $\mathrm{A}\left(\dfrac{1}{2}\right)$, $\mathrm{B}(-1)$ 유제2 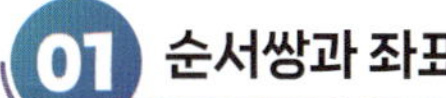 $\mathrm{A}(-4, 2)$, $\mathrm{B}(4, 0)$

 　　　　　　　　　　　　개념북 123쪽

01　A(-2), B(1.5), C(3), D(4.5)

02　(1) A$(-3, 4)$　　(2) B$(0, -3)$　　(3) C$(2, 0)$

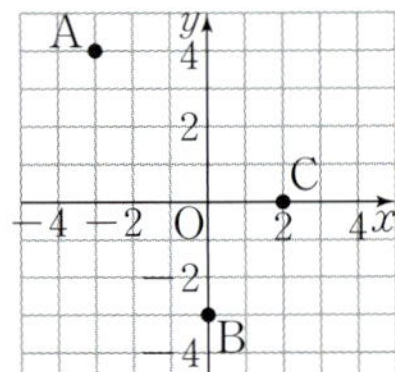

03　⑤　　　　　　　　　　**04**　⑤

02　사분면 　　　　　　　　　　개념북 124쪽

유제1　C, D

유제2　(1) $(-2, -7)$　(2) $(2, 7)$　(3) $(2, -7)$

　　　　　　　　　　개념북 125쪽

01　(1) 제2사분면　(2) 제3사분면　(3) 제4사분면　(4) 제1사분면

02

점의 좌표	(a, b)	$(-a, b)$	$(a, -b)$	$(-a, -b)$
(x좌표, y좌표) 의 부호	$(+, +)$	$(-, +)$	$(+, -)$	$(-, -)$
사분면	제1사분면	제2사분면	제4사분면	제3사분면

03　①, ②

04　(1) $(2, -5)$　　(2) $(-2, 5)$　　(3) $(-2, -5)$

05　①

　　　　　　　　개념북 126~129쪽

유형1　$(0, a)$, $(0, b)$, $(0, c)$, $(1, a)$, $(1, b)$, $(1, c)$

1-1　(1) $(a, 0)$, $(a, 2)$, $(b, 0)$, $(b, 2)$, $(c, 0)$, $(c, 2)$

　　　(2) $(0, a)$, $(0, b)$, $(0, c)$, $(2, a)$, $(2, b)$, $(2, c)$

1-2　$a=-27$, $b=5$

유형2　⑤

2-1

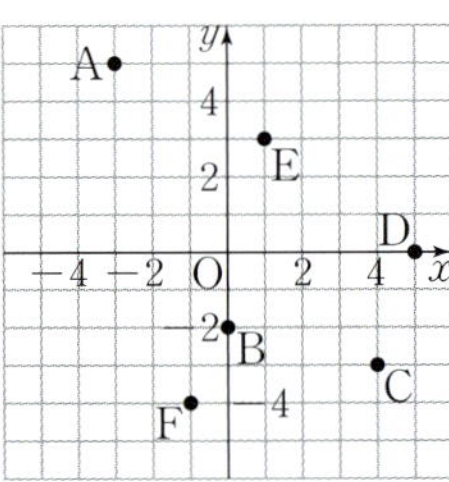

2-2　②

유형3　②　　　**3-1**　③　　　**3-2**　⑤

유형4

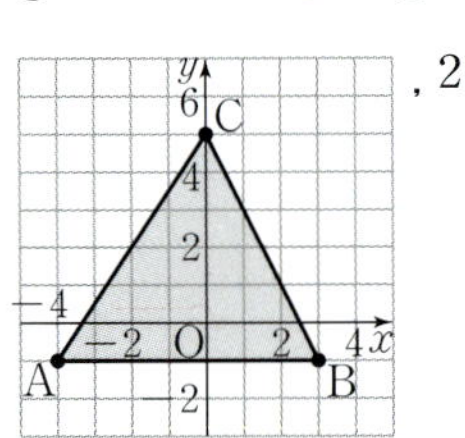

, 21

4-1

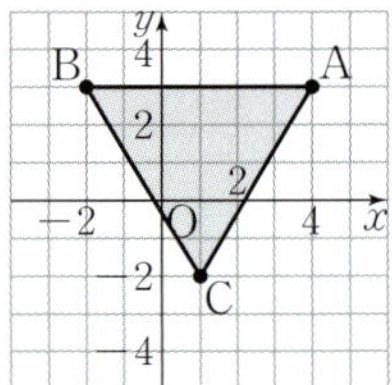

, 15　　　　**4-2**　10

유형5　②　　　**5-1**　②　　　**5-2**　2개

유형6　③　　　**6-1**　제1사분면　**6-2**　제2사분면

유형7　④　　　**7-1**　③　　　**7-2**　⑤

유형8　①　　　**8-1**　4　　　**8-2**　-1

2　그래프

03　그래프 　　　　　　　　　　개념북 130쪽

유제1　(1) 5, 6　(2) 500

　　　　　　　　　　개념북 130쪽

01　초속 15 m　　　　**02**　200초부터 250초까지

03　170초　　　　　　**04**　250초

　　　　　　　　　개념북 131쪽

유형1

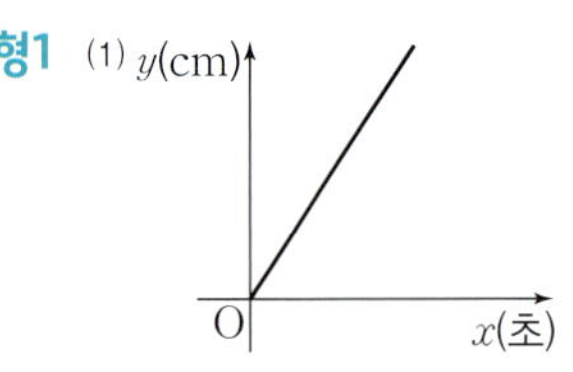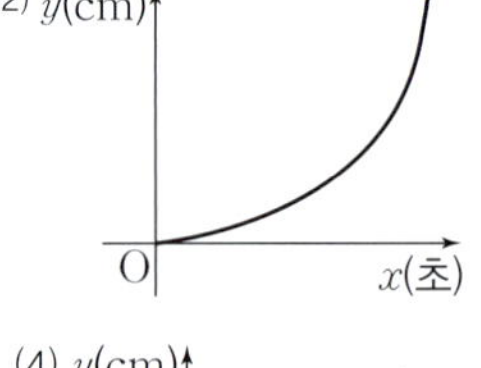
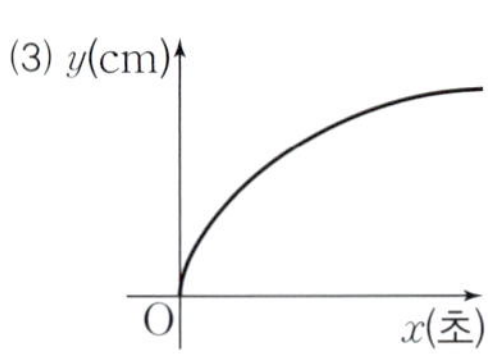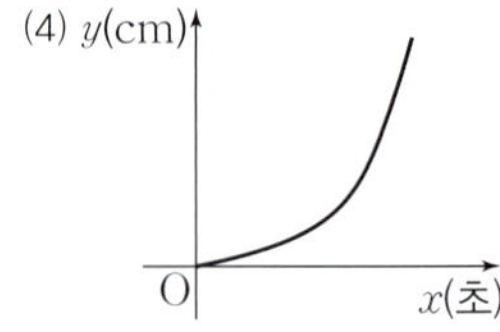

1-1

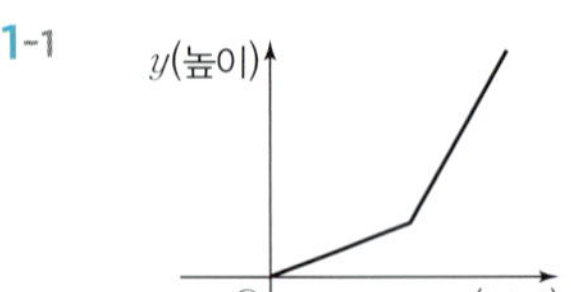

1-2　(2)

유형2　(1) 10 m　　(2) 20초　　(3) 10초

2-1　2분 30초　　　　　　**2-2**　20분

 **정비례와 반비례**

04 정비례 관계와 그 그래프
개념북 132쪽

유제1 (2), (4)

유제2 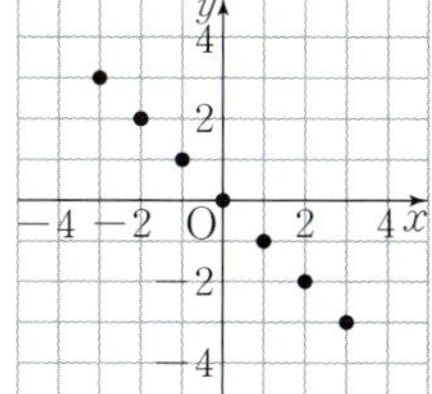

개념 확인하기
개념북 133쪽

01 ①, ⑤

02 (1) 4, 2, 0, -2, -4　(2) 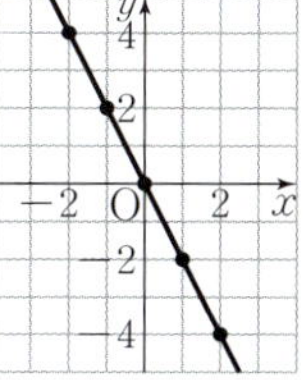

03 ①, ④　　**04** ④

05 반비례 관계와 그 그래프
개념북 134쪽

유제1 (2), (3)

유제2 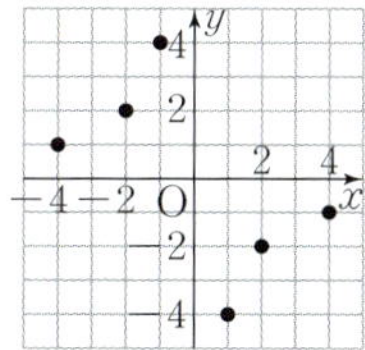

개념 확인하기
개념북 135쪽

01 ①

02 (1) -1, -2, -3, -6, 6, 3, 2, 1

(2) 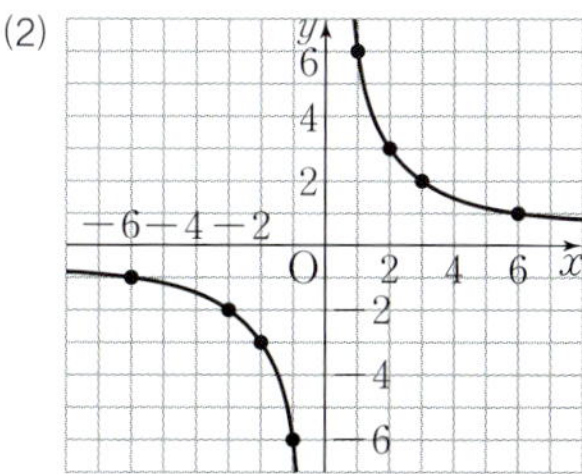

03 ②, ③　　**04** ④

유형1 ②, ⑤　　**1-1** ②　　**1-2** ⑤

유형2 ①　　**2-1** $y=\dfrac{3}{2}x$　　**2-2** $-\dfrac{2}{3}$

유형3 ①, ⑤　　**3-1** ④　　**3-2** ⑤

유형4 8　　**4-1** 13　　**4-2** -3

유형5 (1) $y=-\dfrac{3}{5}x$　　(2) -6

5-1 -6　　　　　　**5-2** 5

유형6 (1) $y=12x$　(2) 180 km　(3) 22 L

6-1 (1) $y=4x$　(2) 15분

6-2 (1) $y=\dfrac{2}{3}x$　(2) 4번

유형7 ②, ⑤　　**7-1** ⑤　　**7-2** ②

유형8 ②　　**8-1** $y=\dfrac{15}{x}$　　**8-2** -4

유형9 ⑤　　**9-1** ④, ⑤　　**9-2** ①, ②

유형10 $-\dfrac{9}{2}$　　**10-1** -5　　**10-2** -18

유형11 (1) $y=-\dfrac{6}{x}$　　(2) $-\dfrac{3}{2}$

11-1 2　　　　　　**11-2** -6

유형12 (1) $y=\dfrac{24}{x}$　　(2) 4 m

12-1 (1) $y=\dfrac{500}{x}$　(2) 20개

12-2 (1) $y=\dfrac{108}{x}$　(2) 9번

01 ③　**02** ④　**03** -1　**04** 7　**05** ②, ⑤

06 20　**07** ④　**08** ⑤　**09** ②　**10** ②, ③

11 1　**12** ②　**13** -3　**14** ④　**15** ③

16 -3　**17** $\dfrac{4}{9}$　**18** -18

빠른 정답

I. 수와 연산

1. 소인수분해

1 소인수분해

01 소수와 합성수 · 워크북 2~3쪽

01 2, 5, 11, 23, 47 **02** ③, ④ **03** ④ **04** 18
05 (1) × (2) × (3) ○ (4) × **06** ⑤
07 ⑤ **08** ⑤
09 (1) 7^3, 밑: 7, 지수: 3 (2) 3^7, 밑: 3, 지수: 7
10 ③ **11** ⑤ **12** ③

02 소인수분해 · 워크북 3~4쪽

01 (1) 2×3^2 (2) $2 \times 3 \times 7$ (3) $2^2 \times 3 \times 5$ (4) $2^3 \times 11$
02 ③ **03** 2, 3, 7 **04** ③ **05** 21 **06** ④
07 ④ **08** ㄴ, ㄱ, ㄷ, ㅂ, ㅁ, ㄹ **09** ① **10** ③
11 ④ **12** ⑤ **13** 224

2 최대공약수와 최소공배수

03 공약수와 최대공약수 · 워크북 5쪽

01 (1) 3, 12, 15, 3, 9 (2) 2, 7, 14 **02** ③ **03** 10
04 1, 2, 3, 4, 6, 12 **05** ④ **06** ③, ⑤ **07** ④
08 1, 2, 4, 7, 8 **09** ③, ④ **10** ②

04 공배수와 최소공배수 · 워크북 6쪽

01 (1) 12, 30, 3, 6, 15, 5, 3, 5, 120 (2) 2^2, 5, 420
02 ④ **03** ③ **04** ③, ⑤ **05** 4개 **06** ⑤
07 ② **08** ② **09** ④

05 최대공약수와 최소공배수의 활용 · 워크북 7~9쪽

01 ③ **02** 사탕: 4개, 초콜릿: 5개 **03** 8명
04 ⑤ **05** 72
06 (1) 54 (2) 63 (3) 54, 63, 최대공약수, 9 **07** ④
08 4 **09** ③ **10** ④ **11** ③ **12** 60 cm
13 6장 **14** 90 cm **15** ③ **16** 8 **17** 143
18 110 **19** 181 **20** 626 **21** ② **22** $\dfrac{288}{5}$
23 $\dfrac{144}{11}$ **24** ② **25** 14 **26** 528

단원 마무리하기 · 워크북 10~11쪽

01 ③, ⑤ **02** ③ **03** ④ **04** ㄴ, ㄹ, ㄷ, ㄱ
05 ② **06** ③ **07** ① **08** ③ **09** ③, ⑤
10 ④ **11** ④ **12** ① **13** ② **14** ⑤
15 1 **16** 432

2. 정수와 유리수

1 정수와 유리수의 뜻

01 정수와 유리수의 뜻 · 워크북 12쪽

01 (1) -1500 (2) -4 (3) -5 (4) -7.3 **02** ②
03 ①, ④ **04** ② **05** 8 **06** ④ **07** ①, ④

2 정수와 유리수의 대소 관계

02 수직선과 절댓값 · 워크북 13쪽

01 ③ **02** ⑤ **03** 2 **04** ⑤ **05** -6
06 $\dfrac{7}{4}$ **07** ② **08** 10 **09** -3

03 수의 대소 관계 · 워크북 14쪽

01 (1) $<$ (2) $>$ (3) $>$ (4) $>$ **02** ④
03 ㄹ, ㄷ, ㄱ, ㄴ **04** ④ **05** ④ **06** ①, ④
07 ① **08** 4개

단원 마무리하기　워크북 15~16쪽

01 ⑤　02 ③, ④　03 ②　04 ④　05 ①
06 ②　07 ②, ③　08 ④　09 13　10 ③, ④
11 $-\dfrac{1}{10}$　12 ④　13 ③　14 (1) 7　(2) 5
15 $a=-3$, $b=2$, $c=3$

3. 정수와 유리수의 계산

① 정수와 유리수의 덧셈과 뺄셈

01 정수와 유리수의 덧셈　워크북 17쪽

01 ②
02 (1) $+\dfrac{13}{4}$　(2) $+2$　(3) $+\dfrac{14}{5}$　(4) $-\dfrac{17}{3}$
03 ②　04 ②　05 ②
06 덧셈의 교환법칙: ㉠, 덧셈의 결합법칙: ㉡　07 ③

02 정수와 유리수의 덧셈과 뺄셈의 혼합 계산　워크북 18~19쪽

01 ④　02 (1) $+2.5$　(2) $+\dfrac{29}{7}$　(3) $-\dfrac{43}{6}$　(4) -3.1
03 ④　04 20　05 (1) -1　(2) $+\dfrac{5}{4}$　06 ④
07 ④　08 ⑤　09 55　10 7　11 ②
12 $-\dfrac{5}{6}$　13 $\dfrac{7}{6}$　14 $\dfrac{17}{6}$　15 (1) $\dfrac{7}{6}$　(2) 3

② 정수와 유리수의 곱셈과 나눗셈

03 정수와 유리수의 곱셈　워크북 20쪽

01 ②, ④　02 (1) -33　(2) -42　(3) $-\dfrac{1}{4}$　(4) $-\dfrac{20}{3}$
03 ④　04 ③　05 $-\dfrac{10}{3}$, $\dfrac{10}{3}$　06 $+\dfrac{27}{8}$
07 16　08 곱셈의 교환법칙: ㉠, 곱셈의 결합법칙: ㉡

04 거듭제곱의 계산과 분배법칙　워크북 21쪽

01 ③　02 $+1$　03 ①　04 -10　05 $-\dfrac{16}{9}$
06 100, 100, -2900, -2929　07 5700　08 ④

05 정수와 유리수의 나눗셈　워크북 22~23쪽

01 (1) $-\dfrac{1}{3}$　(2) $+5$　(3) $-\dfrac{2}{3}$　(4) $\dfrac{4}{7}$　02 ③
03 ④　04 $\dfrac{16}{7}$
05 (1) $+6$　(2) -4　(3) $+\dfrac{10}{3}$　(4) $-\dfrac{3}{4}$　(5) -3　(6) $+\dfrac{7}{3}$
06 ④　07 $+\dfrac{1}{27}$　08 ④　09 ⑤　10 ①
11 ②　12 ④

06 정수와 유리수의 혼합 계산　워크북 23~24쪽

01 (1) $+20$　(2) -12　(3) $-\dfrac{3}{2}$　(4) $\dfrac{5}{8}$
02 $-\dfrac{9}{2}$　03 $+\dfrac{3}{8}$　04 $+64$
05 (1) -9　(2) $-\dfrac{1}{27}$　(3) -24　(4) $\dfrac{3}{32}$　06 ⑤
07 -6　08 ㉣, ㉢, ㉡, ㉠　09 ㉣　10 ③
11 13　12 0　13 $-\dfrac{7}{5}$

단원 마무리하기　워크북 25~26쪽

01 ④　02 ①, ⑤　03 ②　04 ④　05 ⑤
06 ⑤　07 ④　08 ④　09 ⑤　10 ⑤
11 ②　12 4　13 $-\dfrac{3}{2}$
14 (1) ㉣, ㉢, ㉤, ㉡, ㉠　(2) $-\dfrac{5}{4}$

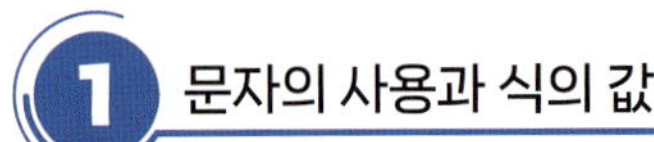

II. 문자와 식

1. 문자의 사용과 식의 계산

❶ 문자의 사용과 식의 값

01 문자의 사용, 기호의 생략 　　워크북 27쪽

01 (1) $(1500 \times a + b \times 7)$원　　(2) $(2 \times x + 4 \times y)$개

　　(3) $100 \times a + 70 + 1 \times b$　　(4) $(3 \times x + 2 \times y)$점

02 (1) $\left(A \times \dfrac{x}{100} \times \dfrac{y}{100} \right)$명　　(2) $a \times 2 + b \times 2$

　　(3) $(x \times y)\,\mathrm{km}$　　(4) $\left(y \times \dfrac{x}{100} \right)\mathrm{g}$

03 ⑤　　04 $5(x+y) - \dfrac{3}{x-y}$　　05 ②, ④　　06 ④

07 ㄴ, ㄷ　　08 $(100x - y^2)\,\mathrm{cm}^2$

02 식의 값 　　워크북 28쪽

01 (1) 24　(2) 22　(3) 12　(4) 1

02 (1) 7　(2) $\dfrac{7}{2}$　(3) 5　(4) $\dfrac{65}{6}$　　03 ③　　04 ②

05 ①　　06 ③　　07 (1) $ab\,\mathrm{cm}^2$　(2) $10\,\mathrm{cm}^2$

08 ⑤　　09 $4a^2 + \dfrac{3}{b}, \dfrac{3b}{a}, a+b, -\dfrac{a}{b}, 2a-3b$

❷ 일차식의 덧셈과 뺄셈

03 다항식과 일차식 　　워크북 29쪽

01 4개　　02 -3　　03 ②, ⑤　　04 2개　　05 ②, ④

06 (1) $-6x-4$　(2) $3a-4b$　(3) $-3x+2$　(4) $6x+3$

07 ②　　08 ④　　09 -600

04 일차식의 덧셈과 뺄셈 　　워크북 30~31쪽

01 ②, ③　02 ⑤　　03 ①　　04 ⑤　　05 -8

06 ④　　07 ②　　08 $\dfrac{29}{6}$　　09 $\dfrac{7}{6}x - \dfrac{1}{2}$

10 $x+1$　11 ②　　12 32　　13 ③　　14 $\dfrac{x+19}{6}$

15 ⑤　　16 $7x-1$　17 ①　　18 $\dfrac{1}{3}$

단원 마무리하기 　　워크북 32~33쪽

01 ⑤　　02 ③　　03 ⑤　　04 ④　　05 ⑤

06 ④　　07 ④　　08 ③　　09 2　　10 ①

11 9　　12 4　　13 ③

14 (1) $(3x+89)$점　(2) 98점　　15 $-4x-14$

2. 일차방정식

❶ 방정식과 그 해

01 방정식과 항등식 　　워크북 34쪽

01 ㄱ, ㄴ　02 ④　　03 ③, ⑤　04 ④　　05 ㄴ, ㄷ

06 ①, ④　07 $2x+4$　08 -24　09 $-\dfrac{3}{2}$

02 등식의 성질 　　워크북 35쪽

01 ③　　02 ①, ③　03 ④　　04 ④

05 (개) ㄱ　(내) ㄹ　　06 -2　　07 ④

08 (1) $x=2$　(2) $x=12$

❷ 일차방정식의 풀이

03 일차방정식의 풀이 　　워크북 36~37쪽

01 ④　　02 ③　　03 60　　04 ③　　05 ③, ⑤

06 ③　　07 ①　　08 5, 12, 4, 3　　09 ④

10 ⑤　　11 ④　　12 1

04 복잡한 일차방정식의 풀이 　　워크북 37~39쪽

01 ②　　02 ④　　03 ⑤　　04 $x=-\dfrac{7}{4}$

05 1　　06 (1) $x=-12$　(2) $x=\dfrac{9}{4}$　　07 ①

08 $x=\dfrac{17}{8}$　　09 -3　　10 ④　　11 -1

12 $x=\dfrac{9}{7}$　13 ②　　14 3　　15 -3　　16 -6

17 ④　　18 $x=1$　19 -1　20 ③　　21 86

 **3** 일차방정식의 활용

05 일차방정식의 활용 (1) – 수, 나이, 과부족　　워크북 40쪽

| 01 24 | 02 ③ | 03 27 | 04 35 | 05 ⑤ |
| 06 ② | 07 ② | 08 46명 |

06 일차방정식의 활용 (2) – 속력, 농도　　워크북 41~42쪽

01 20분 후　02 18 km　03 15 km　04 400 m　05 ②

06 20 g　07 ④　08 ①　09 ③

10 12000원　　11 2시간 24분　　12 2시간

13 21　14 1500원　15 3　16 152

단원 마무리하기　　워크북 43~44쪽

01 ④　02 ⑤　03 ①, ⑤　04 ②　05 ①

06 ⑤　07 ②　08 ①　09 5　10 ③

11 19　12 7개　13 ③　14 23초　15 −5

16 120 km

 # Ⅲ. 좌표평면과 그래프

1. 좌표평면과 그래프

1 순서쌍과 좌표

01 순서쌍과 좌표　　워크북 45~46쪽

01 ②　02 $(2, a), (2, b), (4, a), (4, b)$

03 5개　04 ④　05 ③　06 ②　07 ④

08 16　09 8　10 ④

11   , 5　　12 ④

02 사분면　　워크북 46~47쪽

01 (1) 점 B, 점 I　(2) 점 E　(3) 점 A, 점 D, 점 F

02 ④　03 제2사분면　04 ③　05 ⑤

06 ③　07 ⑤　08 1　09 ①　10 −5

11 ④　12 4

2 그래프

03 그래프　　워크북 48쪽

01 (1) ㄱ　(2) ㄷ　(3) ㄴ　(4) ㄹ

02

03 (1) 80 %　(2) 0시부터 9시까지　(3) 9시부터 24시까지

04 (1) 100분　(2) 50분　　05 ㄱ, ㄷ

04 정비례 관계와 그 그래프   워크북 49~51쪽

01 ①, ⑤	**02** 2	**03** ④	**04** ④	**05** ④
06 ⑤	**07** ⑤	**08** 8	**09** 13	**10** ④
11 $\dfrac{3}{2}$	**12** ⑤	**13** -2	**14** ③	**15** $y=4x$
16 ③	**17** ④	**18** 28초	**19** 30 g	

20 (1) 동생: 10분, 형: 20분   (2) 10분

05 반비례 관계와 그 그래프   워크북 51~53쪽

01 ②	**02** 60	**03** ③, ⑤	**04** ①	**05** ①
06 ④	**07** -5	**08** -12	**09** 6	**10** ④
11 -18	**12** ②	**13** ①	**14** -2	**15** 40
16 8	**17** ④	**18** 5개		

단원 마무리하기   워크북 54~56쪽

01 ③	**02** ⑤	**03** ①	**04** ③	**05** ②
06 10	**07** ④	**08** ②	**09** 15초 후	
10 ⑤	**11** ①	**12** ㄱ, ㅁ	**13** ①	**14** 24
15 ④	**16** ④	**17** ①	**18** ③	**19** ②
20 ④	**21** -12	**22** 5		

풍산자 라인업

중학 풍산자로 개념 과 문제 를 꼼꼼히 풀면

성적이 지속적으로 향상됩니다

상위권으로의 도약을 위한 **중학 풍산자 로드맵**

원리 개념서 → 기초 반복 훈련서 → 실전 평가 테스트 → 실전 문제 유형서

- 풍산자 개념완성
- 풍산자 반복수학
- 풍산자 테스트북
- 풍산자 필수유형

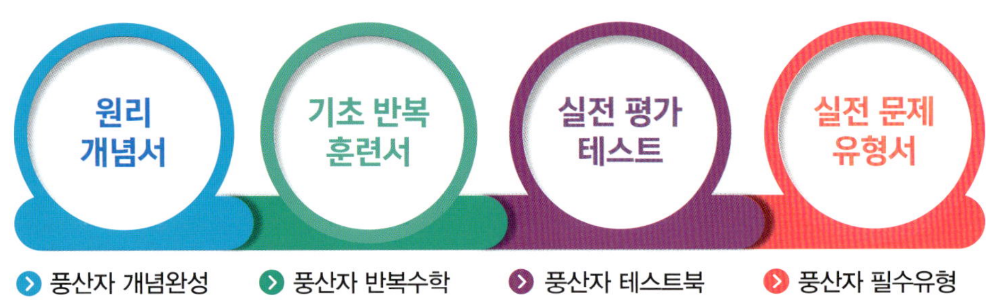

중학 풍산자 교재		하 · 중하 · 중 · 상
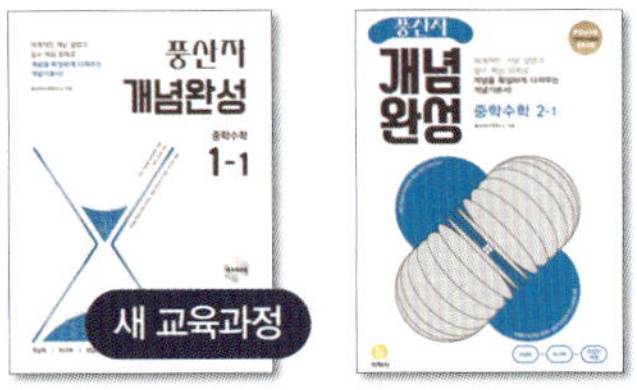	원리 개념서 **풍산자 개념완성**	필수 문제로 개념 정복, 개념 학습 완성
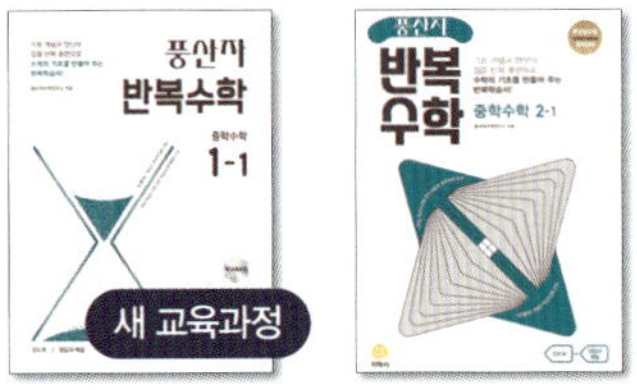	기초 반복훈련서 **풍산자 반복수학**	개념 및 기본 연산 정복, 기초 실력 완성
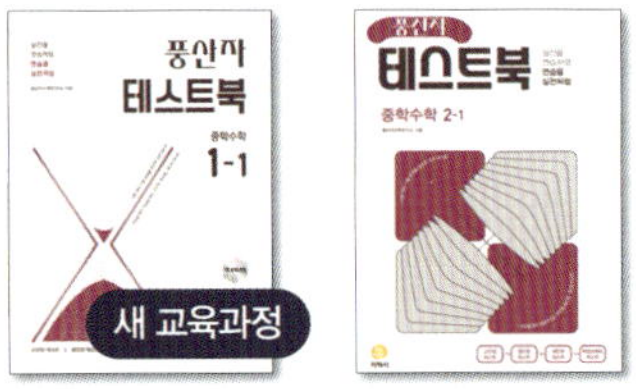	실전평가 테스트 **풍산자 테스트북**	단원별 엄선 문제, 실력 점검 및 실전 대비
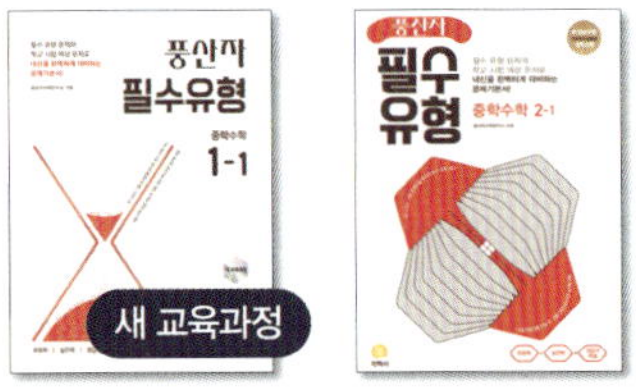	실전 문제유형서 **풍산자 필수유형**	모든 기출 유형 정복, 시험 준비 완료

풍산자 개념완성

중학수학

1-1

지학사

워크북

풍산자
개념완성

워크북

중학수학

1-1

1 소인수분해

01 소수와 합성수

01 다음 수 중 소수를 모두 찾아라.

> 1, 2, 5, 9, 11, 23, 34, 47

02 다음 중 소수가 <u>아닌</u> 것을 모두 고르면? (정답 2개)

① 3   ② 13   ③ 21
④ 51   ⑤ 67

03 10보다 크고 30보다 작은 자연수 중에서 소수의 개수는?

① 2   ② 4   ③ 5
④ 6   ⑤ 8

04 40보다 크고 60보다 작은 자연수 중에서 가장 큰 소수를 x, 가장 작은 소수를 y라고 할 때, $x-y$의 값을 구하여라.

05 다음 설명 중 옳은 것에는 ○표, 옳지 않은 것에는 ×표 를 하여라.

(1) 소수는 모두 홀수이다.   ( )
(2) 2는 소수도 아니고 합성수도 아닌 자연수이다.   ( )
(3) 모든 소수는 약수가 2개뿐이다.   ( )
(4) 10 이하의 자연수 중 소수는 3개이다.   ( )

06 다음 ☐ 안에 알맞은 수들의 합은?

> 약수가 ☐개 이상인 자연수를 합성수라고 한다. 자연수 중에서 ☐은 소수도 아니고 합성수도 아니다. 소수 중에서 가장 작은 수는 ☐이다.

① 2   ② 3   ③ 4
④ 5   ⑤ 6

07 다음 설명 중 옳은 것은?

① 모든 자연수는 소수 또는 합성수이다.
② 91은 소수이다.
③ 합성수는 약수가 2개 이상인 자연수이다.
④ 짝수인 소수는 없다.
⑤ 자연수 중에서 20보다 작은 소수는 8개이다.

08 다음 〈보기〉 중 옳은 것을 모두 고른 것은?

> **보기**
> ㄱ. 소수는 약수가 3개 이상인 수이다.
> ㄴ. 모든 짝수는 합성수이다.
> ㄷ. 자연수 중에서 약수가 1개인 수는 있다.
> ㄹ. 두 소수의 곱은 합성수이다.

① ㄷ   ② ㄹ   ③ ㄱ, ㄴ
④ ㄴ, ㄷ   ⑤ ㄷ, ㄹ

09 다음을 거듭제곱으로 나타내고, 밑과 지수를 각각 구하여라.

(1) $7 \times 7 \times 7$

(2) $3 \times 3 \times 3 \times 3 \times 3 \times 3 \times 3$

10 다음 중 3^5을 바르게 나타낸 것은?

① $3+3+3+3+3$ ② $5+5+5$

③ $3 \times 3 \times 3 \times 3 \times 3$ ④ $5 \times 5 \times 5$

⑤ 3×5

11 다음 중 옳은 것은?

① $7+7+7=7^3$

② $2 \times 5=2^5$

③ $9 \times 9 \times 9=3^9$

④ $2+2+3+3=2^2 \times 3^2$

⑤ $3 \times 7 \times 7 \times 5 \times 3 \times 5=3^2 \times 5^2 \times 7^2$

12 $4 \times 4 \times 4=2^a$일 때, 자연수 a의 값은?

① 4 ② 5 ③ 6

④ 7 ⑤ 8

01 다음 수를 소인수분해하여라.

(1) 18 (2) 42

(3) 60 (4) 88

02 240을 소인수분해하면?

① $2 \times 3^2 \times 5^4$ ② $2^3 \times 3 \times 5$

③ $2^4 \times 3 \times 5$ ④ $2^2 \times 7 \times 13^2$

⑤ $2 \times 3 \times 5^2 \times 7$

03 126의 소인수를 모두 구하여라.

04 다음 중 소인수가 같은 수끼리 짝 지어진 것은?

① $14, 20$ ② $30, 42$ ③ $60, 180$

④ $70, 105$ ⑤ $75, 98$

05 $108 \times a=b^2$을 만족시키는 자연수 a, b가 가장 작은 자연수가 되도록 할 때, $a+b$의 값을 구하여라.

06 다음 중 $2^3 \times 3^2$의 약수가 <u>아닌</u> 것은?

① 2 　　　　② 12 　　　　③ 24

④ 54 　　　　⑤ 72

07 다음 〈보기〉 중 420의 약수를 모두 고른 것은?

보기

ㄱ. $2^2 \times 3$ 　　　　ㄴ. $2 \times 3 \times 7$

ㄷ. $3^2 \times 7$ 　　　　ㄹ. $2^2 \times 5 \times 7$

ㅁ. $2^3 \times 7$ 　　　　ㅂ. $5^2 \times 7$

① ㄱ, ㄴ 　　　　② ㄷ, ㄹ

③ ㄴ, ㅁ 　　　　④ ㄱ, ㄴ, ㄹ

⑤ ㄴ, ㄷ, ㅂ

08 다음 〈보기〉의 수를 약수의 개수가 적은 것부터 차례대로 나열하여라.

보기

ㄱ. 24 　　　　ㄴ. 81

ㄷ. 100 　　　　ㄹ. $2^4 \times 5^5$

ㅁ. $3^3 \times 7^3$ 　　　　ㅂ. $5^3 \times 11^2$

09 다음 중 약수의 개수가 나머지 넷과 <u>다른</u> 하나는?

① $2^2 \times 3^4$ 　　　　② $2^5 \times 3^3$ 　　　　③ $2^{11} \times 11$

④ $3^2 \times 5^7$ 　　　　⑤ $2 \times 3^2 \times 5^3$

10 144의 약수의 개수와 $3^2 \times 5^a$의 약수의 개수가 서로 같을 때, 자연수 a의 값은?

① 2 　　　　② 3 　　　　③ 4

④ 5 　　　　⑤ 6

11 8×3^x의 약수의 개수가 24일 때, 자연수 x의 값은?

① 2 　　　　② 3 　　　　③ 4

④ 5 　　　　⑤ 6

12 $2^4 \times \square$의 약수가 15개일 때, 다음 중 □ 안에 들어갈 수 있는 수는?

① 4 　　　　② 5 　　　　③ 8

④ 16 　　　　⑤ 25

13 a, b는 자연수이고, $A = 2^a \times 7^b$의 약수의 개수가 12일 때, 이를 만족시키는 가장 작은 자연수 A를 구하여라.

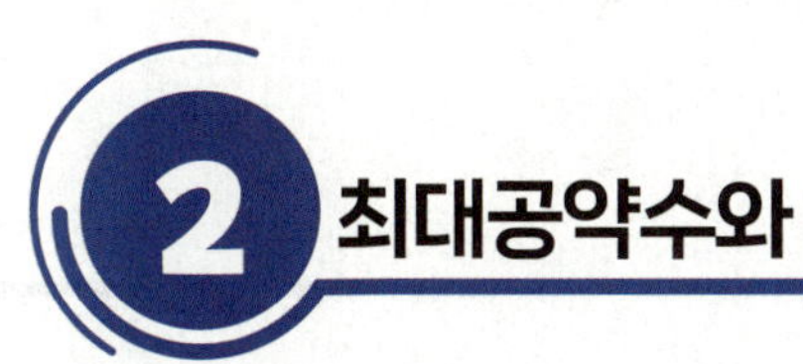

2 최대공약수와 최소공배수

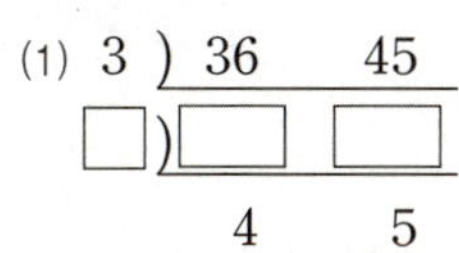

03 공약수와 최대공약수

01 다음은 최대공약수를 구하는 과정이다. □ 안에 알맞은 수를 써넣어라.

(1) 3) 36   45
　　□)□　□
　　　　4　　5

　→ (최대공약수)$=3\times\square=\square$

(2) 　　　　$70= 2\ \ \ \ \times 5 \times 7$
　　　　$84= 2^2\times 3\ \ \ \ \times 7$

　→ (최대공약수)$=\square\ \ \ \ \ \ \times\square=\square$

02 두 수 $105,\ 2\times3\times5^2$의 최대공약수는?

① 6　　　② 10　　　③ 15
④ 30　　　⑤ 35

03 세 수 $2\times3^2\times5,\ 2^2\times5\times7,\ 2^3\times5\times11^2$의 최대공약수를 구하여라.

04 두 자연수 $a,\ b$의 최대공약수가 12일 때, 두 자연수 $a,\ b$의 공약수를 모두 구하여라.

05 세 자연수 $a,\ b,\ c$의 최대공약수가 24일 때, 다음 중 세 자연수 $a,\ b,\ c$의 공약수가 <u>아닌</u> 것은?

① 2　　　② 3　　　③ 4
④ 5　　　⑤ 6

06 다음 중 두 수 $2^2\times3^3\times7,\ 2^3\times5\times7^2$의 공약수가 <u>아닌</u> 것을 모두 고르면? (정답 2개)

① 2^2　　　② 2×7　　　③ 3×5
④ $2^2\times7$　　　⑤ $2^3\times7$

07 두 수 $3^2\times5^3\times7^2,\ 2^3\times5\times7^3$의 공약수의 개수는?

① 2　　　② 3　　　③ 4
④ 6　　　⑤ 12

08 한 자리의 자연수 중에서 15와 서로소인 수를 모두 구하여라.

09 다음 중 126과 서로소인 것을 모두 고르면? (정답 2개)

① 30　　　② 36　　　③ 55
④ 65　　　⑤ 84

10 다음 〈보기〉 중 서로소인 수끼리 짝 지어진 것을 모두 고른 것은?

보기
ㄱ. 8과 21　　　ㄴ. 33과 48
ㄷ. 35와 54　　　ㄹ. 49와 91

① ㄱ, ㄴ　　　② ㄱ, ㄷ　　　③ ㄴ, ㄷ
④ ㄴ, ㄹ　　　⑤ ㄱ, ㄴ, ㄷ

04 공배수와 최소공배수

01 다음은 최소공배수를 구하는 과정이다. □ 안에 알맞은 수를 써넣어라.

(1)
$$
\begin{array}{r}
2\ )\ \underline{24 \quad\ \ 60} \\
2\ )\ \underline{\square \quad\ \ \square} \\
\square\ )\ \underline{\square \quad\ \ \square} \\
2 \quad\ \ \square
\end{array}
$$
$\rightarrow$ (최소공배수)$=2\times2\times\square\times2\times\square=\square$

(2)
$$
\begin{array}{l}
210 = 2 \times 3 \times 5 \times 7 \\
\underline{140 = 2^2 \qquad\ \times 5 \times 7} \\
\end{array}
$$
$\rightarrow$ (최소공배수)$=\square\times 3 \times\square\times 7 =\square$

02 두 수 $42,\ 2^2\times3\times5$의 최소공배수는?

① 84　　　② 126　　　③ 210

④ 420　　　⑤ 840

03 세 수 $2\times3\times5,\ 2^2\times5\times7,\ 2^3\times7^2$의 최소공배수는?

① $2\times3\times5\times7$　　　② $2^2\times3\times5\times7^2$

③ $2^3\times3\times5\times7^2$　　　④ $2^3\times3^2\times5\times7^2$

⑤ $2^6\times3\times5^2\times7^3$

04 다음 중 두 수 $18,\ 60$의 공배수를 모두 고르면? (정답 2개)

① 90　　　② 120　　　③ 180

④ 240　　　⑤ 360

05 두 자연수 $a,\ b$의 최소공배수가 48일 때, 두 자연수 $a,\ b$의 공배수 중 200 이하인 수는 몇 개인지 구하여라.

06 다음 중 두 수 $2^2\times3^3,\ 2^3\times3^2\times5$의 공배수인 것은?

① $2^2\times3^2$　　　② $2^3\times3$　　　③ $2\times3^3\times5$

④ $2^2\times3\times5^2$　　　⑤ $2^3\times3^3\times5^2$

07 두 수 $2^a\times3\times7,\ 2\times3^b\times7^c$의 최소공배수가 $2^3\times3^2\times7^2$일 때, 자연수 $a,\ b,\ c$의 곱 $a\times b\times c$의 값은?

① 6　　　② 12　　　③ 18

④ 24　　　⑤ 36

08 세 수 $2\times x,\ 3\times x,\ 5\times x$의 최소공배수가 600일 때, x의 값은?

① 12　　　② 20　　　③ 24

④ 30　　　⑤ 36

09 두 자연수 24와 A의 최소공배수가 120일 때, 다음 중 자연수 A가 될 수 없는 것은?

① 5　　　② 10　　　③ 15

④ 25　　　⑤ 40

01 연필 60자루와 지우개 84개를 가능한 한 많은 학생들에게 남김없이 똑같이 나누어 주려고 할 때, 연필과 지우개를 받을 수 있는 학생 수는?

① 4명 ② 9명 ③ 12명
④ 15명 ⑤ 18명

02 사탕 72개, 초콜릿 90개를 가능한 한 많은 회원들에게 남김없이 똑같이 나누어 주려고 할 때, 회원 한 명이 받는 사탕과 초콜릿은 각각 몇 개인지 구하여라.

03 공책 32권, 자 24개, 색연필 16자루를 가능한 한 많은 학생들에게 남김없이 똑같이 나누어 주려고 할 때, 몇 명의 학생에게 나누어 줄 수 있는지 구하여라.

04 가로의 길이가 72 cm, 세로의 길이가 96 cm인 직사각형 모양의 판자를 모두 똑같은 정사각형 모양의 조각으로 자르려고 한다. 가능한 한 큰 정사각형 모양으로 자르고 남는 판자가 없도록 할 때, 정사각형 모양 조각의 한 변의 길이는?

① 12 cm ② 15 cm ③ 18 cm
④ 21 cm ⑤ 24 cm

05 가로의 길이가 90 cm, 세로의 길이가 80 cm인 직사각형 모양의 벽에 가능한 한 큰 정사각형 모양의 타일을 빈틈없이 붙이려고 한다. 필요한 타일의 개수를 구하여라.

06 어떤 수로 60을 나누면 6이 남고, 70을 나누면 7이 남는다. 이러한 수 중 가장 큰 수를 구하려고 할 때, ☐ 안에 알맞은 것을 써넣어라.

(1) 어떤 수로 60을 나누면 6이 남으므로 어떤 수는 ☐의 약수이다.

(2) 어떤 수로 70을 나누면 7이 남으므로 어떤 수는 ☐의 약수이다.

(3) 이러한 수 중 가장 큰 수는 ☐와 ☐의 ☐이므로 ☐이다.

07 어떤 수로 50을 나누면 2가 남고, 32를 나누면 나누어떨어질 때, 이러한 수 중 가장 큰 수는?

① 4 ② 8 ③ 12
④ 16 ⑤ 32

08 어떤 수로 90을 나누면 2가 남고, 99를 나누면 3이 남는다. 이러한 수 중에서 가장 작은 수를 a, 가장 큰 수를 b라고 할 때, $b-a$의 값을 구하여라.

09 서우네 외할머니 댁 근처에 있는 기차역에서는 서울 방향과 부산 방향의 두 종류의 기차를 운행한다. 서울 방향의 기차는 30분에 한 대씩, 부산 방향의 기차는 45분에 한 대씩 출발한다. 오전 9시에 서울 방향과 부산 방향으로 기차가 동시에 출발하였다면 처음으로 다시 두 방향의 기차가 동시에 출발하는 시각은?

① 오전 9시 45분 ② 오전 10시 15분

③ 오전 10시 30분 ④ 오전 11시 5분

⑤ 오전 11시 45분

10 두 개의 신호등 중 하나는 20초 동안 켜졌다가 8초 동안 꺼지고, 다른 하나는 30초 동안 켜졌다가 12초 동안 꺼진다. 두 신호등이 동시에 켜진 후 그 다음으로 동시에 켜질 때까지 걸리는 시간은?

① 60초 ② 72초 ③ 80초

④ 84초 ⑤ 96초

11 운동장을 한 바퀴 도는 데 재윤이는 72초가 걸리고, 승현이는 120초가 걸린다. 두 사람이 동시에 같은 지점에서 출발하여 같은 방향으로 돌 때, 출발점에서 처음으로 다시 만날 때까지 걸리는 시간은?

① 320초 ② 340초 ③ 360초

④ 380초 ⑤ 400초

12 가로의 길이가 12 cm, 세로의 길이가 15 cm인 직사각형 모양의 타일을 같은 방향으로 빈틈없이 붙여서 정사각형 모양을 만들려고 한다. 만들 수 있는 가장 작은 정사각형의 한 변의 길이를 구하여라.

13 가로의 길이가 8 cm, 세로의 길이가 12 cm인 직사각형 모양의 색종이를 같은 방향으로 빈틈없이 붙여서 가장 작은 정사각형 모양을 만들 때, 필요한 직사각형 모양의 색종이는 모두 몇 장인지 구하여라.

14 가로, 세로의 길이와 높이가 각각 6 cm, 9 cm, 15 cm인 직육면체 모양의 블록을 같은 방향으로 빈틈없이 쌓아서 정육면체 모양을 만들려고 한다. 직육면체 모양의 블록을 가능한 한 적게 사용하여 만들 수 있는 정육면체의 한 모서리의 길이를 구하여라.

15 톱니 수가 각각 24개, 30개인 두 톱니바퀴 A, B가 서로 맞물려 돌아가고 있다. 두 톱니바퀴가 회전하기 시작하여 같은 톱니에서 처음으로 다시 맞물리는 것은 톱니바퀴 A가 몇 번 회전한 후인가?

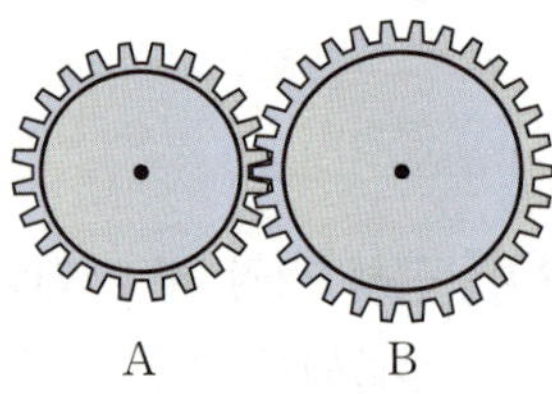

① 3번 ② 4번 ③ 5번

④ 6번 ⑤ 7번

16 톱니 수가 각각 18개, 30개인 두 톱니바퀴 A, B가 서로 맞물려 돌아가고 있다. 두 톱니바퀴가 회전하기 시작하여 같은 톱니에서 처음으로 다시 맞물릴 때까지 톱니바퀴 A, B의 회전 수를 각각 a번, b번이라고 할 때, $a+b$의 값을 구하여라.

17 20과 28 중 어느 것으로 나누어도 3이 남는 자연수 중 가장 작은 수를 구하여라.

18 6과 9 중 어느 것으로 나누어도 나머지가 2인 자연수 중 가장 작은 세 자리의 자연수를 구하여라.

19 4, 5, 6 중 어느 것으로 나누어도 나머지가 1인 자연수 중에서 200에 가장 가까운 수를 구하여라.

20 5로 나누면 나머지가 1이고, 6으로 나누면 나머지가 2이고, 7로 나누면 나머지가 3인 자연수 중 700에 가장 가까운 수를 구하여라.

21 1과 100 사이의 자연수 중 분수 $\dfrac{1}{12}$, $\dfrac{1}{18}$의 어느 것에 곱하여도 그 결과가 자연수가 되도록 하는 자연수의 개수는?

① 1 　　② 2 　　③ 3
④ 4 　　⑤ 5

22 두 분수 $\dfrac{25}{18}$, $\dfrac{15}{32}$의 어느 것에 곱하여도 그 결과가 자연수가 되도록 하는 분수 중 가장 작은 수를 구하여라.

23 세 분수 $\dfrac{33}{16}$, $\dfrac{77}{18}$, $\dfrac{121}{24}$의 어느 것에 곱하여도 그 결과가 자연수가 되도록 하는 분수 중 가장 작은 수를 구하여라.

24 두 자연수 60과 A의 최대공약수는 6, 최소공배수는 1260일 때, 자연수 A는?

① 63 　　② 126 　　③ 210
④ 252 　　⑤ 504

25 두 자연수 $2^a \times 3^b \times 5^c$, $2^4 \times 5 \times d$의 최대공약수는 $2^2 \times 5$이고 최소공배수는 $2^4 \times 3^2 \times 5^3 \times 7$일 때, $a+b+c+d$의 값을 구하여라. (단, d는 소수)

26 세 자연수 A, 36, 84의 최대공약수는 12, 최소공배수는 504일 때, 자연수 A가 될 수 있는 수 중 가장 작은 수와 가장 큰 수의 합을 구하여라.

 마무리하기

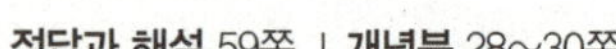

01 다음 중 옳지 <u>않은</u> 것을 모두 고르면? (정답 2개)

① 1은 모든 자연수의 약수이다.

② 소수는 약수를 2개만 갖는다.

③ 1은 소수인 동시에 합성수이다.

④ 가장 작은 소수는 짝수이다.

⑤ 가장 작은 합성수는 2이다.

02 다음 중 옳은 것은?

① $5+5+5=3^5$

② $5\times7=5^7$

③ $5\times5\times5\times5=5^4$

④ $10^3=3\times10\times10\times10$

⑤ $5+7+7+7=5\times7^3$

03 다음 중 소인수분해를 하였을 때, 소인수가 같은 것끼리 짝 지어지지 <u>않은</u> 것은?

① 16, 32　　② 18, 24　　③ 45, 135

④ 105, 140　　⑤ 120, 180

04 다음 〈보기〉의 수를 약수의 개수가 많은 것부터 차례대로 나열하여라.

> **보기**
>
> ㄱ. 98　　ㄴ. 144　　ㄷ. 225　　ㄹ. 405

05 $2^3\times\square$의 약수의 개수가 12일 때, $\square$ 안에 알맞은 수 중 가장 작은 자연수는?

① 4　　② 9　　③ 12

④ 16　　⑤ 25

06 126에 자연수 x를 곱하여 어떤 자연수의 제곱이 되게 하려고 한다. x가 될 수 있는 가장 큰 두 자리의 자연수는?

① 14　　② 28　　③ 56

④ 84　　⑤ 98

07 다음 중 두 수 $A=2^4\times3^2\times5$, $B=2\times3^2$의 공약수가 <u>아닌</u> 것은?

① $2^2\times3^2$　　② 2×3^2　　③ 2×3

④ 3^2　　⑤ 2

08 다음 〈보기〉 중 옳은 것을 모두 고른 것은?

> **보기**
>
> ㄱ. 18의 소인수는 2, 3, 6이다.
>
> ㄴ. 9^2의 약수는 3개이다.
>
> ㄷ. 63과 64는 서로소이다.
>
> ㄹ. 서로소인 두 수의 최대공약수는 홀수이다.

① ㄱ, ㄴ　　② ㄴ, ㄷ　　③ ㄷ, ㄹ

④ ㄴ, ㄷ, ㄹ　　⑤ ㄱ, ㄴ, ㄷ, ㄹ

09 자연수 A로 136을 나누면 4가 남고, 84를 나누면 나누어떨어진다고 할 때, 다음 중 A로 가능한 것을 모두 고르면? (정답 2개)

① 3   ② 4   ③ 6

④ 8   ⑤ 12

10 가로의 길이가 48 m, 세로의 길이가 30 m인 직사각형 모양의 땅의 가장자리를 따라 일정한 간격으로 나무를 심으려고 한다. 심는 나무의 수가 최소가 되게 하고, 네 모퉁이에는 반드시 나무를 심을 때, 필요한 나무는 모두 몇 그루인가?

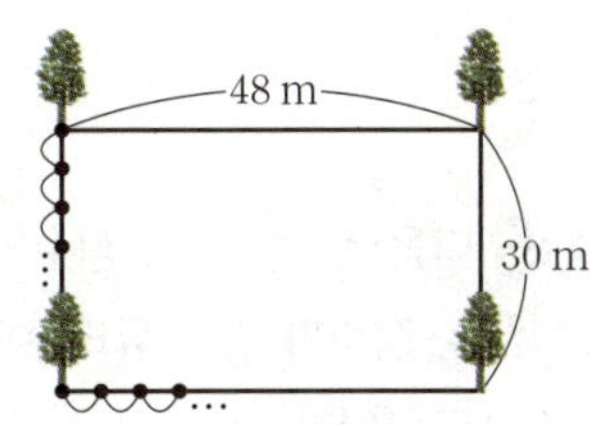

① 16그루   ② 20그루   ③ 22그루

④ 26그루   ⑤ 30그루

11 세 수 $2^5 \times 3 \times 5^3$, $2^3 \times 3^4 \times 7^4$, $2^2 \times 3^2 \times 5 \times 7$의 최대공약수와 최소공배수를 차례대로 구하면?

① 2×3, $2 \times 3 \times 5 \times 7$

② $2^2 \times 3$, $2 \times 3 \times 5 \times 7$

③ 2×3, $2^5 \times 3^4 \times 5^3 \times 7^4$

④ $2^2 \times 3$, $2^5 \times 3^4 \times 5^3 \times 7^4$

⑤ $2^5 \times 3^4$, $2^5 \times 3^4 \times 5^3 \times 7^4$

12 두 자연수 63과 A의 최대공약수는 9, 최소공배수는 315일 때, 자연수 A는?

① 45   ② 50   ③ 75

④ 90   ⑤ 105

13 세 자연수 $2^a \times 3^2$, $2 \times 3^b \times 5$, $2^2 \times 3^3 \times 5^c$의 최소공배수가 $2^3 \times 3^4 \times 5^2$일 때, 세 자연수의 최대공약수는?

① 16   ② 18   ③ 20

④ 24   ⑤ 36

14 두 분수 $\dfrac{55}{42}$, $\dfrac{20}{27}$의 어느 것에 곱하여도 그 결과가 자연수가 되도록 하는 분수 중에서 가장 작은 기약분수를 $\dfrac{a}{b}$라고 할 때, $a+b$의 값은?

① 303   ② 345   ③ 367

④ 377   ⑤ 383

15 톱니 수가 각각 36개, 42개인 두 톱니바퀴 A, B가 서로 맞물려 돌아가고 있다. 두 톱니바퀴가 회전하기 시작하여 같은 톱니에서 처음으로 다시 맞물릴 때까지 톱니바퀴 A, B의 회전 수를 각각 a번, b번이라고 할 때, $a-b$의 값을 구하여라.

16 오른쪽 그림과 같이 가로, 세로의 길이와 높이가 각각 8 cm, 9 cm, 12 cm인 직육면체 모양의 블록을 같은 방향으로 빈틈없이 쌓아서 정육면체 모양을 만들려고 한다. 직육면체 모양의 블록을 가능한 한 적게 사용하여 정육면체를 만들 때, 사용되는 직육면체 모양의 블록의 개수를 구하여라.

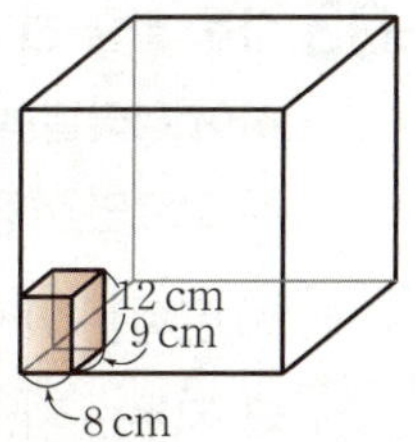

1 정수와 유리수의 뜻

정답과 해설 60쪽 | 개념북 32~35쪽

01 정수와 유리수의 뜻

01 다음 ☐ 안에 알맞은 것을 써넣어라.

(1) 2000원 이익을 $+2000$원으로 나타내면 1500원 손해는 ☐원으로 나타낸다.

(2) 지면에서 3 m 높은 곳을 $+3$ m로 나타내면 지면에서 4 m 내려간 곳은 ☐ m로 나타낸다.

(3) 수학 점수가 10점 오른 것을 $+10$점으로 나타내면 수학 점수가 5점 떨어진 것은 ☐점으로 나타낸다.

(4) 에너지 소비량이 2.5 % 증가한 것을 $+2.5$ %로 나타내면 에너지 소비량이 7.3 % 감소한 것은 ☐ %로 나타낸다.

02 다음 중 양의 부호 $+$, 음의 부호 $-$를 사용하여 나타낸 것으로 옳지 <u>않은</u> 것은?

① 0보다 $\frac{3}{7}$만큼 작은 수: $-\frac{3}{7}$

② 영하 6 ℃: $+6$ ℃

③ 8 mm 감소: -8 mm

④ 5.5 kg 감량: -5.5 kg

⑤ 15점 득점: $+15$점

03 다음 밑줄 친 부분을 양의 부호 $+$, 음의 부호 $-$를 사용하여 나타낼 때, 음의 부호 $-$를 사용해야 하는 경우를 모두 고르면? (정답 2개)

① 은희는 이달 용돈 중 <u>3000원을 지출</u>하였다.

② 지우는 지난 번 시험보다 점수가 <u>20점 올랐다.</u>

③ 경호의 키는 작년보다 <u>3.5 cm 컸다.</u>

④ 작년의 같은 날보다 기온이 <u>0.3 ℃ 떨어졌다.</u>

⑤ 영수는 약속 시간보다 <u>3분 후에</u> 도착하였다.

04 다음 수에 대한 설명으로 옳은 것은?

$$\frac{7}{4}, \quad -6, \quad 0, \quad +\frac{8}{2}, \quad -30, \quad -1.5$$

① 양수는 3개이다. ② 음수는 3개이다.

③ 양의 정수는 없다. ④ 음의 정수는 3개이다.

⑤ 정수가 아닌 유리수는 3개이다.

05 다음 수 중 양의 정수의 개수가 a, 음의 유리수의 개수가 b, 정수가 아닌 유리수의 개수가 c일 때, $a+b+c$의 값을 구하여라.

$$\frac{6}{3}, \quad 0, \quad +3.5, \quad -\frac{3}{7}, \quad +\frac{2}{4}, \quad -36, \quad -3.5$$

06 다음 설명 중 옳지 <u>않은</u> 것은?

① 양의 부호 $+$는 생략할 수 있다.

② -3은 음의 정수이다.

③ 0은 양의 정수도 아니고 음의 정수도 아니다.

④ 양의 유리수와 음의 유리수를 합해서 유리수라고 한다.

⑤ 자연수는 유리수이다.

07 다음 설명 중 옳은 것을 모두 고르면? (정답 2개)

① 음의 부호 $-$는 생략하여 쓸 수 없다.

② 가장 작은 정수는 0이다.

③ 양의 유리수가 아닌 유리수는 모두 음의 유리수이다.

④ 정수가 아닌 유리수는 무수히 많다.

⑤ 유리수는 자연수이다.

2 정수와 유리수의 대소 관계

02 수직선과 절댓값

01 다음 중 수직선 위의 점 A, B, C, D, E에 대응하는 수를 나타낸 것으로 옳지 <u>않은</u> 것은?

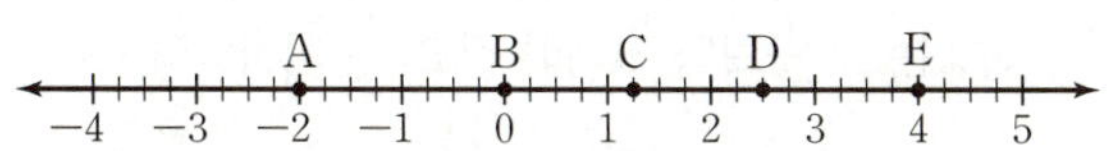

① A: -2 ② B: 0   ③ C: 1.5
④ D: 2.5   ⑤ E: 4

02 다음 수에 대응하는 점을 수직선 위에 나타내었을 때, 오른쪽에서 두 번째에 있는 수는?

① -3 ② 0.5   ③ 3
④ -1.5 ⑤ $\dfrac{5}{2}$

03 수직선 위에 -1과 5에 대응하는 두 점으로부터 같은 거리에 있는 점에 대응하는 수를 구하여라.

04 다음 수들을 수직선 위에 나타내었을 때, 원점에서 가장 멀리 떨어져 있는 수는?

① -5 ② $-\dfrac{5}{3}$ ③ 1
④ 2.5   ⑤ $\dfrac{11}{2}$

05 절댓값이 같고 부호가 반대인 두 수의 차가 12일 때, 두 수 중 작은 수를 구하여라.

06 절댓값이 같고 부호가 반대인 두 수를 수직선 위에 나타내었을 때 두 점 사이의 거리가 $\dfrac{7}{2}$이다. 이때 두 수 중 큰 수를 구하여라.

07 절댓값이 $\dfrac{23}{6}$보다 작은 정수의 개수는?

① 6   ② 7   ③ 8
④ 9   ⑤ 10

08 절댓값이 3보다 크고 $\dfrac{25}{3}$보다 작은 정수의 개수를 구하여라.

09 다음 두 조건을 모두 만족시키는 정수를 구하여라.

> ㈎ 절댓값이 4보다 작은 정수이다.
> ㈏ 수직선에서 -2를 나타내는 점보다 왼쪽에 있는 점에 대응한다.

03 수의 대소 관계

01 다음 □ 안에 >, < 중 알맞은 것을 써넣어라.

(1) $3.5 \;\square\; \dfrac{16}{3}$
(2) $0 \;\square\; -4$

(3) $-2.5 \;\square\; -\dfrac{10}{3}$
(4) $12 \;\square\; -3$

02 다음 중 두 수의 대소 관계가 옳은 것은?

① $0 > \dfrac{3}{4}$
② $1.5 < \dfrac{3}{2}$

③ $7 > |-8|$
④ $-3 < -\dfrac{5}{2}$

⑤ $-0.8 < -\dfrac{5}{4}$

03 다음 〈보기〉의 수를 작은 수부터 차례대로 나열하여라.

보기

ㄱ. 0 ㄴ. 1.25 ㄷ. $-\dfrac{3}{4}$ ㄹ. -2

04 다음 수 중에서 -1보다 큰 수는 몇 개인가?

$$\dfrac{3}{4},\;\; 1,\;\; -\dfrac{5}{2},\;\; \dfrac{2}{3},\;\; -0.5$$

① 1개
② 2개
③ 3개
④ 4개
⑤ 5개

05 다음 중 부등호를 사용하여 나타낸 것으로 옳지 <u>않은</u> 것은?

① x는 3 이상이다. ➔ $x \geq 3$

② x는 $\dfrac{2}{3}$보다 크고 4 이하이다. ➔ $\dfrac{2}{3} < x \leq 4$

③ x는 $-\dfrac{1}{4}$보다 크거나 같고 $\dfrac{1}{4}$ 이하이다.

  ➔ $-\dfrac{1}{4} \leq x \leq \dfrac{1}{4}$

④ x는 -2보다 작지 않고 2 미만이다. ➔ $-2 < x < 2$

⑤ x는 0보다 크고 $\dfrac{1}{2}$보다 크지 않다. ➔ $0 < x \leq \dfrac{1}{2}$

06 다음 중 $-3 \leq x < 2$를 나타내는 것을 모두 고르면?

(정답 2개)

① x는 -3보다 작지 않고 2 미만이다.
② x는 -3보다 작지 않고 2보다 크지 않다.
③ x는 -3보다 크고 2보다 작거나 같다.
④ x는 -3 이상이고 2보다 작다.
⑤ x는 -3보다 크고 2 미만이다.

07 다음 중 $-\dfrac{7}{2} < a \leq 1$을 만족시키는 정수 a가 <u>아닌</u> 것은?

① -4
② -3
③ -2
④ -1
⑤ 1

08 두 유리수 $-\dfrac{5}{3}$와 $\dfrac{11}{4}$ 사이에 있는 정수는 모두 몇 개인지 구하여라.

 마무리하기

01 다음 중 양의 부호 $+$, 음의 부호 $-$를 사용하여 나타낸 것으로 옳지 <u>않은</u> 것은?

① 가격 15 % 인상: $+15$ %

② 몸무게 3 kg 감량: -3 kg

③ 지상 8층: $+8$층

④ 영상 0.3 ℃: $+0.3$ ℃

⑤ 해발 150 m: -150 m

02 다음 설명 중 옳은 것을 모두 고르면? (정답 2개)

① 0은 양의 정수이다.

② 정수가 아닌 유리수는 양수이다.

③ 절댓값이 가장 작은 수는 0이다.

④ 두 음수에서는 절댓값이 큰 수가 더 작다.

⑤ 두 양수에서는 절댓값이 큰 수가 더 작다.

03 다음 중 수직선 위의 점 A, B, C, D, E에 대응하는 수를 나타낸 것으로 옳지 <u>않은</u> 것은?

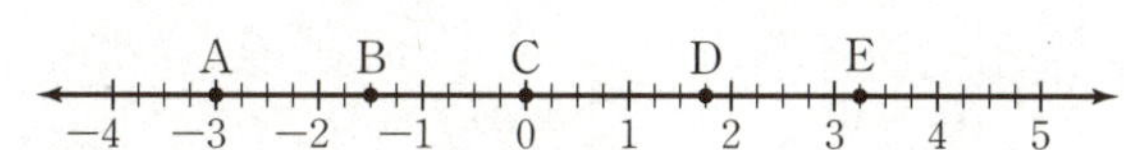

① A: -3 ② B: -2.5 ③ C: 0

④ D: $\dfrac{7}{4}$ ⑤ E: $\dfrac{13}{4}$

04 절댓값이 6인 서로 다른 두 수 a, b를 수직선 위에 나타내었을 때, 두 수 a, b에 대응하는 두 점 사이의 거리는?

① 0 ② 2 ③ 6

④ 12 ⑤ 24

05 다음 수를 수직선 위에 나타내었을 때, 원점에서 가장 멀리 떨어져 있는 수는?

① -3 ② -1.5 ③ 0.15

④ $\dfrac{5}{4}$ ⑤ 2.5

06 두 수를 수직선 위에 나타내었을 때, 두 점 사이의 거리는 8이고 한가운데 있는 점에 대응하는 수가 -3일 때, 이 두 수는?

① $-8, 0$ ② $-7, 1$ ③ $-6, 2$

④ $-5, 3$ ⑤ $-4, 4$

07 다음 두 조건을 모두 만족시키는 수를 모두 고르면?

(정답 2개)

> ㈎ 절댓값이 5보다 작은 정수이다.
> ㈏ 수직선 위에서 -1을 나타내는 점을 기준으로 왼쪽에 있다.

① -5 ② -4 ③ -2

④ 1 ⑤ 3

08 두 유리수 a, b는 절댓값이 같고 부호가 반대이다. a가 b보다 14만큼 클 때, a의 값은?

① -14 ② -7 ③ $\dfrac{7}{2}$

④ 7 ⑤ 14

09 $\frac{1}{2}$ 보다 크고 6 이하인 정수의 개수를 a, 절댓값이 3보다 크지 않은 정수의 개수를 b라고 할 때, $a+b$의 값을 구하여라.

10 다음 중 두 수의 대소 관계가 옳은 것을 모두 고르면?

(정답 2개)

① $-5 > -2$ ② $-4 > 1$

③ $|-7| > |-2|$ ④ $|-6.5| > -6.5$

⑤ $-2 < -\frac{8}{3}$

11 다음 수를 큰 수부터 차례대로 나열할 때, 네 번째에 오는 수를 구하여라.

$$-\frac{1}{10}, \quad 0, \quad 1.5, \quad -\frac{10}{3}, \quad \frac{5}{3}, \quad -2.5$$

12 다음 중 부등호를 사용하여 나타낸 것으로 옳은 것은?

① x는 -2보다 작지 않다. ➔ $x \le -2$

② x는 1 이상이고 5보다 작다. ➔ $1 < x < 5$

③ x는 $\frac{3}{2}$보다 크지 않은 양수이다. ➔ $0 < x < \frac{3}{2}$

④ x는 $\frac{11}{2}$보다 크거나 같고 7 미만이다. ➔ $\frac{11}{2} \le x < 7$

⑤ x는 $-\frac{3}{4}$보다 작지 않고 $\frac{1}{4}$ 이하이다.

➔ $-\frac{3}{4} < x \le \frac{1}{4}$

13 다음 조건을 모두 만족시키는 서로 다른 세 정수 a, b, c의 대소 관계로 옳은 것은?

> ㈎ a와 b는 모두 2보다 크다.
> ㈏ a와 c의 절댓값은 같다.
> ㈐ b의 절댓값은 c의 절댓값보다 크다.

① $a > b > c$ ② $a > c > b$ ③ $b > a > c$

④ $b > c > a$ ⑤ $c > b > a$

서술형
14 다음 수를 보고, 물음에 답하여라.

$$-\frac{7}{3}, \quad +\frac{8}{4}, \quad \frac{7}{6}, \quad 5, \quad -3, \quad 2.5, \quad 0$$

⑴ 양수의 개수를 a, 정수가 아닌 유리수의 개수를 b라고 할 때, $a+b$의 값을 구하여라.

⑵ 절댓값이 가장 큰 수를 c, 절댓값이 가장 작은 수를 d라고 할 때, $c+d$의 값을 구하여라.

서술형
15 다음 조건을 모두 만족시키는 서로 다른 세 정수 a, b, c의 값을 각각 구하여라.

> ㈎ $a < 0$, $b > 0$ ㈏ $|a| = |c|$
> ㈐ $|b| = 2$ ㈑ $b \times c = 6$

정수와 유리수의 덧셈과 뺄셈

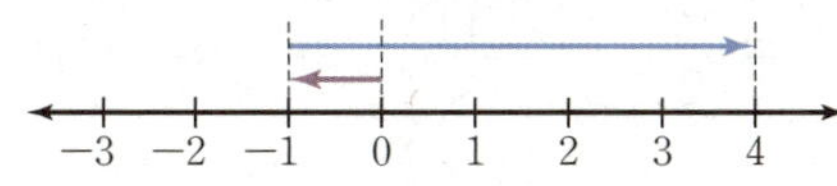

01 다음 수직선이 나타내는 덧셈식은?

$$-3 \quad -2 \quad -1 \quad 0 \quad 1 \quad 2 \quad 3 \quad 4$$

① $(-1)+(+4)=+3$

② $(-1)+(+5)=+4$

③ $(+1)+(-5)=-4$

④ $(+1)+(-4)=-3$

⑤ $(+1)+(+5)=+6$

02 다음을 계산하여라.

(1) $\left(+\dfrac{5}{2}\right)+\left(+\dfrac{3}{4}\right)$

(2) $(+3.5)+\left(-\dfrac{3}{2}\right)$

(3) $\left(-\dfrac{6}{5}\right)+(+4)$

(4) $\left(-\dfrac{11}{3}\right)+(-2)$

03 다음 중 계산 결과를 수직선 위에 나타낼 때, 가장 오른쪽에 있는 점에 대응하는 것은?

① $(-3.5)+(+4)$

② $(+2.5)+(-1.3)$

③ $(+1.5)+\left(-\dfrac{5}{2}\right)$

④ $\left(+\dfrac{1}{3}\right)+\left(+\dfrac{5}{6}\right)$

⑤ $\left(+\dfrac{17}{4}\right)+(-4)$

04 다음 수 중 가장 큰 수와 가장 작은 수의 합은?

$$-\dfrac{1}{8}, \quad +1.5, \quad 0, \quad -\dfrac{13}{3}, \quad +\dfrac{7}{3}, \quad -2$$

① $-\dfrac{10}{3}$

② -2

③ $+\dfrac{17}{30}$

④ $+\dfrac{20}{3}$

⑤ $+2$

05 두 수 a, b에 대하여 a의 절댓값은 6, b의 절댓값은 3일 때, $a+b$의 값이 될 수 <u>없는</u> 것은?

① $+3$

② $+6$

③ $+9$

④ -3

⑤ -9

06 다음 계산 과정에서 덧셈의 교환법칙과 결합법칙이 쓰인 곳의 기호를 각각 골라라.

$$\left(+\dfrac{15}{4}\right)+(-5)+\left(-\dfrac{3}{4}\right)$$
$$=\left(+\dfrac{15}{4}\right)+\left(-\dfrac{3}{4}\right)+(-5) \quad ㉠$$
$$=\left\{\left(+\dfrac{15}{4}\right)+\left(-\dfrac{3}{4}\right)\right\}+(-5) \quad ㉡$$
$$=(+3)+(-5) \quad ㉢$$
$$=(-2) \quad ㉣$$

07 다음 계산 과정에서 ㉠, ㉡에 알맞은 것을 차례대로 구하면?

$$\left(-\dfrac{11}{6}\right)+3+\left(+\dfrac{7}{6}\right)+(-2)$$
$$=\left(-\dfrac{11}{6}\right)+\left(+\dfrac{7}{6}\right)+3+(-2) \quad \text{덧셈의}\ \boxed{㉠}$$
$$=\left\{\left(-\dfrac{11}{6}\right)+\left(+\dfrac{7}{6}\right)\right\} \quad \text{덧셈의}$$
$$\qquad\qquad +\{(\boxed{})+(-2)\}$$
$$=\left(-\dfrac{4}{6}\right)+(\boxed{})$$
$$=\boxed{㉡}$$

① 교환법칙, $+1$

② 교환법칙, $+\dfrac{1}{6}$

③ 교환법칙, $+\dfrac{1}{3}$

④ 결합법칙, $+\dfrac{1}{6}$

⑤ 결합법칙, $+\dfrac{1}{3}$

02 정수와 유리수의 덧셈과 뺄셈의 혼합 계산

01 다음 〈보기〉 중 뺄셈을 덧셈으로 바꾸는 과정이 옳지 <u>않은</u> 것을 모두 고른 것은?

> **보기**
>
> ㄱ. $(+3)-(+2)=(+3)+(-2)$
> ㄴ. $(+5)-(-9)=(+5)+(-9)$
> ㄷ. $(-6)-(+3)=(-6)+(-3)$
> ㄹ. $(-7)-(-2)=(-7)+(-2)$

① ㄱ, ㄴ   ② ㄱ, ㄷ   ③ ㄴ, ㄷ

④ ㄴ, ㄹ   ⑤ ㄱ, ㄷ, ㄹ

02 다음을 계산하여라.

(1) $(+3.75)-\left(+\dfrac{5}{4}\right)$

(2) $\left(+\dfrac{15}{7}\right)-(-2)$

(3) $\left(-\dfrac{16}{3}\right)-\left(+\dfrac{11}{6}\right)$

(4) $(-4.6)-\left(-\dfrac{3}{2}\right)$

03 다음 중 계산 결과가 옳은 것은?

① $(-3)-\left(-\dfrac{1}{2}\right)=-\dfrac{7}{2}$

② $(+1.5)-\left(-\dfrac{5}{2}\right)=-1$

③ $(-2.5)-\left(-\dfrac{7}{4}\right)=-\dfrac{17}{4}$

④ $\left(+\dfrac{17}{4}\right)-(+4)=+\dfrac{1}{4}$

⑤ $\left(+\dfrac{1}{3}\right)-\left(+\dfrac{5}{6}\right)=+\dfrac{1}{2}$

04 다음 수 중 가장 큰 수를 a, 절댓값이 가장 큰 수를 b라고 할 때, $a-b$의 값을 구하여라.

$$+\dfrac{17}{2}, \quad -\dfrac{11}{4}, \quad 0, \quad -11.5, \quad +\dfrac{4}{3}$$

05 다음을 계산하여라.

(1) $(-7)+(+11)-(+5)$

(2) $(-1.5)-\left(-\dfrac{9}{4}\right)+\left(+\dfrac{1}{2}\right)$

06 다음 중 계산 결과가 옳은 것은?

① $3+6-7=-2$ ② $2.7-1.2+0.5=2.2$

③ $\dfrac{3}{2}-\dfrac{3}{4}+\dfrac{3}{8}=\dfrac{7}{8}$ ④ $3-\dfrac{6}{5}+1=\dfrac{14}{5}$

⑤ $1.75+\dfrac{1}{4}-4=-\dfrac{7}{4}$

07 다음 중 계산 결과가 나머지 넷과 <u>다른</u> 하나는?

① $6-7+5-1$ ② $\dfrac{3}{2}-2+\dfrac{7}{2}$

③ $\dfrac{2}{5}+3.8-\dfrac{6}{5}$ ④ $\dfrac{11}{4}+\dfrac{7}{2}-6$

⑤ $1+\dfrac{1}{2}+\dfrac{3}{4}+0.75$

08 다음 중 계산 결과의 절댓값이 가장 작은 것은?

① $4-1+7-13$

② $-3+5-(-2)+(-3)$

③ $-3+\dfrac{9}{7}-(-2)$

④ $-\dfrac{7}{5}+\dfrac{3}{2}-\left(-\dfrac{2}{5}\right)$

⑤ $-\dfrac{13}{4}-(-3)+0.25$

09 다음을 계산하여라.

$$10-15+20-25+\cdots+90-95+100$$

10 세 유리수 a, b, c가 오른쪽과 같을 때, $a+b+c$의 값을 구하여라.

$a=\dfrac{1}{2}+3-\dfrac{11}{2}$

$b=(+1.75)-\left(-\dfrac{5}{4}\right)$

$c=3.3-1.7-(-4.4)$

11 다음 중 가장 큰 수는?

① -4보다 -2만큼 큰 수

② 3보다 -7만큼 작은 수

③ -5보다 8만큼 큰 수

④ 4보다 5만큼 작은 수

⑤ 4보다 -6만큼 큰 수

12 세 유리수 a, b, c가 다음과 같을 때, $a+b-c$의 값을 구하여라.

(개) a는 $\dfrac{8}{5}$보다 -0.6만큼 큰 수

(내) b는 5보다 $\dfrac{7}{3}$만큼 작은 수

(대) c는 $\dfrac{19}{6}$보다 $-\dfrac{4}{3}$만큼 작은 수

13 두 수 a, b에 대하여 a는 4보다 $-\dfrac{1}{2}$만큼 큰 수이고, b는 -3보다 $-\dfrac{2}{3}$만큼 작은 수이다. 이때 $a+b$의 값을 구하여라.

14 어떤 유리수에 $\dfrac{5}{3}$를 더해야 할 것을 잘못하여 뺐더니 $-\dfrac{1}{2}$이 되었다. 바르게 계산한 답을 구하여라.

15 어떤 수보다 $\dfrac{11}{6}$만큼 큰 수를 구해야 하는데 잘못하여 작은 수를 구했더니 $-\dfrac{2}{3}$가 되었다. 다음 물음에 답하여라.

⑴ 어떤 수를 구하여라.

⑵ 바르게 계산한 답을 구하여라.

 **2** 정수와 유리수의 곱셈과 나눗셈

03 정수와 유리수의 곱셈

01 다음 중 계산 결과가 음수인 것을 모두 고르면? (정답 2개)

① $(+5) \times \left(+\dfrac{4}{7} \right)$ 　② $\left(+\dfrac{1}{6} \right) \times (-12)$

③ $(-8) \times (-6)$ 　④ $(-5) \times (+12)$

⑤ $\left(-\dfrac{8}{7} \right) \times (-21)$

02 다음을 계산하여라.

(1) $(+3) \times (-11)$

(2) $(-6) \times (+7)$

(3) $\left(+\dfrac{7}{6} \right) \times \left(-\dfrac{3}{14} \right)$

(4) $\left(-\dfrac{5}{9} \right) \times (+12)$

03 다음 중 계산 결과가 옳은 것은?

① $\left(-\dfrac{3}{5} \right) \times (+15) = +\dfrac{9}{5}$

② $\left(+\dfrac{35}{6} \right) \times \left(-\dfrac{3}{7} \right) = +\dfrac{5}{2}$

③ $(+21) \times \left(+\dfrac{6}{7} \right) = -18$

④ $\left(-\dfrac{4}{9} \right) \times (+12) = -\dfrac{16}{3}$

⑤ $\left(-\dfrac{4}{3} \right) \times (-9) = -12$

04 다음 중 계산 결과가 가장 큰 것은?

① $\left(+\dfrac{5}{3} \right) \times \left(+\dfrac{9}{20} \right)$

② $(+3.5) \times \left(-\dfrac{3}{7} \right)$

③ $(-7) \times (-11)$

④ $(+2.8) \times (+10)$

⑤ $\left(-\dfrac{1}{6} \right) \times (+1.25)$

05 절댓값이 4인 수를 a, 절댓값이 $\dfrac{5}{6}$인 수를 b라고 할 때, $a \times b$의 값으로 가능한 값을 모두 구하여라.

06 세 수 $+\dfrac{7}{12}, -\dfrac{9}{14}, -\dfrac{21}{4}$ 중 서로 다른 두 수를 뽑아 곱했을 때, 그 결과가 가장 큰 수를 구하여라.

07 두 정수 a, b에 대하여 $a+b=10$, $a \times b = -39$이고 $a>b$일 때, $a-b$의 값을 구하여라.

08 다음 계산 과정에서 곱셈의 교환법칙과 결합법칙이 쓰인 곳의 기호를 각각 골라라.

$$
\begin{aligned}
&(-20) \times (+171) \times (-5) \\
&= (-20) \times (-5) \times (+171) \quad ㉠ \\
&= \{ (-20) \times (-5) \} \times (+171) \quad ㉡ \\
&= (+100) \times (+171) \quad ㉢ \\
&= +17100 \quad ㉣
\end{aligned}
$$

01 다음 중 계산 결과의 부호가 나머지 넷과 <u>다른</u> 하나는?

① $(-2)^4$　　② $\left(-\dfrac{2}{3}\right)^8$　　③ $\left(-\dfrac{3}{11}\right)^7$

④ $(+3)^6$　　⑤ $(+2)^3$

02 다음을 계산하여라.

$$(-1)^2+(-1)^5+(-1)^9+(-1)^{14}+(-1)^{20}$$

03 다음 중 계산 결과가 가장 큰 것은?

① $(-2)^5\times(-3)$

② $(-1)^{1004}\times 11$

③ $\left(-\dfrac{2}{3}\right)^2\times\left(-\dfrac{3}{2}\right)^2$

④ $\left(-\dfrac{3}{2}\right)^3\times(-8)\times(-1)^6$

⑤ $\left(-\dfrac{1}{4}\right)^3\times(-16)\times 3$

04 다음을 계산하여라.

$$\left(-\dfrac{5}{2}\right)\times\left(-\dfrac{8}{5}\right)\times\left(-\dfrac{11}{8}\right)$$
$$\times\left(-\dfrac{14}{11}\right)\times\left(-\dfrac{17}{14}\right)\times\left(+\dfrac{20}{17}\right)$$

05 네 수 $-\dfrac{2}{3}, -\dfrac{7}{12}, \dfrac{3}{7}, -4$ 중 서로 다른 세 수를 뽑아 곱한 값 중 가장 큰 수를 A, 가장 작은 수를 B라고 할 때, $A\times B$의 값을 구하여라.

06 다음은 분배법칙을 이용하여 계산한 것이다. ☐ 안에 알맞은 수를 써넣어라.

$$(-29)\times 101$$
$$=(-29)\times(\boxed{}+1)$$
$$=(-29)\times\boxed{}+(-29)\times 1$$
$$=(\boxed{})+(-29)$$
$$=\boxed{}$$

07 $(-313)\times(-19)+(+13)\times(-19)$를 계산하여라.

08 세 유리수 a, b, c에 대하여

$$a\times b=-\dfrac{5}{12},\ a\times(b+c)=\dfrac{7}{6}$$

일 때, $a\times c$의 값은?

① $\dfrac{19}{2}$　　② $\dfrac{19}{3}$　　③ $\dfrac{19}{6}$

④ $\dfrac{19}{12}$　　⑤ $\dfrac{7}{12}$

05 정수와 유리수의 나눗셈

01 다음 □ 안에 알맞은 수를 써넣어라.

(1) -3의 역수는 □ 이다.

(2) $+\dfrac{1}{5}$의 역수는 □ 이다.

(3) $-\dfrac{3}{2}$의 역수는 □ 이다.

(4) $1\dfrac{3}{4}$의 역수는 □ 이다.

02 다음 두 수가 서로 역수 관계가 <u>아닌</u> 것은?

① $0.2,\ 5$　　　　　② $1,\ 1$

③ $\dfrac{1}{7},\ -7$　　　　④ $-1,\ -1$

⑤ $-\dfrac{4}{3},\ -\dfrac{3}{4}$

03 0.7의 역수를 a, $-2\dfrac{1}{3}$의 역수를 b라고 할 때, $a+b$의 값은?

① $-\dfrac{13}{7}$　　② $-\dfrac{10}{7}$　　③ $-\dfrac{4}{7}$

④ 1　　　　⑤ $\dfrac{13}{7}$

04 a의 역수가 $\dfrac{7}{4}$, $-\dfrac{7}{12}$의 역수가 b일 때, $a-b$의 값을 구하여라.

05 다음을 계산하여라.

(1) $(+12)\div(+2)$

(2) $(-36)\div(+9)$

(3) $\left(+\dfrac{5}{2}\right)\div\left(+\dfrac{3}{4}\right)$

(4) $\left(+\dfrac{5}{6}\right)\div\left(-\dfrac{10}{9}\right)$

(5) $(-3.75)\div\left(+\dfrac{5}{4}\right)$

(6) $(-2.8)\div(-1.2)$

06 다음 중 계산 결과가 가장 큰 것은?

① $(-65)\div(+5)$

② $(-54)\div(-42)$

③ $\left(+\dfrac{5}{12}\right)\div(+1.75)$

④ $\left(-\dfrac{5}{7}\right)\div\left(-\dfrac{3}{14}\right)$

⑤ $(-2.4)\div(-3.2)$

07 두 수 a, b가 다음과 같을 때, $a\div b$의 값을 구하여라.

$$a=(-6)\div(+27)$$
$$b=(-8)\div\left(-\dfrac{1}{3}\right)\div(-4)$$

08 세 유리수 a, b, c에 대하여

$$a-b<0,\ a\times b<0,\ c\div a>0$$

일 때, a, b, c의 부호는?

① $a>0, b>0, c>0$ ② $a>0, b>0, c<0$
③ $a>0, b<0, c>0$ ④ $a<0, b>0, c<0$
⑤ $a<0, b<0, c>0$

09 $a<0$일 때, 다음 중 가장 큰 수는?

① $-\dfrac{1}{a^2}$ ② $\dfrac{1}{a}$ ③ a
④ $-a^2$ ⑤ a^2

10 $a>1$일 때, 다음 중 가장 작은 수는?

① $-a^3$ ② $-\dfrac{1}{a}$ ③ $\dfrac{1}{a^2}$
④ $\dfrac{1}{a}$ ⑤ a

11 두 수 a, b에 대하여 $a>0$, $b<0$일 때, 다음 중 항상 양수인 것은?

① $a+b$ ② $a-b$ ③ $b-a$
④ $a\times b$ ⑤ $a\div b$

12 서로 다른 두 음수 a, b에 대하여 다음 중 가장 작은 수는?

① $a\div b$ ② a^2 ③ b^2
④ $a^2\div b$ ⑤ $-a\times b^2$

01 다음을 계산하여라.

(1) $(+8)\div(-6)\times(-15)$

(2) $\left(-\dfrac{3}{4}\right)\times(-6)\div\left(-\dfrac{3}{8}\right)$

(3) $(+4)\div\left(+\dfrac{4}{5}\right)\times\left(-\dfrac{3}{10}\right)$

(4) $\dfrac{15}{2}\times\left(-\dfrac{2}{3}\right)\div(-2)^3$

02 다음을 계산하여라.

$$\left(-\dfrac{5}{2}\right)\times\left(-\dfrac{3}{14}\right)\div\left(+\dfrac{2}{21}\right)\div\left(-\dfrac{5}{4}\right)$$

03 다음을 계산하여라.

$$\left(-\dfrac{3}{2}\right)^3\div\left(-\dfrac{6}{5}\right)^2\times(-1)^5\div\left(+\dfrac{5}{2}\right)^2$$

04 세 수 a, b, c가 다음과 같을 때, $a\div b\times c$의 값을 구하여라.

$$a=\left(-\dfrac{2}{3}\right)^2\times(-18)\div\left(-\dfrac{1}{2}\right)^3$$
$$b=(+2)\div(-6)^2\times(-3)^2$$
$$c=\left(+\dfrac{5}{3}\right)^2\div(-5)\div\left(-\dfrac{10}{9}\right)$$

05 다음 식의 □ 안에 알맞은 수를 써넣어라.

(1) $(\boxed{}) \times (-2)^2 = -36$

(2) $(-3)^3 \times \left(\boxed{}\right) = 1$

(3) $(\boxed{}) \div \left(-\dfrac{12}{5}\right) = 10$

(4) $\left(-\dfrac{3}{4}\right)^2 \div \boxed{} = 6$

06 다음 식의 □ 안에 알맞은 수는?

$$(-4) \times \left(\boxed{}\right) \div \left(-\dfrac{3}{2}\right)^2 = 6$$

① $\dfrac{9}{2}$ ② $\dfrac{27}{8}$ ③ $\dfrac{4}{3}$

④ $-\dfrac{4}{3}$ ⑤ $-\dfrac{27}{8}$

07 두 수 a, b가 다음을 만족시킬 때, $a \div b$의 값을 구하여라.

(가) $(-6) \div a \times 9 = -2$

(나) $\left(-\dfrac{4}{3}\right)^2 \times b \times \left(-\dfrac{1}{2}\right)^3 = 1$

08 다음 식의 계산 순서를 차례대로 나열하여라.

$$(-7) - \{5 - 3 \times (-2)^2\}$$
$$\uparrow \quad \uparrow \quad \uparrow \quad \uparrow$$
$$\ㄱ \quad \ㄴ \quad \ㄷ \quad \ㄹ$$

09 다음 식의 계산에서 세 번째로 계산해야 하는 곳을 말하여라.

$$\dfrac{3}{2} - \left(-\dfrac{1}{4}\right) \times \left[\left\{\left(-\dfrac{3}{4}\right)^2 + \dfrac{3}{8}\right\} \div (-7)\right]$$
$$\uparrow \qquad \uparrow \qquad \uparrow \quad \uparrow \qquad \uparrow$$
$$ㄱ \qquad ㄴ \qquad ㄷ \quad ㄹ \qquad ㅁ$$

10 다음 중 계산 결과가 가장 작은 것은?

① $(7-4) \times 3 - 2^2$

② $11 - \{(-5)+3\} \div 2$

③ $|-3| \times (-2) + (-2)^2$

④ $(-1)^5 \times (-2) \div 0.4$

⑤ $12 \div \{3 - (-2) \times 1.5\}$

11 $\left\{\dfrac{1}{3} - \left(+\dfrac{5}{6}\right)\right\} \times (-3)^3 + 4 \div (-8)$을 계산하여라.

12 $A = \left(-\dfrac{1}{2}\right)^3 - \dfrac{1}{3} \times \left\{\dfrac{1}{4} \div 1.25 - (-2) \div (-1)^5\right\}$

일 때, A에 가장 가까운 정수를 구하여라.

13 다음을 계산하여라.

$$\dfrac{13}{5} - \left[(-2)^3 \times \left\{\left(-\dfrac{3}{2}\right)^2 + \dfrac{5}{4}\right\}\right] \div (-7)$$

 마무리하기

01 다음 표는 12월의 어느 날 강원도의 다섯 개의 도시의 기온을 측정한 것이다. 하루 중 최고 기온에서 최저 기온을 뺀 값을 일교차라고 하는데, 이 다섯 개의 도시 중 일교차가 가장 큰 도시는?

도시	최고 기온	최저 기온
강릉시	$-1\,℃$	$-5\,℃$
동해시	$-1\,℃$	$-4\,℃$
속초시	$-2\,℃$	$-9\,℃$
춘천시	$2\,℃$	$-6\,℃$
원주시	$0\,℃$	$-2\,℃$

① 강릉시　　② 동해시　　③ 속초시
④ 춘천시　　⑤ 원주시

02 다음 중 계산 결과가 옳은 것을 모두 고르면? (정답 2개)

① $\left(-\dfrac{3}{5}\right)+\dfrac{1}{2}=-\dfrac{1}{10}$

② $\left(-\dfrac{1}{2}\right)\times\dfrac{2}{9}=\dfrac{1}{9}$

③ $\left(-\dfrac{2}{3}\right)\div\left(-\dfrac{3}{2}\right)=1$

④ $\left(-\dfrac{7}{8}\right)\times0=-\dfrac{7}{8}$

⑤ $\left(-\dfrac{1}{4}\right)-2=-\dfrac{9}{4}$

03 다음 중 계산 결과가 옳지 <u>않은</u> 것은?

① $(3+3)\div3-3\div3=1$
② $3\times3+3+3\div3=2$
③ $3\times3\div3+(3-3)=3$
④ $3\times3\div3+3\div3=4$
⑤ $3\div3+3\div3+3=5$

04 오른쪽 표에서 가로, 세로, 대각선의 어느 방향으로 세 수를 더해도 그 합이 항상 같다. 이때 x, y, z의 값을 각각 구하면?

-4	y	1
x	0	-5
-1	-3	z

① $x=3$, $y=5$, $z=4$
② $x=4$, $y=3$, $z=5$
③ $x=4$, $y=5$, $z=3$
④ $x=5$, $y=3$, $z=4$
⑤ $x=5$, $y=4$, $z=3$

05 다음 중 계산 결과가 나머지 넷과 <u>다른</u> 하나는?

① $(-1)^{100}$
② $-(-1)^{99}$
③ $(-1)^{99}\times(-1)^{99}$
④ $-\{-(-1)^{100}\}$
⑤ $-(-1)^{100}\times\{-(-1)^{99}\}$

06 은희와 연주가 함께 오르던 계단 중간에서 가위바위보 게임을 하기로 하였다. 이긴 사람은 3칸 올라가고, 진 사람은 2칸 내려가기로 하여 총 7번의 가위바위보를 하였더니 연주가 5번 이겼다. 최종적으로 연주는 은희보다 몇 칸 위에 있는가? (단, 비긴 경우는 없다.)

① 4칸　　② 7칸　　③ 10칸
④ 11칸　　⑤ 15칸

07 네 유리수 $-\dfrac{7}{3}$, $-\dfrac{3}{4}$, $\dfrac{1}{2}$, -3 중 서로 다른 세 수를 뽑아 곱한 값 중 가장 큰 수를 A, 가장 작은 수를 B라고 할 때, A^2+B의 값은?

① $-\dfrac{7}{4}$ 　　② $\dfrac{7}{4}$ 　　③ $\dfrac{7}{2}$

④ 7 　　⑤ $\dfrac{21}{2}$

08 세 수 a, b, c에 대하여 $a<0$, $b>0$, $c>0$일 때, 다음 중 옳지 <u>않은</u> 것은?

① $a\times b\times c<0$ 　　② $a\times b-c<0$

③ $a-b\times c<0$ 　　④ $a+b+c>0$

⑤ $a-b-c<0$

09 오른쪽 그림의 정육면체 모양 주사위에서 마주 보는 면에 적힌 수는 서로 역수 관계이다. 이때 보이지 않는 세 면에 있는 수들의 합은?

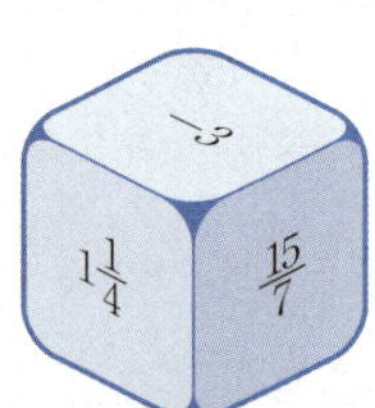

① $\dfrac{2}{15}$ 　　② $\dfrac{7}{15}$

③ $\dfrac{11}{15}$ 　　④ $\dfrac{13}{15}$ 　　⑤ $\dfrac{14}{15}$

10 $(-4)\times\left\{2+\dfrac{3}{4}\div\left(-\dfrac{5}{8}\right)\times5\right\}$ 를 계산하면?

① -16 　　② -10 　　③ 8

④ 10 　　⑤ 16

11 다음과 같은 세 연산 규칙 ㈎, ㈏, ㈐가 있다. $\dfrac{4}{3}$를 규칙 ㈐ → ㈎ → ㈏의 순서대로 적용한 결과는?

> ㈎ 주어진 수에 $\dfrac{3}{2}$을 곱하고, $-\dfrac{2}{3}$를 뺀다.
>
> ㈏ 주어진 수에서 $-\dfrac{5}{6}$를 빼고, -9를 곱한 후 $\dfrac{3}{4}$으로 나눈다.
>
> ㈐ 주어진 수를 제곱하고, 2로 나눈다.

① -45 　　② -34 　　③ 17

④ 34 　　⑤ 51

12 다음 식의 ☐ 안에 알맞은 수를 써넣어라.

$$1-\left[\dfrac{1}{3}+\boxed{}\div\{5\times(-2)+4\}\right]\times6=3$$

서술형

13 $-\dfrac{6}{19}$의 역수를 a, $\dfrac{4}{3}$보다 $-\dfrac{7}{9}$만큼 작은 수를 b라고 할 때, $a\div b$의 값을 구하여라.

서술형

14 다음 식에 대하여 물음에 답하여라.

$$\dfrac{1}{4}-\left[\dfrac{2}{3}-\left\{(-3)-\dfrac{1}{3}\div\left(-\dfrac{2}{3}\right)\right\}\times\dfrac{1}{3}\right]$$

$$\underset{㉠}{\uparrow}\quad\underset{㉡}{\uparrow}\qquad\underset{㉢}{\uparrow}\ \underset{㉣}{\uparrow}\qquad\quad\underset{㉤}{\uparrow}$$

⑴ 식의 계산 순서를 차례대로 나열하여라.

⑵ 위의 식을 계산하여라.

1 문자의 사용과 식의 값

01 문자의 사용, 기호의 생략

01 다음을 문자를 사용한 식으로 나타내어라.

(1) 한 자루에 1500원인 펜 a자루와 한 권에 b원인 공책 7권의 가격

(2) 닭 x마리와 돼지 y마리의 다리의 수의 합

(3) 백의 자리 숫자가 a, 십의 자리 숫자가 7, 일의 자리 숫자가 b인 세 자리의 자연수

(4) 3점짜리 슛을 x개, 2점짜리 슛을 y개 성공시킨 농구 선수의 총 득점

02 다음을 문자를 사용한 식으로 나타내어라.

(1) 참가자 A명 중 x %가 중학생, 중학생 참가자 중 y %가 여학생일 때, 참가자 A명 중 여자 중학생의 수

(2) 가로의 길이가 a, 세로의 길이가 b인 직사각형의 둘레의 길이

(3) 시속 x km의 속력으로 y시간 동안 달린 거리

(4) x %의 소금물 y g에 들어 있는 소금의 양

03 다음 중 옳은 것은?

① $0.01 \times a = 0.0a$ ② $a \times a \times a = 3a$

③ $a + b \div 5 = \dfrac{a+b}{5}$ ④ $x \div 2 \div y = \dfrac{xy}{2}$

⑤ $3 \div (x + 2 \times y) = \dfrac{3}{x+2y}$

04 $(x+y) \times 5 - 3 \div (x-y)$를 기호 $\times$, $\div$를 생략하여 나타내어라.

05 다음 중 옳은 것을 모두 고르면? (정답 2개)

① $a \times x \times (-1) \times a \times x = -1a^2x^2$

② $x + (y-2) \div x = x + \dfrac{y-2}{x}$

③ $a \times 3 \times a - b \div a \times b = 3a^2 - a$

④ $(a+b) \times 2 \div x \div y = \dfrac{2(a+b)}{xy}$

⑤ $(a+2) \div a - (b-2) \div b = \dfrac{(a+2)(b-2)}{a-b}$

06 다음 중 기호 $\times$, $\div$를 생략하여 나타낼 때, 나머지 넷과 **다른** 하나는?

① $a \div b \times c$ ② $a \div (b \div c)$

③ $a \div b \div \dfrac{1}{c}$ ④ $a \times \dfrac{1}{b} \div c$

⑤ $a \times \dfrac{1}{b} \div \dfrac{1}{c}$

07 다음 〈보기〉 중 옳은 것을 모두 골라라.

> **보기**
>
> ㄱ. 한 변의 길이가 a cm인 정삼각형의 둘레의 길이 ➡ a^2 cm
>
> ㄴ. 한 변의 길이가 a cm인 정사각형의 넓이 ➡ a^2 cm²
>
> ㄷ. 윗변, 아랫변의 길이가 각각 a cm, b cm이고 높이가 h cm인 사다리꼴의 넓이 ➡ $\dfrac{1}{2}(a+b)h$ cm²

08 오른쪽 그림과 같이 직사각형 안에 정사각형이 들어 있는 도형이 있다. 색칠한 부분의 넓이를 문자를 사용한 식으로 나타내어라.

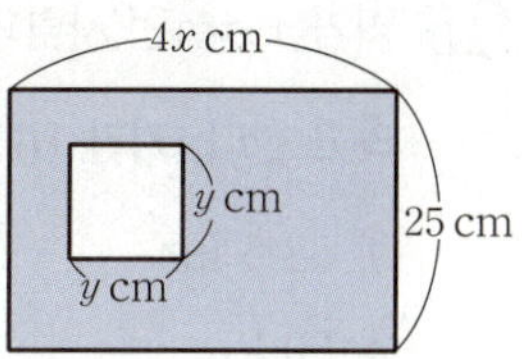

02 식의 값

01 $x=4$, $y=-3$일 때, 다음 식의 값을 구하여라.

(1) $3x-4y$

(2) x^2-2y

(3) $\dfrac{12}{x}-3y$

(4) $-\dfrac{1}{2}x+\dfrac{y^2}{3}$

02 $a=\dfrac{3}{2}$, $b=-\dfrac{1}{3}$일 때, 다음 식의 값을 구하여라.

(1) $6(a+b)$

(2) $a-4ab$

(3) $4a-9b^2$

(4) $4a^2-3ab+3b^2$

03 $x=-\dfrac{2}{3}$, $y=-2$일 때, 다음 중 식의 값이 옳지 <u>않은</u> 것은?

① $3x+2y=-6$

② $x^2y=-\dfrac{8}{9}$

③ $-\dfrac{1}{2}x+\dfrac{1}{y}=\dfrac{1}{6}$

④ $\dfrac{3x}{y}+1=2$

⑤ $3x+6xy-y^2=2$

04 $x=\dfrac{1}{3}$, $y=-\dfrac{3}{4}$일 때, $\dfrac{5}{x}+\dfrac{6}{y}$의 값은?

① 5

② 7

③ 8

④ 11

⑤ 12

05 키가 x cm인 사람의 표준 몸무게는 $\dfrac{9}{10}(x-100)$ kg이라고 한다. 키가 165 cm인 사람의 표준 몸무게는?

① 58.5 kg

② 59 kg

③ 59.5 kg

④ 60 kg

⑤ 60.5 kg

06 지구에서의 무게가 A kg인 물체를 목성에서 잰 무게는 $(2.54 \times A)$ kg이라고 한다. 지구에서의 몸무게가 60 kg인 사람의 목성에서의 몸무게는?

① 150.2 kg

② 151.8 kg

③ 152.4 kg

④ 153.0 kg

⑤ 153.9 kg

07 오른쪽 그림과 같은 평행사변형에 대하여 다음 물음에 답하여라.

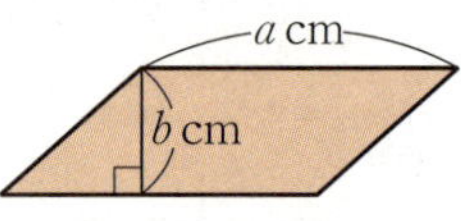

(1) 평행사변형의 넓이를 a, b를 사용한 식으로 나타내어라.

(2) $a=5$, $b=2$일 때, 평행사변형의 넓이를 구하여라.

08 $a=-\dfrac{1}{3}$일 때, 다음 식의 값 중 가장 작은 것은?

① a^3

② a^2

③ $-a$

④ $\dfrac{1}{a}$

⑤ $-\dfrac{1}{a^2}$

09 $a=\dfrac{1}{2}$, $b=-\dfrac{1}{3}$일 때, 다음 식의 값을 작은 것부터 차례대로 나열하여라.

$$a+b, \quad 2a-3b, \quad -\dfrac{a}{b}, \quad \dfrac{3b}{a}, \quad 4a^2+\dfrac{3}{b}$$

 2 일차식의 덧셈과 뺄셈

03 다항식과 일차식

01 다음 중 단항식은 모두 몇 개인지 구하여라.

$$\frac{x^2}{2y}, \quad x+y, \quad -x^2, \quad 3, \quad 3y-4, \quad \frac{2}{xy}, \quad x-y^2$$

02 다항식 $\frac{4}{5}x^2-3x+\frac{1}{2}$의 차수를 a, x의 계수를 b, 상수항을 c라고 할 때, abc의 값을 구하여라.

03 다음 중 다항식 $-3x^2+3x-2y-4$에 대한 설명으로 옳은 것을 모두 고르면? (정답 2개)

① 항은 $3x^2$, $3x$, $2y$, 4로 4개이다.

② 다항식의 차수는 2이다.

③ x^2의 계수는 2이다.

④ x의 계수와 y의 계수의 합은 5이다.

⑤ 상수항은 -4이다.

04 다음 중 일차식은 모두 몇 개인지 구하여라.

$$-2x, \quad 2-x+x^2, \quad \frac{x}{2}+3, \quad 0\times x-3, \quad \frac{x^2}{2}+x$$

05 다음 중 일차식이 <u>아닌</u> 것을 모두 고르면? (정답 2개)

① $2x+2$ ② $\frac{2}{x}+3$ ③ $\frac{x}{3}-4$

④ $-3x-2x^2$ ⑤ $x^2\times 0+\frac{x}{2}+1$

06 다음을 계산하여라.

(1) $(-2)\times(3x+2)$

(2) $\left(\frac{1}{2}a-\frac{2}{3}b\right)\times 6$

(3) $(9x-6)\div(-3)$

(4) $(4x+2)\div\frac{2}{3}$

07 다음 중 계산 결과가 $-3(2x+1)$과 같은 것은?

① $(-2x+1)\times 3$ ② $\left(x+\frac{1}{2}\right)\div\left(-\frac{1}{6}\right)$

③ $-3(2x-1)$ ④ $(2x-1)\div\frac{1}{6}$

⑤ $(3x-6)\div(-2)$

08 다음 중 옳은 것은?

① $\frac{3}{4}(x-2)=\frac{3}{4}x-\frac{3}{4}$

② $(4x-6)\div(-2)=-2x-3$

③ $\left(\frac{2}{3}x+\frac{1}{2}\right)\times(-6)=4x-3$

④ $\left(\frac{3}{4}x-\frac{5}{2}\right)\div\left(-\frac{15}{4}\right)=-\frac{1}{5}x+\frac{2}{3}$

⑤ $4\left(x-\frac{2}{3}\right)\div\left(-\frac{1}{3}\right)=-\frac{4}{3}x+\frac{8}{9}$

09 $-3(12x-8)\div\frac{6}{5}$을 간단히 할 때, x의 계수와 상수항의 곱을 구하여라.

04 일차식의 덧셈과 뺄셈

01 다음 중 $-3x$와 동류항인 것을 모두 고르면? (정답 2개)

① $-x^3$ ② $9x$ ③ $\dfrac{x}{3}$

④ $-3y$ ⑤ $-\dfrac{y}{3}$

02 다음 〈보기〉 중 동류항끼리 바르게 짝 지어진 것을 모두 고른 것은?

> **보기**
>
> ㄱ. $2x$, $2y$ ㄴ. $-2a$, $-a^2$
>
> ㄷ. 7, $\dfrac{1}{7}$ ㄹ. $\dfrac{1}{5}x$, $0.5x$

① ㄱ, ㄴ ② ㄱ, ㄷ ③ ㄴ, ㄷ

④ ㄴ, ㄹ ⑤ ㄷ, ㄹ

03 $-2(2x+1)+3(x-2)$를 간단히 하면?

① $-x-8$ ② $-x-4$ ③ $x-6$

④ $x+4$ ⑤ $7x-6$

04 다음 중 옳은 것은?

① $(3x+2)-(2x-3)=5x+5$

② $\left(\dfrac{2}{3}x-\dfrac{1}{6}\right)-\left(\dfrac{4}{3}x+\dfrac{5}{6}\right)=2x-1$

③ $2(x-4)-\dfrac{3}{2}(4x-3)=-4x+7$

④ $\dfrac{3}{4}(-x+2)+2\left(\dfrac{1}{8}x-\dfrac{5}{4}\right)=\dfrac{1}{2}x+1$

⑤ $\dfrac{1}{3}x+\dfrac{1}{6}(x+2)+\dfrac{1}{2}(x-3)=x-\dfrac{7}{6}$

05 $3(x-2)+\dfrac{2}{3}\left(\dfrac{3}{2}x+6\right)$을 간단히 하였을 때, x의 계수와 상수항의 곱을 구하여라.

06 $6\left(x+\dfrac{a}{6}\right)-2\left(\dfrac{b}{2}x-3\right)$을 간단히 하면 x의 계수가 2이고 상수항이 12일 때, $a-b$의 값은? (단, a, b는 상수)

① -2 ② -1 ③ 1

④ 2 ⑤ 3

07 $\dfrac{x-3}{2}-\dfrac{3x+1}{4}$을 간단히 하면?

① $-\dfrac{3}{4}x-\dfrac{1}{4}$ ② $-\dfrac{1}{4}x-\dfrac{7}{4}$

③ $-\dfrac{1}{4}x-\dfrac{1}{4}$ ④ $\dfrac{1}{4}x-\dfrac{1}{4}$

⑤ $\dfrac{1}{4}x+\dfrac{7}{4}$

08 다음 식을 간단히 하였을 때, x의 계수를 a, 상수항을 b라고 하자. 이때 $a-b$의 값을 구하여라.

$$\dfrac{3x-2}{2}-\dfrac{5-2x}{3}$$

09 $\dfrac{2x-1}{3}-\dfrac{3x-2}{6}+\dfrac{1}{2}(2x-1)$을 간단히 하여라.

10 $-2\left(\dfrac{1}{2}x-2\right)+\dfrac{1}{3}\{2(3x-5)+1\}$을 간단히 하여라.

11 $-2(3x-4)-3[-x+\{2(2x+3)-2(x+2)\}]$를 간단히 하면?

① $-9x-8$　　② $-9x+2$　　③ $3x-2$

④ $3x+2$　　⑤ $9x-2$

12 다음 식을 간단히 하였을 때, x의 계수와 상수항의 곱을 구하여라.

$$6\left(\dfrac{1}{3}x+1\right)+\dfrac{2}{3}[\{4(2x-1)+(x-1)\}+2]$$

13 다음 □ 안에 알맞은 식은?

$$\boxed{}-2(2-x)=5x+3$$

① $3x-1$　　② $3x+1$　　③ $3x+7$

④ $7x-1$　　⑤ $7x+3$

14 다음 □ 안에 알맞은 식을 구하여라.

$$\dfrac{3x+5}{2}-\boxed{}=\dfrac{4x-2}{3}$$

15 다음 조건을 만족시키는 두 다항식 A, B에 대하여 $3A-B$를 간단히 하면?

> ㈎ $2(x-1)-A=\dfrac{-x-4}{3}$
>
> ㈏ 다항식 B에 $3x+7$을 더했더니 $-x+2$가 되었다.

① $3x-3$　　② $3x+11$　　③ $7x+3$

④ $7x+11$　　⑤ $11x+3$

16 어떤 다항식에서 $-x-2$를 빼어야 할 것을 잘못하여 더하였더니 $6x-3$이 되었다. 어떤 다항식을 구하여라.

17 어떤 다항식에 $3-2x$를 더해야 할 것을 잘못하여 빼었더니 $5x+1$이 되었다. 이때 바르게 계산한 답은?

① $x+7$　　② $x+9$　　③ $3x+1$

④ $7x+1$　　⑤ $7x+5$

18 어떤 다항식에서 $\dfrac{2x-5}{3}$를 빼어야 할 것을 잘못하여 더하였더니 $\dfrac{7}{3}x-3$이 되었다. 이때 바르게 계산한 답에서 x의 계수와 상수항의 곱을 구하여라.

 마무리하기

정답과 해설 73쪽 | 개념북 90~92쪽

01 저금통에 100원짜리 동전 a개와 500원짜리 동전 b개가 들어 있다. 저금통에 들어 있는 동전의 총 금액을 문자를 사용한 식으로 나타내면?

① $(a+b)$원 ② ab원

③ $100(a+b)$원 ④ $600ab$원

⑤ $(100a+500b)$원

02 오른쪽 그림과 같은 직사각형에서 색칠한 부분의 넓이는?

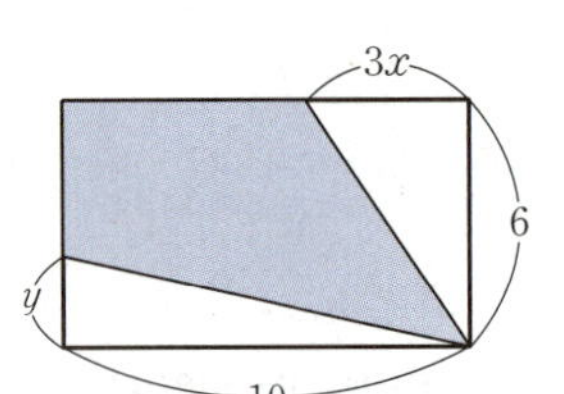

① $60-3xy$

② $60-3x-y$

③ $60-9x-5y$

④ $60-45xy$

⑤ $180xy$

03 다음 〈보기〉 중 옳은 것을 모두 고른 것은?

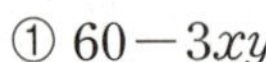

ㄱ. a시간 b분 c초 ➡ $(600a+60b+c)$초

ㄴ. 100권의 공책을 x명의 학생들에게 y권씩 나누어 주고 남은 공책의 수 ➡ $(100-xy)$권

ㄷ. 시속 5 km로 x km를 걸을 때 걸린 시간 ➡ $\dfrac{x}{5}$시간

ㄹ. 백의 자리 숫자가 x, 십의 자리 숫자가 y, 일의 자리 숫자가 6인 세 자리의 자연수를 2로 나누었을 때의 몫 ➡ $50x+5y+3$

① ㄱ, ㄹ ② ㄴ, ㄷ ③ ㄴ, ㄹ

④ ㄱ, ㄷ, ㄹ ⑤ ㄴ, ㄷ, ㄹ

04 $3 \times a+b \div 4$를 기호 $\times$, $\div$를 생략하여 바르게 나타낸 것은?

① $3a+4b$ ② $\dfrac{3a+b}{4}$ ③ $\dfrac{3}{4}(a+b)$

④ $3a+\dfrac{b}{4}$ ⑤ $7ab$

05 $a=-3$일 때, 다음 중 식의 값이 가장 큰 것은?

① $2a$ ② a^2 ③ a^3

④ a^2+a ⑤ a^2-a

06 $x=-2$, $y=3$일 때, 다음 중 식의 값이 옳은 것은?

① $2x-3y=13$ ② $x^2+y^2=36$

③ $(x^2-x) \div y=18$ ④ $\dfrac{x}{y}+\dfrac{y}{x}=-\dfrac{13}{6}$

⑤ $xy-x+y=1$

07 $x=-\dfrac{1}{2}$, $y=\dfrac{2}{3}$일 때, 다음 중 식의 값이 나머지 넷과 <u>다른</u> 하나는?

① $2x+3y$ ② $-4x-\dfrac{3}{2}y$

③ $\dfrac{1}{x}+\dfrac{2}{y}$ ④ $3xy+1$

⑤ $3x+\dfrac{1}{y}+1$

08 다음 중 다항식 $5-2x-2y-2x^2$에 대한 설명으로 옳은 것은?

① x에 관한 일차식이다.

② 항은 7개이다.

③ x와 y의 계수는 서로 같다.

④ x와 x^2의 차수는 서로 같다.

⑤ $-2x$, $-2y$, $-2x^2$은 모두 동류항이다.

09 $x\,\%$의 소금물 200 g과 10 %의 소금물 400 g을 섞어서 만든 소금물에 들어 있는 소금의 양을 x에 관한 식으로 나타낼 때, x의 계수를 구하여라.

10 두 다항식 A, B에 대하여 오른쪽 그림과 같은 규칙에 따라 다항식을 계산한다. 다음 그림에서 이 규칙을 이용하여 계산한 두 다항식 X, Y에 대하여 $2X+Y$를 간단히 하면?

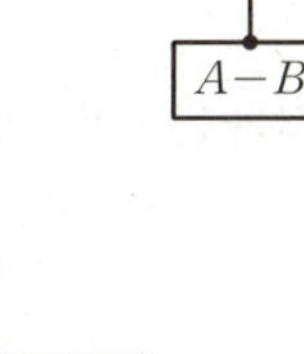

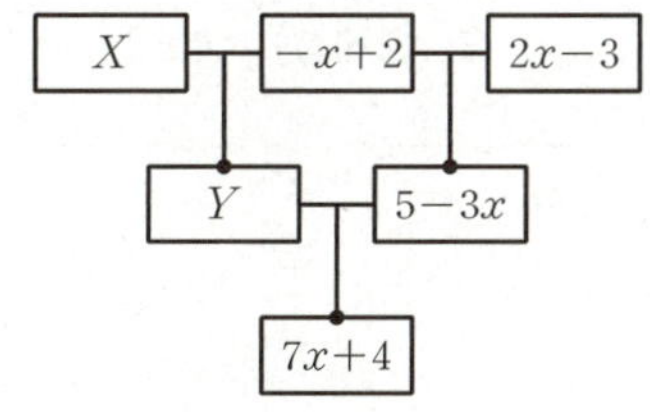

① $10x+31$ ② $12x+23$ ③ $13x+26$

④ $15x+21$ ⑤ $17x+19$

11 $-3(2x+1)+\dfrac{3}{2}(6x+4)$를 간단히 하면 x의 계수는 a, 상수항은 b이다. 이때 ab의 값을 구하여라.

12 $3x^2+2x-a+2x-bx^2+1$을 간단히 하면 상수항이 0인 일차식이 될 때, 상수 a, b의 합 $a+b$의 값을 구하여라.

13 어떤 다항식에 $3x-5$를 더해야 할 것을 잘못하여 빼었더니 $-7x+2$가 되었다. 이때 바르게 계산한 답은?

① $-7x+2$ ② $-4x-3$ ③ $-x-8$

④ $x-8$ ⑤ $x+2$

14 양궁 선수인 소연이가 전국 경기에 출전하여 모두 12발의 화살을 쏘았다. 10점에 x번, 9점에 2번, 8점에 1번, 나머지는 모두 7점에 맞혔을 때, 다음 물음에 답하여라.

(1) 소연이의 점수를 x에 관한 일차식으로 나타내어라.

(2) 소연이가 10점에 3번 맞혔을 때, 소연이의 총점수를 구하여라.

15 $7x+5$에 어떤 식 A를 더하면 $9x+1$이고, 어떤 식 B에서 $-2x+8$을 빼면 $5x-3$일 때, $A-2B$를 간단히 하여라.

1 방정식과 그 해

01 방정식과 항등식

01 다음 〈보기〉 중 등식인 것을 모두 골라라.

> 보기
> ㄱ. $3-4=-1$ ㄴ. $x+5=5-x$
> ㄷ. $7+x\geq4$ ㄹ. $x+7-x^2$

02 다음 중 문장을 등식으로 나타낸 것으로 옳은 것은?

① 어떤 수 x보다 7만큼 큰 수는 15이다. → $x-7=15$
② 어떤 수 x에 5를 더한 값은 x의 2배보다 3만큼 크다.
→ $x+5=2(x+3)$
③ 50원짜리 사탕 x개의 가격은 700원이다.
→ $50+x=700$
④ 1200원짜리 과자 x개를 사고 10000원을 내었더니 거스름돈이 4000원이었다. → $10000-1200x=4000$
⑤ 가로, 세로의 길이가 각각 x, y인 직사각형의 둘레의 길이는 20이다. → $xy=20$

03 다음 중 해가 $x=-3$인 방정식을 모두 고르면?

(정답 2개)

① $x+3=3$ ② $3x+6=5x$
③ $-3x-4=5$ ④ $x+4=-2x+5$
⑤ $2x+7=1$

04 다음 중 [ ] 안의 수가 주어진 방정식의 해가 아닌 것은?

① $2(x-2)=3x-4$ $[0]$
② $-2x+8=x+5$ $[1]$
③ $2-x=x-2$ $[2]$
④ $\dfrac{x-6}{3}=x$ $[3]$
⑤ $3x-5=15-2x$ $[4]$

05 다음 〈보기〉 중 항등식인 것을 모두 골라라.

> 보기
> ㄱ. $5x+3=2x-1$
> ㄴ. $-(x-3)=-x+3$
> ㄷ. $4x-x=3x$
> ㄹ. $2(x+5)-3+x$

06 다음 중 항등식이 아닌 것을 모두 고르면? (정답 2개)

① $4-2x=2x-4$
② $x+5=5+x$
③ $3-x=3(1-x)+2x$
④ $-(x+2)=x+2$
⑤ $3x-6=3(x-2)$

07 다음 등식이 x에 어떤 값을 대입해도 항상 참이 될 때, □ 안에 알맞은 식을 구하여라.

> $2(3x+2)=4x+\boxed{}$

08 등식 $-6x+a-1=bx-2x+5$가 x의 값에 관계없이 항상 성립할 때, 상수 a, b의 곱 ab의 값을 구하여라.

09 등식 $\dfrac{x+a}{2}=\dfrac{b(x-3)}{3}+1$이 x에 관한 항등식일 때, ab의 값을 구하여라. (단, a, b는 상수)

01 $a=b$일 때, 다음 중 옳지 <u>않은</u> 것은?

① $a+7=b+7$ 　　② $a+b=2b$

③ $a-b=-2b$ 　　④ $3a=3b$

⑤ $\dfrac{a}{2}=\dfrac{b}{2}$

02 $3a=9b$일 때, 다음 중 옳은 것을 모두 고르면? (정답 2개)

① $a=3b$ 　　② $a=b+3$

③ $a+1=3b+1$ 　　④ $a+3=3(b+3)$

⑤ $a=\dfrac{b}{3}$

03 다음 중 옳지 <u>않은</u> 것은?

① $a=b$이면 $a+3=b+3$

② $-a=-b$이면 $\dfrac{a-3}{3}=\dfrac{b-3}{3}$

③ $3a=3b$이면 $3-a=3-b$

④ $a=-b$이면 $2a-1=-2b+1$

⑤ $a=4b$이면 $a+4=4(b+1)$

04 다음 중 옳은 것은?

① $a+3=b+3$이면 $3a-1=b-1$

② $2a=3b$이면 $2a+2=3b+3$

③ $\dfrac{a}{2}=\dfrac{b}{3}$이면 $2a=3b$

④ $a=\dfrac{b}{2}$이면 $2a-1=b-1$

⑤ $a-2=b+3$이면 $a+1=b+1$

05 방정식 $3x-1=5$를 푸는 다음 과정의 (개), (내)에 이용된 등식의 성질을 〈보기〉에서 각각 골라라.

$$3x-1=5 \xrightarrow{\text{(개)}} 3x=6 \xrightarrow{\text{(내)}} x=2$$

보기

$a=b$이고, c가 자연수일 때

ㄱ. $a+c=b+c$ 　　ㄴ. $a-c=b-c$

ㄷ. $ac=bc$ 　　ㄹ. $\dfrac{a}{c}=\dfrac{b}{c}$

06 다음 등식의 성질을 이용하여 방정식 $-2x+3=7$의 해를 구할 때, $p-2q$의 값을 구하여라. (단, $q<0$)

(개) $a=b$이면 $a+p=b+p$

(내) $a=b$이면 $a\times q=b\times q$

07 다음 방정식 중 푸는 과정에서 'c가 자연수일 때, $a=b$이면 $\dfrac{a}{c}=\dfrac{b}{c}$이다.'를 이용해야 하는 것은?

① $x+1=3$ 　　② $x-3=4$

③ $3-x=5$ 　　④ $2+3x=-1$

⑤ $\dfrac{1}{3}x+2=1$

08 등식의 성질을 이용하여 다음 방정식을 풀어라.

(1) $5-2x=1$ 　　(2) $\dfrac{1}{2}x-1=5$

2 일차방정식의 풀이

03 일차방정식의 풀이

01 다음 중 밑줄 친 항을 바르게 이항한 것은?

① $-x\underline{+4}=3$ ➡ $-x=3+4$

② $3x\underline{-2}=1$ ➡ $3x=1-2$

③ $2\underline{-x}=6x$ ➡ $2=6x-x$

④ $3x+10=\underline{-5}$ ➡ $3x+10+5=0$

⑤ $5+5x=\underline{-5}$ ➡ $5+5x-5=0$

02 다음 〈보기〉 중 이항을 바르게 한 것을 모두 고른 것은?

보기

ㄱ. $1+x=2x$ ➡ $x-2x=-1$

ㄴ. $7-4x=x+1$ ➡ $-4x+x=1-7$

ㄷ. $2x+1=5x-1$ ➡ $5x-2x=-1-1$

ㄹ. $3x-2=5-x$ ➡ $3x+x=5+2$

① ㄱ, ㄴ ② ㄱ, ㄷ ③ ㄱ, ㄹ

④ ㄴ, ㄷ ⑤ ㄷ, ㄹ

03 등식 $2x-5=7-3x$에서 이항만을 이용하여 $ax=b\,(a>0)$의 꼴로 고쳤을 때, 두 상수 a, b의 곱 ab의 값을 구하여라.

04 다음 중 일차방정식인 것은?

① $3x+2$ ② $x+2>1$

③ $\dfrac{x}{4}-5=0$ ④ $x+3=x$

⑤ $3(x-1)=3x-3$

05 다음 중 일차방정식이 <u>아닌</u> 것을 모두 고르면? (정답 2개)

① $-(x+2)=x+2$ ② $x=0$

③ $\dfrac{3}{x}+3=3x$ ④ $\dfrac{2x}{5}+2=x-1$

⑤ $x^2-2x=-3$

06 다음 중 등식 $ax-2=b-3x$가 x에 관한 일차방정식이 될 수 없는 경우는?

① $a=2,\ b=3$ ② $a=2,\ b=-3$

③ $a=-3,\ b=2$ ④ $a=3,\ b=2$

⑤ $a=b=-2$

07 등식 $3(ax+1)=x+3b$가 x에 관한 일차방정식이 될 조건은?

① $a\neq\dfrac{1}{3}$ ② $a=\dfrac{1}{3}$

③ $a=\dfrac{1}{3},\ b\neq1$ ④ $a=\dfrac{1}{3},\ b=1$

⑤ $a\neq3$

08 다음은 일차방정식 $3x-5=7-x$를 푸는 과정이다. ☐ 안에 알맞은 수를 써넣어라.

$3x-5=7-x$에서 이항에 의하여

$3x+x=7+$☐

$4x=$☐에서 양변을 ☐로 나누면

$x=$☐

09 다음 일차방정식 중 해가 가장 큰 것은?

① $3x+5=-4$ 　　② $3x-1=5+x$

③ $2-4x=6x$ 　　④ $5x-8=3x+4$

⑤ $8x+4=-7x-11$

10 다음 일차방정식 중 $5x+2=7x+8$과 해가 같은 것은?

① $4-3x=1$ 　　② $2x+1=5x-2$

③ $3x+6=2x+8$ 　　④ $x-8=3x+4$

⑤ $3x+4=-2x-11$

11 다음 〈보기〉의 일차방정식 중 해가 양수인 것을 모두 고른 것은?

> 보기
>
> ㄱ. $3+x=-2x$ 　　ㄴ. $5-2x=x+1$
>
> ㄷ. $3x+2=2-5x$ 　　ㄹ. $3x-2=6-x$

① ㄱ, ㄴ 　　② ㄱ, ㄷ 　　③ ㄱ, ㄹ

④ ㄴ, ㄹ 　　⑤ ㄷ, ㄹ

12 일차방정식 $5-2x=x-10$의 해를 $x=a$, 일차방정식 $5x+1=3x-7$의 해를 $x=b$라고 할 때, $a+b$의 값을 구하여라.

01 일차방정식 $3(2-x)+x=7$의 해는?

① $x=-2$ 　　② $x=-\dfrac{1}{2}$ 　　③ $x=\dfrac{1}{2}$

④ $x=1$ 　　⑤ $x=2$

02 다음 일차방정식 중 $3(x-1)=2x+1$과 해가 같은 것은?

① $x+2=-3(x-1)-1$

② $3(x-1)+x=1$

③ $2(x-1)+x-2=5$

④ $2(3x-1)=4(x+1)+2$

⑤ $-2(x-1)=-x-3$

03 다음 일차방정식 중 해가 나머지 넷과 <u>다른</u> 하나는?

① $5x+3=4x+5$

② $2(x-1)=2$

③ $2(x+1)=-x+8$

④ $5(3-x)=7-x$

⑤ $5(x-1)=4(2x+1)$

04 다음 일차방정식을 풀어라.

$$3-\{5+2(x-2)-x\}=9+3x$$

05 일차방정식 $-2(2x+1)+3\{-(x-2)+5x\}=-4$ 의 해가 $x=a$일 때, a^2+a+1의 값을 구하여라.

06 다음 일차방정식을 풀어라.

(1) $1.2x+9.1=0.4x-0.5$

(2) $\dfrac{x}{3}-\dfrac{1}{2}=1-\dfrac{x}{3}$

07 다음 일차방정식을 풀면?

$$0.12x+2.2=0.01x$$

① $x=-20$ ② $x=-2$ ③ $x=\dfrac{1}{2}$

④ $x=2$ ⑤ $x=20$

08 다음 일차방정식을 풀어라.

$$\dfrac{x-1}{3}=1-\dfrac{x+1}{5}$$

09 일차방정식 $\dfrac{x+5}{2}+\dfrac{1}{6}=\dfrac{1-2x}{3}$의 해가 $x=a$일 때, $2a+1$의 값을 구하여라.

10 다음 일차방정식 중 해가 나머지 넷과 <u>다른</u> 하나는?

① $\dfrac{x+3}{3}=\dfrac{3}{2}$

② $\dfrac{x-2}{2}=\dfrac{x-1}{3}-\dfrac{5}{12}$

③ $1.2x-1.6=x-1.3$

④ $0.3x+1.2=0.1x+0.5$

⑤ $2(1-x)+x+3=8-3x$

11 일차방정식 $2.8x-0.4=-0.8(x-2)$의 해가 $x=a$이고, $\dfrac{3x+1}{8}+\dfrac{1}{3}=\dfrac{x+5}{6}-\dfrac{3}{4}$의 해가 $x=b$일 때, ab의 값을 구하여라.

12 다음 일차방정식을 풀어라.

$$\dfrac{1}{6}x+0.25=0.75x-\dfrac{1}{2}$$

13 비례식 $(2x+1):(-x-3)=4:3$을 만족시키는 x의 값은?

① -3 ② $-\dfrac{3}{2}$ ③ $\dfrac{1}{2}$

④ 1 ⑤ 2

14 다음 비례식을 만족시키는 x의 값을 구하여라.

$$\frac{x-3}{2}:5=2(-x+3):6$$

15 일차방정식 $1-2x=a-2$의 해가 $x=3$일 때, 상수 a의 값을 구하여라.

16 일차방정식 $2(x-4)=3(a-x)$의 해가 $x=-2$일 때, 상수 a의 값을 구하여라.

17 일차방정식 $\dfrac{x+2}{4}-a=-x+1$의 해가 $x=-1$일 때, 상수 a에 대하여 $4a+10$의 값은?

① -7 ② -4 ③ -3

④ 3 ⑤ 7

18 일차방정식 $2-\dfrac{x-a}{2}=a-x$의 해가 $x=3$일 때, 일차방정식 $a(x-1)+2x=x+1$의 해를 구하여라.

(단, a는 상수)

19 두 일차방정식 $3x+4=-2$, $ax-7=2x+a$의 해가 같을 때, 상수 a의 값을 구하여라.

20 다음 두 일차방정식의 해가 같을 때, 상수 a의 값은?

$$\frac{-x+2}{6}+0.5x=\frac{x+1}{2}$$
$$ax+2=4(x-a)+3$$

① -3 ② -2 ③ -1

④ 1 ⑤ 2

21 일차방정식 $3(2-3x)=-x+a$의 해가 일차방정식 $\dfrac{2}{5}x-1=\dfrac{1}{2}+0.25x$의 해와 절댓값이 같고 부호는 반대일 때, 상수 a의 값을 구하여라.

3 일차방정식의 활용

05 일차방정식의 활용 ⑴ – 수, 나이, 과부족

01 연속하는 세 짝수에서 가운데 수의 3배는 가장 작은 수의 3배와 가장 큰 수의 합보다 4만큼 작다. 이때 이 세 짝수의 합을 구하여라.

02 어떤 수의 3배에서 2를 빼어야 하는데 잘못하여 어떤 수의 2배에서 3을 뺐더니 처음 구하려고 했던 수보다 10이 작아졌다. 처음 구하려고 했던 수는?

① 21 ② 23 ③ 25
④ 29 ⑤ 31

03 십의 자리 숫자가 2인 두 자리의 자연수가 있다. 이 자연수는 각 자리 숫자의 합의 3배와 같을 때, 이 자연수를 구하여라.

04 일의 자리 숫자가 5인 두 자리의 자연수가 있다. 이 자연수의 십의 자리 숫자와 일의 자리의 숫자를 바꾼 수는 처음 수보다 18만큼 크다고 할 때, 처음 두 자리의 자연수를 구하여라.

05 2024년에 아버지의 나이는 43세이고 아들의 나이는 14세이다. 아버지의 나이가 아들의 나이의 2배가 되는 해는?

① 2035년 ② 2036년 ③ 2037년
④ 2038년 ⑤ 2039년

06 올해 누나인 은서와 동생인 은수의 나이의 합은 30세이다. 4년 후에 은수의 나이가 은서의 나이의 $\frac{1}{2}$보다 5세 더 많아질 때, 올해 은서의 나이는?

① 17세 ② 18세 ③ 19세
④ 20세 ⑤ 21세

07 방과후 수업에 한 번도 빠지지 않은 학생들에게 공책을 나누어 주려고 한다. 5권씩 나누어 주면 3권이 남고, 6권씩 나누어 주면 9권이 부족할 때, 학생 수는?

① 10 ② 12 ③ 14
④ 16 ⑤ 18

08 연극부 학생들이 모임에 참석하기 위하여 모두 강당으로 모였다. 강당에는 긴 의자가 놓여 있어서 한 의자에 4명씩 앉으면 6명이 앉지 못하고, 한 의자에 5명씩 앉으면 빈 의자는 없고 마지막 의자에는 1명만 앉게 된다. 강당에 모인 연극부 학생은 모두 몇 명인지 구하여라.

01 늦잠을 잔 형은 같은 중학교에 다니는 동생이 학교를 향해 출발한 지 10분 후 따라 나섰다. 동생은 매분 100 m의 속력으로 걷고, 형은 매분 150 m의 속력으로 달릴 때, 형이 동생과 만나는 것은 형이 출발한 지 몇 분 후인지 구하여라.

02 태영이가 집에서 종합운동장까지 시속 45 km로 버스를 타고 가면 시속 60 km로 자가용을 타고 가는 것보다 6분이 더 걸린다고 할 때, 태영이의 집에서 종합운동장까지의 거리를 구하여라.

03 시속 2 km로 흐르는 강 상류의 A 지점과 하류의 B 지점 사이를 배로 왕복한다. 흐르지 않는 물에서의 배의 속력은 시속 8 km이고, 왕복하는 데 걸리는 시간은 총 4시간일 때, 두 지점 A, B 사이의 거리는 몇 km인지 구하여라.

04 일정한 속력으로 달리는 기차가 길이가 300 m인 다리를 완전히 통과하는 데 걸리는 시간이 10초이고, 길이가 1.35 km인 터널을 완전히 통과하는 데 걸리는 시간이 25초일 때, 이 기차의 길이는 몇 m인지 구하여라.

05 6 %의 소금물 300 g에 물을 더 넣어 5 %의 소금물을 만들려고 한다. 이때 더 넣어야 하는 물의 양은?

① 50 g ② 60 g ③ 70 g
④ 80 g ⑤ 90 g

06 16 %의 소금물 400 g에 소금을 더 넣어 20 %의 소금물을 만들려고 한다. 이때 더 넣어야 하는 소금의 양을 구하여라.

07 9 %의 소금물 200 g이 담긴 그릇을 창가에 며칠 두었더니 물이 증발하여 10 %의 소금물이 되었다. 이때 증발한 물의 양은?

① 5 g ② 10 g ③ 15 g
④ 20 g ⑤ 25 g

08 12 %의 소금물 500 g과 x %의 소금물 300 g을 섞어 9 %의 소금물 800 g을 만들었을 때, x의 값은?

① 4 ② 4.5 ③ 5
④ 5.5 ⑤ 6

09 대박 마트에서는 초복 날에 맞추어 수박을 정가의 $20\ \%$를 할인하여 판매하는 데 1000원 할인 쿠폰도 중복하여 사용할 수 있다고 한다. 영수가 할인 쿠폰 1장을 함께 사용하여 수박 한 통을 13400원에 구입하였을 때, 이 수박의 정가는?

① 14000원　　② 16000원　　③ 18000원
④ 20000원　　⑤ 22000원

10 어떤 제품의 원가에 $10\ \%$의 이익을 붙여서 정가를 정하였다. 연주가 500원 할인 쿠폰을 사용하여 12700원에 이 제품을 한 개 구입했을 때, 이 제품의 원가는 얼마인지 구하여라.

11 재한이와 동현이는 프라모델 동호회 회원이다. 이번에 새로 마련한 프라모델 하나를 모두 조립하는 데 재한이는 4시간, 동현이는 6시간이 걸린다고 한다. 두 사람이 함께 프라모델 하나를 모두 조립한다면 몇 시간 몇 분이 걸리는지 구하여라.

12 어떤 물탱크에 물을 가득 채우는 데 A 호스만 사용하면 5시간, B 호스만 사용하면 10시간이 걸린다. 먼저 A 호스를 사용하여 2시간 동안 물을 채운 다음 A 호스와 B 호스를 함께 사용하여 물을 채울 때, B 호스를 사용한 시간은 몇 시간인지 구하여라.

13 오른쪽은 어느 해 3월의 달력이다. 이 달력에서 그림과 같이 ㄱ자 모양으로 선택한 숫자 3개의 합이 72일 때, 이 세 숫자 중 가장 작은 숫자를 구하여라.

14 중학교 1학년 학생인 경호는 부모님, 한 살 많은 누나, 두 살 어린 여동생과 함께 박물관에 구경을 갔다. 이 박물관은 어른의 입장료가 어린이 입장료의 2배인데 경호네 가족 다섯 명은 입장료로 10500원을 지불하였다. 이 박물관의 어린이 입장료는 얼마인지 구하여라.
　　(단, 고등학생 이하는 모두 어린이 입장료를 지불한다.)

15 한 변의 길이가 $12\ \mathrm{cm}$인 정사각형의 가로의 길이를 $x\ \mathrm{cm}$ 줄이고, 세로의 길이를 $4\ \mathrm{cm}$ 줄였더니 넓이가 처음 정사각형의 넓이의 $\dfrac{1}{2}$이 되었다. 이때 x의 값을 구하여라.

16 재윤이네 학교의 작년 전체 학생 수는 300명이었다. 올해에는 작년에 비해 남학생 수는 $5\ \%$ 감소하고 여학생 수는 20명 증가하여 전체적으로는 $4\ \%$ 증가하였다. 재윤이네 학교의 올해 남학생 수를 구하여라.

 마무리하기

01 다음 중 항등식인 것은?

① $2+5x=7x$ ② $2x+4=6$

③ $4x=2x+4$ ④ $3(x+2)=3x+6$

⑤ $2(1+4x)=1+4x$

02 등식 $ax-3=2(1-x)+b$가 x의 값에 관계없이 항상 성립할 때, 상수 a, b의 곱 ab의 값은?

① -10 ② -3 ③ -2

④ 3 ⑤ 10

03 다음 중 옳은 것을 모두 고르면? (정답 2개)

① $a-2=b-2$이면 $2a=2b$

② $2a+2=4b+4$이면 $a=2b$

③ $3a=2b$이면 $\dfrac{a}{3}=\dfrac{b}{2}$

④ $2a=b$이면 $a+1=b+\dfrac{1}{2}$

⑤ $a-1=b+1$이면 $a+1=b+3$

04 등식 $2(2-ax)=3x+b$가 x에 관한 일차방정식이 되도록 하는 상수 a, b의 조건은?

① $a\neq 2$ ② $a\neq -\dfrac{3}{2}$ ③ $a\neq b$

④ $b\neq 4$ ⑤ $b\neq -3$

05 일차방정식 $0.3(x-6)+1=\dfrac{3x+14}{5}$를 풀면?

① $x=-12$ ② $x=-6$ ③ $x=\dfrac{1}{6}$

④ $x=6$ ⑤ $x=12$

06 다음 일차방정식의 해가 $x=a$일 때, a^2+5a의 값은?

$$\frac{x-3}{5}-\frac{3x+1}{2}=8$$

① 9 ② 10 ③ 11

④ 12 ⑤ 14

07 비례식 $(-x+7):(9-2x)=4:3$을 만족시키는 x의 값이 a일 때, 다음 일차방정식의 해는?

$$\frac{x-2}{2}+\frac{x+a}{3}=1$$

① $x=1$ ② $x=\dfrac{6}{5}$ ③ $x=\dfrac{8}{5}$

④ $x=3$ ⑤ $x=\dfrac{16}{5}$

08 두 수 a, b에 대하여 $a◎b=a-b+ab$일 때, $(2◎x)◎3=9$를 만족시키는 x의 값은?

① 1 ② 2 ③ 3

④ 4 ⑤ 5

09 다음 두 일차방정식의 해가 같을 때, 상수 a의 값을 구하여라.

$$\frac{x}{6}+1=\frac{x}{3}+\frac{1}{2},\ 3x-10=-2x+a$$

10 일차방정식 $\dfrac{x}{2}-\dfrac{x-a}{4}=1$의 해가 자연수가 되도록 하는 모든 자연수 a의 값의 합은?

① 1   ② 3   ③ 6
④ 10   ⑤ 15

11 1, 4, 7, 10 또는 3, 6, 9, 12 등과 같이 3씩 커지는 이웃한 네 정수가 있다. 이 네 정수의 합이 94일 때, 네 정수 중 가장 작은 수를 구하여라.

12 형과 동생이 사과 농장에서 사과를 따고 있다. 점심을 먹으러 가기 전에 서로 딴 사과의 수를 세어 보니 형이 59개, 동생이 19개이었다. 형이 자신이 딴 사과를 모두 들고 가기가 무거워서 동생에게 사과 몇 개를 나누어 주었더니 형이 가진 사과의 수가 동생이 가진 사과의 수의 2배가 되었다. 형이 동생에게 나누어 준 사과는 몇 개인지 구하여라.

13 어떤 놀이공원에서 한 놀이 기구 앞에 어린이가 여러 명 모여 있다. 이 놀이 기구의 의자 한 개에 4명씩 타면 1명은 타지 못하고, 3명씩 타면 8명이 타지 못한다. 이때 놀이 기구를 타기 위해 모인 어린이는 모두 몇 명인가?

① 27명   ② 28명   ③ 29명
④ 30명   ⑤ 31명

14 오른쪽 그림과 같은 직사각형 ABCD가 있다. 점 P는 꼭짓점 B에서 출발하여 매초 $4\,\text{cm}$씩 직사각형의 변을 따라 시계 반대 방향으로 움직이고 있다. 점 P가 변 CD 위에 있으면서 사다리꼴 ABCP의 넓이가 $2080\,\text{cm}^2$가 되는 지점에 최초로 오는 데까지 걸리는 시간을 구하여라.

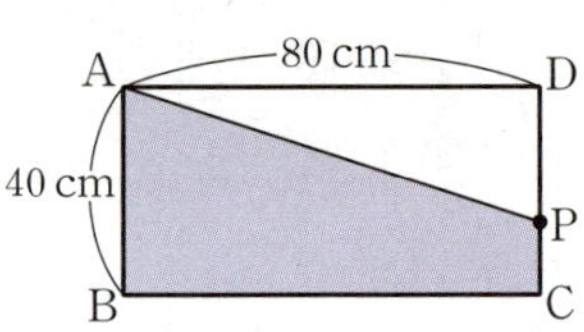

서술형

15 두 식 $8x-6$과 $16-6x$의 값이 절댓값은 같고, 부호는 서로 다르도록 하는 x의 값을 구하여라.

서술형

16 두 지점 A, B 사이를 자동차로 왕복하는 데 갈 때는 시속 $60\,\text{km}$로, 올 때는 시속 $80\,\text{km}$로 달렸더니 갈 때가 올 때보다 30분이 더 걸렸다. 두 지점 A, B 사이의 거리는 몇 km인지 구하여라.

1 순서쌍과 좌표

01 순서쌍과 좌표

01 x의 값은 a, b이고, y의 값은 1, 3인 두 수 x, y에 대하여 순서쌍 (x, y)의 개수는?

① 3 　　② 4 　　③ 5
④ 6 　　⑤ 7

02 x의 값은 a, b이고, y의 값은 2, 4인 두 수 x, y에 대하여 순서쌍 (y, x)를 모두 구하여라.

03 x의 값은 0, 2이고, y의 값은 1, 3, 5인 두 수 x, y에 대하여 순서쌍 (x, y)를 구하였을 때, $y > x$인 경우는 모두 몇 개인지 구하여라.

04 오른쪽 좌표평면 위의 각 점의 좌표를 바르게 나타낸 것은?

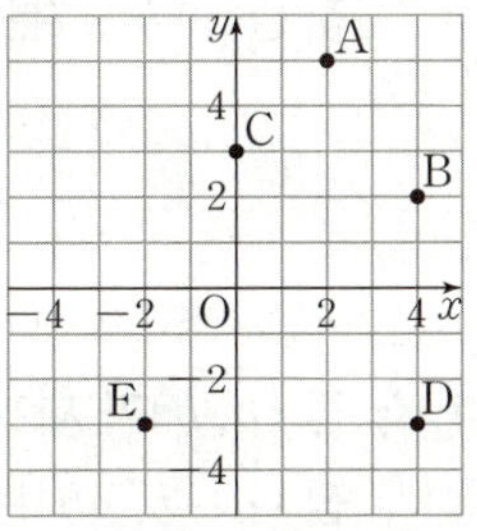

① A$(2, -5)$
② B$(2, 4)$
③ C$(3, 0)$
④ D$(4, -3)$
⑤ E$(-3, -2)$

05 오른쪽 좌표평면에서 점 A의 좌표가 (a, b)이고, 점 B의 좌표가 (c, d)일 때, $ac - bd$의 값은?

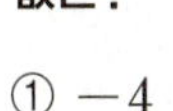

① -4 　　② -3
③ -2 　　④ -1
⑤ 1

06 x축 위에 있고 x좌표가 -4인 점의 좌표는?

① $(0, -4)$ 　② $(-4, 0)$ 　③ $(4, -4)$
④ $(-4, 4)$ 　⑤ $(4, 0)$

07 두 점 A$(3a-6, a+2)$, B$(2b+1, b-4)$가 각각 x축, y축 위에 있을 때, ab의 값은?

① -4 　　② -2 　　③ -1
④ 1 　　⑤ 2

08 좌표평면 위의 세 점 A$(3, 5)$, B$(-1, -3)$, C$(3, -3)$을 꼭짓점으로 하는 삼각형 ABC의 넓이를 구하여라.

09 좌표평면 위의 세 점 $A(-3, -2)$, $B(1, -2)$, $C(0, 2)$를 꼭짓점으로 하는 삼각형 ABC의 넓이를 구하여라.

10 네 점 $A(-1, 0)$, $B(0, 5)$, $C(2, 5)$, $D(3, 0)$을 꼭짓점으로 하는 사각형 ABCD의 넓이는?

① 12 ② 13 ③ 14
④ 15 ⑤ 16

11 세 점 $A(-4, 5)$, $B(-4, 3)$, $C(1, -2)$를 오른쪽 좌표평면 위에 나타내고, 삼각형 ABC의 넓이를 구하여라.

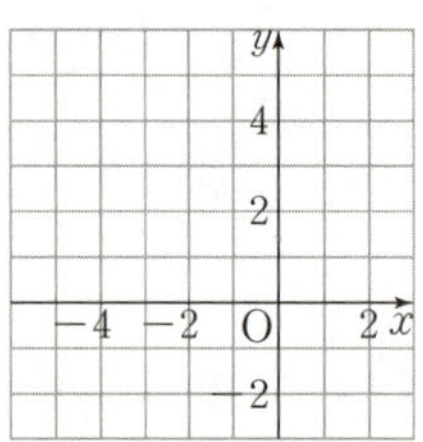

12 좌표평면 위의 세 점 $P(0, 5)$, $Q(-3, -1)$, $R(a, -1)$을 꼭짓점으로 하는 삼각형 PQR의 넓이가 21일 때, a의 값은? (단, $a > 0$)

① 1 ② 2 ③ 3
④ 4 ⑤ 5

01 다음 좌표평면 위의 점에 대하여 물음에 답하여라.

$$A(1, 0), \quad B(-1, 3), \quad C\left(\frac{1}{2}, 4\right),$$
$$D(0, 0), \quad E(-4, -2), \quad F(0, -5),$$
$$G(0.5, 2), \quad H(6, -4), \quad I\left(-\frac{1}{3}, 2\right)$$

(1) 제2사분면 위의 점을 모두 말하여라.

(2) 제3사분면 위의 점을 말하여라.

(3) 어느 사분면에도 속하지 않는 점을 모두 말하여라.

02 다음 중 좌표평면 위의 점과 그 점이 속하는 사분면이 바르게 짝 지어진 것은?

① $A(-2, 7)$: 제3사분면
② $B(3, 8)$: 제2사분면
③ $C(0, -4)$: 제3사분면
④ $D(5, -2)$: 제4사분면
⑤ $E(-4, -5)$: 제4사분면

03 점 $P(a, -b)$가 제4사분면 위의 점일 때, 점 $Q(-b, a)$는 제몇 사분면 위의 점인지 구하여라.

04 점 (a, b)가 제2사분면 위의 점일 때, 점 $(a-b, ab)$는 제몇 사분면 위의 점인가?

① 제1사분면 ② 제2사분면
③ 제3사분면 ④ 제4사분면
⑤ 어느 사분면에도 속하지 않는다.

05 점 $P(a, b)$가 제3사분면 위의 점일 때, 다음 중 제4사분면 위의 점인 것은?

① $Q(b, a)$ ② $R(-a, -b)$

③ $S(b, ab)$ ④ $T(a, -b)$

⑤ $U(-a, a+b)$

06 두 수 a, b에 대하여 $ab<0$이고 $b>a$일 때, 점 $P(a, -b)$는 제몇 사분면 위의 점인가?

① 제1사분면 ② 제2사분면

③ 제3사분면 ④ 제4사분면

⑤ 어느 사분면에도 속하지 않는다.

07 $xy<0$, $x-y<0$일 때, 다음 중 옳지 <u>않은</u> 것은?

① 점 (x, y)는 제2사분면 위의 점이다.

② 점 $(x, -y)$는 제3사분면 위의 점이다.

③ 점 $(-x, y)$는 제1사분면 위의 점이다.

④ 점 $\left(x-y, \dfrac{y}{x}\right)$는 제3사분면 위의 점이다.

⑤ 점 $(x, -xy)$는 제3사분면 위의 점이다.

08 점 $A(a, 4)$와 y축에 대하여 대칭인 점의 좌표가 $(3, b)$일 때, $a+b$의 값을 구하여라.

09 점 $A(-4, -1)$과 x축에 대하여 대칭인 점이 $P(a, b)$일 때, 점 $Q(b, -a)$는 제몇 사분면 위의 점인가?

① 제1사분면 ② 제2사분면

③ 제3사분면 ④ 제4사분면

⑤ 어느 사분면에도 속하지 않는다.

10 점 $A(2a-1, 5)$와 원점에 대하여 대칭인 점의 좌표가 $(-5, b+3)$일 때, $a+b$의 값을 구하여라.

11 점 $A(4, -2)$와 x축에 대하여 대칭인 점을 P, y축에 대하여 대칭인 점을 Q, 원점에 대하여 대칭인 점을 R이라고 할 때, 삼각형 PQR의 넓이는?

① 13 ② 14 ③ 15

④ 16 ⑤ 17

12 점 $A(a, -3)$과 y축에 대하여 대칭인 점을 B, 원점에 대하여 대칭인 점을 C라고 할 때, 삼각형 ABC의 넓이가 24이다. 이때 a의 값을 구하여라. (단, $a>0$)

2 그래프

03 그래프

01 다음 그래프는 집에서 출발한 후 x시간에 따른 집으로부터의 거리 y 사이의 관계를 나타낸 것이다. 그래프에 알맞은 것을 〈보기〉의 상황 중에서 각각 골라라.

(1) 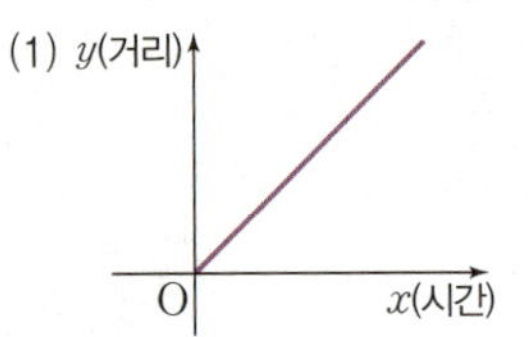
(2) 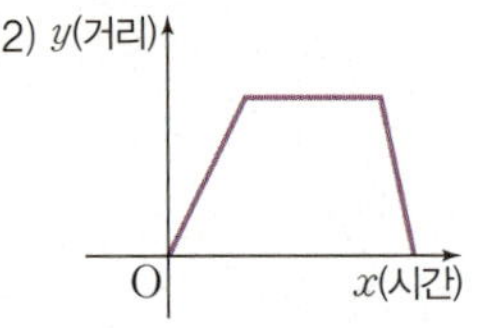
(3) 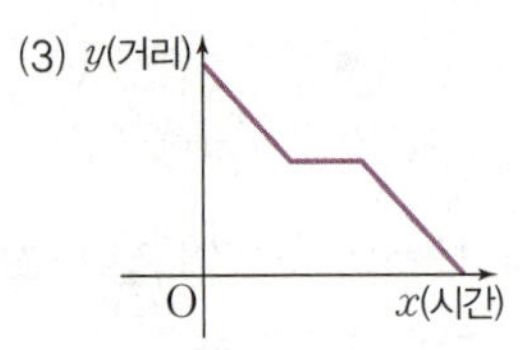
(4) 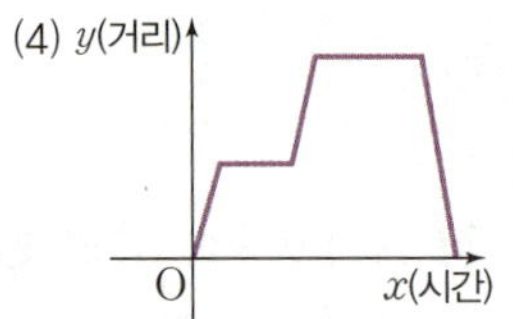

> **보기**
>
> ㄱ. 나는 집에서 출발하여 학교까지 갔다.
> ㄴ. 나는 학교에서 출발하여 집으로 오는 도중에 서점에 들러 책을 사고 집으로 왔다.
> ㄷ. 나는 집에서 출발하여 친구네 집에 가서 공부를 하다가 집으로 왔다.
> ㄹ. 나는 집에서 출발하여 학교에서 오전 수업을 한 후, 오후에는 집에서 더 멀리 떨어진 고궁에 가서 사생 대회에 참가하고 집으로 돌아왔다.

02 다음 상황을 읽고, 출발한 지 x분 후의 걸은 거리 y km 사이의 관계를 그래프로 나타내어라.

> 민서는 일정한 속도로 30분 동안 걸어서 2 km 떨어져 있는 서점에 도착하여 10분 동안 책을 보았다. 그리고 다시 일정한 속도로 1 km를 걸어서 공원에 도착하는 데 총 60분이 걸렸다.

03 오른쪽 그래프는 어느 지역의 하루 동안의 습도를 나타낸 것이다. x시일 때의 습도를 y %라고 할 때, 다음 물음에 답하여라.

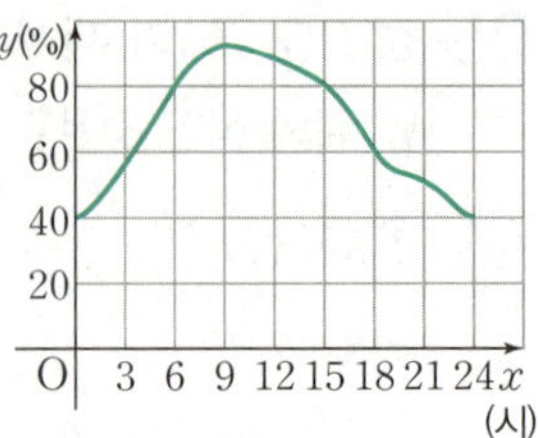

(1) 15시의 습도를 구하여라.
(2) 습도가 증가하는 것은 몇 시부터 몇 시까지인지 구하여라.
(3) 습도가 감소하는 것은 몇 시부터 몇 시까지인지 구하여라.

04 오른쪽 그래프는 준희가 집에서 2 km 떨어져 있는 대형 마트에 다녀오는데 집에서 출발한 지 x분 후의 집으로부터의 거리 y km 사이의 관계를 나타낸 것이다. 다음 물음에 답하여라.

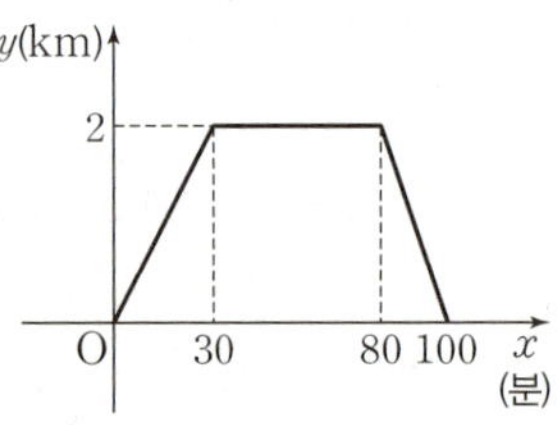

(1) 대형 마트까지 다녀오는 데 걸린 시간을 구하여라.
(2) 대형 마트에 머무른 시간을 구하여라.

05 오른쪽 그래프는 어떤 오토바이가 출발한 지 x초 후의 속력이 시속 y km일 때, x와 y 사이의 관계를 나타낸 것이다. 이 그래프에 대한 〈보기〉의 설명 중에서 옳은 것을 모두 골라라.

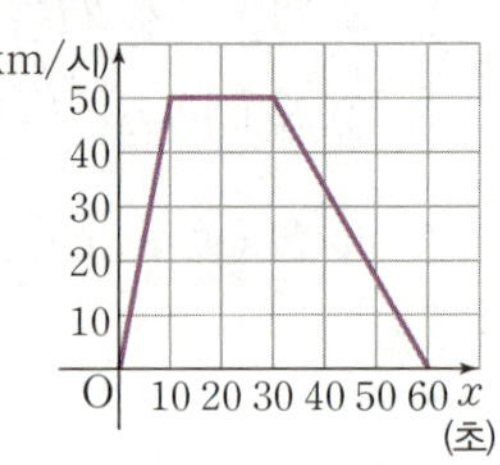

> **보기**
>
> ㄱ. 최대 속력은 시속 50 km이다.
> ㄴ. 출발 이후 10초에서 30초까지 정지해 있었다.
> ㄷ. 출발 이후 30초부터 오토바이의 속력은 계속 감소하였다.
> ㄹ. 총 이동 시간은 50초이다.

3 정비례와 반비례

04 정비례 관계와 그 그래프

01 다음 중 y가 x에 정비례하는 것을 모두 고르면?

(정답 2개)

① 1개에 500원 하는 지우개 x개의 가격은 y원이다.

② 무게가 700 g인 호두파이를 x조각으로 똑같이 자를 때, 한 조각의 무게는 y g이다.

③ 1000 L들이 물통에서 물이 1분당 40 L씩 x분 동안 빠져 나가고 남은 물의 양은 y L이다.

④ 800쪽인 소설을 하루에 25쪽씩 x일 동안 읽고 남은 쪽수는 y쪽이다.

⑤ 한 변의 길이가 x cm인 삼각형의 둘레의 길이는 y cm이다.

02 y가 x에 정비례하고, $x=-3$일 때 $y=12$이다. $y=-8$일 때, x의 값을 구하여라.

03 다음 중 그래프가 y축에 가장 가까운 것은?

① $y=-x$ ② $y=-\dfrac{2}{5}x$ ③ $y=4x$

④ $y=-6x$ ⑤ $y=-3x$

04 다음 조건을 모두 만족시키는 그래프의 식으로 알맞은 것은?

> ⑺ 원점을 지나는 직선이다.
> ⑷ x의 값이 증가하면 y의 값은 감소한다.
> ⑸ 제2사분면과 제4사분면을 지난다.

① $y=5x$ ② $y=\dfrac{5}{x}$ ③ $y=-\dfrac{6}{x}$

④ $y=-\dfrac{x}{6}$ ⑤ $y=-\dfrac{1}{4x}$

05 다음 중 정비례 관계 $y=\dfrac{1}{3}x$의 그래프에 대한 설명으로 옳지 <u>않은</u> 것은?

① 원점을 지나는 직선이다.

② 점 $(3, 1)$을 지난다.

③ x의 값이 증가하면 y의 값도 증가한다.

④ $x<0$이면 $y>0$이다.

⑤ 정비례 관계 $y=\dfrac{1}{4}x$의 그래프보다 y축에 더 가깝다.

06 다음 중 정비례 관계 $y=ax(a\neq0)$의 그래프에 대한 설명으로 옳지 <u>않은</u> 것은?

① 원점을 지나는 직선이다.

② $a<0$이면 오른쪽 아래로 향한다.

③ $a>0$일 때, 제1사분면과 제3사분면을 지난다.

④ $a<0$일 때, x의 값이 증가하면 y의 값은 감소한다.

⑤ a의 절댓값이 작을수록 y축에 가까워진다.

07 다음 중 정비례 관계 $y=\dfrac{1}{2}x$의 그래프 위의 점은?

① $\left(-1, \dfrac{1}{2}\right)$ ② $\left(0, \dfrac{1}{2}\right)$ ③ $(2, -1)$

④ $(3, -1)$ ⑤ $(-4, -2)$

08 점 $(a, 6)$이 정비례 관계 $y=\dfrac{3}{4}x$의 그래프 위의 점일 때, a의 값을 구하여라.

09 정비례 관계 $y=-4x$의 그래프가 두 점 $(-3, a)$, $(b, -4)$를 지날 때, $a+b$의 값을 구하여라.

10 점 $A(1+a, 8-2a)$가 정비례 관계 $y=3x$의 그래프 위의 점일 때, a의 값은?

① -3 ② -2 ③ -1
④ 1 ⑤ 2

11 점 $P(-4, 6)$과 y축에 대하여 대칭인 점이 정비례 관계 $y=ax$의 그래프 위에 있을 때, 상수 a의 값을 구하여라.

12 오른쪽 그림은 정비례 관계 $y=ax$의 그래프이다. 점 P의 x좌표는? (단, a는 상수)

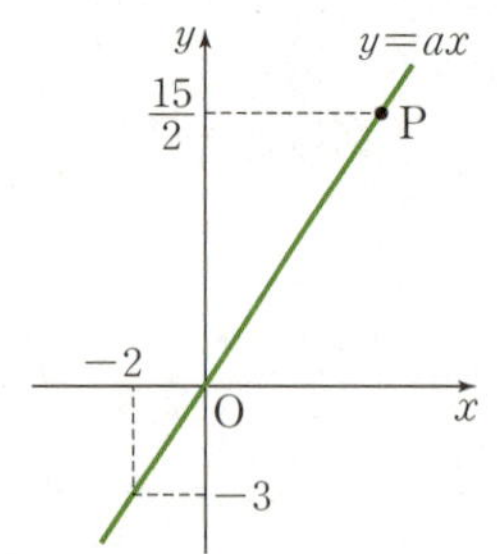

① 3 ② $\dfrac{7}{2}$
③ 4 ④ $\dfrac{9}{2}$
⑤ 5

13 정비례 관계 $y=ax$의 그래프가 오른쪽 그림과 같을 때, ab의 값을 구하여라.

(단, a는 상수)

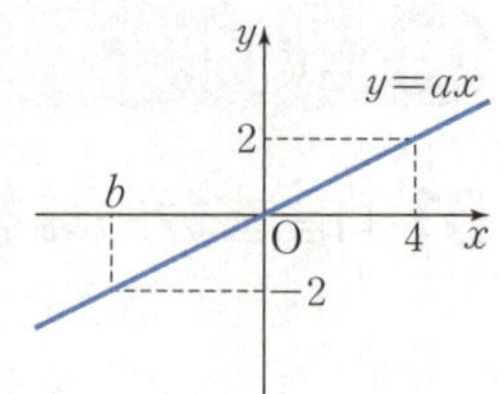

14 정비례 관계 $y=ax$의 그래프가 세 점 $(3, -12)$, $(-2, b)$, $(c, 4)$를 지날 때, 상수 a, b, c에 대하여 $a+b+c$의 값은?

① 1 ② 2 ③ 3
④ 4 ⑤ 5

15 한 변의 길이가 x cm인 마름모의 둘레의 길이를 y cm라고 할 때, x와 y 사이의 관계식을 구하여라.

16 휴대 전화로 문자를 한 번 전송할 때마다 20원의 요금이 부과된다고 한다. 문자 전송 건수를 x건, 문자 전송으로 부과된 요금을 y원이라고 하자. 이 달의 문자 전송으로 부과된 요금이 3740원일 때, 이 달의 문자 전송 건수는?

① 182건   ② 185건   ③ 187건
④ 190건   ⑤ 192건

17 톱니의 수가 각각 18개, 6개인 두 톱니바퀴 A, B가 서로 맞물려 돌고 있다. 톱니바퀴 A가 x번 회전할 때, 톱니바퀴 B는 y번 회전한다고 한다. 톱니바퀴 A가 4번 회전할 때, 톱니바퀴 B는 몇 번 회전하는가?

① 6번   ② 8번   ③ 10번
④ 12번   ⑤ 14번

18 지하 5 m에서 지상 37 m인 건물의 꼭대기까지 운행하는 엘리베이터가 1초에 1.5 m씩 올라갈 때, 지하 5 m에서 출발하여 x초 동안 이동한 거리를 y m라고 하자. 이때 지하 5 m에서 건물 꼭대기까지 도달하는 데 걸리는 시간을 구하여라. (단, 엘리베이터의 높이는 생각하지 않는다.)

19 무게가 100 g인 물체를 매달면 20 cm 늘어나는 용수철 저울에서 용수철이 6 cm 늘어났을 때, 매단 물체의 무게를 구하여라.

20 오른쪽 그래프는 형과 동생이 동시에 집을 출발하여 2 km 떨어진 할머니 댁까지 갈 때, 출발한 지 x분 후의 간 거리 y m 사이의 관계를 나타낸 것이다. 다음 물음에 답하여라.

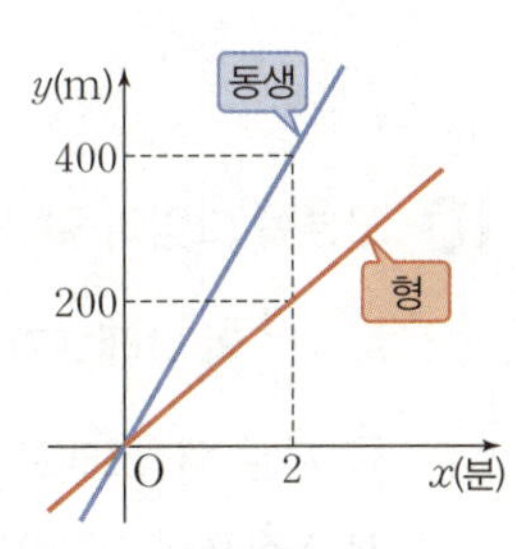

⑴ 할머니 댁에 도착하는 데 동생과 형이 걸린 시간을 각각 구하여라.

⑵ 동생이 먼저 할머니 댁에 도착한 후 몇 분을 기다려야 형이 도착하는지 구하여라.

05 반비례 관계와 그 그래프

01 다음 중 x의 값이 2배, 3배, 4배, $\cdots$가 될 때, y의 값은 $\dfrac{1}{2}$배, $\dfrac{1}{3}$배, $\dfrac{1}{4}$배, $\cdots$가 되는 것은?

① 1 L에 1300원인 휘발유 x L의 값은 y원이다.

② 500 g의 빵을 x명에게 똑같이 나누어 줄 때, 한 사람이 받는 빵은 y g이다.

③ 15 cm인 초가 x cm만큼 타고 남은 초의 길이는 y cm이다.

④ 시계의 분침이 x분 동안 회전한 각은 $y°$이다.

⑤ 하루 중 낮이 차지하는 시간이 x시간일 때, 밤이 차지하는 시간은 y시간이다.

02 다음 표에서 y가 x에 반비례할 때, $b+c$의 값을 구하여라.

x	$\cdots$	-4	-3	-2	-1	$\cdots$
y	$\cdots$	b	16	24	c	$\cdots$

03 다음 중 그 그래프가 제2사분면과 제4사분면을 지나는 것을 모두 고르면? (정답 2개)

① $y=\dfrac{1}{3}x$ ② $y=\dfrac{5}{x}$ ③ $y=-\dfrac{1}{5}x$
④ $y=\dfrac{3}{x}$ ⑤ $xy=-2$

04 다음 중 반비례 관계 $y=-\dfrac{8}{x}$의 그래프에 대한 설명으로 옳지 <u>않은</u> 것은?

① 점 $(8, -2)$를 지난다.

② 원점에 대하여 대칭인 한 쌍의 곡선이다.

③ 제2사분면과 제4사분면을 지난다.

④ y축과 만나지 않는다.

⑤ $x>0$일 때, x의 값이 증가하면 y의 값도 증가한다.

05 다음 중 반비례 관계 $y=\dfrac{a}{x}\,(a\neq 0)$의 그래프에 대한 설명으로 옳지 <u>않은</u> 것은?

① x축과 만난다.

② 점 $(1, a)$를 지난다.

③ 원점을 지나지 않는다.

④ $a>0$, $x<0$일 때, x의 값이 증가하면 y의 값은 감소한다.

⑤ $a<0$일 때, 제2사분면과 제4사분면을 지난다.

06 다음 중 반비례 관계 $y=-\dfrac{12}{x}$의 그래프 위의 점이 <u>아닌</u> 것은?

① $(-2, 6)$
② $(-3, 4)$
③ $\left(8, -\dfrac{3}{2}\right)$
④ $(1, 12)$
⑤ $(6, -2)$

07 반비례 관계 $y=\dfrac{10}{x}$의 그래프가 점 $(-2, a)$를 지날 때, a의 값을 구하여라.

08 반비례 관계 $y=\dfrac{a}{x}$의 그래프가 오른쪽 그림과 같이 두 점 $(-2, 5)$, $(5, b)$를 지날 때, $a+b$의 값을 구하여라.
(단, a는 상수)

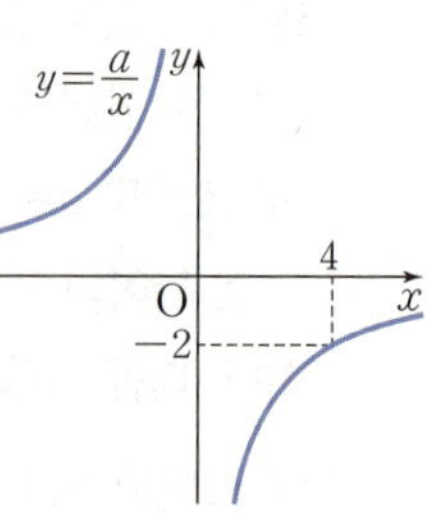

09 점 $\mathrm{A}(-2, 3)$과 x축에 대하여 대칭인 점이 반비례 관계 $y=\dfrac{a}{x}$의 그래프 위에 있을 때, 상수 a의 값을 구하여라.

10 오른쪽 그림과 같이 반비례 관계 $y=\dfrac{a}{x}$의 그래프가 점 $(4, -2)$를 지날 때, 그래프 위의 점 중에서 x좌표와 y좌표가 모두 정수인 점의 개수는? (단, a는 상수)

① 2
② 4
③ 6
④ 8
⑤ 무수히 많다.

11 반비례 관계 $y=\dfrac{a}{x}$의 그래프가 오른쪽 그림과 같을 때, 상수 a의 값을 구하여라.

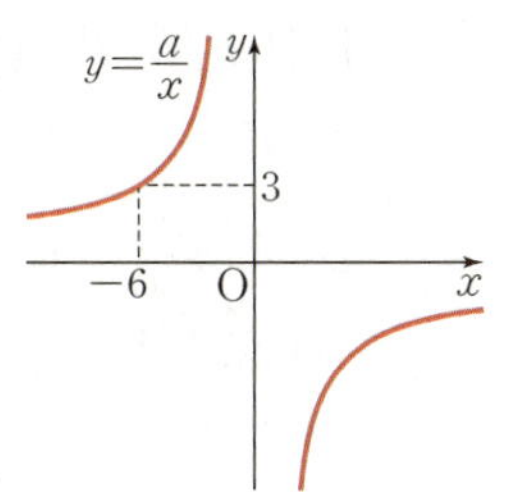

12 반비례 관계 $y=\dfrac{a}{x}$의 그래프가 오른쪽 그림과 같을 때, 점 A의 y좌표는? (단, a는 상수)

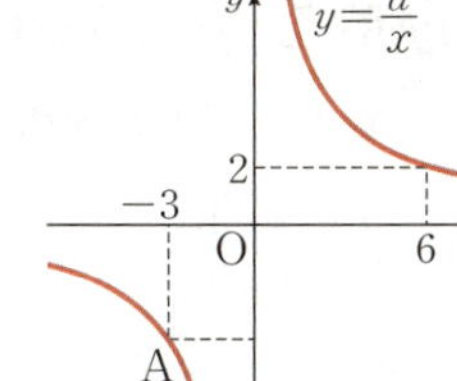

① -5　　② -4

③ -3　　④ -2

⑤ -1

13 오른쪽 그림은 $y=-\dfrac{4}{3}x$, $y=\dfrac{a}{x}$의 그래프이다. 점 A의 x좌표가 -3일 때, 상수 a의 값은?

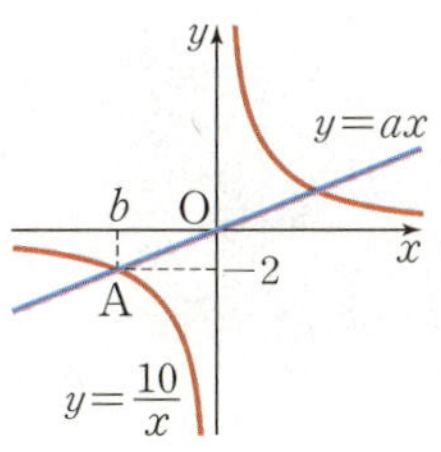

① -12　　② -10　　③ -8

④ -6　　⑤ -4

14 오른쪽 그림과 같이 $y=ax$와 $y=\dfrac{10}{x}$의 그래프가 만나는 점 A의 좌표가 $(b, -2)$일 때, ab의 값을 구하여라. (단, a는 상수)

15 지현이가 280쪽인 책을 매일 x쪽씩 읽으면 y일 만에 모두 읽는다고 한다. 지현이가 이 책을 7일 만에 모두 읽었을 때, 하루에 읽은 쪽수를 구하여라.

16 크기가 같은 정사각형 모양의 타일 120개로 직사각형 모양을 만들려고 한다. 가로에 놓인 타일을 x개, 세로에 놓인 타일을 y개라고 하자. 세로에 놓인 타일이 15개일 때, 가로에 놓인 타일은 몇 개인지 구하여라.

17 사과 농장에서 사과를 모두 따는데 20명이 4시간 동안 해야 끝난다고 한다. 이 일을 끝내려면 x명이 y시간 동안 일을 해야 한다고 할 때, 5시간 만에 끝내기 위해 필요한 사람은 몇 명인가?

① 13명　　② 14명　　③ 15명

④ 16명　　⑤ 17명

18 넓이가 8 cm^2인 삼각형의 밑변의 길이를 $x \text{ cm}$, 높이를 $y \text{ cm}$라고 할 때, x, y가 자연수인 순서쌍 (x, y)는 모두 몇 개인지 구하여라.

단원 마무리하기

정답과 해설 87쪽 | 개념북 142~144쪽

01 좌표평면에 대한 다음 설명 중 옳지 <u>않은</u> 것은?

① x축과 y축의 교점을 원점이라고 한다.

② 점 $(-2, 6)$은 제2사분면 위의 점이다.

③ 점 $(3, 0)$은 y축 위의 점이다.

④ 좌표축에서 가로축을 x축, 세로축을 y축이라고 한다.

⑤ 점 $(0, -5)$는 어느 사분면에도 속하지 않는다.

02 오른쪽 그림의 점 A, B, C, D, E에 대한 다음 설명 중 옳지 <u>않은</u> 것은?

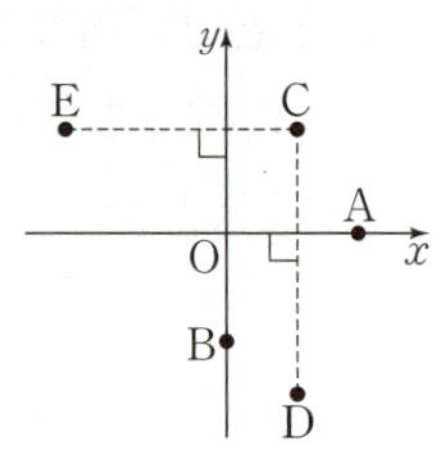

① 점 A의 y좌표는 0이다.

② 점 B의 x좌표는 0이다.

③ 두 점 C와 E는 y좌표가 같다.

④ 두 점 C와 D는 x좌표가 같다.

⑤ y좌표가 가장 작은 점은 A이다.

03 좌표평면 위의 점 $(a+2, b-3)$은 x축 위의 점이고, 점 $(ab+3, b-1)$은 y축 위의 점일 때, $a-b$의 값은?

① -4　　② $-\dfrac{7}{2}$　　③ -2

④ 2　　⑤ 4

04 좌표평면 위의 세 점 A$(2, a)$, B$(-2, -3)$, C$(4, -3)$에 대하여 삼각형 ABC의 넓이가 18이 되도록 하는 a의 값은? (단, $a>0$)

① 1　　② 2　　③ 3

④ 4　　⑤ 5

05 점 P(a, b)가 제4사분면 위의 점일 때, 다음 중 점 A$(ab, -b)$와 같은 사분면 위에 있는 점의 좌표는?

① $(4, 5)$　　② $(-2, 6)$　　③ $(-1, -3)$

④ $(3, -2)$　　⑤ $(0, 5)$

06 두 점 A$(a, b-1)$, B$(3b, a+2)$가 모두 x축 위의 점일 때, 점 C$(-a, 4b)$에 대하여 삼각형 ABC의 넓이를 구하여라.

07 점 $(xy, x-y)$가 제2사분면 위의 점일 때, 점 $(-x, y)$와 y축에 대하여 대칭인 점은 제몇 사분면 위의 점인가?

① 제1사분면　　　　② 제2사분면

③ 제3사분면　　　　④ 제4사분면

⑤ 어느 사분면에도 속하지 않는다.

08 점 P$(-4a+3, 5)$와 원점에 대하여 대칭인 점이 Q$(9, b-1)$일 때, $a+b$의 값은?

① $-\dfrac{11}{2}$　　② -1　　③ 2

④ $\dfrac{9}{2}$　　⑤ 9

09 형과 동생이 달리기를 하는 데 형은 동생이 출발한 지 10초 후에 출발하였다. 오른쪽 그래프는 출발한 지 x초 후의 이동 거리 y m 사이의 관계를 나타낸 것이다. 형이 동생을 추월하는 시간은 형이 출발한 지 몇 초 후인지 구하여라.

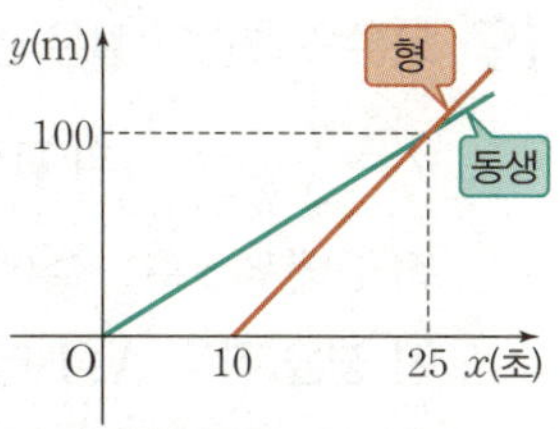

10 다음 중 정비례 관계 $y=-\dfrac{1}{2}x$의 그래프에 대한 설명으로 옳은 것은?

① 점 $(2, 1)$을 지난다.

② 원점을 지나지 않는다.

③ y는 x에 반비례한다.

④ 제1사분면과 제3사분면을 지난다.

⑤ x의 값이 증가할 때, y의 값은 감소한다.

11 다음 중 그 그래프가 오른쪽 그림의 색칠한 부분만을 지나는 정비례 관계의 식은?
(단, 경계선은 포함하지 않는다.)

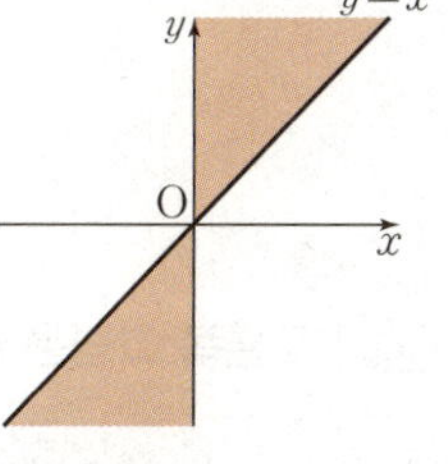

① $y=3x$

② $y=\dfrac{x}{3}$

③ $y=\dfrac{4}{x}$

④ $y=-\dfrac{x}{6}$

⑤ $y=-4x$

12 다음 〈보기〉의 그래프 중 제3사분면을 지나는 것을 모두 골라라.

보기

ㄱ. $y=2x$

ㄴ. $y=-\dfrac{1}{2}x$

ㄷ. $y=-\dfrac{4}{x}$

ㄹ. $y=-\dfrac{3}{4}x$

ㅁ. $y=\dfrac{5}{x}$

13 정비례 관계 $y=\dfrac{4}{5}x$의 그래프가 점 $(k, -12)$를 지날 때, k의 값은?

① -15

② -10

③ -5

④ 10

⑤ 15

14 오른쪽 그림과 같이 정비례 관계 $y=\dfrac{3}{4}x$의 그래프 위의 점 Q에서 x축에 수직으로 내린 점을 P라고 할 때, 삼각형 OPQ의 넓이를 구하여라. (단, O는 원점)

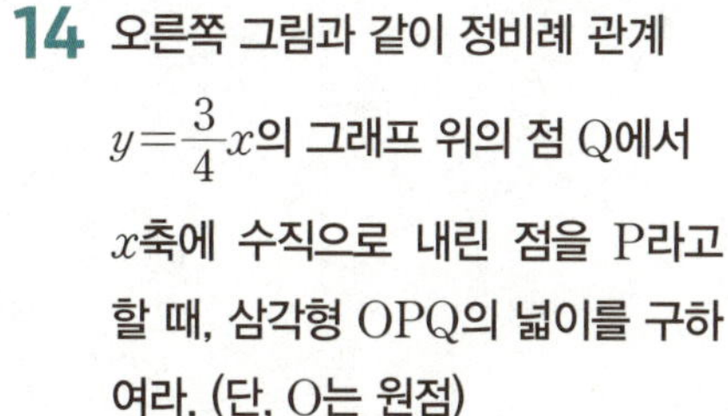

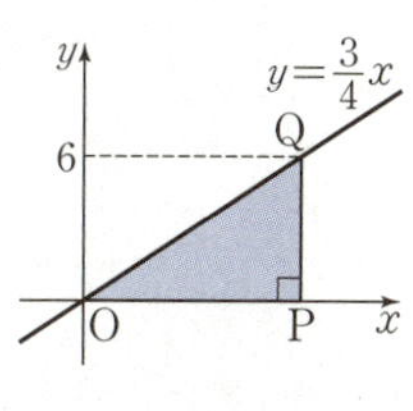

15 세 점 $A(3, 4)$, $B(3, 1)$, $C(5, 1)$과 정비례 관계 $y=ax$의 그래프 위의 한 점 D가 각각 직사각형 ABCD의 꼭짓점일 때, 상수 a의 값은?

① $\dfrac{1}{4}$

② $\dfrac{2}{5}$

③ $\dfrac{3}{4}$

④ $\dfrac{4}{5}$

⑤ $\dfrac{5}{6}$

16 요가를 20분 동안 하면 64 kcal의 열량이 소모된다고 한다. 요가하는 시간을 x분, 이때 소모되는 열량을 y kcal라고 할 때, x와 y 사이의 관계식은?

① $y=2.6x$　　② $y=2.8x$　　③ $y=3x$

④ $y=3.2x$　　⑤ $y=3.4x$

17 오른쪽 그림에서 반비례 관계 $y=\dfrac{a}{x}$의 그래프 위의 두 점 P, Q의 y좌표의 합이 4일 때, 상수 a의 값은?

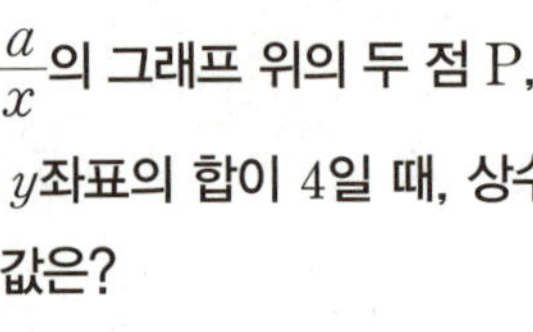

① 16　　② 14

③ 12　　④ 10　　⑤ 8

18 오른쪽 그림과 같은 반비례 관계 $y=\dfrac{a}{x}$의 그래프 위의 점 중 x좌표와 y좌표가 모두 정수인 점의 개수는? (단, a는 상수)

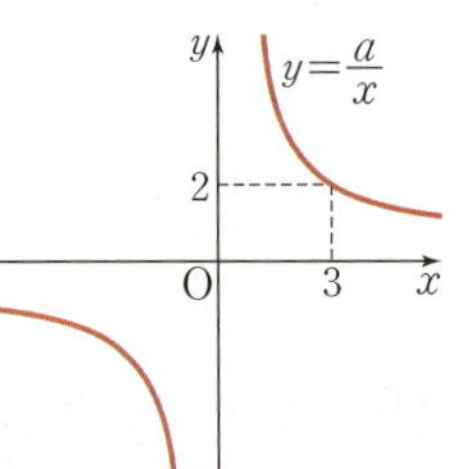

① 4　　② 6

③ 8　　④ 10　　⑤ 12

19 오른쪽 그림과 같은 반비례 관계 $y=\dfrac{a}{x}\,(x>0)$의 그래프 위의 한 점 P에서 x축, y축에 수직으로 내린 점을 각각 A, B라고 하면 선분 AP와 선분 BP의 길이의 곱이 8이다. 상수 a의 값은?

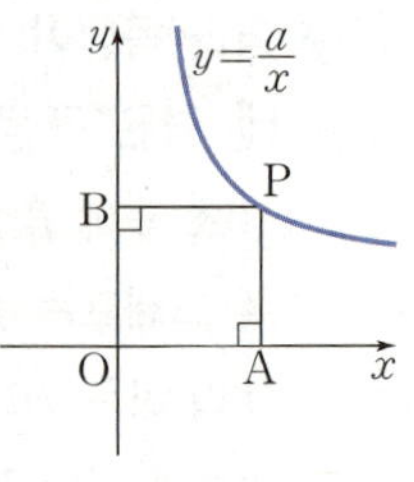

① 6　　② 8　　③ 10

④ 12　　⑤ 14

20 재석이네 집에서 놀이 공원까지의 거리는 60 km이고 재석이네 가족이 자동차를 타고 놀이 공원에 가는 데 시속 x km로 가면 y시간이 걸린다고 한다. 시속 80 km로 갔을 때, 놀이 공원에 도착할 때까지 걸리는 시간은?

① 30분　　② 35분　　③ 40분

④ 45분　　⑤ 50분

21 오른쪽 그림과 같은 정비례 관계의 그래프가 점 $(k,\,-8)$을 지날 때, k의 값을 구하여라.

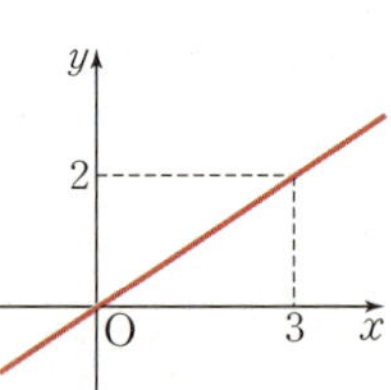

22 오른쪽 그림은 $y=\dfrac{5}{2}x$와 $y=\dfrac{a}{x}$의 그래프이다. 두 그래프가 제3사분면 위의 점 $P(-2,\,k)$에서 만날 때, $a+k$의 값을 구하여라. (단, a는 상수)

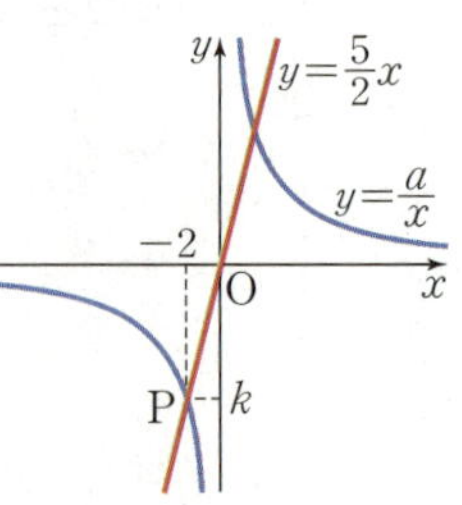

풍산자 개념완성

중학수학 1-1

고등 풍산자와 함께하면
개념부터 ~ 고난도 문제까지!

어떤 시험 문제도 익숙해집니다!

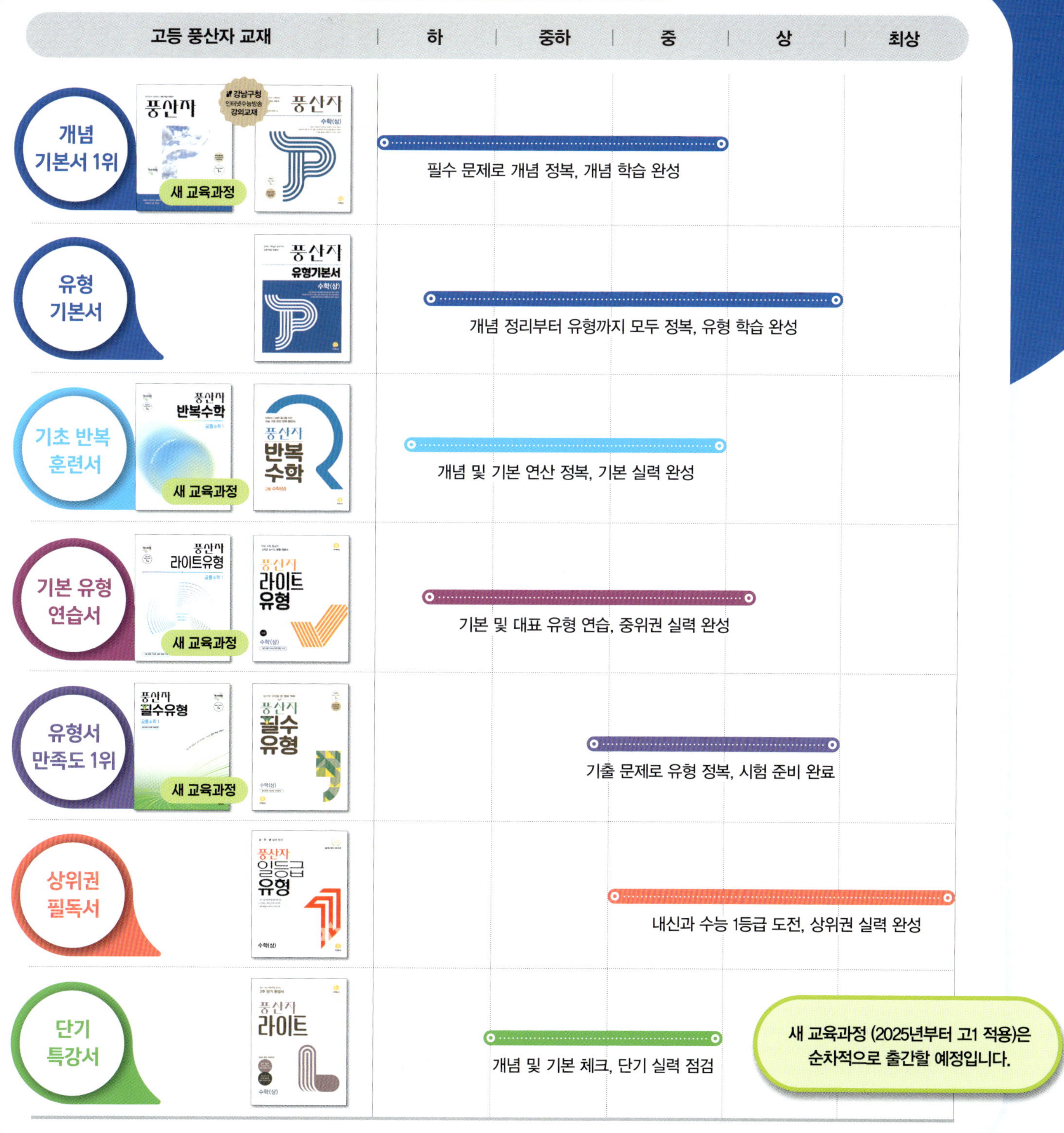

지학사

풍산자
장학생 선발

총 장학금
1,200만 원

지학사에서는 학생 여러분의 꿈을 응원하기 위해
2007년부터 매년 풍산자 장학생을 선발하고 있습니다.
풍산자로 공부한 학생이라면 누.구.나 도전해 보세요.

*연간 장학생 40명 기준

✦ 선발 대상

풍산자 수학 시리즈로 공부한 전국의 중·고등학생 중 성적 향상 및 우수자

조금만 노력하면 누구나 지원 가능!

성적 향상 장학생(10명)

중학 I 수학 점수가 10점 이상 향상된 학생
고등 I 수학 내신 성적이 한 등급 이상 향상된 학생

수학 성적이 잘 나왔다면?

성적 우수 장학생(10명)

중학 I 수학 점수가 90점 이상인 학생
고등 I 수학 내신 성적이 2등급 이상인 학생

✦ 혜택

장학금 30만 원 및 장학 증서
*장학금 및 장학 증서는 각 학교로 전달합니다.

신청자 전원 '풍산자 시리즈'
교재 중 1권 제공

✦ 모집 일정

매년 2월, 7월(총 2회)
*공식 홈페이지 및 SNS를 통해 소식을 받으실 수 있습니다.

풍산자 서포터즈

풍산자 시리즈로 공부하고 싶은 학생들 모두 주목!
매년 2월과 7월에 서포터즈를 모집합니다.
리뷰 작성 및 SNS 홍보 활동을 통해 공부 실력 향상은 물론,
문화 상품권과 미션 선물을 받을 수 있어요!

자세한 내용은 풍산자 홈페이지
(www.pungsanja.com)을 통해
확인해 주세요.

장학 수기)

"풍산자와 기적의 상승곡선 5 ➡ 1등급!" _이○원(해송고)
"수학 A로 가는 모험의 필수 아이템!" _김○은(지도중)
"수학 66점에서 100점으로 향상하다!" _구○경(한영중)

장학 수기
더 보러 가기

풍산자 개념완성

중학수학

1-1

체계적인 개념 설명과
필수 핵심 문제로
개념을 확실하게 다져주는
개념기본서!

풍산자수학연구소 지음

풍산자
개념완성

중학수학

1-1

지학사

정답과 해설

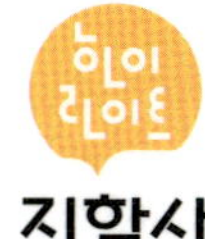

풍산자 개념완성

정답과 해설

== 개념북 ==

중학수학

1-1

I. 수와 연산

I-1. 소인수분해

1 소인수분해

01 소수와 합성수
개념북 8쪽

유제1 답 (1) 합 (2) 소
(1) 8의 약수는 1, 2, 4, 8이므로 8은 합성수이다.
(2) 17의 약수는 1, 17이므로 17은 소수이다.

유제2 답 (1) 7^5 (2) $\left(\dfrac{1}{5}\right)^4$
(1) 7을 5번 곱한 것이므로 7^5
(2) $\dfrac{1}{5}$을 4번 곱한 것이므로 $\left(\dfrac{1}{5}\right)^4$

개념 확인하기
개념북 9쪽

01 답 소수: 2, 37, 23, 19
합성수: 12, 9, 14

02 답 2개
소수는 7, 31의 2개이다.

03 답 (1) × (2) ○ (3) ○ (4) ×
(1) 1은 소수도 아니고 합성수도 아니다.
(3) 소수 중 짝수는 2뿐이다.
(4) 가장 작은 합성수는 4이다.

04 답 (1) 13^5 (2) $2^3 \times 3^2$ (3) $\left(\dfrac{1}{3}\right)^2 \times \left(\dfrac{1}{7}\right)^4$

05 답 (1) 3^4 (2) 5^3 (3) $\left(\dfrac{1}{2}\right)^4$ (4) $\left(\dfrac{1}{3}\right)^3$
(1) $3 \times 3 \times 3 \times 3 = 81$이므로 $81 = 3^4$
(2) $5 \times 5 \times 5 = 125$이므로 $125 = 5^3$
(3) $\dfrac{1}{2} \times \dfrac{1}{2} \times \dfrac{1}{2} \times \dfrac{1}{2} = \dfrac{1}{16}$이므로 $\dfrac{1}{16} = \left(\dfrac{1}{2}\right)^4$
(4) $\dfrac{1}{3} \times \dfrac{1}{3} \times \dfrac{1}{3} = \dfrac{1}{27}$이므로 $\dfrac{1}{27} = \left(\dfrac{1}{3}\right)^3$

02 소인수분해
개념북 10쪽

유제1 답 10, 5, 2, 5
$20 = 2 \times 10 = 2 \times 2 \times 5 = 2^2 \times 5$

유제2 답 3, 3, 8
$24 = 2^3 \times 3$이므로 12의 약수의 개수는
$(3+1) \times (1+1) = 8$

개념 확인하기
개념북 11쪽

01 답 (1) 풀이 참조 (2) 풀이 참조

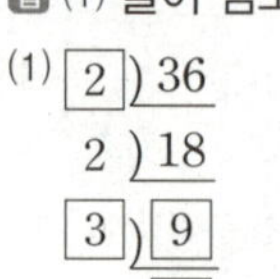
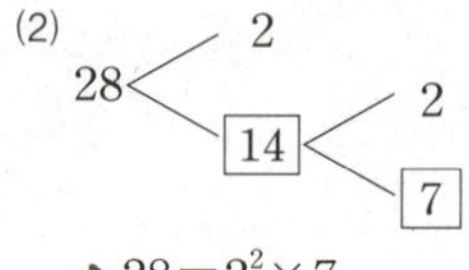

(1)
```
 2 ) 36
 2 ) 18
 3 ) 9
     3
```
➡ $36 = 2^2 \times 3^2$

(2)
➡ $28 = 2^2 \times 7$

02 답 (1) 2, 3, 5 (2) 2, 5, 7
(2) 140을 소인수분해하면
$140 = 2^2 \times 5 \times 7$
이므로 소인수는 2, 5, 7이다.
```
 2 ) 140
 2 )  70
 5 )  35
      7
```

03 답 (1) 풀이 참조 (2) 풀이 참조
(1) 표를 완성하면 다음과 같다.

×	1	3	3^2
1	1	$1 \times 3 = 3$	$1 \times 3^2 = 9$
2	$2 \times 1 = 2$	$2 \times 3 = 6$	$2 \times 3^2 = 18$
2^2	$2^2 \times 1 = 4$	$2^2 \times 3 = 12$	$2^2 \times 3^2 = 36$

따라서 약수는 1, 2, 3, 4, 6, 9, 12, 18, 36이다.
(2) 표를 완성하면 다음과 같다.

×	1	7	7^2
1	1	$1 \times 7 = 7$	$1 \times 7^2 = 49$
3	$3 \times 1 = 3$	$3 \times 7 = 21$	$3 \times 7^2 = 147$

따라서 약수는 1, 3, 7, 21, 49, 147이다.

04 답 (1) 6 (2) 8 (3) 9
(1) $2^2 \times 3$의 약수의 개수는
$(2+1) \times (1+1) = 3 \times 2 = 6$
(2) 3×5^3의 약수의 개수는
$(1+1) \times (3+1) = 2 \times 4 = 8$
(3) 100을 소인수분해하면 $100 = 2^2 \times 5^2$이므로 약수의 개수는
$(2+1) \times (2+1) = 3 \times 3 = 9$

05 답 24
$2^2 \times 3 \times 5^3$의 약수의 개수는
$(2+1) \times (1+1) \times (3+1) = 3 \times 2 \times 4 = 24$

유형 확인하기
개념북 12~15쪽

1 답 ②, ⑤
① 가장 작은 소수는 2이다.
③ 9는 홀수이지만 소수가 아니다.
④ 합성수의 약수는 3개 이상이다.
따라서 옳은 것은 ②, ⑤이다.

1-1 탑 ③, ⑤

③ 합성수의 약수는 3개 이상이다.
⑤ 소수는 약수가 2개이므로 합성수가 될 수 없다.

1-2 탑 ㄷ, ㄹ

ㄱ. 2는 소수이면서 짝수이다.
ㄴ. 1은 소수도 아니고 합성수도 아니다.
따라서 옳은 것은 ㄷ, ㄹ이다.

2 탑 ㄴ, ㄷ, ㅁ

ㄱ. $5 \times 5 \times 5 = 5^3$
ㄹ. $7 + 7 + 7 + 7 = 4 \times 7$
ㅁ. $7^2 \times 3^2 \times 5$로 나타내어도 되지만 보통 작은 수부터 쓴다.
따라서 옳은 것은 ㄴ, ㄷ, ㅁ이다.

2-1 탑 ③

① $3 + 3 + 3 + 3 = 4 \times 3$
② $6 \times 6 \times 6 = 6^3$
④ $2 \times 2 \times 2 \times 2 \times 2 \times 2 = 2^6$
⑤ $2 \times 2 \times 2 + 5 \times 5 = 2^3 + 5^2$
따라서 옳은 것은 ③이다.

2-2 탑 35

$2^5 = 32$이므로 $a = 32$, $3^3 = 27$이므로 $b = 3$
따라서 $a + b = 32 + 3 = 35$

3 탑 ③

③ $64 = 2^6$

3-1 탑 (1) $2 \times 3 \times 13$ (2) $2^2 \times 3^2 \times 5$

(1) $78 = 2 \times 39 = 2 \times 3 \times 13$
(2) $180 = 2 \times 90 = 2 \times 2 \times 45$
$\qquad = 2 \times 2 \times 3 \times 15 = 2 \times 2 \times 3 \times 3 \times 5$
$\qquad = 2^2 \times 3^2 \times 5$

3-2 탑 5

$280 = 2^3 \times 5 \times 7$이므로 $a = 3$, $b = 1$, $c = 1$
따라서 $a + b + c = 3 + 1 + 1 = 5$

4 탑 $98 = 2 \times 7^2$, $350 = 2 \times 5^2 \times 7$, 공통인 소인수: 2, 7

```
2)98          2)350
7)49          5)175
  7  ∴ 98=2×7²  5) 35
                 7  ∴ 350=2×5²×7
```
98의 소인수는 2, 7이고 350의 소인수는 2, 5, 7이므로 공통인 소인수는 2, 7이다.

4-1 탑 $84 = 2^2 \times 3 \times 7$, $105 = 3 \times 5 \times 7$, 공통인 소인수: 3, 7

```
2)84          3)105
2)42          5) 35
3)21             7  ∴ 105=3×5×7
  7  ∴ 84=2²×3×7
```
84의 소인수는 2, 3, 7이고 105의 소인수는 3, 5, 7이므로 공통인 소인수는 3, 7이다.

4-2 탑 ④

$96 = 2^5 \times 3 \to 2, 3$
① $20 = 2^2 \times 5 \to 2, 5$
② $33 = 3 \times 11 \to 3, 11$
③ $42 = 2 \times 3 \times 7 \to 2, 3, 7$
④ $54 = 2 \times 3^3 \to 2, 3$
⑤ $120 = 2^3 \times 3 \times 5 \to 2, 3, 5$
따라서 96과 소인수가 같은 것은 ④이다.

5 탑 ③

$50 \times x = 2 \times 5^2 \times x$이므로 이 수가 어떤 자연수의 제곱이 되려면 $x = 2 \times$(자연수)^2 꼴이어야 한다.
따라서 x의 값이 될 수 있는 자연수는
$2 \times 1^2 = 2$, $2 \times 2^2 = 8$, $2 \times 3^2 = 18$, $2 \times 4^2 = 32$, $2 \times 5^2 = 50$, $\cdots$
이다.

5-1 탑 7

$28 = 2^2 \times 7$이므로 모든 소인수의 지수가 짝수가 되도록 $7 \times$(자연수)^{2}을 곱하면 된다. 즉, 7, 7×2^2, 7×3^2, $\cdots$을 곱하면 되므로 이 중 가장 작은 자연수는 7이다.

5-2 탑 6

$216 = 2^3 \times 3^3$이므로 모든 소인수의 지수가 짝수가 되도록 $2 \times 3 \times$(자연수)^{2}을 곱하면 된다.
따라서 구하는 자연수는 $2 \times 3 = 6$

6 탑 ⑤

$2^3 \times 5^2$의 약수는 (2^3의 약수)$\times$(5^2의 약수)이므로 $1, 2, 2^2, 2^3$과 $1, 5, 5^2$의 각각의 곱으로 나타내어진다.
따라서 $2^3 \times 5^2$의 약수가 아닌 것은 ⑤이다.

6-1 탑 ㄱ, ㄴ, ㅁ

$2^5 \times 3^2$의 약수는 (2^5의 약수)$\times$(3^2의 약수)이므로 $1, 2, 2^2, 2^3, 2^4, 2^5$과 $1, 3, 3^2$의 각각의 곱으로 나타내어진다.
따라서 $2^5 \times 3^2$의 약수는 ㄱ, ㄴ, ㅁ이다.

6-2 탑 ②, ⑤

$270 = 2 \times 3^3 \times 5$이므로 약수는 ②, ⑤이다.

7 탑 ④

$48 = 2^4 \times 3$이므로 약수의 개수는
$(4 + 1) \times (1 + 1) = 10$
① $2^2 \times 5 \times 7$의 약수의 개수는
$\quad (2 + 1) \times (1 + 1) \times (1 + 1) = 12$
② $2^3 \times 3$의 약수의 개수는
$\quad (3 + 1) \times (1 + 1) = 8$
③ $72 = 2^3 \times 3^2$이므로 약수의 개수는
$\quad (3 + 1) \times (2 + 1) = 12$
④ $80 = 2^4 \times 5$이므로 약수의 개수는
$\quad (4 + 1) \times (1 + 1) = 10$
⑤ $96 = 2^5 \times 3$이므로 약수의 개수는
$\quad (5 + 1) \times (1 + 1) = 12$
따라서 48과 약수의 개수가 같은 것은 ④이다.

7-1 답 ④

① $27=3^3$이므로 약수의 개수는
$3+1=4$

② $189=3^3 \times 7$이므로 약수의 개수는
$(3+1) \times (1+1)=8$

③ $3^2 \times 7^2$의 약수의 개수는
$(2+1) \times (2+1)=9$

④ $5^4 \times 11^2$의 약수의 개수는
$(4+1) \times (2+1)=15$

⑤ $2 \times 3^2 \times 11$의 약수의 개수는
$(1+1) \times (2+1) \times (1+1)=12$

따라서 약수의 개수가 가장 많은 것은 ④이다.

7-2 답 8

x의 값이 될 수 있는 자연수 x는 54의 약수이다.
$54=2 \times 3^3$이므로 약수의 개수는
$(1+1) \times (3+1)=2 \times 4=8$

8 답 ②

$2^5 \times 3^a$의 약수가 18개이므로
$(5+1) \times (a+1)=18$
$a+1=3$ ∴ $a=2$

8-1 답 3

$2^a \times 5^2$의 약수가 12개이므로
$(a+1) \times (2+1)=12$
$a+1=4$ ∴ $a=3$

8-2 답 ③

$108=2^2 \times 3^3$이므로 약수의 개수는
$(2+1) \times (3+1)=12$
$2^2 \times 5^x$의 약수의 개수는
$(2+1) \times (x+1)$
두 수의 약수의 개수가 같으므로
$(2+1) \times (x+1)=12$
$x+1=4$ ∴ $x=3$

2 최대공약수와 최소공배수

03 공약수와 최대공약수

유제 1 답 1, 7

14의 약수는 1, 2, 7, 14이고, 21의 약수는 1, 3, 7, 21이므로
14와 21의 공약수는 1, 7이다.

유제 2 답 풀이 참조

$$36=2^2 \times 3^2$$
$$90=2 \times 3^2 \times 5$$
$$\Rightarrow (최대공약수)=2 \times 3^2=18$$

---

01 답 (1) ○   (2) ×   (3) ○   (4) ×

(2) 서로소인 두 자연수의 최대공약수는 1이다.
(4) 두 수 4, 9는 서로소이지만 두 수 모두 소수가 아니다.

02 답 1, 2, 3, 6, 9, 18

두 자연수의 공약수는 두 자연수의 최대공약수의 약수이므로 최대공약수가 18인 두 자연수의 공약수는 1, 2, 3, 6, 9, 18이다.

03 답 3, 21

10의 약수: 1, 2, 5, 10   4의 약수: 1, 2, 4
14의 약수: 1, 2, 7, 14   21의 약수: 1, 3, 7, 21
따라서 10과 서로소인 수는 3, 21이다.

04 답 (1) 12   (2) 45   (3) 6   (4) 21

(1)
```
2 ) 60  48
2 ) 30  24
3 ) 15  12
     5   4    ∴ 2×2×3=12
```

(2) $3^2 \times 5=45$

(3)
```
2 ) 18  30  42
3 )  9  15  21
     3   5   7   ∴ 2×3=6
```

(4) $3 \times 7=21$

05 답 (1) 8   (2) 1, 2, 4, 8

(1) 24와 56의 최대공약수는
$2 \times 2 \times 2=8$
```
2 ) 24  56
2 ) 12  28
2 )  6  14
     3   7
```

(2) 두 수의 공약수는 최대공약수의 약수이므로 1, 2, 4, 8이다.

---

04 공배수와 최소공배수

유제 1 답 15, 30, 45, …

3의 배수는 3, 6, 9, 12, 15, …이고 5의 배수는 5, 10, 15, 20, 25, …이므로 3과 5의 공배수는 15, 30, 45, …

유제 2 답 풀이 참조

$$18=2 \times 3^2$$
$$30=2 \times 3 \times 5$$
$$\Rightarrow (최소공배수)=2 \times 3^2 \times 5=90$$

---

01 답 (1) ×   (2) ○   (3) ×

(1) 두 수의 공배수 중 가장 큰 수는 구할 수 없다.
(3) 서로소인 두 자연수의 최소공배수는 두 수의 곱과 같다.

02 답 (1) 33　　(2) 30　　(3) 63　　(4) 130

서로소인 두 자연수의 최소공배수는 두 수의 곱과 같다.

(1) $3 \times 11 = 33$　　　　(2) $5 \times 6 = 30$

(3) $7 \times 9 = 63$　　　　(4) $10 \times 13 = 130$

03 답 28, 56, 84

두 자연수의 공배수는 최소공배수의 배수와 같으므로 최소공배
수가 28인 두 자연수의 공배수는 28의 배수이고 그 중 100 이
하인 것은 28, 56, 84이다.

04 답 (1) 84　　(2) 180　　(3) 80　　(4) 1260

(1) $3 \underline{)\ 12\quad 21}$
　　　　$4\quad\ 7$　　$\therefore 3 \times 4 \times 7 = 84$

(2) $2^2 \times 3^2 \times 5 = 180$

(3) $2 \underline{)\ 16\quad 20\quad 40}$
　　$2 \underline{)\ \ 8\quad 10\quad 20}$
　　$5 \underline{)\ \ 4\quad\ \ 5\quad 10}$
　　$2 \underline{)\ \ 4\quad\ \ 1\quad\ \ 2}$
　　　　$2\quad\ \ 1\quad\ \ 1$　　$\therefore 2 \times 2 \times 5 \times 2 \times 2 = 80$

(4) $2^2 \times 3^2 \times 5 \times 7 = 1260$

05 답 (1) 120　　(2) 120, 240, 360

(1) 30, 40의 최소공배수는
$2 \times 5 \times 3 \times 4 = 120$

(2) 두 수의 공배수는 최소공배수의 배수이므로 작은 수부터 3개
만 구하면 120, 240, 360이다.

---

05 최대공약수와 최소공배수의 활용　개념북 20쪽

유제 1　답 최대공약수, 15, 15
유제 2　답 최소공배수, 40, 6, 40

개념 확인하기　개념북 21쪽

01 답 (1) 최대공약수　　(2) 6　　(3) 9, 5

(2) 54와 30의 최대공약수는
$2 \times 3 = 6$
이므로 연필과 공책을 최대 6명에게 나누어
줄 수 있다.

(3) 한 학생에게 연필은 $54 \div 6 = 9$(자루),
공책은 $30 \div 6 = 5$(권)씩 나누어 줄 수 있다.

02 답 (1) 12명　　(2) 청포도사탕: 4, 목캔디: 15

(1) 48과 180의 최대공약수는
$2 \times 2 \times 3 = 12$
이므로 최대 12명에게 나누어 줄 수 있다.

(2) 한 사람이 받는 청포도사탕의 개수는
$48 \div 12 = 4$,
목캔디의 개수는 $180 \div 12 = 15$이다.

---

03 답 (1) 24　　(2) 36　　(3) 36, 최대공약수, 12

(1) 어떤 수는 $27 - 3 = 24$의 약수이다.

(2) 어떤 수는 $30 + 6 = 36$의 약수이다.

(3) 어떤 수는 24와 36의 최대공약수이므로
$2 \times 2 \times 3 = 12$

$2 \underline{)\ 24\quad 36}$
$2 \underline{)\ 12\quad 18}$
$3 \underline{)\ \ 6\quad\ \ 9}$
　　$2\quad\ \ 3$

04 답 (1) 공배수　　(2) 10시 40분

(1) 8분, 20분마다 지나가므로 두 수 8, 20의 공배수의 간격으로
두 열차가 동시에 지나간다.

(2) 두 수 8과 20의 최소공배수는
$2 \times 2 \times 2 \times 5 = 40$
따라서 두 열차는 40분마다 동시에 지나가게
되므로 오전 10시 이후에 처음으로 다시 동시에 지나가는 시
각은 오전 10시 40분이다.

$2 \underline{)\ 8\quad 20}$
$2 \underline{)\ 4\quad 10}$
　　$2\quad\ \ 5$

05 답 40

$320 = (\text{최소공배수}) \times 8$
$\therefore (\text{최소공배수}) = 40$

유형 확인하기　개념북 22~27쪽

1 답 ④

최대공약수는 공통인 소인수를 찾고 지수가 같으면 그대로, 다
르면 작은 것을 택해야 하므로 $2^4 \times 3^2 \times 5$

1-1 답 ②

최대공약수는 공통인 소인수를 찾고 지수가 같으면 그대로, 다
르면 작은 것을 택해야 하므로 $2 \times 3^2 = 18$

1-2 답 18

세 수 108, 126, 180의 최대공약수는
$2 \times 3 \times 3 = 18$

2 답 ③

최대공약수가 $16 = 2^4$이므로 공약수의 개수는 5이다.

2-1 답 ②

최대공약수가 $2^2 \times 30$이므로 공약수의 개수는
$(2+1) \times (1+1) = 6$

2-2 답 9

최대공약수가 $2^2 \times 3^2$이므로 공약수의 개수는
$(2+1) \times (2+1) = 9$

3 답 ④

두 수 450, 135의 최대공약수는
$3^2 \times 5$
따라서 공약수는 $3^2 \times 5$의 약수이므로
공약수가 아닌 것은 ④이다.

$5 \underline{)\ 450\quad 135}$
$3 \underline{)\ \ 90\quad\ \ 27}$
$3 \underline{)\ \ 30\quad\ \ \ 9}$
　　$10\quad\ \ \ 3$

3-1 답 ②, ④

두 수 $2^3 \times 3 \times 7$, $2^2 \times 3^2 \times 5$의 최대공약수는
$2^2 \times 3 = 12$
따라서 공약수는 12의 약수이므로 ②, ④이다.

3-2 답 1, 2, 3, 6

세 수 12, 18, 30의 최대공약수는
$2 \times 3 = 6$이므로 세 수의 공약수는
6의 약수인 1, 2, 3, 6이다.

$$\begin{array}{r|rrr} 2 & 12 & 18 & 30 \\ 3 & 6 & 9 & 15 \\ \hline & 2 & 3 & 5 \end{array}$$

4 답 ②, ⑤

최대공약수가 1인 두 수를 찾는다.

① $\begin{array}{r|rr} 3 & 6 & 15 \\ \hline & 2 & 5 \end{array}$

$\therefore$ (최대공약수)$=3$

③ $\begin{array}{r|rr} 3 & 12 & 33 \\ \hline & 4 & 11 \end{array}$

$\therefore$ (최대공약수)$=3$

④ $\begin{array}{r|rr} 7 & 14 & 35 \\ \hline & 2 & 5 \end{array}$

$\therefore$ (최대공약수)$=7$

따라서 두 수가 서로소인 것은 ②, ⑤이다.

4-1 답 ⑤

$36 = 2^2 \times 3^2$이므로 이 수와 서로소인 수는 ⑤ $25 = 5^2$이다.

4-2 답 ③

③ $\begin{array}{r|rr} 3 & 12 & 27 \\ \hline & 4 & 9 \end{array}$

$\therefore$ (최대공약수)$=3$

따라서 두 수 12, 27은 서로소가 아니다.

5 답 ⑤

공통인 소인수와 공통이 아닌 소인수를 모두 곱한다. 이때 공통인 소인수의 지수가 같으면 그대로, 다르면 큰 것을 택한다.
따라서 구하는 최소공배수는
$2^3 \times 3^2 \times 5^3$

5-1 답 2700

공통인 소인수와 공통이 아닌 소인수를 모두 곱한다. 이때 공통인 소인수의 지수가 같으면 그대로, 다르면 큰 것을 택한다.
따라서 구하는 최소공배수는
$2^2 \times 3^3 \times 5^2 = 2700$

5-2 답 630

세 수 30, 63, 126의 최소공배수는
$3 \times 3 \times 7 \times 2 \times 5 = 630$

$$\begin{array}{r|rrr} 3 & 30 & 63 & 126 \\ 3 & 10 & 21 & 42 \\ 7 & 10 & 7 & 14 \\ 2 & 10 & 1 & 2 \\ \hline & 5 & 1 & 1 \end{array}$$

6 답 ③

두 수 8, 12의 최소공배수는
$2 \times 2 \times 2 \times 3 = 24$
따라서 공배수는 최소공배수 24의 배수이므로
공배수가 아닌 것은 ③이다.

$$\begin{array}{r|rr} 2 & 8 & 12 \\ 2 & 4 & 6 \\ \hline & 2 & 3 \end{array}$$

6-1 답 ①

두 수의 최소공배수가 $2^2 \times 5^2 \times 7$이므로 공배수가 아닌 것은 ①이다.

6-2 답 ②, ③

공배수는 최소공배수의 배수이므로 A, B의 공배수는 12의 배수이다.
따라서 12의 배수는 ②, ③이다.

7 답 14

최소공배수는 공통인 소인수와 공통이 아닌 소인수를 모두 곱한 것이다. 이때 공통인 소인수는 지수가 같거나 큰 것을 택하므로
$a = 3$, $b = 4$, $c = 7$
따라서 $a + b + c = 3 + 4 + 7 = 14$

$$\begin{array}{ccccc} 2^a & \times & 3^3 & \times & 5^2 \\ 2 & \times & 3^b & & \times & c \\ \hline 2^3 & \times & 3^4 & \times & 5^2 & \times & 7 \\ & & \downarrow & & \downarrow & & \downarrow \\ a=3 & & b=4 & & & & c=7 \end{array}$$

7-1 답 3

최소공배수는 공통인 소인수와 공통이 아닌 소인수를 모두 곱한 것이다. 이때 공통인 소인수는 지수가 같거나 큰 것을 택하므로
$a = 2$, $b = 3$, $c = 2$
따라서 $a + b - c = 2 + 3 - 2 = 3$

$$\begin{array}{ccccc} 3^a & \times & 7^2 \\ 3 & \times & 7^b & \times & 11^c \\ \hline 3^2 & \times & 7^3 & \times & 11^2 \\ \downarrow & & \downarrow & & \downarrow \\ a=2 & & b=3 & & c=2 \end{array}$$

7-2 답 ③

$$\begin{array}{ccccc} 2^a & \times & 3 & \times & 5 \\ 2^3 & \times & 3^b & & \times & 7 \\ \hline 2^3 & \times & 3^2 & \times & 5 & \times & 7 \leftarrow \text{최소공배수} \end{array}$$

이므로 $b = 2$
최대공약수가 $2^2 \times c$ (c는 소수)이므로
$a = 2$, $c = 3$
따라서 $a + b + c = 2 + 2 + 3 = 7$

8 답 ①

$$\begin{array}{r|rrr} x & 10 \times x & 12 \times x & 16 \times x \\ 2 & 10 & 12 & 16 \\ 2 & 5 & 6 & 8 \\ \hline & 5 & 3 & 4 \end{array}$$

$480 = x \times 2 \times 2 \times 5 \times 3 \times 40$이므로
$480 = x \times 240$
$\therefore x = 2$

8-1 답 ③

곱한 소수를 x라고 하면

$x \times 3 \times 2 \times 4 = 120$이므로

$x \times 24 = 120$

$\therefore x = 5$

$$\begin{array}{r|ccc} x) & 3 \times x & 6 \times x & 8 \times x \\ \hline 3) & 3 & 6 & 8 \\ \hline 2) & 1 & 2 & 8 \\ \hline & 1 & 1 & 4 \end{array}$$

8-2 답 ③

두 자연수를 $5 \times x$, $3 \times x$라고 하면

두 수의 최소공배수는

$3 \times 5 \times x = 15 \times x$

$15 \times x = 90$에서 $x = 6$

따라서 두 수는 $5 \times 6 = 30$, $3 \times 6 = 18$이므로 작은 수는 18이다.

$$\begin{array}{r|cc} x) & 5 \times x & 3 \times x \\ \hline & 5 & 3 \end{array}$$

9 답 18 cm

정사각형 모양의 타일의 한 변의 길이는 두 수 162와 90의 최대공약수이다.

따라서 두 수의 최대공약수는

$2 \times 3 \times 3 = 18$

이므로 타일의 한 변의 길이는 18 cm이다.

$$\begin{array}{r|cc} 2) & 162 & 90 \\ \hline 3) & 81 & 45 \\ \hline 3) & 27 & 15 \\ \hline & 9 & 5 \end{array}$$

9-1 답 (1) 36 cm　(2) 6

(1) 정사각형 모양 조각의 한 변의 길이는 두 수 108과 72의 최대공약수이다.

따라서 두 수의 최대공약수는

$2 \times 2 \times 3 \times 3 = 36$

이므로 정사각형 모양 조각의 한 변의 길이는 36 cm이다.

$$\begin{array}{r|cc} 2) & 108 & 72 \\ \hline 2) & 54 & 36 \\ \hline 3) & 27 & 18 \\ \hline 3) & 9 & 6 \\ \hline & 3 & 2 \end{array}$$

(2) $108 \div 36 = 3$, $72 \div 36 = 2$이므로 나누어진 정사각형 모양 조각의 개수는 $3 \times 2 = 6$

9-2 답 (1) 60 cm　(2) 10

(1) 만든 정사각형의 한 변의 길이는 두 수 12와 30의 최소공배수이다.

두 수의 최소공배수는

$2 \times 3 \times 2 \times 5 = 60$

이므로 정사각형의 한 변의 길이는 60 cm이다.

$$\begin{array}{r|cc} 2) & 12 & 30 \\ \hline 3) & 6 & 15 \\ \hline & 2 & 5 \end{array}$$

(2) $60 \div 12 = 5$, $60 \div 30 = 2$이므로 필요한 직사각형 모양의 조각의 개수는 $5 \times 2 = 10$

10 답 ⑤

어떤 수는 $35 - 3 = 32$와 $118 + 2 = 120$의 공약수이므로 가장 큰 수는 32와 120의 최대공약수이다.

따라서 두 수의 최대공약수는

$2 \times 2 \times 2 = 8$

$$\begin{array}{r|cc} 2) & 32 & 120 \\ \hline 2) & 16 & 60 \\ \hline 2) & 8 & 30 \\ \hline & 4 & 15 \end{array}$$

10-1 답 12

어떤 수는 $38 - 2 = 36$과 60의 공약수이므로 가장 큰 수는 36과 60의 최대공약수이다.

따라서 두 수의 최대공약수는

$2 \times 2 \times 3 = 12$

$$\begin{array}{r|cc} 2) & 36 & 60 \\ \hline 2) & 18 & 30 \\ \hline 3) & 9 & 15 \\ \hline & 3 & 5 \end{array}$$

10-2 답 33

(어떤 자연수)$-3 =$(5의 배수), (어떤 자연수)$-3 =$(6의 배수)이므로 (어떤 자연수)$-3 =$(5와 6의 공배수)이어야 한다.

따라서 어떤 자연수 중 가장 작은 두 자리의 자연수는 5와 6의 최소공배수 30보다 3만큼 큰 수이므로 $30 + 3 = 33$

11 답 ②

두 사람이 처음으로 다시 만나는데 걸리는 시간은 두 수 12와 18의 최소공배수이다.

두 수의 최소공배수는

$3 \times 2 \times 2 \times 3 = 36$

따라서 두 사람이 출발 지점에서 처음으로 다시 만나는 시각은 오전 11시 36분이다.

$$\begin{array}{r|cc} 3) & 12 & 18 \\ \hline 2) & 4 & 6 \\ \hline & 2 & 3 \end{array}$$

11-1 답 오후 12시 30분

두 버스가 처음으로 다시 동시에 출발하는데 걸리는 시간은 두 수 30과 42의 최소공배수이다.

두 수의 최소공배수는

$2 \times 3 \times 5 \times 7 = 210$

따라서 두 버스가 처음으로 다시 동시에 출발하는 시각은 3시간 30분 후인 오후 12시 30분이다.

$$\begin{array}{r|cc} 2) & 30 & 42 \\ \hline 3) & 15 & 21 \\ \hline & 5 & 7 \end{array}$$

11-2 답 금요일

두 수 9와 6의 최소공배수는

$3 \times 3 \times 2 = 18$

따라서 두 친구가 도서관에서 처음으로 다시 만나는 요일은 $18 = 7 \times 2 + 4$이므로 금요일이다.

$$\begin{array}{r|cc} 3) & 9 & 6 \\ \hline & 3 & 2 \end{array}$$

12 답 $\dfrac{15}{4}$

구하는 분수를 $\dfrac{b}{a}$라고 하면

$\dfrac{b}{a} = \dfrac{(3과\ 5의\ 최소공배수)}{(20과\ 12의\ 최대공약수)}$이어야 한다.

20과 12의 최대공약수는 $2 \times 2 = 4$이므로 $a = 4$

3과 5의 최소공배수는 $3 \times 5 = 15$이므로 $b = 15$

따라서 $\dfrac{b}{a} = \dfrac{15}{4}$

$$\begin{array}{r|cc} 2) & 20 & 12 \\ \hline 2) & 10 & 6 \\ \hline & 5 & 3 \end{array}$$

12-1 답 $\dfrac{28}{5}$

구하는 분수를 $\dfrac{b}{a}$라고 하면

$\dfrac{b}{a} = \dfrac{(4와\ 7의\ 최소공배수)}{(15와\ 25의\ 최대공약수)}$이어야 한다.

15와 25의 최대공약수는 5이므로 $a = 5$

4와 7의 최소공배수는 $4 \times 7 = 28$이므로 $b = 28$

따라서 $\dfrac{b}{a} = \dfrac{28}{5}$

$$\begin{array}{r|cc} 5) & 15 & 25 \\ \hline & 3 & 5 \end{array}$$

12-2 답 $\dfrac{10}{3}$

구하는 분수를 $\dfrac{b}{a}$라고 하면

$\dfrac{b}{a} = \dfrac{(5,\ 10,\ 2의\ 최소공배수)}{(6,\ 9,\ 3의\ 최대공약수)}$이어야 한다.

6, 9, 3의 최대공약수는 3이므로
$a=3$

5, 10, 2의 최소공배수는 10이므로
$b=10$

따라서 $\dfrac{b}{a}=\dfrac{10}{3}$

$$\begin{array}{r}3\,)\underline{\ 6\quad 9\quad 3\ }\\ 2\quad 3\quad 1\end{array}$$

$$\begin{array}{r}2\,)\underline{\ 5\quad 10\quad 2\ }\\ 5\,)\underline{\ 5\quad 5\quad 1\ }\\ 1\quad 1\quad 1\end{array}$$

단원 마무리하기

개념북 28~30쪽

01 ③	**02** ⑤	**03** ④	**04** ④	**05** ③
06 ⑤	**07** ④	**08** ④, ⑤	**09** ⑤	**10** ③
11 ②, ⑤	**12** ④	**13** ①	**14** ②	**15** 24
16 ⑤	**17** 12	**18** 198		
19 경민: 5바퀴, 승엽: 3바퀴				

01 ③ 2는 짝수이지만 소수이다.

02 ① $8+8+8+8=4\times8$
② $5\times5\times5=5^3$
③ $10000=10^4$
④ $3\times3+7\times7\times7=3^2+7^3$
따라서 옳은 것은 ⑤이다.

03 ① $80=2^4\times5$
② $100=10^2=2^2\times5^2$
③ $56=2^3\times7$
⑤ $72=2^3\times9=2^3\times3^2$
따라서 옳은 것은 ④이다.

04 ① $12=2^2\times3$
② $48=2^4\times3$
③ $54=2\times3^3$
④ $60=2^2\times3\times5$
⑤ $108=2^2\times3^3$
①, ②, ③, ⑤ 소인수: 2, 3
④ 소인수: 2, 3, 5
따라서 소인수가 다른 하나는 ④이다.

05 $240\times A=2^4\times3\times5\times A$이므로 이 수가 어떤 자연수의 제곱이 되려면 $A=3\times5\times(\text{자연수})^2$ 꼴이어야 한다.
따라서 가장 작은 자연수 A는 $3\times5\times1^2=15$

06 ① $2^3\times3^2$의 약수의 개수는
$(3+1)\times(2+1)=12$
② 11^{11}의 약수의 개수는
$11+1=12$
③ $96=2^5\times3$이므로 약수의 개수는
$(5+1)\times(1+1)=12$
④ $2\times3\times5^2$의 약수의 개수는
$(1+1)\times(1+1)\times(2+1)=12$
⑤ $400=2^4\times5^2$이므로 약수의 개수는
$(4+1)\times(2+1)=15$
따라서 약수의 개수가 나머지 넷과 다른 것은 ⑤이다.

07 □ 안의 수를 a^m(a는 2가 아닌 소수, m은 자연수)이라고 하면
$(4+1)\times(m+1)=15$, $m+1=3$ $\therefore m=2$
즉, □ 안의 수는 a^2이고 가장 작은 수이려면 $a=3$이어야 한다.
따라서 구하는 가장 작은 자연수는 $3^2=9$

08 최대공약수가 1인 두 수를 찾는다.
① 최대공약수가 7
② 최대공약수가 9
③ 최대공약수가 7
④ $14=2\times7$, $45=3^2\times5$이므로 최대공약수가 1
⑤ $8=2^3$, $21=3\times7$이므로 최대공약수가 1
따라서 두 수가 서로소인 것은 ④, ⑤이다.

09 두 수 $2^4\times3^2\times5$, 2×3^2의 최대공약수는 2×3^2이다.
따라서 공약수는 최대공약수 2×3^2의 약수이므로 공약수가 아닌 것은 ⑤이다.

10 n은 64와 72의 공약수이고 64와 72의 최대공약수는 $2^3=8$이므로 n의 값이 될 수 있는 자연수의 개수는
$3+1=4$

$$\begin{array}{r}2\,)\underline{\ 64\quad 72\ }\\ 2\,)\underline{\ 32\quad 36\ }\\ 2\,)\underline{\ 16\quad 18\ }\\ 8\quad 9\end{array}$$

11 어떤 수는 $136-4=132$, 84의 약수이므로 132와 84의 공약수이다.
두 수의 최대공약수는
$2\times2\times3=12$
이므로 어떤 수가 될 수 있는 것은 12의 약수인 1, 2, 3, 4, 6, 12 중에서 4보다 큰 6, 12이다.

$$\begin{array}{r}2\,)\underline{\ 132\quad 84\ }\\ 2\,)\underline{\ 66\quad 42\ }\\ 3\,)\underline{\ 33\quad 21\ }\\ 11\quad 7\end{array}$$

12 세 수 $2^2\times3\times5^2$, $2^3\times3^4\times7^2$, $2^4\times3^2\times5\times7$의 최대공약수는 공통인 소인수를 모두 곱한 것으로 지수가 작거나 같은 것을 택해야 하므로 $2^2\times3$이다.
또, 최소공배수는 공통인 소인수와 공통이 아닌 소인수를 모두 곱한 것으로 지수가 같거나 큰 것을 택해야 하므로
$2^4\times3^4\times5^2\times7^2$이다.

13 두 수의 공배수는 최소공배수의 배수이므로 공배수가 아닌 것은 6의 배수가 아닌 ①이다.

14 최대공약수는 공통인 소인수 중 지수가 같거나 작은 것을 택해야 하므로 $a=3$

또, 최소공배수는 공통인 소인수 중 지수가 같거나 큰 것을 택해야 하므로

$b=3, c=5$

따라서 $a+b+c=3+3+5=11$

15 두 자연수 $8 \times a$, $12 \times a$의

최소공배수는

$a \times 2 \times 2 \times 2 \times 3 = 24 \times a$

최소공배수가 144이므로

$24 \times a = 144$ ∴ $a=6$

$a=6$이므로 두 수의 최대공약수는

$6 \times 2 \times 2 = 24$

$$\begin{array}{r|rr} a) & 8 \times a & 12 \times a \\ 2) & 8 & 12 \\ 2) & 4 & 6 \\ & 2 & 3 \end{array}$$

16 정육면체의 한 모서리의 길이는

18, 30, 12의 최소공배수이므로

$2 \times 3 \times 3 \times 5 \times 2 = 180$

가로에 필요한 벽돌의 개수는

$180 \div 18 = 10$

세로에 필요한 벽돌의 개수는

$180 \div 30 = 6$

높이에 필요한 벽돌의 개수는

$180 \div 12 = 15$

따라서 필요한 벽돌의 개수는

$10 \times 6 \times 15 = 900$

$$\begin{array}{r|rrr} 2) & 18 & 30 & 12 \\ 3) & 9 & 15 & 6 \\ & 3 & 5 & 2 \end{array}$$

17 **1단계** 108을 소인수분해하면

$108 = 2^2 \times 3^3$

2단계 $108 \times a = 2^2 \times 3^3 \times a$가 어떤 자연수의

제곱이 되려면 $a = 3 \times (\text{자연수})^2$ 꼴이

어야 한다.

3단계 a의 값은

$3 \times 1^2 = 3$, $3 \times 2^2 = 12$, $3 \times 3^2 = 27$, …

이므로 가장 작은 두 자리의 자연수는 12이다.

$$\begin{array}{r|r} 2) & 108 \\ 2) & 54 \\ 3) & 27 \\ 3) & 9 \\ & 3 \end{array}$$

18 세 수 36, 54, 72를 나누어떨어지게 하는

가장 큰 자연수는 세 수의 최대공약수이므로

$2 \times 3 \times 3 = 18$ ∴ $a=18$ ········· ❶

또, 세 수 36, 54, 72로 나누어떨어지는 가장

작은 자연수는 세 수의 최소공배수이므로

$2 \times 3 \times 3 \times 2 \times 3 \times 2 = 216$

∴ $b=216$ ·· ❷

∴ $b-a=216-18=198$ ······················· ❸

$$\begin{array}{r|rrr} 2) & 36 & 54 & 72 \\ 3) & 18 & 27 & 36 \\ 3) & 6 & 9 & 12 \\ 2) & 2 & 3 & 4 \\ & 1 & 3 & 2 \end{array}$$

단계	채점 기준	비율
❶	a의 값 구하기	40 %
❷	b의 값 구하기	50 %
❸	$b-a$의 값 구하기	10 %

19 출발점에서 처음으로 다시 만나는 데 걸리는 시간은 두 수 72와 120의 최소공배수이다. ······························ ❶

두 수의 최소공배수는

$2 \times 2 \times 2 \times 3 \times 3 \times 5 = 360$

즉, 출발한 지 360초 후에 출발점에서 처음으로 다시 만나게 된다. ································· ❷

따라서 경민이는 $360 \div 72 = 5$(바퀴), 승엽이는 $360 \div 120 = 3$(바퀴)를 돌았을 때 출발점에서 처음으로 다시 만나게 된다. ·· ❸

$$\begin{array}{r|rr} 2) & 72 & 120 \\ 2) & 36 & 60 \\ 2) & 18 & 30 \\ 3) & 9 & 15 \\ & 3 & 5 \end{array}$$

단계	채점 기준	비율
❶	출발점에서 처음으로 다시 만나는 데 걸리는 시간의 의미 이해하기	30 %
❷	두 수 72와 120의 최소공배수 구하기	30 %
❸	몇 바퀴 돌았을 때 출발점에서 처음으로 다시 만나는지 구하기	40 %

I-2. 정수와 유리수

1 정수와 유리수의 뜻

01 정수와 유리수의 뜻
개념북 32쪽

유제1 답 $+15$
하락한 것을 $-$로 나타내므로 오른 것은 $+$로 나타낸다.
따라서 15점 오른 것은 $+15$점으로 나타낸다.

유제2 답 (1) × (2) ○
(1) 정수는 양의 정수, 0, 음의 정수로 이루어져 있다.

개념 확인하기
개념북 33쪽

01 답 (1) $+50$명, -20명 (2) $+300\,\mathrm{m}$, $-50\,\mathrm{m}$

02 답 (1) $+4$ (2) -9 (3) $+\dfrac{3}{5}$ (4) -3.4

03 답 양수: $+4$, $+0.3$
음수: -2, -7, $-\dfrac{5}{9}$

04 답 (1) 양의 정수: 4, $+\dfrac{6}{2}$ / 양의 유리수: 4, $+\dfrac{6}{2}$, $1\dfrac{4}{7}$
(2) 음의 정수: -10 / 음의 유리수: $-\dfrac{5}{8}$, -10, -0.4
(3) $-\dfrac{5}{8}$, $1\dfrac{4}{7}$, -0.4
(4) 0

유형 확인하기
개념북 34~35쪽

1 답 ⑤
⑤ 지출은 $-$로 표현하므로 800원 지출은 -800원이다.

1-1 답 ③
① $-2\,\mathrm{kg}$ ② $+20$점 ③ -5점
④ $+15\,\%$ ⑤ -2개월
따라서 옳은 것은 ③이다.

1-2 답 ⑤
① $+6$ ② $+5\,\mathrm{m}$ ③ $+10\,\mathrm{kg}$
④ $+7\,\%$ ⑤ -0.12
따라서 나머지 넷과 부호가 다른 것은 ⑤이다.

2 답 ③
음의 정수는 $-\dfrac{6}{2}=-3$, -2, -9의 3개이다.

2-1 답 ①, ④
자연수가 아닌 정수는 0 또는 음의 정수이므로
① $-\dfrac{12}{4}=-3$, ④이다.

2-2 답 ④
④ 자연수가 아닌 정수는 0 또는 음의 정수이므로 0, -8의 2개
이다.

3 답 ④
① 양수는 $+\dfrac{4}{5}$, $\dfrac{4}{2}$, 3.2, $\dfrac{1}{7}$의 4개이다.
② 음의 정수는 -4, $-\dfrac{9}{3}(=-3)$의 2개이다.
③ $\dfrac{4}{2}(=2)$는 자연수이므로 자연수는 1개이다.
④ 정수가 아닌 유리수는 -2.8, $+\dfrac{4}{5}$, 3.2, $\dfrac{1}{7}$의 4개이다.
⑤ 음의 유리수는 -2.8, -4, $-\dfrac{9}{3}$의 3개이다.
따라서 옳은 것은 ④이다.

3-1 답 ③
① 음수는 -5, -1, $-\dfrac{3}{5}$의 3개이다.
② 양의 정수는 $\dfrac{6}{2}(=3)$, $+1.0(=1)$의 2개이다.
③ 자연수가 아닌 정수는 -5, 0, -1의 3개이다.
④ 정수가 아닌 유리수는 $\dfrac{1}{4}$, $-\dfrac{3}{5}$의 2개이다.
⑤ 양의 유리수는 $\dfrac{6}{2}$, $\dfrac{1}{4}$, $+1.0$의 3개이다.
따라서 옳지 않은 것은 ③이다.

3-2 답 ②, ④
정수가 아닌 유리수는 ② $-\dfrac{1}{3}$, ④ 1.20다.

4 답 ④
④ 양의 유리수가 아닌 유리수는 0 또는 음의 유리수이다.

4-1 답 ②
① 0은 자연수가 아니다. 0은 정수(또는 유리수)이다.
② 모든 자연수는 양의 정수이다.
③ 양의 정수도 아니고 음의 정수도 아닌 정수는 0이다.
④ 유리수는 $\dfrac{(정수)}{(0이\ 아닌\ 정수)}$ 꼴로 나타낼 수 있는 수이다.
⑤ 유리수는 정수와 정수가 아닌 유리수로 나뉜다.
따라서 옳은 것은 ②이다.

4-2 답 ㄷ, ㄹ
ㄱ. 0은 양수도 아니고 음수도 아니다.
ㄴ. 정수는 양의 정수, 0, 음의 정수로 이루어져 있다.
따라서 보기 중 옳은 것은 ㄷ, ㄹ이다.

2 정수와 유리수의 대소 관계

02 수직선과 절댓값
개념북 36쪽

유제 1 답 풀이 참조

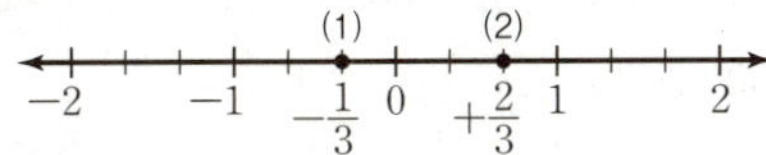

유제 2 답 (1) $\left|+\dfrac{1}{5}\right|=\dfrac{1}{5}$ (2) $|-7|=7$

개념 확인하기
개념북 37쪽

01 답 A: -2, B: $-\dfrac{7}{5}$, C: $-\dfrac{2}{5}$, D: $+1$, E: $+\dfrac{14}{5}$

02 답

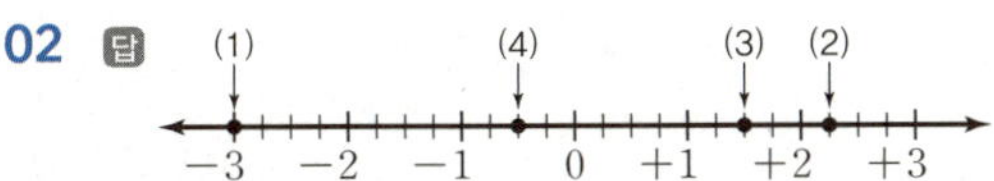

03 답 (1) 9 (2) 6 (3) -5, $+5$

04 답 ⑤
① 절댓값은 0 또는 양수이다.
② 절댓값이 가장 작은 수는 0이다.
③ 절댓값이 음수인 수는 없다.
④ 원점으로부터 멀리 떨어져 있는 점에 대응하는 수일수록 절
댓값이 크다.
따라서 옳은 것은 ⑤이다.

05 답 ①
각각의 절댓값은 다음과 같다.
① $|-6|=6$ ② $|-4.5|=4.5$ ③ $\left|-\dfrac{2}{3}\right|=\dfrac{2}{3}$
④ $|4|=4$ ⑤ $|5.1|=5.1$
따라서 원점에서 가장 멀리 떨어져 있는 수는 ①이다.

03 수의 대소 관계
개념북 38쪽

유제 1 답 (1) ×   (2) ○
(1) 0보다 작은 음의 정수는 -1, -2, -3, …으로 무수히
많다.

유제 2 답 (1) $x>5$ (2) $x\le0$

개념 확인하기
개념북 39쪽

01 답 (1) $>$ (2) $<$ (3) $>$ (4) $>$

02 답 (1) $+10$, $+\dfrac{7}{3}$, $+2$ (2) $+2$, $-\dfrac{1}{3}$, $-\dfrac{3}{4}$

03 답 ⑤
ㄱ. $|-3|=3$, $|+2|=2$이므로 $|-3|>|+2|$
ㄴ. $-\dfrac{1}{5}=-0.2$이므로 $-0.25<-\dfrac{1}{5}$
ㄹ. $\left|-\dfrac{6}{5}\right|=\dfrac{6}{5}=\dfrac{36}{30}$, $\left|-\dfrac{7}{6}\right|=\dfrac{7}{6}=\dfrac{35}{30}$이므로
$\left|-\dfrac{6}{5}\right|>\left|-\dfrac{7}{6}\right|$
따라서 보기 중 옳은 것은 ㄷ, ㄹ이다.

04 답 (1) $x\le-4$ (2) $x>7$ (3) $-5<x\le\dfrac{3}{4}$

05 답 ②
각각을 부등호를 사용하여 나타내면 다음과 같다.
① $-2<x<5$ ② $-2\le x<5$
③ $-2\le x\le5$ ④ $-2<x<5$
⑤ $-2\le x\le5$
따라서 $-2\le x<5$를 나타내는 것은 ②이다.

유형 확인하기
개념북 40~43쪽

1 답 ⑤
⑤ E: $+\dfrac{5}{2}$

1-1 답 ③
③ C: $-\dfrac{1}{3}$

1-2 답 ③
원점을 기준으로 왼쪽에 있는 수는 음수이다.
따라서 -8.8, -1, $-\dfrac{5}{2}$의 3개이다.

2 답 ④
① $|3|=3$ ② $\left|-\dfrac{4}{3}\right|=\dfrac{4}{3}$ ③ $|0|=0$
④ $\left|-\dfrac{7}{2}\right|=\dfrac{7}{2}$ ⑤ $|2|=2$
따라서 절댓값이 가장 큰 수는 ④이다.

2-1 답 0, $\dfrac{1}{4}$, $-\dfrac{1}{2}$, 1.5, -2, $\dfrac{7}{3}$
$|-2|=2$, $|1.5|=1.5$, $\left|\dfrac{7}{3}\right|=\dfrac{7}{3}$, $|0|=0$, $\left|-\dfrac{1}{2}\right|=\dfrac{1}{2}$,
$\left|\dfrac{1}{4}\right|=\dfrac{1}{4}$이므로 절댓값이 작은 수부터 나열하면 다음과 같다.
0, $\dfrac{1}{4}$, $-\dfrac{1}{2}$, 1.5, -2, $\dfrac{7}{3}$

2-2 답 ①
원점에서 가장 가까운 수는 절댓값이 가장 작은 수이므로 각각
의 절댓값을 구하면 다음과 같다.
① $\dfrac{1}{4}$ ② 0.5 ③ 1 ④ $\dfrac{3}{2}$ ⑤ 2
따라서 원점에서 가장 가까운 수는 ①이다.

3 답 $a=-4$, $b=4$

두 수 a, b의 절댓값이 같으므로 원점으로부터 같은 거리만큼 떨어져 있다. 이때 두 수가 나타내는 두 점 사이의 거리가 8이므로 각각 원점으로부터 $\dfrac{8}{2}=4$만큼씩 떨어져 있다.

따라서 구하는 두 수는 -4, 4이고 $a<b$이므로
$a=-4$, $b=4$

3-1 답 $a=-5$, $b=5$

두 수 a, b를 나타내는 점은 각각 원점으로부터 $\dfrac{10}{2}=5$만큼씩 떨어져 있다.

따라서 구하는 두 수는 -5, 5이고 $a<b$이므로
$a=-5$, $b=5$

3-2 답 $a=-\dfrac{15}{4}$, $b=\dfrac{15}{4}$

두 수 a, b의 절댓값이 같으므로 원점으로부터 같은 거리만큼 떨어져 있다. 이때 두 수가 나타내는 두 점 사이의 거리가 $\dfrac{15}{2}$이므로 각각 원점으로부터 $\dfrac{15}{2}\times\dfrac{1}{2}=\dfrac{15}{4}$만큼씩 떨어져 있다.

따라서 구하는 두 수는 $-\dfrac{15}{4}$, $\dfrac{15}{4}$이고 $a<b$이므로
$a=-\dfrac{15}{4}$, $b=\dfrac{15}{4}$

4 답 -3, -2, -1, 0, 1, 2, 3

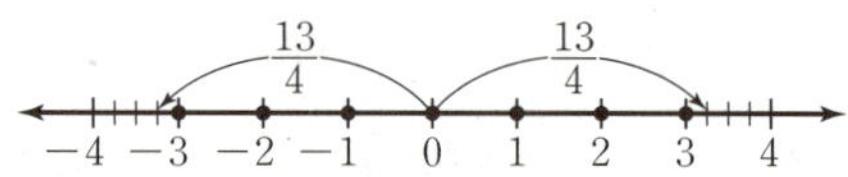

위의 수직선에서 절댓값이 $\dfrac{13}{4}$보다 작은 정수는
-3, -2, -1, 0, 1, 2, 3이다.

4-1 답 (1) -4, -3, -2, -1, 0, 1, 2, 3, 4
(2) -2, -1, 0, 1, 2

(1)

위의 수직선에서 절댓값이 4 이하인 정수는
-4, -3, -2, -1, 0, 1, 2, 3, 4이다.

(2)

위의 수직선에서 절댓값이 $\dfrac{7}{3}$보다 작은 정수는
-2, -1, 0, 1, 2이다.

4-2 답 ⑤

$\dfrac{18}{5}=3.6$이므로 절댓값이 $\dfrac{18}{5}$보다 작은 정수는
-3, -2, -1, 0, 1, 2, 3의 7개이다.

5 답 ⑤

① (음수)<0이므로 $-2<0$
② $\left|-\dfrac{3}{2}\right|=\dfrac{3}{2}$이므로 $\left|-\dfrac{3}{2}\right|>1$
③ $2>1.5$
④ $|-4|=4$, $|-5|=5$이므로 $|-4|<|-5|$
⑤ $-\dfrac{1}{2}=-\dfrac{3}{6}$, $-\dfrac{1}{3}=-\dfrac{2}{6}$이므로 $-\dfrac{1}{2}<-\dfrac{1}{3}$

따라서 옳은 것은 ⑤이다.

5-1 답 (1) $<$　　(2) $>$　　(3) $<$　　(4) $>$

(1) $\dfrac{3}{5}=0.6$이므로 $\dfrac{3}{5}<0.62$
(2) $|-7|=7$이므로 $|-7|>4$
(3) $|-3|=3$, $|-5|=5$이므로 $|-3|<|-5|$
(4) $-\dfrac{4}{5}=-\dfrac{16}{20}$, $-\dfrac{5}{4}=-\dfrac{25}{20}$이므로 $-\dfrac{4}{5}>-\dfrac{5}{4}$

5-2 답 ⑤

①, ②, ③, ④ $<$
⑤ $\left|-\dfrac{1}{2}\right|=\dfrac{1}{2}$, $\left|+\dfrac{1}{3}\right|=\dfrac{1}{3}$이고 $\dfrac{1}{2}>\dfrac{1}{3}$이므로 $\left|-\dfrac{1}{2}\right|>\left|+\dfrac{1}{3}\right|$

따라서 부등호가 나머지 넷과 다른 하나는 ⑤이다.

6 답 -7.2

(음수)$<0<$(양수)이고 음수는 절댓값이 클수록 작고 양수는 절댓값이 작을수록 작으므로 작은 수부터 차례대로 나열하면
-7.2, -3, 0, $+\dfrac{2}{3}$, $+\dfrac{5}{2}$, $+4.5$이다.

따라서 가장 작은 수는 -7.2이다.

6-1 답 5

(음수)$<0<$(양수)이고 음수는 절댓값이 작을수록 크고 양수는 절댓값이 클수록 크므로 작은 수부터 차례대로 나열하면
-10, $-\dfrac{7}{2}$, 0, $\dfrac{5}{4}$, 5, 9.3이다.

따라서 두 번째로 큰 수는 5이다.

6-2 답 2개

$|-2|=2$이므로 2보다 큰 수는 4, $\dfrac{13}{6}$의 2개이다.

7 답 ④

'a는 $-\dfrac{4}{3}$보다 작지 않고 $\dfrac{8}{3}$ 미만이다.'는 'a는 $-\dfrac{4}{3}$보다 크거나 같고 $\dfrac{8}{3}$보다 작다.'이므로 부등호를 사용하여 나타내면
$-\dfrac{4}{3}\leq a<\dfrac{8}{3}$

7-1 답 ④

'x는 -2 이상이고 5보다 크지 않다.'는 'x는 -2보다 크거나 같고 5보다 작거나 같다.'이므로 부등호를 사용하여 나타내면
$-2\leq x\leq5$

7-2 답 ⑤

⑤ $-5 \leq x < 4$

8 답 6

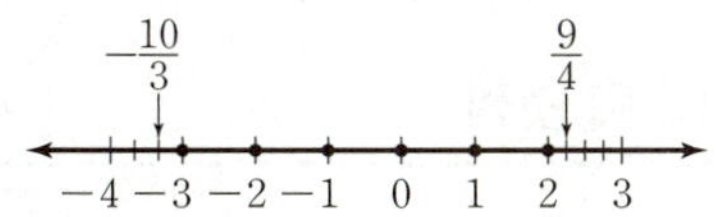

두 수 $-\dfrac{10}{3}$과 $\dfrac{9}{4}$ 사이에 있는 정수는

-3, -2, -1, 0, 1, 2의 6개이다.

8-1 답 -3, -2, -1, 0

x는 $-4 < x \leq \dfrac{5}{6}$를 만족시키는 정수이므로

-3, -2, -1, 0이다.

8-2 답 3

$\dfrac{7}{3}$, $\dfrac{1}{4}$을 수직선 위에 나타내면 다음과 같다.

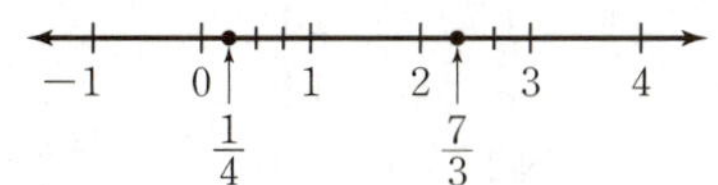

$\dfrac{7}{3}$보다 큰 정수 중에서 가장 작은 수는 3

$\dfrac{1}{4}$보다 작은 정수 중에서 가장 큰 수는 0

따라서 두 수의 합은 $3+0=3$

단원 마무리하기

개념북 44~46쪽

01 ④, ⑤	**02** ②	**03** ⑤	**04** ①, ④	**05** ④
06 ⑤	**07** ③	**08** ④	**09** ③	**10** ④
11 -7, 7	**12** 4	**13** ④, ⑤	**14** ④	**15** ⑤
16 ③	**17** 5	**18** 8 또는 12		**19** -3, 0

01 ④ 해발 8848 m: $+8848$ m

⑤ 수심 50 m: -50 m

02 A에 속하는 수는 정수가 아닌 유리수이므로 ②이다.

03 ① 자연수는 $\dfrac{5}{1}(=5)$의 1개이다.

② 음의 정수는 -1, $-\dfrac{12}{6}(=-2)$의 2개이다.

③ 양의 유리수는 $\dfrac{5}{1}$, $+\dfrac{5}{3}$, 2.9의 3개이다.

④ 정수가 아닌 유리수는 $+\dfrac{5}{3}$, $-\dfrac{6}{4}$, 2.9의 3개이다.

⑤ 양수도 아니고 음수도 아닌 수는 0의 1개이다.
따라서 옳은 것은 ⑤이다.

04 ① 0은 유리수이다.

④ 정수는 양의 정수, 0, 음의 정수로 이루어져 있다.

05 ④ D: $-\dfrac{2}{3}$

06 $\dfrac{5}{2}=2.5$이고, 수직선 위에 나타내었을 때 가장 오른쪽에 있는 수는 가장 큰 수이므로 ⑤이다.

07 원점에 가장 가까이 있는 수는 절댓값이 가장 작은 수이므로 각각의 절댓값을 구하면 다음과 같다.

① 1.2 　② $\dfrac{4}{5}$ 　③ $\dfrac{1}{3}$ 　④ 0.5 　⑤ $\dfrac{9}{8}$

따라서 원점에 가장 가까이 있는 수는 ③이다.

08 -2와 6에 대응하는 두 점 사이의 거리는 8이므로 두 점으로부터 같은 거리에 있는 점에 대응하는 수는 -2에서 오른쪽으로 $\dfrac{8}{2}=4$만큼, 6에서 왼쪽으로 $\dfrac{8}{2}=4$만큼 떨어져 있는 점에 대응하는 수인 2이다.

09 ③ $a=-3$, $b=-2$일 때, $-3 < -2$이지만 $|-3| > |-2|$이다.

10 수직선 위에 $-5\dfrac{2}{3}$와 $\dfrac{12}{5}$를 나타내면 다음과 같다.

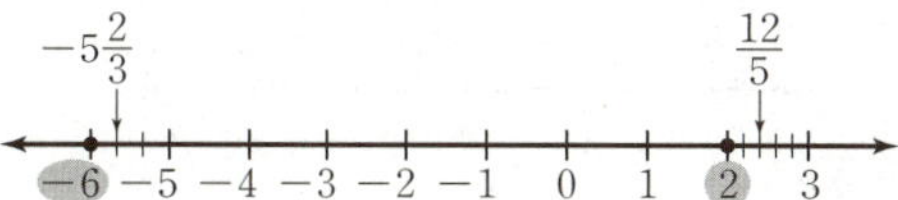

따라서 $a=-6$이므로 $|a|=6$, $b=2$이므로 $|b|=2$

$\therefore |a|+|b|=6+2=8$

11 두 수의 절댓값이 같으므로 원점으로부터 같은 거리만큼 떨어져 있다. 이때 두 수의 차가 14이므로 두 수가 나타내는 두 점 사이의 거리가 14이고 각각 원점으로부터 $\dfrac{14}{2}=7$만큼씩 떨어져 있다.

따라서 구하는 두 수는 -7, 7이다.

12 절댓값이 2보다 크고 $\dfrac{9}{2}(=4.5)$보다 작은 정수는 절댓값이 3 또는 4인 수이므로 -4, -3, 3, 4의 4개이다.

13 ① $|-3|=3$이므로 $|-3| > +2$

② $-\dfrac{1}{10}=-0.1$이므로 $-0.21 < -0.1$

③ $0 > -1$

④ $\left|-\dfrac{2}{5}\right|=\dfrac{2}{5}$이므로 $\left|-\dfrac{2}{5}\right| > -1$

⑤ $|-1.1|=1.1$, $\left|+\dfrac{3}{4}\right|=0.75$이므로 $|-1.1| > \left|+\dfrac{3}{4}\right|$

따라서 옳은 것은 ④, ⑤이다.

14 ① $x \geq \dfrac{3}{2}$ 　　　　② $-2 \leq x < 8$

③ $x \leq 5$ 　　　　⑤ $4 \leq x \leq 10$

따라서 바르게 나타낸 것은 ④이다.

15 a는 $-\dfrac{7}{2} \leq a < 5$를 만족시키는 정수이므로
$-3, -2, -1, 0, 1, 2, 3, 4$의 8개이다.

16 수직선 위에서 두 수 $-\dfrac{7}{3}$과 4.9 사이에 있는 정수는 다음 그림과 같다.

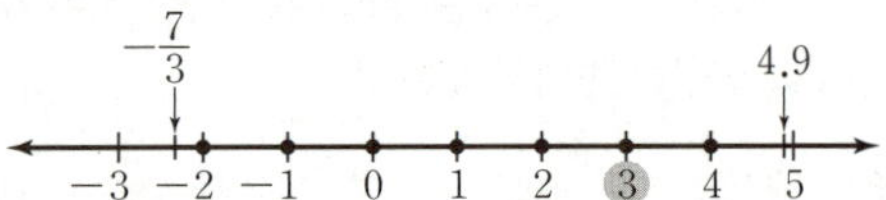

따라서 원점에서 멀리 떨어진 순서로 두 번째에 있는 정수는 3이다.

17 **1단계** 양수는 5.0, $+\dfrac{10}{3}$, 7의 3개이므로 $A = 3$

2단계 정수가 아닌 음의 유리수는 $-\dfrac{5}{4}$, -3.6의 2개이므로
$B = 2$

3단계 $A + B = 3 + 2 = 5$

18 조건 (나)에서 $|x| = 2$이므로
$x = -2$ 또는 $x = 2$ ⋯⋯⋯⋯⋯⋯⋯⋯⋯⋯⋯⋯ **❶**
(i) $x = -2$일 때, 조건 (가)를 만족시키는 두 수 x, y를 수직선 위에 나타내면 다음과 같다.

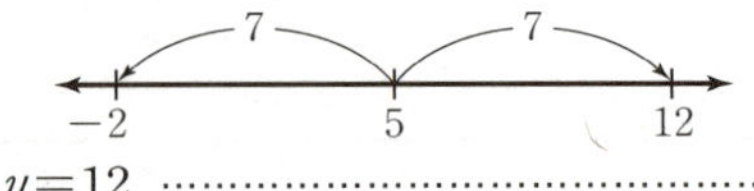

$\therefore y = 12$ ⋯⋯⋯⋯⋯⋯⋯⋯⋯⋯⋯⋯⋯⋯⋯ **❷**
(ii) $x = 2$일 때, 조건 (가)를 만족시키는 두 수 x, y를 수직선 위에 나타내면 다음과 같다.

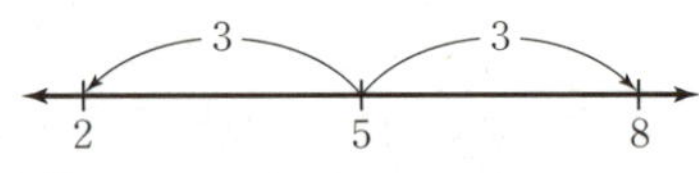

$\therefore y = 8$ ⋯⋯⋯⋯⋯⋯⋯⋯⋯⋯⋯⋯⋯⋯⋯⋯ **❸**
(i), (ii)에서 구하는 y의 값은 8 또는 12이다. ⋯⋯⋯⋯ **❹**

단계	채점 기준	비율
❶	x의 값 구하기	10 %
❷	$x = -2$일 때의 y의 값 구하기	40 %
❸	$x = 2$일 때의 y의 값 구하기	40 %
❹	조건을 만족시키는 y의 값 모두 구하기	10 %

19 두 수 $-\dfrac{17}{5}$과 $\dfrac{15}{7}$를 수직선 위에 나타내면 다음과 같다.

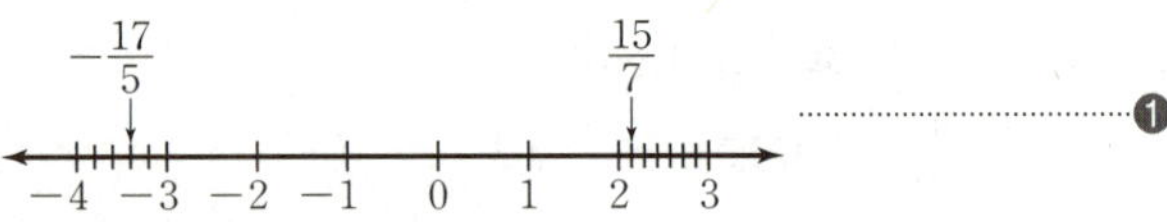

⋯⋯⋯⋯⋯ **❶**
두 수 $-\dfrac{17}{5}$과 $\dfrac{15}{7}$ 사이에 있는 정수는
$-3, -2, -1, 0, 1, 2$이다. ⋯⋯⋯⋯⋯⋯⋯⋯⋯⋯⋯⋯ **❷**
따라서 절댓값이 가장 큰 정수는 -3, 절댓값이 가장 작은 정수는 0이다. ⋯⋯⋯⋯⋯⋯⋯⋯⋯⋯⋯⋯⋯⋯⋯⋯ **❸**

단계	채점 기준	비율
❶	두 수를 수직선 위에 나타내기	40 %
❷	두 수 사이에 있는 정수 구하기	30 %
❸	절댓값이 가장 큰 정수와 가장 작은 정수 구하기	30 %

I-3. 정수와 유리수의 계산

1 정수와 유리수의 덧셈과 뺄셈

01 정수와 유리수의 덧셈
개념북 48쪽

유제1 답 차, 큰

유제2 답 (나)
세 수 중 어느 두 수를 먼저 더하여도 그 결과가 같은 곳을 찾으면 (나)이다.

개념 확인하기
개념북 49쪽

01 답 (1) $+3, +5$ (2) $-3, -5$ (3) $-2, +1$ (4) $+2, -1$

02 답 (1) $+10$ (2) -12 (3) -6
(1) $(+3) + (+7) = +(3+7) = +10$
(2) $(-7) + (-5) = -(7+5) = -12$
(3) $(+6) + (-12) = -(12-6) = -6$

03 답 (1) $-\dfrac{7}{6}$ (2) $+\dfrac{1}{21}$ (3) -3.3
(1) $\left(-\dfrac{1}{2}\right) + \left(-\dfrac{2}{3}\right) = \left(-\dfrac{3}{6}\right) + \left(-\dfrac{4}{6}\right)$
$\qquad = -\left(\dfrac{3}{6} + \dfrac{4}{6}\right) = -\dfrac{7}{6}$
(2) $\left(+\dfrac{5}{7}\right) + \left(-\dfrac{2}{3}\right) = \left(+\dfrac{15}{21}\right) + \left(-\dfrac{14}{21}\right)$
$\qquad = +\left(\dfrac{15}{21} - \dfrac{14}{21}\right) = +\dfrac{1}{21}$
(3) $(-5.7) + (+2.4) = -(5.7 - 2.4) = -3.3$

04 답 ㉠ 덧셈의 교환법칙, ㉡ 덧셈의 결합법칙

02 정수와 유리수의 덧셈과 뺄셈의 혼합 계산
개념북 50쪽

유제1 답 $+, +, +7$
$(+2) - (-5) = (+2) + (+5) = +(2+5) = +7$

유제2 답 $+2, +2, +10, -5, +5$
$(+8) + (-5) - (-2) = (+8) + (-5) + (+2)$
$\qquad\qquad\qquad = \{(+8) + (+2)\} + (-5)$
$\qquad\qquad\qquad = (+10) + (-5)$
$\qquad\qquad\qquad = +5$

개념 확인하기
개념북 51쪽

01 답 (1) -4 (2) $+7$ (3) $-\dfrac{4}{5}$ (4) $+\dfrac{1}{6}$
(1) $(+3) - (+7) = (+3) + (-7) = -(7-3) = -4$
(2) $(+5) - (-2) = (+5) + (+2) = +(5+2) = +7$

(3) $\left(-\dfrac{3}{5}\right)-\left(+\dfrac{1}{5}\right)=\left(-\dfrac{3}{5}\right)+\left(-\dfrac{1}{5}\right)$
$=-\left(\dfrac{3}{5}+\dfrac{1}{5}\right)=-\dfrac{4}{5}$

(4) $\left(-\dfrac{1}{2}\right)-\left(-\dfrac{2}{3}\right)=\left(-\dfrac{1}{2}\right)+\left(+\dfrac{2}{3}\right)$
$=+\left(\dfrac{4}{6}-\dfrac{3}{6}\right)=+\dfrac{1}{6}$

02 답 (1) $+7$　(2) -13　(3) $+1$　(4) $+\dfrac{1}{3}$

(1) $(+10)-(+5)-(-2)$
$=(+10)+(-5)+(+2)$
$=(+10)+(+2)+(-5)$
$=\{(+10)+(+2)\}+(-5)$
$=(+12)+(-5)=+7$

(2) $(-8)-(-4)-(+9)$
$=(-8)+(+4)+(-9)$
$=(-8)+(-9)+(+4)$
$=\{(-8)+(-9)\}+(+4)$
$=(-17)+(+4)=-13$

(3) $(-1.2)-(+3.7)-(-5.9)$
$=(-1.2)+(-3.7)+(+5.9)$
$=\{(-1.2)+(-3.7)\}+(+5.9)$
$=(-4.9)+(+5.9)=+1$

(4) $\left(+\dfrac{2}{3}\right)-\left(+\dfrac{5}{6}\right)-\left(-\dfrac{1}{2}\right)$
$=\left(+\dfrac{2}{3}\right)+\left(-\dfrac{5}{6}\right)+\left(+\dfrac{1}{2}\right)$
$=\left(+\dfrac{2}{3}\right)+\left(+\dfrac{1}{2}\right)+\left(-\dfrac{5}{6}\right)$
$=\left\{\left(+\dfrac{2}{3}\right)+\left(+\dfrac{1}{2}\right)\right\}+\left(-\dfrac{5}{6}\right)$
$=\left(+\dfrac{7}{6}\right)+\left(-\dfrac{5}{6}\right)=+\dfrac{2}{6}=+\dfrac{1}{3}$

03 답 (1) $+3$　(2) -2　(3) -1　(4) $-\dfrac{31}{6}$

(1) $(-9)+(+5)-(-7)$
$=(-9)+(+5)+(+7)$
$=(-9)+\{(+5)+(+7)\}$
$=(-9)+(+12)=+3$

(2) $(+5)-(-3)+(-10)$
$=(+5)+(+3)+(-10)$
$=(+8)+(-10)=-2$

(3) $(-1.2)+(-3.2)-(-3.4)$
$=(-1.2)+(-3.2)+(+3.4)$
$=(-4.4)+(+3.4)=-1$

(4) $\left(-\dfrac{1}{2}\right)-(+4)+\left(-\dfrac{2}{3}\right)$
$=\left(-\dfrac{1}{2}\right)+(-4)+\left(-\dfrac{2}{3}\right)$
$=\left(-\dfrac{1}{2}\right)+\left(-\dfrac{2}{3}\right)+(-4)$
$=\left(-\dfrac{3}{6}\right)+\left(-\dfrac{4}{6}\right)+(-4)$
$=\left(-\dfrac{7}{6}\right)+(-4)=-\dfrac{31}{6}$

04 답 (1) $+6$　(2) $+4$　(3) $+\dfrac{25}{6}$　(4) $+\dfrac{1}{12}$

(1) $7-5+4=(+7)-(+5)+(+4)$
$=(+7)+(-5)+(+4)$
$=(+2)+(+4)=+6$

(2) $-8+13-1=(-8)+(+13)-(+1)$
$=(-8)+(+13)+(-1)$
$=(-8)+(-1)+(+13)$
$=(-9)+(+13)=+4$

(3) $1+\dfrac{7}{2}-\dfrac{1}{3}=(+1)+\left(+\dfrac{7}{2}\right)-\left(+\dfrac{1}{3}\right)$
$=(+1)+\left(+\dfrac{7}{2}\right)+\left(-\dfrac{1}{3}\right)$
$=(+1)+\left\{\left(+\dfrac{21}{6}\right)+\left(-\dfrac{2}{6}\right)\right\}$
$=(+1)+\left(+\dfrac{19}{6}\right)$
$=\left(+\dfrac{6}{6}\right)+\left(+\dfrac{19}{6}\right)=+\dfrac{25}{6}$

(4) $\dfrac{2}{3}-\dfrac{3}{4}+\dfrac{1}{6}=\left(+\dfrac{2}{3}\right)-\left(+\dfrac{3}{4}\right)+\left(+\dfrac{1}{6}\right)$
$=\left(+\dfrac{2}{3}\right)+\left(-\dfrac{3}{4}\right)+\left(+\dfrac{1}{6}\right)$
$=\left(+\dfrac{2}{3}\right)+\left(+\dfrac{1}{6}\right)+\left(-\dfrac{3}{4}\right)$
$=\left(+\dfrac{5}{6}\right)+\left(-\dfrac{3}{4}\right)$
$=\left(+\dfrac{10}{12}\right)+\left(-\dfrac{9}{12}\right)=+\dfrac{1}{12}$

유형 확인하기　　개념북 52~55쪽

1 답 ⑤
$(-2)+(+3)=+1$

1-1 답 ②
$(+3)+(-5)=-2$

1-2 답 $(-1)+(-3)=-4$

2 답 ⑤
① $(+9)+(+3)=+(9+3)=+12$
② $(-7)+(-2)=-(7+2)=-9$
③ $(+6.4)+(+3.2)=+(6.4+3.2)=+9.6$
④ $\left(-\dfrac{1}{2}\right)+\left(-\dfrac{1}{4}\right)=-\left(\dfrac{2}{4}+\dfrac{1}{4}\right)=-\dfrac{3}{4}$
⑤ $(+3)+\left(+\dfrac{5}{2}\right)=+\left(\dfrac{6}{2}+\dfrac{5}{2}\right)=+\dfrac{11}{2}$
따라서 옳은 것은 ⑤이다.

2-1 답 (1) $+11$　(2) -15　(3) $+3$　(4) $-\dfrac{19}{24}$

(1) $(+7)+(+4)=+(7+4)=+11$
(2) $(-9)+(-6)=-(9+6)=-15$

(3) $(+1.5)+\left(+\dfrac{3}{2}\right)=+\left(\dfrac{3}{2}+\dfrac{3}{2}\right)=+\dfrac{6}{2}=+3$

(4) $\left(-\dfrac{3}{8}\right)+\left(-\dfrac{5}{12}\right)=-\left(\dfrac{9}{24}+\dfrac{10}{24}\right)=-\dfrac{19}{24}$

2-2 답 $+\dfrac{13}{6}$

$$\left(+\dfrac{2}{3}\right)+\left(+\dfrac{1}{2}\right)+(+1)=+\left(\dfrac{4}{6}+\dfrac{3}{6}\right)+(+1)$$
$$=\left(+\dfrac{7}{6}\right)+(+1)$$
$$=+\left(\dfrac{7}{6}+\dfrac{6}{6}\right)=+\dfrac{13}{6}$$

3 답 ④

① $(+2)+(-6)=-(6-2)=-4$

② $(-7)+(+8)=+(8-7)=+1$

③ $(+3.2)+(-9.8)=-(9.8-3.2)=-6.6$

④ $\left(-\dfrac{1}{5}\right)+\left(+\dfrac{2}{15}\right)=-\left(\dfrac{3}{15}-\dfrac{2}{15}\right)=-\dfrac{1}{15}$

⑤ $(+1)+\left(-\dfrac{5}{2}\right)=-\left(\dfrac{5}{2}-\dfrac{2}{2}\right)=-\dfrac{3}{2}$

따라서 옳지 않은 것은 ④이다.

3-1 답 (1) $+15$　(2) $-\dfrac{7}{4}$　(3) $+1.2$　(4) $+\dfrac{13}{6}$

(1) $(+24)+(-9)=+(24-9)=+15$

(2) $(-2)+\left(+\dfrac{1}{4}\right)=-\left(\dfrac{8}{4}-\dfrac{1}{4}\right)=-\dfrac{7}{4}$

(3) $(+3.1)+(-1.9)=+(3.1-1.9)=+1.2$

(4) $\left(-\dfrac{4}{3}\right)+\left(+\dfrac{7}{2}\right)=+\left(\dfrac{21}{6}-\dfrac{8}{6}\right)=+\dfrac{13}{6}$

3-2 답 -2.3

$$(-1.8)+(-2)+\left(+\dfrac{3}{2}\right)=-(1.8+2)+(+1.5)$$
$$=(-3.8)+(+1.5)$$
$$=-(3.8-1.5)=-2.3$$

4 답 ②

4-1 답 (차례대로) -1.9, 결합법칙, -1.9, -5, -4

$$(-3.1)+(+1)+(-1.9)$$
$$=(-3.1)+(\boxed{-1.9})+(+1)$$ ← 덧셈의 교환법칙
$$=\{(-3.1)+(\boxed{-1.9})\}+(+1)$$ ← 덧셈의 \boxed{결합법칙}
$$=(\boxed{-5})+(+1)$$
$$=\boxed{-4}$$

4-2 답 (1) $+4$　(2) $+42$

(1) $\left(-\dfrac{1}{2}\right)+(+4)+\left(+\dfrac{1}{2}\right)$
$$=\left(-\dfrac{1}{2}\right)+\left(+\dfrac{1}{2}\right)+(+4)$$ ← 덧셈의 교환법칙
$$=\left\{\left(-\dfrac{1}{2}\right)+\left(+\dfrac{1}{2}\right)\right\}+(+4)$$ ← 덧셈의 결합법칙
$$=0+(+4)=+4$$

(2) $(-3.4)+(+52)+(-6.6)$
$$=(-3.4)+(-6.6)+(+52)$$ ← 덧셈의 교환법칙
$$=\{(-3.4)+(-6.6)\}+(+52)$$ ← 덧셈의 결합법칙
$$=(-10)+(+52)=+42$$

5 답 ⑤

① $(+9)-(+3)=(+9)+(-3)=+6$

② $(+8)-(-4)=(+8)+(+4)=+12$

③ $(-2.6)-(+0.6)=(-2.6)+(-0.6)=-3.2$

④ $\left(+\dfrac{3}{10}\right)-(-0.1)=\left(+\dfrac{3}{10}\right)+\left(+\dfrac{1}{10}\right)$
$$=+\dfrac{4}{10}=+\dfrac{2}{5}$$

⑤ $\left(+\dfrac{5}{6}\right)-\left(-\dfrac{1}{3}\right)=\left(+\dfrac{5}{6}\right)+\left(+\dfrac{2}{6}\right)=+\dfrac{7}{6}$

따라서 옳은 것은 ⑤이다.

5-1 답 (1) -4　(2) $+6$　(3) $+12$　(4) -17

(1) $(+4)-(+8)=(+4)+(-8)=-4$

(2) $(-3)-(-9)=(-3)+(+9)=+6$

(3) $(+5)-(-7)=(+5)+(+7)=+12$

(4) $(-11)-(+6)=(-11)+(-6)=-17$

5-2 답 (1) -3.02　(2) $-\dfrac{2}{3}$　(3) $-\dfrac{3}{5}$　(4) $+\dfrac{19}{12}$

(1) $(+0.12)-(+3.14)=(+0.12)+(-3.14)=-3.02$

(2) $\left(-\dfrac{3}{2}\right)-\left(-\dfrac{5}{6}\right)=\left(-\dfrac{3}{2}\right)+\left(+\dfrac{5}{6}\right)$
$$=\left(-\dfrac{9}{6}\right)+\left(+\dfrac{5}{6}\right)=-\dfrac{4}{6}=-\dfrac{2}{3}$$

(3) $(-0.2)-\left(+\dfrac{2}{5}\right)=(-0.2)+\left(-\dfrac{2}{5}\right)$
$$=\left(-\dfrac{1}{5}\right)+\left(-\dfrac{2}{5}\right)=-\dfrac{3}{5}$$

(4) $\left(+\dfrac{5}{6}\right)-\left(-\dfrac{3}{4}\right)=\left(+\dfrac{5}{6}\right)+\left(+\dfrac{3}{4}\right)$
$$=\left(+\dfrac{10}{12}\right)+\left(+\dfrac{9}{12}\right)=+\dfrac{19}{12}$$

6 답 (1) -1　(2) -2　(3) $-\dfrac{3}{5}$　(4) $+12.7$

(1) $(+6)+(-9)-(-2)=(+6)+(-9)+(+2)$
$$=(-3)+(+2)=-1$$

(2) $(+5)-(+4)+(-3)=(+5)+(-4)+(-3)$
$$=(+1)+(-3)=-2$$

(3) $\left(-\dfrac{1}{4}\right)-\left(-\dfrac{2}{5}\right)+\left(-\dfrac{3}{4}\right)$
$$=\left(-\dfrac{1}{4}\right)+\left(+\dfrac{2}{5}\right)+\left(-\dfrac{3}{4}\right)$$
$$=\left(-\dfrac{1}{4}\right)+\left(-\dfrac{3}{4}\right)+\left(+\dfrac{2}{5}\right)$$
$$=(-1)+\left(+\dfrac{2}{5}\right)=-\dfrac{3}{5}$$

(4) $(+5.2)+\left(+\dfrac{4}{5}\right)-(-6.7)$
$$=(+5.2)+(+0.8)+(+6.7)$$
$$=(+6)+(+6.7)=+12.7$$

6-1 답 (1) -8　　(2) $+1$　　(3) $-\dfrac{3}{2}$　　(4) -3.1

(1) $(-11)+(-3)-(-6)=(-11)+(-3)+(+6)$
$\qquad\qquad\qquad\qquad\quad =(-14)+(+6)=-8$

(2) $(-2)+\left(+\dfrac{4}{3}\right)-\left(-\dfrac{5}{3}\right)=\left(-\dfrac{2}{3}\right)+\left(+\dfrac{5}{3}\right)=+1$

(3) $\left(-\dfrac{1}{2}\right)-\left(+\dfrac{1}{3}\right)+\left(-\dfrac{2}{3}\right)$
$=\left(-\dfrac{1}{2}\right)+\left(-\dfrac{1}{3}\right)+\left(-\dfrac{2}{3}\right)$
$=\left(-\dfrac{1}{2}\right)+(-1)=-\dfrac{3}{2}$

(4) $\left(-\dfrac{5}{2}\right)-(+1.2)+(+0.6)$
$=(-2.5)+(-1.2)+(+0.6)$
$=(-3.7)+(+0.6)=-3.1$

6-2 답 0

$(-11)-(+10)+|-9|-(-12)$
$=(-11)+(-10)+(+9)+(+12)$
$=(-21)+(+21)=0$

7 답 (1) -1　　(2) -21　　(3) $-\dfrac{8}{5}$　　(4) $+2$

(1) $-6+12-4-3=(-6)+(+12)-(+4)-(+3)$
$\qquad\qquad\qquad\quad =(+6)+(-4)+(-3)=-1$

(2) $-7-11+5-8=(-7)-(+11)+(+5)-(+8)$
$\qquad\qquad\qquad\quad =(-7)+(-11)+(+5)+(-8)$
$\qquad\qquad\qquad\quad =(-7)+(-11)+(-8)+(+5)$
$\qquad\qquad\qquad\quad =(-26)+(+5)=-21$

(3) $\dfrac{3}{5}+\dfrac{3}{10}-1-\dfrac{3}{2}$
$=\left(+\dfrac{3}{5}\right)+\left(+\dfrac{3}{10}\right)-(+1)-\left(+\dfrac{3}{2}\right)$
$=\left(+\dfrac{3}{5}\right)+\left(+\dfrac{3}{10}\right)+(-1)+\left(-\dfrac{3}{2}\right)$
$=\left(+\dfrac{6}{10}\right)+\left(+\dfrac{3}{10}\right)+(-1)+\left(-\dfrac{3}{2}\right)$
$=\left(+\dfrac{9}{10}\right)+(-1)+\left(-\dfrac{3}{2}\right)$
$=\left(+\dfrac{9}{10}\right)+\left(-\dfrac{10}{10}\right)+\left(-\dfrac{15}{10}\right)$
$=-\dfrac{16}{10}=-\dfrac{8}{5}$

(4) $\dfrac{3}{2}+\dfrac{1}{4}-\dfrac{1}{6}+\dfrac{5}{12}$
$=\left(+\dfrac{3}{2}\right)+\left(+\dfrac{1}{4}\right)-\left(+\dfrac{1}{6}\right)+\left(+\dfrac{5}{12}\right)$
$=\left(+\dfrac{3}{2}\right)+\left(+\dfrac{1}{4}\right)+\left(-\dfrac{1}{6}\right)+\left(+\dfrac{5}{12}\right)$
$=\left(+\dfrac{6}{4}\right)+\left(+\dfrac{1}{4}\right)+\left(-\dfrac{1}{6}\right)+\left(+\dfrac{5}{12}\right)$
$=\left(+\dfrac{7}{4}\right)+\left(-\dfrac{1}{6}\right)+\left(+\dfrac{5}{12}\right)$
$=\left(+\dfrac{21}{12}\right)+\left(-\dfrac{2}{12}\right)+\left(+\dfrac{5}{12}\right)$
$=\left(+\dfrac{19}{12}\right)+\left(+\dfrac{5}{12}\right)$
$=+\dfrac{24}{12}=+2$

7-1 답 (1) $+1$　　(2) $+14$　　(3) 0　　(4) $-\dfrac{11}{6}$

(1) $8-2-10+5=(+8)-(+2)-(+10)+(+5)$
$\qquad\qquad\quad =(+8)+(-2)+(-10)+(+5)$
$\qquad\qquad\quad =+1$

(2) $15-3-2+4=(+15)-(+3)-(+2)+(+4)$
$\qquad\qquad\qquad =(+15)+(-3)+(-2)+(+4)$
$\qquad\qquad\qquad =(+15)+(+4)+(-3)+(-2)$
$\qquad\qquad\qquad =(+19)+(-5)=+14$

(3) $-5.1+3.9-2.6+3.8$
$=(-5.1)+(+3.9)-(+2.6)+(+3.8)$
$=(-5.1)+(+3.9)+(-2.6)+(+3.8)$
$=(-5.1)+(-2.6)+(+3.9)+(+3.8)$
$=(-7.7)+(+7.7)=0$

(4) $-\dfrac{8}{3}-\dfrac{3}{4}+2-\dfrac{5}{12}$
$=\left(-\dfrac{8}{3}\right)-\left(+\dfrac{3}{4}\right)+(+2)-\left(+\dfrac{5}{12}\right)$
$=\left(-\dfrac{8}{3}\right)+\left(-\dfrac{3}{4}\right)+(+2)+\left(-\dfrac{5}{12}\right)$
$=\left(-\dfrac{32}{12}\right)+\left(-\dfrac{9}{12}\right)+(+2)+\left(-\dfrac{5}{12}\right)$
$=\left(-\dfrac{41}{12}\right)+\left(-\dfrac{5}{12}\right)+(+2)$
$=\left(-\dfrac{46}{12}\right)+(+2)$
$=\left(-\dfrac{23}{6}\right)+\left(+\dfrac{12}{6}\right)$
$=-\dfrac{11}{6}$

7-2 답 -25

$1-2+3-4+\cdots+47-48+49-50$
$=(1-2)+(3-4)+\cdots+(47-48)+(49-50)$
$=(-1)+(-1)+\cdots+(-1)+(-1)$
$=-25$

8 답 $+7$

$a=(-2)+7=(-2)+(+7)=+5$
$b=(-5)-(-3)=(-5)+(+3)=-2$
$\therefore a-b=(+5)-(-2)=(+5)+(+2)=+7$

8-1 답 (1) $+3$　　(2) $-\dfrac{2}{3}$

(1) $9+(-6)=(+9)+(-6)=+3$

(2) $(-2)-\left(-\dfrac{4}{3}\right)=(-2)+\left(+\dfrac{4}{3}\right)$
$\qquad\qquad\qquad =\left(-\dfrac{6}{3}\right)+\left(+\dfrac{4}{3}\right)$
$\qquad\qquad\qquad =-\dfrac{2}{3}$

8-2 답 $\dfrac{1}{2}$

$a=(-3)-\left(-\dfrac{5}{2}\right)=(-3)+\left(+\dfrac{5}{2}\right)=-\dfrac{1}{2}$
$\therefore |a|=\left|-\dfrac{1}{2}\right|=\dfrac{1}{2}$

2 정수와 유리수의 곱셈과 나눗셈

03 정수와 유리수의 곱셈
개념북 56쪽

유제1 답 절댓값, 음, −

유제2 답 (나)

세 수 중 어느 두 수를 먼저 곱하여도 그 결과가 같은 곳을 찾으면 (나)이다.

개념 확인하기
개념북 57쪽

01 답 (1) $+21$　(2) $+12$　(3) 0
　　(4) $+\dfrac{1}{3}$　(5) $+\dfrac{5}{2}$　(6) $+6$

(1) $(+3)\times(+7)=+(3\times7)=+21$

(2) $(-2)\times(-6)=+(2\times6)=+12$

(3) $(+5)\times0=0$

(4) $\left(+\dfrac{1}{2}\right)\times\left(+\dfrac{2}{3}\right)=+\left(\dfrac{1}{2}\times\dfrac{2}{3}\right)=+\dfrac{1}{3}$

(5) $(-9)\times\left(-\dfrac{5}{18}\right)=+\left(9\times\dfrac{5}{18}\right)=+\dfrac{5}{2}$

(6) $\left(-\dfrac{4}{7}\right)\times\left(-\dfrac{21}{2}\right)=+\left(\dfrac{4}{7}\times\dfrac{21}{2}\right)=+6$

02 답 (1) -32　(2) -26　(3) -81
　　(4) $-\dfrac{15}{4}$　(5) $-\dfrac{3}{4}$　(6) $-\dfrac{2}{3}$

(1) $(+8)\times(-4)=-(8\times4)=-32$

(2) $(-2)\times(+13)=-(2\times13)=-26$

(3) $\left(+\dfrac{9}{5}\right)\times(-45)=-\left(\dfrac{9}{5}\times45\right)=-81$

(4) $\left(+\dfrac{10}{3}\right)\times\left(-\dfrac{9}{8}\right)=-\left(\dfrac{10}{3}\times\dfrac{9}{8}\right)=-\dfrac{15}{4}$

(5) $\left(-\dfrac{9}{32}\right)\times\left(+\dfrac{8}{3}\right)=-\left(\dfrac{9}{32}\times\dfrac{8}{3}\right)=-\dfrac{3}{4}$

(6) $(-1.5)\times\left(+\dfrac{4}{9}\right)=-\left(\dfrac{3}{2}\times\dfrac{4}{9}\right)=-\dfrac{2}{3}$

03 답 ㉠ 곱셈의 교환법칙, ㉡ 곱셈의 결합법칙

04 답 (1) $+130$　(2) -4

(1) $(-5)\times(+13)\times(-2)$
$=(+13)\times(-5)\times(-2)$
$=(+13)\times\{(-5)\times(-2)\}$
$=(+13)\times(+10)=+130$

(2) $\left(+\dfrac{5}{7}\right)\times(-6)\times\left(+\dfrac{14}{15}\right)$
$=(-6)\times\left(+\dfrac{5}{7}\right)\times\left(+\dfrac{14}{15}\right)$
$=(-6)\times\left\{\left(+\dfrac{5}{7}\right)\times\left(+\dfrac{14}{15}\right)\right\}$
$=(-6)\times\left(+\dfrac{2}{3}\right)$
$=-\left(6\times\dfrac{2}{3}\right)=-4$

04 거듭제곱의 계산과 분배법칙
개념북 58쪽

유제1 답 −, −6

$\left(-\dfrac{5}{7}\right)\times\left(-\dfrac{2}{5}\right)\times(-21)=-\left(\dfrac{5}{7}\times\dfrac{2}{5}\times21\right)$
$=-6$

유제2 답 $-\dfrac{1}{5}$, -4, 11

$\left(\dfrac{3}{4}-\dfrac{1}{5}\right)\times20=\dfrac{3}{4}\times20+\left(-\dfrac{1}{5}\right)\times20$
$=15+(-4)=11$

개념 확인하기
개념북 59쪽

01 답 (1) -7　(2) $\dfrac{15}{2}$　(3) $-\dfrac{1}{4}$　(4) $\dfrac{24}{7}$

(1) $(+4)\times(-7)\times\left(+\dfrac{1}{4}\right)=-\left(4\times7\times\dfrac{1}{4}\right)=-7$

(2) $(+6)\times(-3)\times\left(-\dfrac{5}{12}\right)=+\left(6\times3\times\dfrac{5}{12}\right)=\dfrac{15}{2}$

(3) $\left(-\dfrac{4}{15}\right)\times\left(-\dfrac{5}{8}\right)\times\left(-\dfrac{3}{2}\right)=-\left(\dfrac{4}{15}\times\dfrac{5}{8}\times\dfrac{3}{2}\right)$
$=-\dfrac{1}{4}$

(4) $\left(-\dfrac{12}{5}\right)\times\left(+\dfrac{10}{3}\right)\times\left(-\dfrac{3}{7}\right)$
$=+\left(\dfrac{12}{5}\times\dfrac{10}{3}\times\dfrac{3}{7}\right)=\dfrac{24}{7}$

02 답 (1) -400　(2) 3　(3) -4　(4) $-\dfrac{16}{3}$

(1) $(-4)\times(+2)\times(-25)\times(-2)$
$=-(4\times2\times25\times2)=-400$

(2) $\left(+\dfrac{2}{5}\right)\times(-20)\times\left(+\dfrac{1}{6}\right)\times\left(-\dfrac{9}{4}\right)$
$=+\left(\dfrac{2}{5}\times20\times\dfrac{1}{6}\times\dfrac{9}{4}\right)=3$

(3) $\left(+\dfrac{4}{5}\right)\times\left(+\dfrac{3}{7}\right)\times\left(-\dfrac{10}{9}\right)\times\left(+\dfrac{21}{2}\right)$
$=-\left(\dfrac{4}{5}\times\dfrac{3}{7}\times\dfrac{10}{9}\times\dfrac{21}{2}\right)=-4$

(4) $(-6)\times\left(+\dfrac{2}{3}\right)\times\left(-\dfrac{5}{9}\right)\times\left(-\dfrac{12}{5}\right)$
$=-\left(6\times\dfrac{2}{3}\times\dfrac{5}{9}\times\dfrac{12}{5}\right)=-\dfrac{16}{3}$

03 답 (1) -27　(2) 1　(3) -8　(4) $\dfrac{9}{4}$

(1) $(-3)^3=(-3)\times(-3)\times(-3)$
$=-(3\times3\times3)=-27$

(2) $(-1)^6=1$

(3) $-2^3=-(2\times2\times2)=-8$

(4) $\left(-\dfrac{3}{2}\right)^2=\left(-\dfrac{3}{2}\right)\times\left(-\dfrac{3}{2}\right)=+\left(\dfrac{3}{2}\times\dfrac{3}{2}\right)=\dfrac{9}{4}$

04 답 (1) 1　(2) -1　(3) 2　(4) 0

음수의 거듭제곱은 지수가 짝수이면 $+$, 지수가 홀수이면 $-$이므로

$(-1)^{\text{짝수}}=1,\ (-1)^{\text{홀수}}=-1$

(1) $(-1)^{10}=1$

(2) $(-1)^{15}=-1$

(3) $(-1)^2+(-1)^3\times2+(-1)^4\times3=1+(-2)+3=2$

(4) $(-1)+(-1)^2+(-1)^3+\cdots+(-1)^{10}$
$=(-1)+1+(-1)+\cdots+1=0$

05 답 $-\dfrac{1}{8},\ 10$

$16\times\left\{\left(-\dfrac{1}{8}\right)+\dfrac{3}{4}\right\}=16\times\left(\boxed{-\dfrac{1}{8}}\right)+16\times\dfrac{3}{4}$
$=(-2)+12=\boxed{10}$

05 정수와 유리수의 나눗셈
개념북 60쪽

유제1 답 절댓값, 음, $-$

유제2 답 $1,\ -\dfrac{3}{5},\ -\dfrac{3}{5}$

개념 확인하기
개념북 61쪽

01 답 (1) $+4$　(2) $+7$　(3) -5　(4) -12

(1) $(+12)\div(+3)=+(12\div3)=+4$

(2) $(-28)\div(-4)=+(28\div4)=+7$

(3) $(+40)\div(-8)=-(40\div8)=-5$

(4) $(-72)\div(+6)=-(72\div6)=-12$

02 답 (1) -2　(2) $+3$　(3) -4　(4) -5

(1) $(-20)\div(+2)\div(+5)=-(20\div2)\div(+5)$
$=(-10)\div(+5)$
$=-(10\div5)=-2$

(2) $(-36)\div(-2)\div(+6)=+(36\div2)\div(+6)$
$=(+18)\div(+6)$
$=+(18\div6)=+3$

(3) $(+60)\div(+3)\div(-5)=+(60\div3)\div(-5)$
$=(+20)\div(-5)$
$=-(20\div5)=-4$

(4) $(-90)\div(-6)\div(-3)=+(90\div6)\div(-3)$
$=(+15)\div(-3)$
$=-(15\div3)=-5$

03 답 (1) $+8$　(2) $-\dfrac{2}{7}$　(3) $-\dfrac{1}{5}$　(4) 1

04 답 (1) $+\dfrac{14}{5}$　(2) -6　(3) $-\dfrac{5}{8}$　(4) $+\dfrac{1}{4}$

(1) $\left(+\dfrac{4}{5}\right)\div\left(+\dfrac{2}{7}\right)=\left(+\dfrac{4}{5}\right)\times\left(+\dfrac{7}{2}\right)$
$=+\left(\dfrac{4}{5}\times\dfrac{7}{2}\right)=+\dfrac{14}{5}$

(2) $(-8)\div\left(+\dfrac{4}{3}\right)=(-8)\times\left(+\dfrac{3}{4}\right)=-\left(8\times\dfrac{3}{4}\right)=-6$

(3) $\left(+\dfrac{3}{4}\right)\div\left(-\dfrac{6}{5}\right)=\left(+\dfrac{3}{4}\right)\times\left(-\dfrac{5}{6}\right)$
$=-\left(\dfrac{3}{4}\times\dfrac{5}{6}\right)=-\dfrac{5}{8}$

(4) $\left(-\dfrac{5}{2}\right)\div(-10)=\left(-\dfrac{5}{2}\right)\times\left(-\dfrac{1}{10}\right)$
$=+\left(\dfrac{5}{2}\times\dfrac{1}{10}\right)=+\dfrac{1}{4}$

05 답 (1) $+30$　(2) -9　(3) -6　(4) -3

(1) $(-4)\div\left(+\dfrac{2}{5}\right)\div\left(-\dfrac{1}{3}\right)$
$=+\left(4\times\dfrac{5}{2}\times\dfrac{3}{1}\right)=+30$

(2) $(+6)\div\left(-\dfrac{1}{2}\right)\div\left(+\dfrac{4}{3}\right)$
$=-\left(6\times\dfrac{2}{1}\times\dfrac{3}{4}\right)=-9$

(3) $(-12)\div\left(+\dfrac{4}{7}\right)\div\left(+\dfrac{7}{2}\right)$
$=-\left(12\times\dfrac{7}{4}\times\dfrac{2}{7}\right)=-6$

(4) $\left(-\dfrac{14}{3}\right)\div(-7)\div\left(-\dfrac{2}{9}\right)$
$=-\left(\dfrac{14}{3}\times\dfrac{1}{7}\times\dfrac{9}{2}\right)=-3$

06 정수와 유리수의 혼합 계산
개념북 62쪽

유제1 답 $-1,\ -1,\ -\dfrac{3}{2},\ -9$

$(-6)\times(-1)^3\div\left(-\dfrac{2}{3}\right)=(-6)\times(-1)\div\left(-\dfrac{2}{3}\right)$
$=(-6)\times(-1)\times\left(-\dfrac{3}{2}\right)$
$=-\left(6\times1\times\dfrac{3}{2}\right)=-9$

유제2 답 $+1,\ +1,\ -\dfrac{3}{2},\ -\dfrac{3}{2},\ -\dfrac{5}{2}$

$(-4)-(-1)^6\div\left(-\dfrac{2}{3}\right)=(-4)-(+1)\div\left(-\dfrac{2}{3}\right)$
$=(-4)-(+1)\times\left(-\dfrac{3}{2}\right)$
$=(-4)-\left(-\dfrac{3}{2}\right)=-\dfrac{5}{2}$

개념 확인하기
개념북 63쪽

01 답 (1) 9　(2) -14　(3) $-\dfrac{3}{16}$　(4) $\dfrac{2}{3}$

(1) $(-6)\div2\times(-3)=(-6)\times\dfrac{1}{2}\times(-3)$
$=+\left(6\times\dfrac{1}{2}\times3\right)=9$

(2) $(-2)^4\div(-8)\times(+7)=(+16)\div(-8)\times(+7)$
$=(+16)\times\left(-\dfrac{1}{8}\right)\times(+7)$
$=-\left(16\times\dfrac{1}{8}\times7\right)=-14$

(3) $\left(-\dfrac{3}{4}\right)\times\left(-\dfrac{2}{7}\right)\div\left(-\dfrac{8}{7}\right)=\left(-\dfrac{3}{4}\right)\times\left(-\dfrac{2}{7}\right)\times\left(-\dfrac{7}{8}\right)$

$\qquad\qquad=-\left(\dfrac{3}{4}\times\dfrac{2}{7}\times\dfrac{7}{8}\right)=-\dfrac{3}{16}$

(4) $\left(-\dfrac{2}{3}\right)^{2}\div(-2)\times(-3)=\left(+\dfrac{4}{9}\right)\times\left(-\dfrac{1}{2}\right)\times(-3)$

$\qquad\qquad=+\left(\dfrac{4}{9}\times\dfrac{1}{2}\times3\right)=\dfrac{2}{3}$

02 답 (1) 3　(2) -8　(3) $-\dfrac{6}{5}$　(4) 2

(1) $(-4)\div(-10)\times(+15)\div(+2)$

$\quad=(-4)\times\left(-\dfrac{1}{10}\right)\times(+15)\times\left(+\dfrac{1}{2}\right)$

$\quad=+\left(4\times\dfrac{1}{10}\times15\times\dfrac{1}{2}\right)=3$

(2) $\left(-\dfrac{4}{5}\right)\div\left(+\dfrac{7}{12}\right)\div\left(-\dfrac{3}{14}\right)\times\left(-\dfrac{5}{4}\right)$

$\quad=\left(-\dfrac{4}{5}\right)\times\left(+\dfrac{12}{7}\right)\times\left(-\dfrac{14}{3}\right)\times\left(-\dfrac{5}{4}\right)$

$\quad=-\left(\dfrac{4}{5}\times\dfrac{12}{7}\times\dfrac{14}{3}\times\dfrac{5}{4}\right)=-8$

(3) $\left(+\dfrac{1}{2}\right)\div(+4)\times(-2)^{2}\div\left(-\dfrac{5}{12}\right)$

$\quad=\left(+\dfrac{1}{2}\right)\div(+4)\times(+4)\div\left(-\dfrac{5}{12}\right)$

$\quad=\left(+\dfrac{1}{2}\right)\times\left(+\dfrac{1}{4}\right)\times(+4)\times\left(-\dfrac{12}{5}\right)$

$\quad=-\left(\dfrac{1}{2}\times\dfrac{1}{4}\times4\times\dfrac{12}{5}\right)=-\dfrac{6}{5}$

(4) $\left(-\dfrac{12}{5}\right)\times(-9)\div(+3)^{2}\times\left(+\dfrac{5}{6}\right)$

$\quad=\left(-\dfrac{12}{5}\right)\times(-9)\div(+9)\times\left(+\dfrac{5}{6}\right)$

$\quad=\left(-\dfrac{12}{5}\right)\times(-9)\times\left(+\dfrac{1}{9}\right)\times\left(+\dfrac{5}{6}\right)$

$\quad=+\left(\dfrac{12}{5}\times9\times\dfrac{1}{9}\times\dfrac{5}{6}\right)=2$

03 답 (1) ㉢, ㉣, ㉡, ㉲, ㉠

　　(2) ㉡, ㉣, ㉢, ㉲, ㉠

04 답 (1) -20　(2) 1　(3) -3　(4) $\dfrac{3}{17}$

(1) $(-4)\times6-(-8)\div2=(-24)-(-4)$

$\qquad\qquad\qquad=(-24)+(+4)=-20$

(2) $\dfrac{1}{3}-\left(\dfrac{1}{2}\right)^{2}\div\left(-\dfrac{3}{8}\right)=\dfrac{1}{3}-\dfrac{1}{4}\times\left(-\dfrac{8}{3}\right)$

$\qquad\qquad\qquad=\dfrac{1}{3}-\left(-\dfrac{2}{3}\right)$

$\qquad\qquad\qquad=\dfrac{1}{3}+\dfrac{2}{3}=1$

(3) $-4+\left\{1-\left(-\dfrac{1}{2}\right)\times\dfrac{1}{3}\right\}\div\dfrac{7}{6}$

$\quad=-4+\left\{1-\left(-\dfrac{1}{6}\right)\right\}\times\dfrac{6}{7}$

$\quad=-4+\dfrac{7}{6}\times\dfrac{6}{7}$

$\quad=-4+1=-3$

(4) $3\div\left\{\left(\dfrac{1}{2}+3\right)\times6-(-2)^{2}\right\}$

$\quad=3\div\left(\dfrac{7}{2}\times6-4\right)$

$\quad=3\div(21-4)$

$\quad=3\div17$

$\quad=3\times\dfrac{1}{17}=\dfrac{3}{17}$

유형 확인하기
개념북 64~69쪽

1 답 ④

① $(+9)\times(+3)=+(9\times3)=+27$

② $(-7)\times(-2)=+(7\times2)=+14$

③ $(+6.4)\times(+2)=+(6.4\times2)=+12.8$

④ $\left(-\dfrac{3}{2}\right)\times\left(-\dfrac{1}{4}\right)=+\left(\dfrac{3}{2}\times\dfrac{1}{4}\right)=+\dfrac{3}{8}$

⑤ $(+1)\times\left(+\dfrac{5}{2}\right)=+\dfrac{5}{2}$

따라서 옳은 것은 ④이다.

1-1 답 (1) $+\dfrac{9}{4}$　(2) $+\dfrac{7}{8}$　(3) $+1$　(4) $+\dfrac{2}{9}$

(1) $(+1.5)\times\left(+\dfrac{3}{2}\right)=+\left(\dfrac{3}{2}\times\dfrac{3}{2}\right)=+\dfrac{9}{4}$

(2) $\left(+\dfrac{3}{4}\right)\times\left(+1\dfrac{1}{6}\right)=+\left(\dfrac{3}{4}\times\dfrac{7}{6}\right)=+\dfrac{7}{8}$

(3) $(-2.5)\times(-0.4)=+(2.5\times0.4)=+1$

(4) $\left(-\dfrac{3}{2}\right)\times\left(-\dfrac{4}{27}\right)=+\left(\dfrac{3}{2}\times\dfrac{4}{27}\right)=+\dfrac{2}{9}$

1-2 답 $+2$

$A=(+6)\times\left(+\dfrac{4}{9}\right)=+\left(6\times\dfrac{4}{9}\right)=+\dfrac{8}{3}$

$B=\left(-\dfrac{2}{3}\right)\times\left(-\dfrac{9}{8}\right)=+\left(\dfrac{2}{3}\times\dfrac{9}{8}\right)=+\dfrac{3}{4}$

$\therefore A\times B=\left(+\dfrac{8}{3}\right)\times\left(+\dfrac{3}{4}\right)=+\left(\dfrac{8}{3}\times\dfrac{3}{4}\right)=+2$

2 답 ⑤

① $(+2)\times(-6)=-(2\times6)=-12$

② $(-7)\times(+8)=-(7\times8)=-56$

③ $\left(+\dfrac{16}{5}\right)\times(-2.5)=-\left(\dfrac{16}{5}\times\dfrac{5}{2}\right)=-8$

④ $\left(-\dfrac{2}{3}\right)\times\left(+\dfrac{3}{2}\right)=-\left(\dfrac{2}{3}\times\dfrac{3}{2}\right)=-1$

⑤ $\left(-\dfrac{2}{7}\right)\times\left(+\dfrac{14}{5}\right)=-\left(\dfrac{2}{7}\times\dfrac{14}{5}\right)=-\dfrac{4}{5}$

따라서 옳은 것은 ⑤이다.

2-1 답 (1) $-\dfrac{1}{3}$　(2) -0.96　(3) $-\dfrac{8}{3}$　(4) $-\dfrac{5}{16}$

(1) $(+2)\times\left(-\dfrac{1}{6}\right)=-\left(2\times\dfrac{1}{6}\right)=-\dfrac{1}{3}$

(2) $(+3.2)\times(-0.3)=-(3.2\times0.3)=-0.96$

(3) $\left(-\dfrac{4}{5}\right)\times\left(+\dfrac{10}{3}\right)=-\left(\dfrac{4}{5}\times\dfrac{10}{3}\right)=-\dfrac{8}{3}$

(4) $\left(+\dfrac{35}{24}\right)\times\left(-\dfrac{3}{14}\right)=-\left(\dfrac{35}{24}\times\dfrac{3}{14}\right)=-\dfrac{5}{16}$

2-2 답 -1

$A=\left(+\dfrac{4}{5}\right)\times\left(-\dfrac{25}{12}\right)=-\left(\dfrac{4}{5}\times\dfrac{25}{12}\right)=-\dfrac{5}{3}$

$B=\left(-\dfrac{4}{3}\right)\times\left(-\dfrac{9}{20}\right)=+\left(\dfrac{4}{3}\times\dfrac{9}{20}\right)=+\dfrac{3}{5}$

$\therefore A\times B=\left(-\dfrac{5}{3}\right)\times\left(+\dfrac{3}{5}\right)=-\left(\dfrac{5}{3}\times\dfrac{3}{5}\right)=-1$

3 답 $-\dfrac{25}{3}$

세 수 $-\dfrac{5}{3}$, $-\dfrac{3}{2}$, 2 중에서 두 수를 뽑아 곱했을 때, 결과가 가장 큰 수는 결과가 양수가 되는 경우이므로 음수와 음수가 곱해져야 한다.

$\therefore A=\left(-\dfrac{5}{3}\right)\times\left(-\dfrac{3}{2}\right)=+\left(\dfrac{5}{3}\times\dfrac{3}{2}\right)=+\dfrac{5}{2}$

또, 결과가 가장 작은 수는 결과가 음수가 되는 경우이므로 양수와 음수가 곱해져야 한다. 이때 음수는 절댓값이 클수록 작은 수이므로 $-\dfrac{5}{3}$와 $-\dfrac{3}{2}$ 중 절댓값이 큰 $-\dfrac{5}{3}$를 택해야 한다.

$\therefore B=\left(-\dfrac{5}{3}\right)\times2=-\left(\dfrac{5}{3}\times2\right)=-\dfrac{10}{3}$

$\therefore A\times B=\left(+\dfrac{5}{2}\right)\times\left(-\dfrac{10}{3}\right)=-\left(\dfrac{5}{2}\times\dfrac{10}{3}\right)=-\dfrac{25}{3}$

3-1 답 -180

세 수 $-\dfrac{9}{4}$, $\dfrac{4}{5}$, 10 중에서 두 수를 뽑아 곱했을 때, 결과가 가장 큰 수는 결과가 양수가 되는 경우이므로 양수와 양수가 곱해져야 한다.

$\therefore A=\dfrac{4}{5}\times10=8$

또, 결과가 가장 작은 수는 결과가 음수가 되는 경우이므로 양수와 음수가 곱해져야 한다. 이때 음수는 절댓값이 클수록 작은 수이므로 $\dfrac{4}{5}$와 10 중 절댓값이 큰 10을 택해야 한다.

$\therefore B=\left(-\dfrac{9}{4}\right)\times10=-\dfrac{45}{2}$

$\therefore A\times B=8\times\left(-\dfrac{45}{2}\right)=-180$

3-2 답 $+48$

세 수를 뽑아 곱했을 때, 그 결과가 가장 크려면 음수 2개, 양수 1개를 뽑아야 한다. 음수는 $-\dfrac{16}{3}$, $-\dfrac{9}{4}$이고 양수 중 절댓값이 큰 수는 4이므로 곱한 결과가 가장 큰 수는

$\left(-\dfrac{16}{3}\right)\times4\times\left(-\dfrac{9}{4}\right)==+48$

4 답 ㉠ 곱셈의 교환법칙, ㉡ 곱셈의 결합법칙

4-1 답 (차례대로) -9, 결합법칙, -9, -9, -2, $+18$

4-2 답 (1) $+10$　　(2) $-\dfrac{1}{15}$

(1) $\left(-\dfrac{1}{5}\right)\times(-2)\times25$ ← 곱셈의 교환법칙

$=\left(-\dfrac{1}{5}\right)\times25\times(-2)$ ← 곱셈의 결합법칙

$=\left\{\left(-\dfrac{1}{5}\right)\times25\right\}\times(-2)$

$=(-5)\times(-2)$

$=+(5\times2)=+10$

(2) $\left(-\dfrac{1}{2}\right)\times\left(-\dfrac{1}{3}\right)\times\left(-\dfrac{2}{5}\right)$ ← 곱셈의 교환법칙

$=\left(-\dfrac{1}{2}\right)\times\left(-\dfrac{2}{5}\right)\times\left(-\dfrac{1}{3}\right)$ ← 곱셈의 결합법칙

$=\left\{\left(-\dfrac{1}{2}\right)\times\left(-\dfrac{2}{5}\right)\right\}\times\left(-\dfrac{1}{3}\right)$

$=\left(+\dfrac{1}{5}\right)\times\left(-\dfrac{1}{3}\right)$

$=-\left(\dfrac{1}{5}\times\dfrac{1}{3}\right)=-\dfrac{1}{15}$

5 답 ④

① $(-2)^2=4$

② $(-5)^3+(-5^3)=-125+(-125)=-250$

③ $-\left(-\dfrac{1}{4}\right)^2=-\dfrac{1}{16}$

④ $(-3)^2+(-1^4)=9+(-1)=8$

⑤ $\left(-\dfrac{3}{2}\right)^3\times(-2^2)=\left(-\dfrac{27}{8}\right)\times(-4)$

$\qquad\qquad=+\left(\dfrac{27}{8}\times4\right)=\dfrac{27}{2}$

따라서 옳은 것은 ④이다.

5-1 답 (1) -16　　(2) $-\dfrac{8}{27}$　　(3) -35　　(4) $-\dfrac{4}{25}$

(1) $-(-4)^2=-16$

(2) $\left(-\dfrac{2}{3}\right)^3=-\dfrac{8}{27}$

(3) $(-2)^3=-8$, $3^3=27$이므로

$(-2)^3-3^3=-8-27=-35$

(4) $\left(-\dfrac{2}{5}\right)^2=\dfrac{4}{25}$, $(-1)^5=-1$이므로

$\left(-\dfrac{2}{5}\right)^2\times(-1)^5=\dfrac{4}{25}\times(-1)=-\dfrac{4}{25}$

5-2 답 125

$-2^4\times\left(-\dfrac{1}{4}\right)^2\times(-5)^3=-16\times\dfrac{1}{16}\times(-125)=125$

6 답 ⑤

① $(-1)^6=1$　　　　　　　② $-1^{11}=-1$

③ $-(-1)^{22}=-1$　　　　④ $-(-1^{33})=1$

⑤ $(-1)^{100}-(-1)^{105}=1-(-1)=2$

따라서 옳지 않은 것은 ⑤이다.

6-1 답 (1) -1　　(2) 1　　(3) -2　　(4) 0

(1) $(-1)^{2049}=-1$

(2) $-(-1)^{2049}=1$

(3) $(-1^{10})+(-1)^{15}=-1+(-1)=-2$

(4) $-(-1^2)-(-1)^4=1-1=0$

6-2 답 -1

$(-1)^n = -1$, $(-1)^{n+1} = 1$, $(-1)^{2n} = 1$이므로
$(-1)^n + (-1)^{n+1} - (-1)^{2n} = -1 + 1 - 1 = -1$

7 답 (1) 15　　(2) -40

(1) $(-3^2) \times \left(-\dfrac{1}{3}\right)^3 \times (+45)$

$= (-9) \times \left(-\dfrac{1}{27}\right) \times (+45)$

$= +\left(9 \times \dfrac{1}{27} \times 45\right) = 15$

(2) $(-4)^3 \times (-2.5) \times \left(+\dfrac{1}{2}\right)^2 \times (-1^{10})$

$= (-64) \times \left(-\dfrac{5}{2}\right) \times \dfrac{1}{4} \times (-1)$

$= -\left(64 \times \dfrac{5}{2} \times \dfrac{1}{4} \times 1\right) = -40$

7-1 답 (1) $-\dfrac{1}{6}$　　(2) 4

(1) $(-1^{100}) \times \left(-\dfrac{1}{2}\right)^3 \times \left(-\dfrac{4}{3}\right)$

$= (-1) \times \left(-\dfrac{1}{8}\right) \times \left(-\dfrac{4}{3}\right)$

$= -\left(1 \times \dfrac{1}{8} \times \dfrac{4}{3}\right) = -\dfrac{1}{6}$

(2) $(-1)^3 \times (-0.5) \times (-3^2) \times \left(-\dfrac{8}{9}\right)$

$= (-1) \times \left(-\dfrac{1}{2}\right) \times (-9) \times \left(-\dfrac{8}{9}\right)$

$= +\left(1 \times \dfrac{1}{2} \times 9 \times \dfrac{8}{9}\right) = 4$

7-2 답 2

$(-2)^3 \times \left(+\dfrac{1}{4}\right)^2 \times |-10| \times (-0.4)$

$= (-8) \times \left(+\dfrac{1}{16}\right) \times 10 \times \left(-\dfrac{2}{5}\right)$

$= +\left(8 \times \dfrac{1}{16} \times 10 \times \dfrac{2}{5}\right) = 2$

8 답 100, 100, 4500, 4590

8-1 답 (1) -280　　(2) 46

(1) $57 \times (-2.8) + 43 \times (-2.8) = (57 + 43) \times (-2.8)$
$= 100 \times (-2.8) = -280$

(2) $72 \times \left(\dfrac{2}{9} + \dfrac{5}{12}\right) = 72 \times \dfrac{2}{9} + 72 \times \dfrac{5}{12} = 16 + 30 = 46$

8-2 답 502

$5.02 \times 124 + 5.02 \times (-24) = 5.02 \times \{124 + (-24)\}$
$= 5.02 \times 100 = 502$

9 답 -4

$0.4 = \dfrac{4}{10} = \dfrac{2}{5}$의 역수는 $\dfrac{5}{2}$이므로 $a = \dfrac{5}{2}$

$-1\dfrac{3}{5} = -\dfrac{8}{5}$의 역수는 $-\dfrac{5}{8}$이므로 $b = -\dfrac{5}{8}$

$\therefore a \div b = \dfrac{5}{2} \div \left(-\dfrac{5}{8}\right) = \dfrac{5}{2} \times \left(-\dfrac{8}{5}\right) = -\left(\dfrac{5}{2} \times \dfrac{8}{5}\right) = -4$

9-1 답 -2

$-0.2 = -\dfrac{1}{5}$의 역수는 -5이므로 $a = -5$

$2\dfrac{1}{2} = \dfrac{5}{2}$의 역수는 $\dfrac{2}{5}$이므로 $b = \dfrac{2}{5}$

$\therefore a \times b = (-5) \times \dfrac{2}{5} = -2$

9-2 답 $-\dfrac{7}{4}$

-2의 역수는 $-\dfrac{1}{2}$이므로 $a = -\dfrac{1}{2}$

$0.8 = \dfrac{4}{5}$의 역수는 $\dfrac{5}{4}$이므로 $b = \dfrac{5}{4}$

$\therefore a - b = -\dfrac{1}{2} - \dfrac{5}{4} = -\dfrac{2}{4} - \dfrac{5}{4} = -\dfrac{7}{4}$

10 답 ④

① $(+36) \div (+3) = +(36 \div 3) = +12$
② $(-48) \div (+6) = -(48 \div 6) = -8$
③ $(-42) \div (-7) = +(42 \div 7) = +6$
④ $\left(-\dfrac{1}{2}\right) \div (+2) = \left(-\dfrac{1}{2}\right) \times \left(+\dfrac{1}{2}\right)$
$= -\left(\dfrac{1}{2} \times \dfrac{1}{2}\right) = -\dfrac{1}{4}$
⑤ $\left(-\dfrac{2}{3}\right) \div \left(-\dfrac{3}{2}\right) = \left(-\dfrac{2}{3}\right) \times \left(-\dfrac{2}{3}\right)$
$= +\left(\dfrac{2}{3} \times \dfrac{2}{3}\right) = +\dfrac{4}{9}$

따라서 옳은 것은 ④이다.

10-1 답 (1) $+16$　　(2) $+8$　　(3) -9　　(4) -7

(1) $(+64) \div (+4) = +(64 \div 4) = +16$
(2) $(-56) \div (-7) = +(56 \div 7) = +8$
(3) $(+27) \div (-3) = -(27 \div 3) = -9$
(4) $(-42) \div (+6) = -(42 \div 6) = -7$

10-2 답 (1) -21　　(2) $+\dfrac{1}{4}$　　(3) -3　　(4) $+\dfrac{2}{3}$

(1) $(+3) \div \left(-\dfrac{1}{7}\right) = -(3 \times 7) = -21$

(2) $\left(+\dfrac{5}{2}\right) \div (+10) = +\left(\dfrac{5}{2} \times \dfrac{1}{10}\right) = +\dfrac{1}{4}$

(3) $(-1.8) \div (+0.6) = -\left(\dfrac{18}{10} \times \dfrac{10}{6}\right) = -3$

(4) $\left(-\dfrac{3}{4}\right) \div \left(-\dfrac{9}{8}\right) = +\left(\dfrac{3}{4} \times \dfrac{8}{9}\right) = +\dfrac{2}{3}$

11 답 (1) $\dfrac{1}{18}$　　(2) $-\dfrac{1}{8}$

(1) $\left(+\dfrac{8}{3}\right) \times \left(-\dfrac{1}{6}\right) \div (-2)^3$

$= \left(+\dfrac{8}{3}\right) \times \left(-\dfrac{1}{6}\right) \div (-8)$

$= \left(+\dfrac{8}{3}\right) \times \left(-\dfrac{1}{6}\right) \times \left(-\dfrac{1}{8}\right)$

$= +\left(\dfrac{8}{3} \times \dfrac{1}{6} \times \dfrac{1}{8}\right) = \dfrac{1}{18}$

(2) $\left(-\dfrac{1}{4}\right)^2 \div \left(-\dfrac{5}{2}\right) \times (+5)$

$$=\left(+\frac{1}{16}\right)\times\left(-\frac{2}{5}\right)\times(+5)$$
$$=-\left(\frac{1}{16}\times\frac{2}{5}\times5\right)=-\frac{1}{8}$$

11-1 답 (1) $-\dfrac{4}{5}$ (2) $-\dfrac{40}{3}$

(1) $\left(-\dfrac{12}{5}\right)\times(-9)\div(-3)^3$

$=\left(-\dfrac{12}{5}\right)\times(-9)\div(-27)$

$=\left(-\dfrac{12}{5}\right)\times(-9)\times\left(-\dfrac{1}{27}\right)$

$=-\left(\dfrac{12}{5}\times9\times\dfrac{1}{27}\right)=-\dfrac{4}{5}$

(2) $(+12)\times\left(-\dfrac{1}{3}\right)^2\div\left(-\dfrac{1}{10}\right)$

$=(+12)\times\left(+\dfrac{1}{9}\right)\div\left(-\dfrac{1}{10}\right)$

$=(+12)\times\left(+\dfrac{1}{9}\right)\times(-10)$

$=-\left(12\times\dfrac{1}{9}\times10\right)=-\dfrac{40}{3}$

11-2 답 $-\dfrac{5}{2}$

$\left(-\dfrac{1}{4}\right)^2\div(\square)\times\left(-\dfrac{20}{9}\right)=\dfrac{1}{18}$에서

$\dfrac{1}{16}\times\left(\dfrac{1}{\square}\right)\times\left(-\dfrac{20}{9}\right)=\dfrac{1}{18}$

$\dfrac{1}{16}\times\left(-\dfrac{20}{9}\right)\times\left(\dfrac{1}{\square}\right)=\dfrac{1}{18}$

$\left(-\dfrac{5}{36}\right)\times\left(\dfrac{1}{\square}\right)=\dfrac{1}{18}$

$\dfrac{1}{\square}=\dfrac{1}{18}\div\left(-\dfrac{5}{36}\right)=\dfrac{1}{18}\times\left(-\dfrac{36}{5}\right)$

$=-\left(\dfrac{1}{18}\times\dfrac{36}{5}\right)=-\dfrac{2}{5}$

$\therefore \square=-\dfrac{5}{2}$

12 답 (1) 7 (2) $\dfrac{2}{3}$

(1) $(-28)\div\left\{(-6)^2\times\left(-\dfrac{1}{12}\right)-1\right\}$

$=(-28)\div\left\{36\times\left(-\dfrac{1}{12}\right)-1\right\}$

$=(-28)\div\{(-3)-1\}$

$=(-28)\div(-4)$

$=+(28\div4)=7$

(2) $\left\{\dfrac{3}{2}-(-1.5)^2\times\left(-\dfrac{2}{9}\right)\right\}\div\dfrac{3}{2}+\left(-\dfrac{2}{3}\right)$

$=\left\{\dfrac{3}{2}-\left(-\dfrac{3}{2}\right)^2\times\left(-\dfrac{2}{9}\right)\right\}\div\dfrac{3}{2}+\left(-\dfrac{2}{3}\right)$

$=\left\{\dfrac{3}{2}-\left(+\dfrac{9}{4}\right)\times\left(-\dfrac{2}{9}\right)\right\}\div\dfrac{3}{2}+\left(-\dfrac{2}{3}\right)$

$=\left\{\dfrac{3}{2}-\left(-\dfrac{1}{2}\right)\right\}\div\dfrac{3}{2}+\left(-\dfrac{2}{3}\right)$

$=\left\{\dfrac{3}{2}+\left(+\dfrac{1}{2}\right)\right\}\div\dfrac{3}{2}+\left(-\dfrac{2}{3}\right)$

$=2\times\dfrac{2}{3}+\left(-\dfrac{2}{3}\right)$

$=\dfrac{4}{3}+\left(-\dfrac{2}{3}\right)=\dfrac{2}{3}$

12-1 답 (1) $\dfrac{4}{3}$ (2) -5

(1) $12\div\left\{2+\left(3^2-3\div\dfrac{1}{2}\right)\times\dfrac{1}{3}\right\}^2$

$=12\div\left\{2+(9-3\times2)\times\dfrac{1}{3}\right\}^2$

$=12\div\left\{2+(9-6)\times\dfrac{1}{3}\right\}^2$

$=12\div\left(2+3\times\dfrac{1}{3}\right)^2$

$=12\div(2+1)^2$

$=12\div3^2=12\div9$

$=12\times\dfrac{1}{9}=\dfrac{4}{3}$

(2) $(-2)^3-2\times\left\{\left(-\dfrac{1}{2}\right)\div(1-0.8)+1\right\}$

$=(-8)-2\times\left\{\left(-\dfrac{1}{2}\right)\div0.2+1\right\}$

$=(-8)-2\times\left\{\left(-\dfrac{1}{2}\right)\div\dfrac{1}{5}+1\right\}$

$=(-8)-2\times\left\{\left(-\dfrac{1}{2}\right)\times5+1\right\}$

$=(-8)-2\times\left\{\left(-\dfrac{5}{2}\right)+1\right\}$

$=(-8)-2\times\left(-\dfrac{3}{2}\right)$

$=(-8)+3=-5$

12-2 답 -6

$-2^3-\dfrac{4}{3}\times\left\{\left(\dfrac{1}{2}+\dfrac{2}{5}\right)\div\left(-\dfrac{3}{5}\right)\right\}$

$=-8-\dfrac{4}{3}\times\left\{\dfrac{9}{10}\times\left(-\dfrac{5}{3}\right)\right\}$

$=-8-\dfrac{4}{3}\times\left(-\dfrac{3}{2}\right)$

$=-8+2=-6$

01 ④	02 ④	03 ⑤	04 ②	05 ③
06 ②	07 −1	08 ③	09 ③	10 ②
11 ④	12 ⑤	13 −6	14 ⑤	15 ④
16 ④	17 역수 관계, 12		18 −2	19 $\dfrac{25}{12}$

01 $A=\left(-\dfrac{2}{5}\right)-\left(+\dfrac{1}{10}\right)=\left(-\dfrac{2}{5}\right)+\left(-\dfrac{1}{10}\right)$

$=\left(-\dfrac{4}{10}\right)+\left(-\dfrac{1}{10}\right)=-\dfrac{5}{10}=-\dfrac{1}{2}$

$B=\left(-\dfrac{3}{2}\right)-\left(-\dfrac{1}{4}\right)=\left(-\dfrac{3}{2}\right)+\left(+\dfrac{1}{4}\right)$

$=\left(-\dfrac{6}{4}\right)+\left(+\dfrac{1}{4}\right)=-\dfrac{5}{4}$

$\therefore A-B=-\dfrac{1}{2}-\left(-\dfrac{5}{4}\right)=\left(-\dfrac{2}{4}\right)+\left(+\dfrac{5}{4}\right)=\dfrac{3}{4}$

02 $\dfrac{1}{2}-\dfrac{2}{3}+\dfrac{3}{4}-\dfrac{5}{6}$

$=\left(+\dfrac{6}{12}\right)+\left(-\dfrac{8}{12}\right)+\left(+\dfrac{9}{12}\right)+\left(-\dfrac{10}{12}\right)$

$=-\dfrac{3}{12}=-\dfrac{1}{4}$

03 $6-[3-\{2-(5-8)+1\}]=6-[3-\{2-(-3)+1\}]$

$\qquad\qquad\qquad\qquad\quad=6-[3-\{2+(+3)+1\}]$

$\qquad\qquad\qquad\qquad\quad=6-\{3-(+6)\}$

$\qquad\qquad\qquad\qquad\quad=6-(-3)$

$\qquad\qquad\qquad\qquad\quad=6+(+3)=9$

04 $a=(-2)-6=-8$

$b=2-\left(-\dfrac{1}{3}\right)=\dfrac{6}{3}+\dfrac{1}{3}=\dfrac{7}{3}$

$\therefore a-b=-8-\dfrac{7}{3}=-\dfrac{24}{3}-\dfrac{7}{3}=-\dfrac{31}{3}$

05 $-\dfrac{7}{3}=-2\dfrac{1}{3}$과 $\dfrac{5}{6}$ 사이에 있는 정수는 $-2,\,-1,\,0$이다.

따라서 모든 정수의

합은 $(-2)+(-1)+0=-3$

곱은 $(-2)\times(-1)\times0=0$

06 수미: $-1^2\times(-3)=(-1)\times(-3)=3$

성현: $(-2)^2\times(-8)=4\times(-8)=-32$

유정: $(-1)^3\times(-2^3)=(-1)\times(-8)=8$

민수: $-3^2\times(-1^2)\times(+4)=(-9)\times(-1)\times4=36$

따라서 잘못 계산한 사람은 성현, 민수이다.

07 n이 홀수일 때, $(-1)^n=-1$,

n이 짝수일 때, $(-1)^n=1$이므로

$(-1)+(-1)^2+(-1)^3+\cdots+(-1)^{1001}$

$=(-1)+1+(-1)+1+\cdots+(-1)+1+(-1)$

$=-1$

08 지현이가 이긴 횟수를 □라고 하면

$(+2)\times\square+(-1)\times3=+5$

$(+2)\times\square+(-3)=+5$

$(+2)\times\square=(+5)-(-3)=(+5)+(+3)=+8$

$\square=(+8)\div(+2)=+4$　　$\therefore \square=4$

따라서 지현이는 4번 이겼다.

09 ① $(-1)\div\left(-\dfrac{9}{7}\right)=(-1)\times\left(-\dfrac{7}{9}\right)=\dfrac{7}{9}$

② $0\div3=0$

③ $\left(+\dfrac{3}{4}\right)\div\dfrac{3}{8}=\left(+\dfrac{3}{4}\right)\times\dfrac{8}{3}=2$

④ $7\div1=7$

⑤ $\dfrac{1}{14}\div\left(-\dfrac{1}{7}\right)=\dfrac{1}{14}\times(-7)=-\dfrac{1}{2}$

따라서 옳은 것은 ③이다.

10 $a\times(-4)=+20$에서

$a=(+20)\div(-4)=-5$

$b\div\left(-\dfrac{1}{3}\right)=-5$에서

$b=(-5)\times\left(-\dfrac{1}{3}\right)=\dfrac{5}{3}$

$\therefore a\div b=(-5)\div\dfrac{5}{3}=(-5)\times\dfrac{3}{5}=-3$

11 $(-3)\div(+12)\div(-4)$

$=(-3)\times\left(+\dfrac{1}{12}\right)\times\left(-\dfrac{1}{4}\right)$

$=+\left(3\times\dfrac{1}{12}\times\dfrac{1}{4}\right)=\dfrac{1}{16}$

12 $(-20)\div\left(-\dfrac{5}{3}\right)\times\dfrac{15}{14}$

$=(-20)\times\left(-\dfrac{3}{5}\right)\times\dfrac{15}{14}$

$=+\left(20\times\dfrac{3}{5}\times\dfrac{15}{14}\right)=\dfrac{90}{7}$

따라서 $a=7,\,b=90$이므로

$a+b=7+90=97$

13 $\left(-\dfrac{2}{3}\right)^2\div\left(+\dfrac{2}{3}\right)\times(\square)=-4$에서

$\dfrac{4}{9}\times\left(+\dfrac{3}{2}\right)\times(\square)=-4$

$\dfrac{2}{3}\times(\square)=-4$

$\therefore \square=(-4)\div\dfrac{2}{3}$

$\qquad=(-4)\times\dfrac{3}{2}=-6$

14 $(-5)^2\times(-0.4)\times\left(+\dfrac{3}{2}\right)\div\left(+\dfrac{4}{15}\right)\div(-1)^3$

$=25\times\left(-\dfrac{2}{5}\right)\times\left(+\dfrac{3}{2}\right)\div\left(+\dfrac{4}{15}\right)\div(-1)$

$=25\times\left(-\dfrac{2}{5}\right)\times\left(+\dfrac{3}{2}\right)\times\left(+\dfrac{15}{4}\right)\times(-1)$

$=+\left(25\times\dfrac{2}{5}\times\dfrac{3}{2}\times\dfrac{15}{4}\times1\right)=\dfrac{225}{4}$

15 $0.6=\dfrac{3}{5}$의 역수는 $\dfrac{5}{3}$이므로 $a=\dfrac{5}{3}$

$1.2=\dfrac{6}{5}$의 역수는 $\dfrac{5}{6}$이므로 $b=\dfrac{5}{6}$

$2\dfrac{2}{5}=\dfrac{12}{5}$의 역수는 $\dfrac{5}{12}$이므로 $c=\dfrac{5}{12}$

-1의 역수는 -1이므로 $d=-1$

$\therefore a\div b+c\times d=\dfrac{5}{3}\div\dfrac{5}{6}+\dfrac{5}{12}\times(-1)$

$\qquad\qquad\qquad=\dfrac{5}{3}\times\dfrac{6}{5}+\dfrac{5}{12}\times(-1)$

$\qquad\qquad\qquad=2+\left(-\dfrac{5}{12}\right)=\dfrac{19}{12}$

16 계산 순서는 ㉣, ㉢, ㉤, ㉡, ㉠이다.

17 **1단계** 마주 보는 면에 적혀 있는 두 수의 곱이 1이므로 두 수
는 서로 역수 관계이다.

2단계 $-\dfrac{1}{3}$의 역수는 -3, $-1\dfrac{1}{4}=-\dfrac{5}{4}$의 역수는 $-\dfrac{4}{5}$,

$0.2=\dfrac{1}{5}$의 역수는 5이므로 보이지 않는 세 면에 적혀

있는 수는 각각 -3, $-\dfrac{4}{5}$, 5이다.

3단계 따라서 세 수의 곱은

$$(-3)\times\left(-\dfrac{4}{5}\right)\times5=+\left(3\times\dfrac{4}{5}\times5\right)=12$$

18 $\left(-\dfrac{1}{4}\right)\div\left(-\dfrac{1}{2}\right)^{3}-(-6)\times\left\{\dfrac{4}{3}+(-2)\right\}$

$=\left(-\dfrac{1}{4}\right)\div\left(-\dfrac{1}{8}\right)-(-6)\times\left(-\dfrac{2}{3}\right)$ ⋯⋯⋯ ❶

$=\left(-\dfrac{1}{4}\right)\times(-8)-(-6)\times\left(-\dfrac{2}{3}\right)$

$=2-4$ ⋯⋯⋯ ❷

$=-2$ ⋯⋯⋯ ❸

단계	채점 기준	비율
❶	거듭제곱, { } 안의 덧셈하기	40 %
❷	나눗셈, 곱셈하기	40 %
❸	뺄셈하기	20 %

19 어떤 유리수를 $\square$라고 하면

$\square\div\left(-\dfrac{5}{3}\right)=\dfrac{3}{4}$ ⋯⋯⋯ ❶

$\therefore\square=\dfrac{3}{4}\times\left(-\dfrac{5}{3}\right)=-\dfrac{5}{4}$

즉, 어떤 유리수는 $-\dfrac{5}{4}$이다. ⋯⋯⋯ ❷

따라서 바르게 계산하면

$\left(-\dfrac{5}{4}\right)\times\left(-\dfrac{5}{3}\right)=\dfrac{25}{12}$ ⋯⋯⋯ ❸

단계	채점 기준	비율
❶	잘못 계산한 식 세우기	20 %
❷	어떤 유리수 구하기	50 %
❸	바르게 계산한 답 구하기	30 %

Ⅱ. 문자와 식

Ⅱ-1. 문자의 사용과 식의 계산

1 문자의 사용과 식의 값

01 문자의 사용, 기호의 생략

유제1 답 (1) $(x+30)$세 (2) $(25-a)$명

(1) (아버지의 나이)=(형의 나이)$+30=x+30$(세)

(2) (남학생 수)=(전체 학생 수)$-$(여학생 수)

$\qquad\qquad=25-a$(명)

유제2 답 (1) $-xy$ (2) $\dfrac{a-b}{3}$

(1) $y\times x\times(-1)=-xy$

(2) $(a-b)\div3=\dfrac{a-b}{3}$

개념 확인하기

01 답 (1) $(3000\times a+5000\times b)$원 (2) $(4\times x)$cm

(1) (사과의 가격)+(배의 가격)$=3000\times a+5000\times b$(원)

(2) (마름모의 둘레의 길이)$=4\times$(한 변의 길이)

$\qquad\qquad\qquad=4\times x$(cm)

02 답 (1) $(10000-1100\times a)$원 (2) $(2\times x)$km

(1) (생수의 가격)$=1100\times a$(원)이므로

(거스름돈)$=10000-1100\times a$(원)

(2) (거리)=(속력)$\times$(시간)이므로

(x시간 동안 간 거리)$=2\times x$(km)

03 답 (1) $2ab^{2}$ (2) $-5a(x+y)$ (3) $4x-2y$ (4) $-a^{3}b$

04 답 (1) $-\dfrac{a}{3}$ (2) $\dfrac{a}{b-2}$ (3) $-\dfrac{x}{5y}$ (4) $\dfrac{x-y}{z}$

05 답 (1) $\dfrac{a}{b+3}$ (2) $\dfrac{3a}{b}$ (3) $3x^{2}+\dfrac{5}{y}$ (4) $-\dfrac{2x+y}{z}$

02 식의 값

유제1 답 (1) $-2,3$ (2) $-2,-1$

(1) $3\times(-2)+9=-6+9=3$

(2) $-(-2)-3=2-3=-1$

유제2 답 (1) $-2,5,-19$ (2) $-2,5,-8$

(1) $2\times(-2)-3\times5=-4-15=-19$

(2) $-(-2)-2\times5=2-10=-8$

01 답 (1) 14   (2) -22

$a=-2$를 각 식에 대입하면

(1) $6-a^3=6-(-2)^3$
$\quad\quad\quad =6-(-8)$
$\quad\quad\quad =6+8=14$

(2) $9a-a^2=9\times(-2)-(-2)^2$
$\quad\quad\quad\quad =-18-4=-22$

02 답 (1) 0   (2) -4

$a=-4$를 각 식에 대입하면

(1) $-\dfrac{8}{x}-2=-\dfrac{8}{-4}-2$
$\quad\quad\quad\quad =-(-2)-2$
$\quad\quad\quad\quad =2-2=0$

(2) $-\dfrac{1}{2}x^2+4=-\dfrac{1}{2}\times(-4)^2+4$
$\quad\quad\quad\quad\quad =-\dfrac{1}{2}\times16+4$
$\quad\quad\quad\quad\quad =-8+4=-4$

03 답 (1) 2   (2) 19   (3) 2   (4) 1

$a=3$, $b=-2$를 각 식에 대입하면

(1) $a+\dfrac{1}{2}b=3+\dfrac{1}{2}\times(-2)$
$\quad\quad\quad\quad =3-1=2$

(2) $3a-5b=3\times3-5\times(-2)$
$\quad\quad\quad\quad =9+10=19$

(3) $2a-b^2=2\times3-(-2)^2$
$\quad\quad\quad\quad =6-4=2$

(4) $\dfrac{3a+2b}{a-b}=\dfrac{3\times3+2\times(-2)}{3-(-2)}$
$\quad\quad\quad\quad\quad =\dfrac{9-4}{5}=\dfrac{5}{5}=1$

04 답 ④

$a=-3$, $b=4$를 각 식에 대입하면

① $a+3b=(-3)+3\times4=-3+12=9$

② $\dfrac{3b}{a}=\dfrac{3\times4}{-3}=-4$

③ $-\dfrac{1}{2}ab=-\dfrac{1}{2}\times(-3)\times4=6$

④ $-2a+b=-2\times(-3)+4=6+4=10$

⑤ $a^2-\dfrac{1}{4}b^2=(-3)^2-\dfrac{1}{4}\times4^2=9-4=5$

따라서 식의 값이 가장 큰 것은 ④이다.

---

1 답 (1) $\{10000-(4a+5b)\}$원   (2) $10m+n$
     (3) $\dfrac{3}{20}y$ g   (4) $\dfrac{4}{5}a$원

(3) (소금물의 농도)$=\dfrac{(소금의 양)}{(소금물의 양)}\times100(\%)$이므로

(소금의 양)$=\dfrac{(소금물의 농도)}{100}\times(소금물의 양)$

따라서 농도가 15 %인 소금물 y g에 녹아 있는 소금의 양은

$\dfrac{15}{100}\times y=\dfrac{3}{20}y(\text{g})$

(4) 정가가 a원인 물건을 20 % 할인했을 때의 가격은

$\left(1-\dfrac{20}{100}\right)\times a=\dfrac{80}{100}a=\dfrac{4}{5}a(\text{원})$

1-1 답 (1) $\dfrac{500}{x}$ %   (2) $\dfrac{x+y}{2}$점

(1) (소금물의 농도)$=\dfrac{(소금의 양)}{(소금물의 양)}\times100(\%)$이므로

소금물 x g에 5 g의 소금이 녹아 있을 때, 소금물의 농도는

$\dfrac{5}{x}\times100=\dfrac{500}{x}(\%)$

1-2 답 (1) $100a+10b+c$ (2) $\dfrac{x}{60}$시간

(1) $100\times a+10\times b+c=100a+10b+c$

(2) (시간)$=\dfrac{(거리)}{(속력)}$이므로 $\dfrac{x}{60}$시간

2 답 ②

① $0.1\times x\times x=0.1x^2$

③ $2\div a\div b=2\times\dfrac{1}{a}\times\dfrac{1}{b}=\dfrac{2}{ab}$

④ $a\div\dfrac{1}{4}\div b=a\times4\times\dfrac{1}{b}=\dfrac{4a}{b}$

⑤ $a+b\div c=a+b\times\dfrac{1}{c}=a+\dfrac{b}{c}$

따라서 옳은 것은 ②이다.

2-1 답 (1) $-a+\dfrac{ab}{c}$ (2) $\dfrac{x-6}{5}+2(y-1)$

(1) $(-1)\times a+a\div\dfrac{c}{b}=-a+a\times\dfrac{b}{c}$
$\quad\quad\quad\quad\quad\quad\quad =-a+\dfrac{ab}{c}$

(2) $(x-6)\div5+(y-1)\times2=(x-6)\times\dfrac{1}{5}+2(y-1)$
$\quad\quad\quad\quad\quad\quad\quad\quad =\dfrac{x-6}{5}+2(y-1)$

2-2 답 (1) $\dfrac{x+3}{2y}$ (2) $\dfrac{a}{x+y}$

(1) $(x+3)\div2y=\dfrac{x+3}{2y}$

(2) $a\div(x+y)=\dfrac{a}{x+y}$

3 답 ④

$$④\ p\div(5\times q\div r)=p\div\left(5q\times\frac{1}{r}\right)=p\div\frac{5q}{r}$$
$$=p\times\frac{r}{5q}=\frac{pr}{5q}$$

3-1 답 (1) $a-3bc$ (2) $\dfrac{3c}{a+b}$

(1) $a-b\times c\div\dfrac{1}{3}=a-b\times c\times3=a-3bc$

(2) $3\div(a+b)\times c=3\times\dfrac{1}{a+b}\times c=\dfrac{3c}{a+b}$

3-2 답 ④

$$①\ a\times b\div c=a\times b\times\frac{1}{c}=\frac{ab}{c}$$
$$②\ a\div c\times b=a\times\frac{1}{c}\times b=\frac{ab}{c}$$
$$③\ a\div b\times c=a\times\frac{1}{b}\times c=\frac{ac}{b}$$
$$④\ a\div b\div c=a\times\frac{1}{b}\times\frac{1}{c}=\frac{a}{bc}$$
$$⑤\ a\div(b\div c)=a\div\left(b\times\frac{1}{c}\right)=a\div\frac{b}{c}=a\times\frac{c}{b}=\frac{ac}{b}$$

따라서 $\dfrac{a}{bc}$와 같은 것은 ④이다.

4 답 $ah\ \text{cm}^2$

(평행사변형의 넓이)=(밑변의 길이)×(높이)이므로
구하는 넓이는
$$a\times h=ah(\text{cm}^2)$$

4-1 답 $\left(\dfrac{5}{2}x+2y\right)\text{cm}^2$

구하는 넓이는 두 직각삼각형의 넓이의
합과 같으므로
$$\frac{1}{2}\times5\times x+\frac{1}{2}\times y\times4$$
$$=\frac{5}{2}x+2y(\text{cm}^2)$$

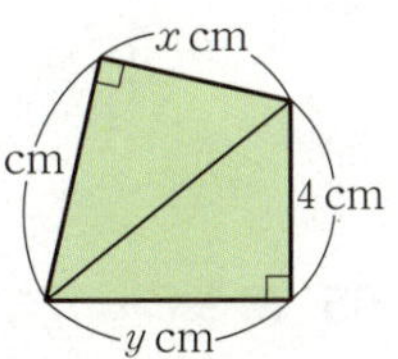

4-2 답 $S=2(xy+yz+zx)$

$$S=xy\times2+yz\times2+zx\times2$$
$$=2(xy+yz+zx)$$

5 답 (1) -13 (2) 10

(1) $a=-3,\ b=2$를 $-a^2+ab+2$의 각 문자에 대입하면
$$-a^2+ab+2=-(-3)^2+(-3)\times2+2$$
$$=-9-6+2=-13$$

(2) $x=\dfrac{1}{2},\ y=-4$를 $8x^2-2y$의 각 문자에 대입하면
$$8x^2-2y=8\times\left(\frac{1}{2}\right)^2-2\times(-4)$$
$$=8\times\frac{1}{4}+8$$
$$=2+8=10$$

5-1 답 (1) 2   (2) 12

(1) $a=2,\ b=-4$를 $-3a+\dfrac{1}{2}b^2$의 각 문자에 대입하면
$$-3a+\frac{1}{2}b^2=-3\times2+\frac{1}{2}\times(-4)^2$$
$$=-6+\frac{1}{2}\times16$$
$$=-6+8=2$$

(2) $x=-2,\ y=\dfrac{1}{3}$을 $2x^2-6xy$의 각 문자에 대입하면
$$2x^2-6xy=2\times(-2)^2-6\times(-2)\times\frac{1}{3}$$
$$=8+4=12$$

5-2 답 -32

$x=3,\ y=-\dfrac{1}{2}$을 $-3x^2+4xy+1$의 각 문자에 대입하면
$$-3x^2+4xy+1=-3\times3^2+4\times3\times\left(-\frac{1}{2}\right)+1$$
$$=-27+(-6)+1$$
$$=-32$$

6 답 -4

$$\frac{4}{x}+\frac{3}{y}=4\div x+3\div y$$
$$=4\div\left(-\frac{2}{5}\right)+3\div\frac{1}{2}$$
$$=4\times\left(-\frac{5}{2}\right)+3\times2$$
$$=(-10)+6$$
$$=-4$$

6-1 답 -14

$$-\frac{3}{a}+\frac{2}{b}=(-3)\div a+2\div b$$
$$=(-3)\div\frac{1}{2}+2\div\left(-\frac{1}{4}\right)$$
$$=(-3)\times2+2\times(-4)$$
$$=(-6)+(-8)$$
$$=-14$$

6-2 답 ③

$$\frac{1}{a}-\frac{5}{b}-\frac{2}{c}=1\div a-5\div b-2\div c$$
$$=1\div\frac{1}{3}-5\div\left(-\frac{1}{2}\right)-2\div\frac{1}{5}$$
$$=1\times3-5\times(-2)-2\times5$$
$$=3+10-10$$
$$=3$$

7 답 $20\ ℃$

$a=68$을 $\dfrac{5}{9}(a-32)$에 대입하면
$$\frac{5}{9}(a-32)=\frac{5}{9}\times(68-32)=\frac{5}{9}\times36=20(℃)$$
따라서 화씨온도가 $68\ ℉$일 때, 섭씨온도는 $20\ ℃$이다.

7-1 답 184

$x=30$을 $\dfrac{36}{5}x-32$에 대입하면

$\dfrac{36}{5}x-32=\dfrac{36}{5}\times30-32=216-32=184$

따라서 기온이 30 ℃일 때, 귀뚜라미가 1분 동안 우는 횟수는 184이다.

7-2 답 3400 m

$x=15$를 $0.6x+331$에 대입하면

$0.6\times15+331=9+331=340(\text{m})$

따라서 10초 동안 소리가 전달된 거리는

$340\times10=3400(\text{m})$

8 답 ⑤

$x=\dfrac{1}{2}$을 각 식에 대입하면

① $-x=-\dfrac{1}{2}$

② $-x^2=-\left(\dfrac{1}{2}\right)^2=-\dfrac{1}{4}$

③ $(-x)^2=\left(-\dfrac{1}{2}\right)^2=\dfrac{1}{4}$

④ $x^2=\left(\dfrac{1}{2}\right)^2=\dfrac{1}{4}$

⑤ $\dfrac{1}{x^2}=1\div x^2=1\div\dfrac{1}{4}=1\times4=4$

따라서 식의 값이 가장 큰 것은 ⑤이다.

8-1 답 ③

$x=-1$을 각 식에 대입하면

① $x^2=(-1)^2=1$

② $(-x)^2=\{-(-1)\}^2=1^2=1$

③ $-x^2=-(-1)^2=-1$

④ $(-x)^3=\{-(-1)\}^3=1^3=1$

⑤ $-x^3=-(-1)^3=-(-1)=1$

따라서 식의 값이 나머지 넷과 다른 것은 ③이다.

8-2 답 $a,\ -a^2,\ (-a)^3,\ a^2,\ -a$

$-1<a<0$이므로 $a=-\dfrac{1}{2}$이라 하고 대입하면

$-a=-\left(-\dfrac{1}{2}\right)=\dfrac{1}{2},\ a^2=\left(-\dfrac{1}{2}\right)^2=\dfrac{1}{4},$

$-a^2=-\left(-\dfrac{1}{2}\right)^2=-\dfrac{1}{4},$

$(-a)^3=\left\{-\left(-\dfrac{1}{2}\right)\right\}^3=\left(\dfrac{1}{2}\right)^3=\dfrac{1}{8}$

$-\dfrac{1}{2}<-\dfrac{1}{4}<\dfrac{1}{8}<\dfrac{1}{4}<\dfrac{1}{2}$이므로 식의 값이 작은 것부터

차례대로 나열하면 $a,\ -a^2,\ (-a)^3,\ a^2,\ -a$이다.

---

2 일차식의 덧셈과 뺄셈

03 다항식과 일차식

개념북 82쪽

유제 1 답 (2), (4)

차수가 1인 다항식은 (2), (4)이다.

유제 2 답 (1) $10x+15$ (2) $x-3$

(1) $5(2x+3)=5\times2x+5\times3=10x+15$

(2) $(4x-12)\div4=(4x-12)\times\dfrac{1}{4}$

$\qquad=4x\times\dfrac{1}{4}-12\times\dfrac{1}{4}=x-3$

개념 확인하기

개념북 83쪽

01 답 ②

② 항은 $x,\ 2y,\ -70$이다.

02 답 (1), (3), (4)

03 답 (1) $18b$ (2) $8x-12$ (3) $-30x-35$ (4) $2x+\dfrac{3}{5}$

(2) $4(2x-3)=4\times2x-4\times3=8x-12$

(3) $-5(6x+7)=(-5)\times6x+(-5)\times7=-30x-35$

(4) $(10x+3)\times\dfrac{1}{5}=10x\times\dfrac{1}{5}+3\times\dfrac{1}{5}=2x+\dfrac{3}{5}$

04 답 (1) $32a$ (2) $4x-6$

(1) $(-12a)\div\left(-\dfrac{3}{8}\right)=(-12a)\times\left(-\dfrac{8}{3}\right)=32a$

(2) $(-6x+9)\div\left(-\dfrac{3}{2}\right)=(-6x+9)\times\left(-\dfrac{2}{3}\right)$

$\qquad=(-6x)\times\left(-\dfrac{2}{3}\right)+9\times\left(-\dfrac{2}{3}\right)$

$\qquad=4x-6$

05 답 ⑤

① $(-6a)\times(-4)=24a$

② $\dfrac{2}{9}b\div\left(-\dfrac{8}{15}\right)=\dfrac{2}{9}b\times\left(-\dfrac{15}{8}\right)=-\dfrac{5}{12}b$

③ $4\left(\dfrac{1}{2}-3x\right)=4\times\dfrac{1}{2}-4\times3x=2-12x$

④ $(9x-6)\div3=(9x-6)\times\dfrac{1}{3}$

$\qquad=9x\times\dfrac{1}{3}-6\times\dfrac{1}{3}$

$\qquad=3x-2$

⑤ $(-15x+10)\div\left(-\dfrac{5}{3}\right)$

$\qquad=(-15x+10)\times\left(-\dfrac{3}{5}\right)$

$\qquad=(-15x)\times\left(-\dfrac{3}{5}\right)+10\times\left(-\dfrac{3}{5}\right)$

$\qquad=9x-6$

따라서 옳지 않은 것은 ⑤이다.

04 일차식의 덧셈과 뺄셈

유제 1 답 (1) 1, 6   (2) 5, 2
(1) $x+2x+3x=(1+2+3)\times x=6x$
(2) $3y-(-5y)-6y=(3+5-6)\times y=2y$

유제 2 답 (1) $3x+3$ (2) $-3x+15$
(1) $6x-3-3x+6=(6-3)x-3+6$
$\qquad\qquad\qquad =3x+3$
(2) $(4x+6)-(7x-9)=4x+6-7x+9$
$\qquad\qquad\qquad\qquad =(4-7)x+6+9$
$\qquad\qquad\qquad\qquad =-3x+15$

개념 확인하기

01 답 $4x$와 $-\dfrac{1}{3}x$, 5와 -9

02 답 (1) $12x-8$ (2) $-4x+5$ (3) $x-3y$ (4) $-2x-6y$
(1) $9x+3+3x-11=(9+3)x+3-11=12x-8$
(2) $2x-4-6x+9=(2-6)x-4+9=-4x+5$
(3) $5x+7y-4x-10y=(5-4)x+(7-10)y=x-3y$
(4) $\dfrac{1}{4}x+2y-\dfrac{9}{4}x-8y=\left(\dfrac{1}{4}-\dfrac{9}{4}\right)x+(2-8)y$
$\qquad\qquad\qquad\qquad\qquad =-2x-6y$

03 답 (1) $9x-4$ (2) $-4x+10$ (3) $9x+2$ (4) $3x-8$
(1) $(7x+3)+(2x-7)=7x+3+2x-7$
$\qquad\qquad\qquad\qquad =(7+2)x+3-7$
$\qquad\qquad\qquad\qquad =9x-4$
(2) $(x+7)-(5x-3)=x+7-5x+3$
$\qquad\qquad\qquad\qquad =(1-5)x+7+3$
$\qquad\qquad\qquad\qquad =-4x+10$
(3) $2(3x+4)+3(x-2)$
$\quad =2\times3x+2\times4+3\times x-3\times2$
$\quad =6x+8+3x-6$
$\quad =(6+3)x+8-6$
$\quad =9x+2$
(4) $-(3x+4)+\dfrac{2}{3}(9x-6)$
$\quad =-3x-4+\dfrac{2}{3}\times9x-\dfrac{2}{3}\times6$
$\quad =-3x-4+6x-4$
$\quad =(-3+6)x-4-4$
$\quad =3x-8$

04 답 (1) $x-11$ (2) $x-5$
(1) $5(2x-1)-3(3x+2)$
$\quad =5\times2x-5\times1-3\times3x-3\times2$
$\quad =10x-5-9x-6$
$\quad =(10-9)x-5-6$
$\quad =x-11$

(2) $\dfrac{1}{2}(-10x-6)-\dfrac{2}{7}(7-21x)$
$\quad =\dfrac{1}{2}\times(-10x)-\dfrac{1}{2}\times6-\dfrac{2}{7}\times7-\dfrac{2}{7}\times(-21x)$
$\quad =-5x-3-2+6x$
$\quad =(-5+6)x-3-2$
$\quad =x-5$

유형 확인하기

1 답 ④
④ 항은 $3x^2$, $-4x$, 5이다.

1-1 답 3
$-\dfrac{x}{3}+2y-9$에서 x의 계수는 $a=-\dfrac{1}{3}$, 상수항은 $b=-9$이다.
따라서 $ab=\left(-\dfrac{1}{3}\right)\times(-9)=3$

1-2 답 ④
④ x의 계수는 -2이다.

2 답 ①, ④
② $0\times x-7=-7$, 즉 차수가 0이므로 일차식이 아니다.
③ $\dfrac{9}{x}-2x$와 같이 분모에 문자를 포함한 식은 일차식이 아니다.
⑤ 차수가 가장 큰 항의 차수가 2이므로 차수가 2인 다항식이다.
따라서 일차식인 것은 ①, ④이다.

2-1 답 ④, ⑤
④ 분모에 문자를 포함한 식은 일차식이 아니다.
⑤ 차수가 가장 큰 항의 차수가 2이므로 차수가 2인 다항식이다.
따라서 일차식이 아닌 것은 ④, ⑤이다.

2-2 답 ②
① 분모에 문자를 포함한 식은 일차식이 아니다.
③ 차수가 가장 큰 항의 차수가 2이므로 차수가 2인 다항식이다.
④ 상수항만 있으므로 일차식이 아니다.
⑤ $3x-1-x-2x=-1$이므로 일차식이 아니다.
따라서 일차식인 것은 ②이다.

3 답 ④
① $3x\times(-2)=3\times(-2)\times x=-6x$
② $(-16a)\div\dfrac{4}{3}=(-16a)\times\dfrac{3}{4}=-12a$
③ $(-3)\times(-2y)=6y$
④ $\left(a+\dfrac{1}{3}\right)\div\dfrac{1}{3}=\left(a+\dfrac{1}{3}\right)\times3=a\times3+\dfrac{1}{3}\times3=3a+1$
⑤ $-2(4x-7)=-2\times4x-2\times(-7)=-8x+14$
따라서 옳은 것은 ④이다.

3-1 답 ⑤

① $2x \times \dfrac{1}{4} = 2 \times \dfrac{1}{4} \times x = \dfrac{1}{2}x$

② $(-4x) \div (-1) = 4x$

③ $6a \div \left(-\dfrac{3}{2}\right) = 6a \times \left(-\dfrac{2}{3}\right) = -4a$

④ $\left(2x - \dfrac{1}{2}\right) \times 4 = 2x \times 4 - \dfrac{1}{2} \times 4 = 8x - 2$

⑤ $-(10x - 6) \div 2 = -(10x - 6) \times \dfrac{1}{2}$
$$= (-10x) \times \dfrac{1}{2} + 6 \times \dfrac{1}{2} = -5x + 3$$

따라서 옳은 것은 ⑤이다.

3-2 답 ④

① $\dfrac{1}{3}(6x - 12) = \dfrac{1}{3} \times 6x - \dfrac{1}{3} \times 12 = 2x - 4$

② $(5x + 20) \div 5 = 5x \div 5 + 20 \div 5 = x + 4$

③ $-3(x - 1) = -3 \times x - 3 \times (-1) = -3x + 3$

⑤ $\left(\dfrac{2}{3}x - \dfrac{1}{2}\right) \times 6 = \dfrac{2}{3}x \times 6 - \dfrac{1}{2} \times 6 = 4x - 3$

따라서 옳은 것은 ④이다.

4 답 6

$-4(2x - 3) \div \dfrac{2}{3} = -4(2x - 3) \times \dfrac{3}{2}$
$$= -6(2x - 3)$$
$$= -6 \times 2x - 6 \times (-3)$$
$$= -12x + 18$$

따라서 $a = -12$, $b = 18$이므로
$a + b = (-12) + 18 = 6$

4-1 답 6

$12\left(\dfrac{x}{3} + 1\right) \div \left(-\dfrac{4}{3}\right) = 12\left(\dfrac{x}{3} + 1\right) \times \left(-\dfrac{3}{4}\right)$
$$= -9\left(\dfrac{x}{3} + 1\right)$$
$$= -9 \times \dfrac{x}{3} - 9 \times 1$$
$$= -3x - 9$$

따라서 $a = -3$, $b = -9$이므로
$a - b = (-3) - (-9) = (-3) + 9 = 6$

4-2 답 ①

$-2(3x - 6) \div \left(-\dfrac{3}{4}\right) = -2(3x - 6) \times \left(-\dfrac{4}{3}\right)$
$$= \dfrac{8}{3}(3x - 6)$$
$$= \dfrac{8}{3} \times 3x - \dfrac{8}{3} \times 6$$
$$= 8x - 16$$

따라서 $a = 8$, $b = -16$이므로
$2a + b = 2 \times 8 + (-16) = 0$

5 답 ③

③ 모든 상수항은 동류항이다.

5-1 답 ④, ⑤

④ 문자와 차수가 각각 같다.
⑤ 상수항끼리는 동류항이다.

5-2 답 $8x$, $-\dfrac{x}{2}$, $-x$

6 답 ④

$8(x + 2) - 4(3x - 5)$
$= 8 \times x + 8 \times 2 - 4 \times 3x - 4 \times (-5)$
$= 8x + 16 - 12x + 20 = -4x + 36$
따라서 $A = -4$, $B = 36$이므로
$A + B = (-4) + 36 = 32$

6-1 답 ②

$3(x - 1) - 2(-x + 1)$
$= 3 \times x - 3 \times 1 - 2 \times (-x) - 2 \times 1$
$= 3x - 3 + 2x - 2 = 5x - 5$
따라서 $A = 5$, $B = -5$이므로
$AB = 5 \times (-5) = -25$

6-2 답 $4x - 1$

$(6x + 3) \div 3 - (1 - x) \div \dfrac{1}{2}$

$= (6x + 3) \times \dfrac{1}{3} - (1 - x) \times 2$

$= 6x \times \dfrac{1}{3} + 3 \times \dfrac{1}{3} - 1 \times 2 + x \times 2$

$= 2x + 1 - 2 + 2x$

$= 4x - 1$

7 답 (1) $\dfrac{4x - 9}{4}$ (2) $\dfrac{5x - 7}{6}$

(1) $\dfrac{2x + 1}{4} - \dfrac{-x + 5}{2} = \dfrac{2x + 1 - 2(-x + 5)}{4}$
$$= \dfrac{2x + 1 + 2x - 10}{4}$$
$$= \dfrac{4x - 9}{4}$$

(2) $x - \dfrac{x + 1}{2} + \dfrac{x - 2}{3} = \dfrac{6x - 3(x + 1) + 2(x - 2)}{6}$
$$= \dfrac{6x - 3x - 3 + 2x - 4}{6}$$
$$= \dfrac{5x - 7}{6}$$

7-1 답 (1) $\dfrac{5x - 22}{6}$ (2) $\dfrac{5x - 1}{4}$

(1) $\dfrac{x - 4}{6} + \dfrac{2x - 9}{3} = \dfrac{x - 4 + 2(2x - 9)}{6}$
$$= \dfrac{x - 4 + 4x - 18}{6}$$
$$= \dfrac{5x - 22}{6}$$

(2) $2x-\dfrac{5x-3}{4}+\dfrac{x-2}{2}=\dfrac{8x-(5x-3)+2(x-2)}{4}$

$\phantom{(2) 2x-\dfrac{5x-3}{4}+\dfrac{x-2}{2}}=\dfrac{8x-5x+3+2x-4}{4}$

$\phantom{(2) 2x-\dfrac{5x-3}{4}+\dfrac{x-2}{2}}=\dfrac{5x-1}{4}$

7-2 답 $\dfrac{1}{2}$

$\dfrac{4x-1}{3}-\dfrac{3x-1}{4}=\dfrac{4(4x-1)-3(3x-1)}{12}$

$\phantom{\dfrac{4x-1}{3}-\dfrac{3x-1}{4}}=\dfrac{16x-4-9x+3}{12}=\dfrac{7}{12}x-\dfrac{1}{12}$

따라서 $A=\dfrac{7}{12}$, $B=-\dfrac{1}{12}$이므로

$A+B=\dfrac{7}{12}+\left(-\dfrac{1}{12}\right)=\dfrac{6}{12}=\dfrac{1}{2}$

8 답 (1) $6x+15$ (2) $-5x+8$

(1) $2x+\{6x+11-(2x-3)\}+1$

$=2x+(6x+11-2x+3)+1$

$=2x+(4x+14)+1$

$=2x+4x+14+1$

$=6x+15$

(2) $5x-[7x-3-\{x-(4x-5)\}]$

$=5x-\{7x-3-(x-4x+5)\}$

$=5x-\{7x-3-(-3x+5)\}$

$=5x-(7x-3+3x-5)$

$=5x-(10x-8)$

$=5x-10x+8$

$=-5x+8$

8-1 답 (1) $7x+3$ (2) $3x-2$

(1) $9x-3-\{4-(10-2x)\}$

$=9x-3-(4-10+2x)$

$=9x-3-(-6+2x)$

$=9x-3+6-2x$

$=7x+3$

(2) $6x+[-5x+2-\{x-(3x-4)\}]$

$=6x+\{-5x+2-(x-3x+4)\}$

$=6x+\{-5x+2-(-2x+4)\}$

$=6x+(-5x+2+2x-4)$

$=6x+(-3x-2)$

$=6x-3x-2$

$=3x-2$

8-2 답 ④

$4x+2-[-2x+\{1-(3-x)\}]$

$=4x+2-\{-2x+(1-3+x)\}$

$=4x+2-(-2x-2+x)$

$=4x+2-(-x-2)$

$=4x+2+x+2$

$=5x+4$

---

01 ④	**02** ③	**03** ④	**04** 10	**05** ④
06 $\dfrac{7b-4a}{3}$ cm	**07** ④	**08** ②	**09** ④	
10 4	**11** ②	**12** ③	**13** ③	
14 $9x-13y$	**15** $5a-3$	**16** $-24x+20$		
17 $10x-11$	**18** $22a$	**19** $-\dfrac{11}{3}x-2$		

01 ① $x\times\dfrac{20}{100}=\dfrac{1}{5}x$(원)

② (소금의 양)$=\dfrac{(소금물의 농도)}{100}\times$(소금물의 양)이므로

$\dfrac{x}{100}\times700=7x$(g)

③ $\dfrac{1}{2}\times x\times y=\dfrac{1}{2}xy(\text{cm}^2)$

④ $3x+2$

⑤ $500x+1000y=500(x+2y)$(원)

따라서 옳지 않은 것은 ④이다.

02 ① $x\times(-5)\times y=-5xy$

② $a+b\div5=a+b\times\dfrac{1}{5}=a+\dfrac{b}{5}$

③ $a\times4+b\div(-3)=a\times4+b\times\left(-\dfrac{1}{3}\right)=4a-\dfrac{b}{3}$

④ $(-4)\div x+y=(-4)\times\dfrac{1}{x}+y=-\dfrac{4}{x}+y$

⑤ $(x+y)\times(-1)=-(x+y)$

따라서 옳은 것은 ③이다.

03 ㄱ. $a\div(-5)\div c=a\times\left(-\dfrac{1}{5}\right)\times\dfrac{1}{c}=-\dfrac{a}{5c}$

ㄴ. $a\div\dfrac{1}{b}\div c=a\times b\times\dfrac{1}{c}=\dfrac{ab}{c}$

ㄷ. $\dfrac{1}{a}\div\dfrac{1}{b}\div\dfrac{1}{c}=\dfrac{1}{a}\times b\times c=\dfrac{bc}{a}$

ㄹ. $a\div(b\div c)=a\div\left(b\times\dfrac{1}{c}\right)=a\div\dfrac{b}{c}=a\times\dfrac{c}{b}=\dfrac{ac}{b}$

따라서 옳은 것은 ㄴ, ㄹ이다.

04 $x=-2$, $y=3$을 x^3-xy^2에 대입하면

$x^3-xy^2=(-2)^3-(-2)\times3^2=-8-(-18)$

$=-8+18=10$

05 ① $-\dfrac{1}{2}a=-\dfrac{1}{2}\times\left(-\dfrac{1}{2}\right)=\dfrac{1}{4}$

② $a^2=\left(-\dfrac{1}{2}\right)^2=\dfrac{1}{4}$

③ $(-a)^2=\left\{-\left(-\dfrac{1}{2}\right)\right\}^2=\left(\dfrac{1}{2}\right)^2=\dfrac{1}{4}$

④ $-a^2=-\dfrac{1}{4}$

⑤ $-2a^3=-2\times\left(-\dfrac{1}{2}\right)^3=-2\times\left(-\dfrac{1}{8}\right)=\dfrac{1}{4}$

따라서 식의 값이 나머지 넷과 다른 하나는 ④이다.

06 남학생 20명의 키의 총합은 $20a$ cm, 학급 전체 학생의 키의 총합은 $35b$ cm이므로 여학생의 15명의 키의 총합은 $(35b-20a)$cm이다.
따라서 여학생 키의 평균은
$$\frac{35b-20a}{15}=\frac{7b-4a}{3}\text{(cm)}$$

07 ④ $2x^2-6x+7$에서 x의 계수는 -6, 상수항은 7이므로 x의 계수와 상수항의 합은 $(-6)+7=1$

08 $-\dfrac{3}{2}x$와 문자와 차수가 같은 항은 $\dfrac{x}{4}$, $-0.1x$의 2개이다.

09 ① $10x\div(-5)=10x\times\left(-\dfrac{1}{5}\right)=-2x$
③ $(-9x+3)\times\left(-\dfrac{1}{3}\right)=(-9x)\times\left(-\dfrac{1}{3}\right)+3\times\left(-\dfrac{1}{3}\right)$
$$=3x-1$$
④ $(6x-8)\div\dfrac{1}{2}=(6x-8)\times2=12x-16$
⑤ $\dfrac{4x-28}{12}=\dfrac{4}{12}x-\dfrac{28}{12}=\dfrac{1}{3}x-\dfrac{7}{3}$
따라서 옳지 않은 것은 ④이다.

10 $3x^2+4x-1-5x-ax^2+b=(3-a)x^2-x-1+b$
가 일차식이 되려면 x^2의 계수가 0이어야 하므로
$3-a=0$에서 $a=3$
또, 상수항이 0이 되려면 $-1+b=0$에서 $b=1$
따라서 $a+b=3+1=4$

11 $2(-4x+1)-3(-3x+2)=-8x+2+9x-6$
$$=x-4$$
따라서 $a=1$, $b=-4$이므로
$a+b=1+(-4)=-3$

12 $\dfrac{2x-6}{3}-\dfrac{3x-5}{4}=\dfrac{4(2x-6)-3(3x-5)}{12}$
$$=\dfrac{8x-24-9x+15}{12}$$
$$=\dfrac{-x-9}{12}=-\dfrac{1}{12}x-\dfrac{3}{4}$$
따라서 $a=-\dfrac{1}{12}$, $b=-\dfrac{3}{4}$이므로
$a-b=\left(-\dfrac{1}{12}\right)-\left(-\dfrac{3}{4}\right)=-\dfrac{1}{12}+\dfrac{9}{12}$
$$=\dfrac{8}{12}=\dfrac{2}{3}$$

13 오른쪽 그림에서 색칠한 부분의 둘레의 길이는 가로의 길이가
$(3a-2)+(a+5)=4a+3$
세로의 길이가
$(4a-9)+(2a+1)=6a-8$
인 직사각형의 둘레의 길이와 같으므로

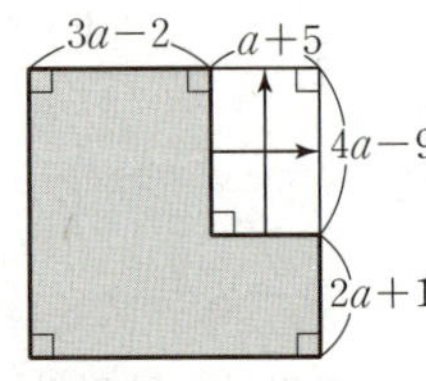

14 주어진 식을 간단히 정리하면
$A-4B-\{5A-3(2A+3B)\}$
$$=A-4B-(5A-6A-9B)$$
$$=A-4B-(-A-9B)$$
$$=A-4B+A+9B$$
$$=2A+5B$$
이 식에 $A=2x+y$, $B=x-3y$를 대입하면
$2(2x+y)+5(x-3y)=4x+2y+5x-15y$
$$=9x-13y$$

15 $(2a+7)-\boxed{}=-3a+10$에서
$\boxed{}=(2a+7)-(-3a+10)$
$$=2a+7+3a-10$$
$$=5a-3$$

16 어떤 식을 $\boxed{}$라 하고 잘못 계산한 식을 세우면
$\boxed{}-(-11x+8)=-2x+4$
$\therefore \boxed{}=(-2x+4)+(-11x+8)$
$$=-13x+12$$
따라서 어떤 식은 $-13x+12$이므로 바르게 계산한 답은
$(-13x+12)+(-11x+8)=-24x+20$

17 **1단계** 조건 ㈎에서 $A-(7x-5)=-3x+2$이므로
$A=(-3x+2)+(7x-5)$
$$=4x-3$$
2단계 $A=4x-3$이고 조건 ㈏에서
$(4x-3)-B=x+1$이므로
$B=(4x-3)-(x+1)$
$$=4x-3-x-1$$
$$=3x-4$$
3단계 $\therefore A+2B=(4x-3)+2(3x-4)$
$$=4x-3+6x-8$$
$$=10x-11$$

18 주어진 직사각형의 가로의 길이는 $4+3=7$, 세로의 길이는 $3a+2a=5a$이다. ⋯⋯⋯⋯⋯❶
따라서 색칠한 부분의 넓이는 직사각형의 넓이에서 직각삼각형 2개의 넓이를 빼면 되므로 구하는 넓이는
$7\times5a-\left(\dfrac{1}{2}\times4\times3a+\dfrac{1}{2}\times7\times2a\right)$ ⋯⋯ ❷
$$=35a-(6a+7a)$$
$$=35a-13a$$
$$=22a \qquad ⋯⋯⋯⋯⋯❸$$

단계	채점 기준	비율
❶	직사각형의 가로와 세로의 길이 구하기	20 %
❷	넓이 구하는 식 세우기	40 %
❸	넓이 구하기	40 %

19

$$\frac{1}{4}\left[-5x+\{5-7(3+x)\}\right]-\frac{2}{3}(x-3)$$

$$=\frac{1}{4}\{-5x+(5-21-7x)\}-\frac{2}{3}(x-3)$$

$$=\frac{1}{4}(-5x-7x-16)-\frac{2}{3}(x-3)$$

$$=\frac{1}{4}(-12x-16)-\frac{2}{3}(x-3)\quad\text{————}\ ❶$$

$$=\frac{1}{4}\times(-12x)-\frac{1}{4}\times16-\frac{2}{3}\times x-\frac{2}{3}\times(-3)\quad\text{————}\ ❷$$

$$=-3x-4-\frac{2}{3}x+2$$

$$=-\frac{11}{3}x-2\quad\text{————}\ ❸$$

단계	채점 기준	비율
❶	괄호 안의 식 간단히 하기	50 %
❷	분배법칙을 이용하여 괄호 풀기	30 %
❸	답 구하기	20 %

Ⅱ-2. 일차방정식

1 방정식과 그 해

01 방정식과 항등식   개념북 94쪽

유제1 답 (1) ×   (2) ×   (3) ○   (4) ○

등호가 있는 식은 (3), (4)이다.

유제2 답 (1) 방   (2) 방   (3) 항   (4) 항

미지수 x에 어떤 값을 대입하여도 항상 참이 되는 항등식은 (3), (4)이다.

개념 확인하기   개념북 95쪽

01 답 ④

등호가 있는 식은 ④이다.

02 답 $42+x=56$

03 답 ⑤

①, ②, ③, ④ 방정식

⑤ (우변)$=2x-2+x=3x-2=$(좌변)이므로 항등식이다.

따라서 x의 값에 관계없이 항상 성립하는 등식은 ⑤이다.

04 답

방정식	x의 값	등식의 참, 거짓	방정식의 해
	-1	$-5=-1-4$ (참)	
$5x=x-4$	0	$0\neq0-4$ (거짓)	$x=-1$
	1	$5\neq1-4$ (거짓)	

05 답 ④

$x=-2$를 대입하였을 때 등식이 성립하는 것을 찾는다.

① $2\times(-2)+3\neq-7$

② $3\times(-2)-5\neq-2-1$

③ $5-(-2)\neq3\times(-2)-3$

④ $2(-2+1)=4+3\times(-2)$

⑤ $4\times(-2)-1\neq2\times(-2)-3$

따라서 $x=-2$를 해로 갖는 방정식은 ④이다.

02 등식의 성질   개념북 96쪽

유제1 답 (1) $b\times2$ (2) $\dfrac{a}{4}$

등식의 양변에 같은 수를 곱하거나 0이 아닌 같은 수로 나누어도 등식은 성립한다.

유제2 답 $4,\ 4,\ -9,\ 2,\ -9,\ 2,\ -18$

등식의 양변에서 4를 빼고 2를 곱하여 해를 구한다.

 **확인하기**　　　　　　　　　　개념북 97쪽

01 답 ③

② $a=b$의 양변에 3을 곱하면 $3a=3b$
　$3a=3b$의 양변에서 c를 빼면 $3a-c=3b-c$
③ $a=b$의 양변에 2를 곱하면 $2a=2b$
　이때 $2a=2b$를 0이 아닌 c로 나눌 때에만 $\dfrac{2a}{c}=\dfrac{2b}{c}$가
　성립한다.
④ $a=b$의 양변에 -1을 곱하면 $-a=-b$
　$-a=-b$의 양변에 c를 더하면 $-a+c=-b+c$
⑤ $a=b$의 양변에 $-\dfrac{1}{4}$을 곱하면 $-\dfrac{1}{4}a=-\dfrac{1}{4}b$
따라서 옳지 않은 것은 ③이다.

02 답 ④

① $a=b$이면 $a-1=b-1$이다.
② $\dfrac{a}{3}=b$의 양변에 3을 곱하면 $a=3b$이다.
③ $a=2b$의 양변을 4로 나누면 $\dfrac{a}{4}=\dfrac{2b}{4}$이므로 $\dfrac{a}{4}=\dfrac{b}{2}$이다.
⑤ $a=3b$의 양변에 -3을 곱하면 $-3a=-9b$이고 양변에
　1을 더하면 $-3a+1=-9b+1$이다.
따라서 옳은 것은 ④이다.

03 답 ㈎ ㄴ　㈏ ㄹ

㈎ 등식의 양변에서 1을 빼도 등식은 성립하므로
　$4x+1-1=9-1$
　즉, $4x=8$
㈏ 등식의 양변을 4로 나누어도 등식은 성립하므로
　$\dfrac{4x}{4}=\dfrac{8}{4}$
　즉, $x=2$

04 답 $x=4$

$\dfrac{3}{2}x-4=2$의 양변에 4를 더하면 $\dfrac{3}{2}x=6$
양변에 $\dfrac{2}{3}$를 곱하면 $x=4$

유형 확인하기　　　　　　　　　개념북 98~101쪽

1 답 ③, ⑤

등호를 사용하여 수량 사이의 관계를 나타낸 식을 등식이라고
한다.
① $2x>10$　　　　② $-3x+7$
③ $4x=3y-4$　　　④ $5x$
⑤ (거리)=(속력)×(시간)이므로 $x=20\times3$
따라서 x를 사용한 식으로 나타낼 때, 등식인 것은 ③, ⑤이다.

1-1 답 $x-2=3x$

1-2 답 ②, ④

2 답 ④

[　]안의 수를 대입하였을 때 등식이 성립하는 것을 찾는다.
① $(-1)+4\neq5$
② $-3\times(-3)+1\neq-8$
③ $5\times(-1)\neq(-1)+4$
④ $2(2-3)=2-4$
⑤ $3\{2\times(-5)+1\}\neq2+(-5)$
따라서 [　]안의 수가 주어진 방정식의 해인 것은 ④이다.

2-1 답 ③

[　]안의 수를 대입하였을 때 등식이 성립하는 것을 찾는다.
① $-2\times1\neq2$
② $(-1)+3\neq-2$
③ $2\times6-3=6+3$
④ $4-2\times2\neq9-7\times2$
⑤ $4\{2\times(-2)-1\}\neq-8+(-2)$
따라서 [　]안의 수가 주어진 방정식의 해인 것은 ③이다.

2-2 답 ②

$x=-2,\ -1,\ 0,\ 1,\ 2$를 방정식 $2x=-(1-x)$에 각각 대입
하여 등식이 성립하는 것을 찾는다.
$x=-2$일 때, $2\times(-2)\neq-\{1-(-2)\}$
$x=-1$일 때, $2\times(-1)=-\{1-(-1)\}$
$x=0$일 때, $2\times0\neq-(1-0)$
$x=1$일 때, $2\times1\neq-(1-1)$
$x=2$일 때, $2\times2\neq-(1-2)$
따라서 x의 값 중 주어진 방정식의 해는 $x=-1$이다.

3 답 ④, ⑤

①, ②, ③ 방정식
④ $x+1=2x+1-x$에서 $x+1=x+1$이므로 항등식이다.
⑤ $3x-3=3(x-1)$에서 $3x-3=3x-3$이므로 항등식이다.
따라서 x의 값에 관계없이 항상 참인 등식은 ④, ⑤이다.

3-1 답 ③

①, ②, ④, ⑤ 방정식

3-2 답 ④

모든 x의 값에 대하여 항상 참인 등식은 항등식이다.
①, ②, ③, ⑤ 방정식
④ $-2x+4=2(2-x)$에서 $-2x+4=4-2x$이므로 항등
　식이다.
따라서 모든 x의 값에 대하여 항상 참인 등식은 ④이다.

4 답 ①

$3(2x-1)=6x-3=x+5x-3=x+\boxed{}$이므로
$\boxed{}$ 안에 알맞은 식은 $5x-3$이다.

4-1 답 $x-6$

$2(x-3)=2x-6=x+x-6$이므로
$\boxed{}$ 안에 알맞은 식은 $x-6$이다.

4-2 답 ④

$4x+b+1=ax-1$이 항등식이 되려면 x의 계수는 x의 계수끼리, 상수항은 상수항끼리 같아야 하므로
$4=a,\ b+1=-1$
$\therefore a=4,\ b=-2$

5 답 (1) ㄴ　　(2) ㄹ　　(3) ㄷ

(1) $x+6=1$의 양변에서 같은 수를 빼어도 등식은 성립하므로
　$x+6-6=1-6$, 즉 $x=-5$

(2) $3x=-9$의 양변을 0이 아닌 같은 수로 나누어도 등식은
　성립하므로 $\dfrac{3x}{3}=-\dfrac{9}{3}$, 즉 $x=-3$

(3) $\dfrac{1}{5}x=2$의 양변에 같은 수를 곱하여도 등식은 성립하므로
　$\dfrac{1}{5}x\times 5=2\times 5$, 즉 $x=10$

5-1 답 (1) 등식의 양변을 0이 아닌 같은 수로 나누어도 등식은 성립
　　한다.
　　(2) 등식의 양변에 같은 수를 더하여도 등식은 성립한다.
　　(3) 등식의 양변에 같은 수를 곱하여도 등식은 성립한다.

(1) $4x=-12$의 양변을 0이 아닌 같은 수로 나누어도 등식은
　성립하므로 $\dfrac{4x}{4}=\dfrac{-12}{4}$, 즉 $x=-3$

(2) $x-5=1$의 양변에 같은 수를 더하여도 등식은 성립하므로
　$x-5+5=1+5$, 즉 $x=6$

(3) $\dfrac{1}{3}x=-4$의 양변에 같은 수를 곱하여도 등식은 성립하므로
　$\dfrac{1}{3}x\times 3=-4\times 3$, 즉 $x=-12$

5-2 답 ㄱ

ㄴ. $a=b$이면 $\dfrac{a}{c}=\dfrac{b}{c}$를 이용

ㄷ. $a=b$이면 $a+c=b+c$를 이용

ㄹ. $a=b$이면 $a-c=b-c$를 이용

6 답 ④

④ $2a=3b$의 양변을 4로 나누면
　$\dfrac{2a}{4}=\dfrac{3b}{4}$, 즉 $\dfrac{a}{2}=\dfrac{3}{4}b$

6-1 답 ④

① $a-c=b-c$의 양변에 c를 더하면 $a=b$

② $\dfrac{a}{4}=\dfrac{b}{3}$의 양변에 12를 곱하면 $3a=4b$

③ $a-2=b-1$의 양변에 1을 더하면 $a-1=b$

④ $a=2,\ b=3,\ c=0$이면 $ac=bc$이지만 $a\neq b$

⑤ $a+b=0$, 즉 $a=-b$의 양변에 2를 곱하면 $2a=-2b$
따라서 옳지 않은 것은 ④이다.

6-2 답 ⑤

⑤ $c\neq 0$인 경우에만 $\dfrac{a}{c}=\dfrac{b}{c}$가 성립한다.

7 답 ①

(가) 양변에 4를 곱한다.

(나) 양변에 $12x$를 더한다.

(다) 양변에 12를 더한다.

(라) 양변을 14로 나눈다.

7-1 답 (가) ㄷ　 (나) ㄱ

(가) 양변에 2를 곱한다.

(나) 양변에 1을 더한다.

7-2 답 19

$$3x-4+\boxed{4}=8+\boxed{4}$$
$$3x=\boxed{12}$$
$$\frac{3x}{\boxed{3}}=\frac{\boxed{12}}{\boxed{3}}$$
$$\therefore x=4$$

따라서 ㉠ 4, ㉡ 12, ㉢ 3이므로 $4+12+3=19$

8 답 (1) $x=3$　　(2) $x=4$

(1)　$4x+15=27$
　$4x+15-15=27-15$　← 양변에서 15를 뺀다.
　　　$4x=12$
　　　$\dfrac{4x}{4}=\dfrac{12}{4}$　← 양변을 4로 나눈다.
　　　$\therefore x=3$

(2)　$12-5x=-8$
　$12-5x-12=-8-12$　← 양변에서 12를 뺀다.
　　　$-5x=-20$
　　　$\dfrac{-5x}{-5}=\dfrac{-20}{-5}$　← 양변을 -5로 나눈다.
　　　$\therefore x=4$

8-1 답 (1) $x=-1$　　(2) $x=18$

(1)　$2x+3=1$
　$2x+3-3=1-3$　← 양변에서 3을 뺀다.
　　　$2x=-2$
　　　$\dfrac{2x}{2}=\dfrac{-2}{2}$　← 양변을 2로 나눈다.
　　　$\therefore x=-1$

(2)　$\dfrac{1}{3}x-4=2$
　$\dfrac{1}{3}x-4+4=2+4$　← 양변에 4를 더한다.
　　　$\dfrac{1}{3}x=6$
　　　$\dfrac{1}{3}x\times 3=6\times 3$　← 양변에 3을 곱한다.
　　　$\therefore x=18$

8-2 답 $x=1$

$$\frac{1}{2}x+1=-x+\frac{5}{2}$$ 양변에 2를 곱한다.
$$x+2=-2x+5$$ 양변에 $2x$를 더한다.
$$3x+2=5$$ 양변에서 2를 뺀다.
$$3x=3$$ 양변을 3으로 나눈다.
$$\therefore x=1$$

2 일차방정식의 풀이

03 일차방정식의 풀이
개념북 102쪽

유제 1 답 (1) $x=3+5$ (2) $3x-2x=4$
(3) $-x=3-9$ (4) $x+3x=17+3$
밑줄 친 항의 부호를 바꾸어 다른 변으로 옮긴다.

유제 2 답 (1) $x=5$ (2) $x=3$
(1) $4x=15+x$에서
$4x-x=15$, $3x=15$ ∴ $x=5$
(2) $x-12=-3x$에서
$x+3x=12$, $4x=12$ ∴ $x=3$

개념 확인하기
개념북 103쪽

01 답 (1) $2x=10$ (2) $3x=-5$ (3) $x=8$ (4) $4x=6$
(1) $2x-7=3$에서 $2x=3+7$ ∴ $2x=10$
(2) $6x=3x-5$에서 $6x-3x=-5$ ∴ $3x=-5$
(3) $3x-5=2x+3$에서 $3x-2x=3+5$ ∴ $x=8$
(4) $4-x=-5x+10$에서 $-x+5x=10-4$
∴ $4x=6$

02 답 (1), (2), (4)
(1) $9-4x=3$에서 $9-4x-3=0$, 즉 $-4x+6=0$이므로 일차방정식이다.
(2) $5x-1=x-2$에서 $5x-1-x+2=0$, 즉 $4x+1=0$이므로 일차방정식이다.
(3) $x^2+2=x$에서 $x^2+2-x=0$, 즉 좌변이 일차식이 아니므로 일차방정식이 아니다.
(4) $2x^2-2=3x+2x^2$에서 $2x^2-2-3x-2x^2=0$
즉, $-3x-2=0$이므로 일차방정식이다.

03 답 (1) $x=4$ (2) $x=-3$ (3) $x=5$ (4) $x=6$
(1) $9x-5=2x+23$에서 $9x-2x=23+5$, $7x=28$
∴ $x=4$
(2) $13-7x=22-4x$에서 $-7x+4x=22-13$, $-3x=9$
∴ $x=-3$
(3) $8x-12=3x+13$에서 $8x-3x=13+12$, $5x=25$
∴ $x=5$

---

(4) $15-9x=-21-3x$에서
$-9x+3x=-21-15$, $-6x=-36$
∴ $x=6$

04 답 ③
① $6x-4=2$에서 $6x=6$ ∴ $x=1$
② $-2x-2=4x-8$에서 $-6x=-6$ ∴ $x=1$
③ $8x+3=6x-1$에서 $2x=-4$ ∴ $x=-2$
④ $-4x+5=-x+2$에서 $-3x=-3$ ∴ $x=1$
⑤ $2x-7=3x-8$에서 $-x=-1$ ∴ $x=1$
따라서 해가 나머지 넷과 다른 하나는 ③이다.

04 복잡한 일차방정식의 풀이
개념북 104쪽

유제 1 답 (1) $x=-5$ (2) $x=-3$
(1) 괄호를 풀면 $-3x+12=27$
$-3x=27-12$, $-3x=15$ ∴ $x=-5$
(2) 양변에 10을 곱하면 $x-20=-35-4x$
$x+4x=-35+20$, $5x=-15$ ∴ $x=-3$

유제 2 답 (1) $x=-3$ (2) $x=-2$
(1) 양변에 분모의 최소공배수 12를 곱하면
$9x=8x-3$, $9x-8x=-3$ ∴ $x=-3$
(2) $2x\times1=(3x-2)\times\frac{1}{2}$의 양변에 2를 곱하면
$4x=3x-2$, $4x-3x=-2$ ∴ $x=-2$

개념 확인하기
개념북 105쪽

01 답 (1) $x=5$ (2) $x=3$ (3) $x=1$ (4) $x=-4$
(1) $5(x-4)=x$에서 $5x-20=x$
$4x=20$ ∴ $x=5$
(2) $2(9-x)=4x$에서 $18-2x=4x$
$-6x=-18$ ∴ $x=3$
(3) $2(x+3)=-3x+11$에서 $2x+6=-3x+11$
$5x=5$ ∴ $x=1$
(4) $5x-2(x-1)=-10$에서 $5x-2x+2=-10$
$3x=-12$ ∴ $x=-4$

02 답 (1) $x=-5$ (2) $x=3$ (3) $x=2$ (4) $x=-4$
(1) $0.3x+2=5+0.9x$의 양변에 10을 곱하면
$3x+20=50+9x$, $-6x=30$ ∴ $x=-5$
(2) $3.4x-1.5=2.9x$의 양변에 10을 곱하면
$34x-15=29x$, $5x=15$ ∴ $x=3$
(3) $0.25x-0.14=0.36$의 양변에 100을 곱하면
$25x-14=36$, $25x=50$ ∴ $x=2$
(4) $-0.12x-0.7=0.03x-0.1$의 양변에 100을 곱하면
$-12x-70=3x-10$, $-15x=60$ ∴ $x=-4$

03 답 (1) $x=2$ (2) $x=-12$ (3) $x=-2$ (4) $x=\dfrac{17}{11}$

(1) $\dfrac{1}{4}x-\dfrac{1}{6}=\dfrac{1}{3}$의 양변에 분모의 최소공배수 12를 곱하면
$3x-2=4,\ 3x=6$ ∴ $x=2$

(2) $\dfrac{x-8}{5}=\dfrac{x}{3}$의 양변에 분모의 최소공배수 15를 곱하면
$3(x-8)=5x,\ 3x-24=5x$
$-2x=24$ ∴ $x=-12$

(3) $\dfrac{x}{2}+\dfrac{11}{3}=-\dfrac{4}{3}x$의 양변에 분모의 최소공배수 6을 곱하면
$3x+22=-8x,\ 11x=-22$ ∴ $x=-2$

(4) $\dfrac{5x-1}{2}=\dfrac{x+1}{7}+3$의 양변에 분모의 최소공배수 14를
곱하면
$7(5x-1)=2(x+1)+42,\ 35x-7=2x+2+42$
$33x=51$ ∴ $x=\dfrac{17}{11}$

04 답 ①
$(-2x+7):(-x+3)=3:2$에서
$3(-x+3)=2(-2x+7)$
$-3x+9=-4x+14$ ∴ $x=5$

개념북 106~109쪽

1 답 ④
① $x-2=3$ ➡ $x=3+2$
② $2x=4-x$ ➡ $2x+x=4$
③ $5x-1=6x+4$ ➡ $5x-6x=4+1$
⑤ $1-6x=6-x$ ➡ $-6x+x=6-1$
따라서 이항을 바르게 한 것은 ④이다.

1-1 답 ⑤
① $x-5=1$ ➡ $x=1+5$
② $5x=3-x$ ➡ $5x+x=3$
③ $2x-1=4x+4$ ➡ $2x-4x=4+1$
④ $2-7x=7-x$ ➡ $-7x+x=7-2$
따라서 이항을 바르게 한 것은 ⑤이다.

1-2 답 ③
① $2-3x=8$ ➡ $-3x=8-2$
② $2x-5=x$ ➡ $2x-x=5$
④ $3x+2=x+5$ ➡ $3x-x=5-2$
⑤ $7x-8=-5x$ ➡ $7x+5x=8$
따라서 이항을 바르게 한 것은 ③이다.

2 답 ㄱ, ㅁ
ㄱ. $x=4x-3$에서 $x-4x+3=0$, 즉 $-3x+3=0$이므로
일차방정식이다.
ㄴ. $x^2+3=5x-7$에서 $x^2+3-5x+7=0$
즉, $x^2-5x+10=0$으로 좌변이 일차식이 아니므로 일차방
정식이 아니다.
ㄷ. 등식이 아니므로 방정식이 아니다.
ㄹ. $2x+4=2(x+2)$에서 $2x+4=2x+4$이므로 항등식이
다.
ㅁ. $3x+1=-3x-1$에서 $3x+1+3x+1=0$
즉, $6x+2=0$이므로 일차방정식이다.
따라서 일차방정식은 ㄱ, ㅁ이다.

2-1 답 ③, ⑤
① 등식이 아니므로 방정식이 아니다.
② $x-3=x^3$에서 $-x^3+x-3=0$, 즉 좌변이 일차식이 아니
므로 일차방정식이 아니다.
③ $-x=7x+1$에서 $-x-7x-1=0$, 즉 $-8x-1=0$이므
로 일차방정식이다.
④ $-x+2=-(x-2)$에서 $-x+2=-x+2$이므로 항등
식이다.
⑤ $x^2-4x=x^2+2x-6$에서 $x^2-4x-x^2-2x+6=0$
즉, $-6x+6=0$이므로 일차방정식이다.
따라서 일차방정식은 ③, ⑤이다.

2-2 답 ④
④ $x-3=-3+x$는 항등식이다.

3 답 ⑤
$ax+5=4x-3$에서 $ax+5-4x+3=0$, $(a-4)x+8=0$
이 식이 x에 관한 일차방정식이 되려면
$a-4\neq0$ ∴ $a\neq4$

3-1 답 $a\neq3$
$ax+1=3x-2$에서 $ax-3x+1+2=0$, $(a-3)x+3=0$
이 식이 x에 관한 일차방정식이 되려면
$a-3\neq0$ ∴ $a\neq3$

3-2 답 ③
$ax^2+2=bx+5$에서 $ax^2+2-bx-5=0$, $ax^2-bx-3=0$
이 식이 x에 관한 일차방정식이 되려면
$a=0,\ -b\neq0$ ∴ $a=0,\ b\neq0$

4 답 6
$5x-9=2x+3$에서
$5x-2x=3+9,\ 3x=12$ ∴ $x=4$
$-2x+4=-6+3x$에서
$-2x-3x=-6-4,\ -5x=-10$ ∴ $x=2$
따라서 $a=4,\ b=2$이므로
$a+b=4+2=6$

4-1 답 -6
$4x-11=-3x+10$에서
$4x+3x=10+11,\ 7x=21$ ∴ $x=3$
$8x-5=6x+4$에서
$8x-6x=4+5,\ 2x=9$ ∴ $x=\dfrac{9}{2}$
따라서 $a=3,\ b=\dfrac{9}{2}$이므로
$a-2b=3-2\times\dfrac{9}{2}=3-9=-6$

4-2 답 -8

$4x-3=2x-7$에서
$4x-2x=-7+3$, $2x=-4$ $\therefore x=-2$
$-3x+4=2x-16$에서
$-3x-2x=-16-4$, $-5x=-20$ $\therefore x=4$
따라서 $a=-2$, $b=4$이므로
$ab=(-2)\times4=-8$

5 답 (1) $x=3$ (2) $x=9$

(1) $2(x-7)-3(2x-1)=-(5x+8)$에서
　$2x-14-6x+3=-5x-8$
　$-4x-11=-5x-8$ $\therefore x=3$
(2) $0.3(x+4)=\dfrac{3}{5}x-1.5$의 양변에 10을 곱하면
　$3(x+4)=6x-15$
　$3x+12=6x-15$, $-3x=-27$
　$\therefore x=9$

5-1 답 (1) $x=17$ (2) $x=-4$

(1) $4(3x-2)=9(5+x)-2$에서
　$12x-8=45+9x-2$
　$3x=51$ $\therefore x=17$
(2) $0.5x+1=\dfrac{1}{5}(x-1)$의 양변에 10을 곱하면
　$5x+10=2(x-1)$
　$5x+10=2x-2$, $3x=-12$
　$\therefore x=-4$

5-2 답 13

$\dfrac{2x+1}{3}-1=0.2(3x+4)$에서
$\dfrac{2x+1}{3}-1=\dfrac{1}{5}(3x+4)$이므로
양변에 15를 곱하면 $5(2x+1)-15=3(3x+4)$
$10x+5-15=9x+12$ $\therefore x=22$
$\dfrac{x}{2}-\dfrac{x}{6}=\dfrac{1}{4}(2x+6)$의 양변에 12를 곱하면
$6x-2x=3(2x+6)$, $4x=6x+18$
$-2x=18$ $\therefore x=-9$
따라서 $a=22$, $b=-9$이므로
$a+b=22+(-9)=13$

6 답 $x=-2$

$(-3x-1):(x+4)=5:2$에서
$5(x+4)=2(-3x-1)$
$5x+20=-6x-2$, $11x=-22$ $\therefore x=-2$

6-1 답 $x=\dfrac{1}{2}$

$(4x-1):2=(x+1):3$에서
$2(x+1)=3(4x-1)$
$2x+2=12x-3$, $-10x=-5$ $\therefore x=\dfrac{1}{2}$

6-2 답 ①

$(x-1):(3x-2)=2:5$에서
$2(3x-2)=5(x-1)$, $6x-4=5x-5$
$\therefore x=-1$

7 답 ⑤

$x=-3$을 주어진 일차방정식에 대입하면
$3(-3-2)=-3-a$
$-15=-3-a$ $\therefore a=12$

7-1 답 ④

$x=2$를 주어진 일차방정식에 대입하면
$2a-1=2\times2+3$
$2a-1=7$, $2a=8$ $\therefore a=4$

7-2 답 1

$x=-1$을 주어진 일차방정식에 대입하면
$\dfrac{5\times(-1)+a}{2}=\dfrac{-1-3}{4}-a$
$\dfrac{-5+a}{2}=-1-a$, $-5+a=-2-2a$
$3a=3$ $\therefore a=1$

8 답 ②

$2(4-3x)=-x+13$에서
$8-6x=-x+13$, $-5x=5$ $\therefore x=-1$
따라서 $x=-1$이 일차방정식 $\dfrac{2}{3}x+2=\dfrac{x}{6}-a$의 해이므로
이 식에 $x=-1$을 대입하면
$\dfrac{2}{3}\times(-1)+2=\dfrac{-1}{6}-a$, $\dfrac{4}{3}=-\dfrac{1}{6}-a$
$\therefore a=-\dfrac{9}{6}=-\dfrac{3}{2}$

8-1 답 -3

$\dfrac{3}{2}x-1=\dfrac{x}{4}+\dfrac{3}{2}$의 양변에 4를 곱하면
$6x-4=x+6$, $5x=10$ $\therefore x=2$
따라서 $x=2$가 일차방정식 $3-4x=-x+a$의 해이므로
이 식에 $x=2$를 대입하면
$3-4\times2=-2+a$, $-5=-2+a$ $\therefore a=-3$

8-2 답 -6

$0.2x-0.1=-0.5x+2$의 양변에 10을 곱하면
$2x-1=-5x+20$, $7x=21$ $\therefore x=3$
따라서 $x=3$이 일차방정식 $\dfrac{x-4a}{2}=3x-\dfrac{3a}{4}$의 해이므로
이 식에 $x=3$을 대입하면
$\dfrac{3-4a}{2}=9-\dfrac{3a}{4}$, $2(3-4a)=36-3a$, $-5a=30$
$\therefore a=-6$

3 일차방정식의 활용

유제1 답 풀이 참조

① 미지수 x 정하기	어떤 수를 x라고 하자.
② 방정식 세우기	$5x-2=3x+8$
③ 방정식 풀기	$2x=10$ $\therefore x=5$
④ 답 확인하기	$5\times5-2=3\times5+8$이므로 어떤 수는 5이다.

유제2 답 풀이 참조

① 미지수 x 정하기	모둠 학생 수를 x명이라고 하자.
② 방정식 세우기	$3x+3=4x-5$
③ 방정식 풀기	$x=8$
④ 답 확인하기	$3\times8+3=4\times8-5$이므로 모둠 학생 수는 8명이다.

개념 확인하기   개념북 111쪽

01 답 풀이 참조

① 연속하는 세 자연수를 x로 나타내기	연속하는 세 자연수를 $x-1$, x, $x+1$이라고 하자.
② 방정식 세우기	$(x-1)+x+(x+1)=18$
③ 방정식 풀기	$3x=18$ $\therefore x=6$
④ 답 확인하기	$(6-1)+6+(6+1)=18$이므로 연속하는 세 자연수는 5, 6, 7이다.

02 답 풀이 참조

① 미지수 x 정하기	십의 자리 숫자를 x라고 하자.
② 방정식 세우기	$10x+7=3(x+7)$
③ 방정식 풀기	$10x+7=3x+21$, $7x=14$ $\therefore x=2$
④ 답 확인하기	$27=3\times(2+7)$이므로 구하는 자연수는 27이다.

03 답 풀이 참조

① 미지수 x 정하기	x년 후에 어머니의 나이가 아들의 나이의 2배라고 하자.
② 방정식 세우기	$42+x=2(13+x)$
③ 방정식 풀기	$42+x=26+2x$ $\therefore x=16$
④ 답 확인하기	16년 후에 어머니의 나이는 58세, 아들의 나이는 29세이므로 어머니의 나이는 아들의 나이의 2배가 된다.

04 답 풀이 참조

① 미지수 x 정하기	상자의 개수를 x라고 하자.
② 방정식 세우기	$5x+3=6x-1$
③ 방정식 풀기	$x=4$
④ 답 확인하기	$5\times4+3=6\times4-1$이므로 상자의 개수는 4이다.

유제1 답 $\dfrac{x}{4}$, $\dfrac{x}{4}$, 9, 9

$\dfrac{x}{12}+\dfrac{x}{4}=3$의 양변에 12를 곱하면

$x+3x=36$, $4x=36$ $\therefore x=9(\text{km})$

유제2 답 300, $300+x$, 300, $300+x$, 75, 75

$\dfrac{10}{100}\times300=\dfrac{8}{100}\times(300+x)$의 양변에 100을 곱하면

$3000=8(300+x)$, $8x=600$ $\therefore x=75(\text{g})$

개념 확인하기   개념북 113쪽

01 답 풀이 참조

	갈 때	올 때
거리(km)	x	x
시속(km)	30	20
걸린 시간(시간)	$\dfrac{x}{30}$	$\dfrac{x}{20}$
방정식 세우기	$\dfrac{x}{30}+\dfrac{x}{20}=4$	
두 지점 사이의 거리(km)	48	

$\dfrac{x}{30}+\dfrac{x}{20}=4$의 양변에 60을 곱하면

$2x+3x=240$, $5x=240$ $\therefore x=48$

02 답 5 km

집에서 도서관까지의 거리를 x km라고 하면 자전거를 타고 갈 때 시간이 30분, 즉 $\dfrac{1}{2}$시간 빨리 도착하므로

$\dfrac{x}{10}+\dfrac{1}{2}=\dfrac{x}{5}$

양변에 10을 곱하면 $x+5=2x$, $x=5$

따라서 집에서 도서관까지의 거리는 5 km이다.

03 답 15분 후

두 사람이 출발한지 x분 후에 서로 만난다고 하자.

문주가 x분 동안 이동한 거리는 $80x$ m, 창빈이가 x분 동안 이동한 거리는 $60x$ m이다.

두 사람이 이동한 거리의 합은 2.1 km $=2100$ m이므로

$80x+60x=2100$, $140x=2100$ $\therefore x=15$

따라서 두 사람은 출발한지 15분 후에 서로 만난다.

04 답 120 g

5 %의 설탕물의 양을 x g이라고 하면 10 %의 설탕물의 양은 $(300-x)$ g이다.

두 설탕물을 섞어도 설탕의 양은 변하지 않으므로

$\dfrac{5}{100}\times x+\dfrac{10}{100}\times(300-x)=\dfrac{8}{100}\times300$

이 식의 양변에 100을 곱하면

$5x+3000-10x=2400$, $-5x=-600$ $\therefore x=120$

따라서 5 %의 설탕물의 양은 120 g이다.

유형 확인하기　　　　　　　개념북 114~117쪽

1　답 ④
연속하는 세 홀수를 $x-2$, x, $x+2$라고 하면
$(x-2)+x+(x+2)=45$, $3x=45$　　∴ $x=15$
따라서 세 홀수는 13, 15, 17이므로 가장 큰 수는 17이다.

1-1　답 7
연속하는 세 자연수를 $x-1$, x, $x+1$이라고 하면
$(x-1)+x+(x+1)=21$, $3x=21$　　∴ $x=7$
따라서 세 자연수는 6, 7, 8이므로 가운데 수는 7이다.

1-2　답 18
연속하는 세 짝수를 $x-2$, x, $x+2$라고 하면
$(x-2)+x+(x+2)=60$, $3x=60$　　∴ $x=20$
따라서 세 짝수는 18, 20, 22이므로 가장 작은 수는 18이다.

2　답 18
십의 자리 숫자를 x라고 하면 구하는 두 자리의 자연수는
$x\times10+8\times1=10x+8$
이므로 조건에 맞게 방정식을 세우면
$10x+8=2(x+8)$, $8x=8$　　∴ $x=1$
따라서 구하는 자연수는 18이다.

2-1　답 24
십의 자리 숫자를 x라고 하면 구하는 두 자리의 자연수는
$x\times10+4\times1=10x+4$
이므로 조건에 맞게 방정식을 세우면
$10x+4=4(x+4)$, $6x=12$　　∴ $x=2$
따라서 구하는 자연수는 24이다.

2-2　답 35
십의 자리 숫자를 x라고 하면 구하는 두 자리의 자연수는
$x\times10+5\times1=10x+5$
이 수의 일의 자리 숫자와 십의 자리 숫자를 바꾼 자연수는
$5\times10+x\times1=50+x$
이므로 조건에 맞게 방정식을 세우면
$50+x=(10x+5)+18$, $-9x=-27$　　∴ $x=3$
따라서 구하는 자연수는 35이다.

3　답 40세
현재 선생님의 나이를 x세라고 하면 선생님과 아들의 나이의 합은 53세이므로 아들의 나이는 $(53-x)$세이다.
이때 14년 후의 선생님의 나이는 $(x+14)$세, 아들의 나이는 $(53-x)+14=67-x$(세)이고,
14년 후에는 선생님의 나이가 아들의 나이의 2배가 되므로
$x+14=2(67-x)$
$x+14=134-2x$, $3x=120$　　∴ $x=40$
따라서 현재 선생님의 나이는 40세이다.

3-1　답 16세
현재 딸의 나이를 x세라고 하면 10년 후의 아버지의 나이는
$42+10=52$(세), 딸의 나이는 $(x+10)$세이다.
10년 후에 아버지의 나이가 딸의 나이의 2배가 되므로
$52=2(x+10)$
$52=2x+20$, $2x=32$　　∴ $x=16$
따라서 현재 딸의 나이는 16세이다.

3-2　답 6년 후
어머니의 나이가 딸의 나이의 3배가 되는 것이 x년 후라고 하면
x년 후의 어머니의 나이는 $(39+x)$세, 딸의 나이는 $(9+x)$세이므로
$39+x=3(9+x)$
$39+x=27+3x$, $2x=12$　　∴ $x=6$
따라서 어머니의 나이가 딸의 나이의 3배가 되는 것은 6년 후이다.

4　답 ④
청소한 학생 수를 x라고 하면
사탕을 5개씩 나누어 주면 7개가 모자라므로 사탕의 개수는
$(5x-7)$개
사탕을 4개씩 나누어 주면 10개가 남으므로 사탕의 개수는
$(4x+10)$개
이때 사탕의 개수는 같으므로
$5x-7=4x+10$　　∴ $x=17$
따라서 청소한 학생 수는 17명이다.

4-1　답 ⑴ 9　　⑵ 39
⑴ 상자의 개수를 x라고 하면
　 사과를 한 상자에 5개씩 담으면 6개가 모자라므로 사과의 개수는 $5x-6$
　 사과를 한 상자에 4개씩 담으면 3개가 남으므로 사과의 개수는 $4x+3$
　 이때 사과의 개수는 같으므로
　 $5x-6=4x+3$　　∴ $x=9$
　 따라서 상자의 개수는 9이다.
⑵ 상자의 개수가 9이므로 사과의 개수는
　 $5x-6=5\times9-6=39$

4-2　답 ②
제과 학원의 수강생 수를 x라고 하면
8개씩 나누어 주면 6개가 모자라므로 쿠키의 개수는
$8x-6$
7개씩 나누어 주면 9개가 남으므로 쿠키의 개수는
$7x+9$
이때 쿠키의 개수는 같으므로
$8x-6=7x+9$　　∴ $x=15$
따라서 수강생은 15명이고 쿠키의 개수는
$8\times15-6=120-6=114$

5 답 $1\,\text{km}$

집에서 학교까지의 거리를 $x\,\text{km}$라고 하면 시속 $6\,\text{km}$로 갈 때

걸리는 시간은 $\dfrac{x}{6}$시간, 시속 $4\,\text{km}$로 갈 때 걸리는 시간은 $\dfrac{x}{4}$시

간이다. 이때 걸리는 시간의 차가

$(5분)=\left(\dfrac{5}{60}시간\right)=\left(\dfrac{1}{12}시간\right)$이므로

$\dfrac{x}{4}-\dfrac{x}{6}=\dfrac{1}{12}$

양변에 12를 곱하면 $3x-2x=1$ $\quad\therefore x=1$

따라서 집에서 학교까지의 거리는 $1\,\text{km}$이다.

5-1 답 ④

두 지점 A, B 사이의 거리를 $x\,\text{km}$라고 하면 갈 때 걸린 시간은

$\dfrac{x}{30}$시간, 올 때 걸린 시간은 $\dfrac{x}{20}$시간이다.

이때 총 $(2시간\ 40분)=\left(2\dfrac{2}{3}시간\right)=\left(\dfrac{8}{3}시간\right)$이 걸렸으므로

$\dfrac{x}{30}+\dfrac{x}{20}=\dfrac{8}{3}$

양변에 60을 곱하면 $2x+3x=160,\ 5x=160$ $\quad\therefore x=32$

따라서 두 지점 A, B 사이의 거리는 $32\,\text{km}$이다.

5-2 답 ③

기차의 길이를 $x\,\text{m}$라고 하면 기차가 터널을 완전히 통과할 때

까지 이동한 거리는 $(400+x)\,\text{m}$이므로

$\dfrac{400+x}{50}=20$

$400+x=1000$ $\quad\therefore x=600$

따라서 기차의 길이는 $600\,\text{m}$이다.

6 답 ④

더 넣는 물의 양을 $x\,\text{g}$이라고 하자.

물을 더 넣어도 소금의 양은 변하지 않으므로

$\dfrac{12}{100}\times100=\dfrac{10}{100}\times(100+x)$

$120=100+x$ $\quad\therefore x=20$

따라서 더 넣어야 하는 물의 양은 $20\,\text{g}$이다.

6-1 답 $100\,\text{g}$

더 넣는 물의 양을 $x\,\text{g}$이라고 하자.

물을 더 넣어도 소금의 양은 변하지 않으므로

$\dfrac{8}{100}\times100=\dfrac{4}{100}\times(100+x)$

$800=400+4x,\ 4x=400$ $\quad\therefore x=100$

따라서 더 넣어야 하는 물의 양은 $100\,\text{g}$이다.

6-2 답 $75\,\text{g}$

증발시키는 물의 양을 $x\,\text{g}$이라고 하자.

물을 증발시켜도 설탕의 양은 변하지 않으므로

$\dfrac{5}{100}\times200=\dfrac{8}{100}\times(200-x)$

$1000=1600-8x,\ 8x=600$ $\quad\therefore x=75$

따라서 증발시켜야 하는 물의 양은 $75\,\text{g}$이다.

7 답 ①

판매 가격이 3600원인 상품의 정가를 x원이라고 하면

$\left(1-\dfrac{20}{100}\right)x=3600$

$\dfrac{4}{5}x=3600$ $\quad\therefore x=4500$

따라서 정가는 4500원이다.

7-1 답 28000원

혜원이가 산 옷의 정가를 x원이라고 하면

$\left(1-\dfrac{25}{100}\right)x=21000$

$\dfrac{3}{4}x=21000$ $\quad\therefore x=28000$

따라서 정가는 28000원이다.

7-2 답 8000원

원가를 x원이라고 하면

$(정가)=x+\dfrac{15}{100}x=\dfrac{23}{20}x\,(원)$

$(판매\ 가격)=\dfrac{23}{20}x-800\,(원)$

$(이익)=\dfrac{5}{100}x=\dfrac{1}{20}x\,(원)$

따라서 $(이익)=(판매\ 가격)-(원가)$이므로

$\left(\dfrac{23}{20}x-800\right)-x=\dfrac{1}{20}x,\ \dfrac{2}{20}x=800$ $\quad\therefore x=8000$

따라서 원가는 8000원이다.

8 답 3

전체 일의 양을 1이라고 하면 하루 동안 선영이가 할 수 있는

일의 양은 $\dfrac{1}{6}$, 경호가 할 수 있는 일의 양은 $\dfrac{1}{9}$이다.

경호가 일한 날수를 x라고 하면

$\dfrac{1}{6}\times4+\dfrac{1}{9}\times x=1,\ 6+x=9$ $\quad\therefore x=3$

따라서 경호가 일한 날수는 3이다.

8-1 답 12

전체 일의 양을 1이라고 하면 하루 동안 용민이가 할 수 있는

일의 양은 $\dfrac{1}{20}$, 재인이가 할 수 있는 일의 양은 $\dfrac{1}{30}$이다.

둘이 함께 하여 일을 끝내는 데 걸리는 날수를 x라고 하면

$\left(\dfrac{1}{20}+\dfrac{1}{30}\right)\times x=1,\ \dfrac{5}{60}x=1$ $\quad\therefore x=12$

따라서 일을 끝내는 데 걸리는 날수는 12이다.

8-2 답 9

전체 일의 양을 1이라고 하면 하루 동안 형이 할 수 있는 일의

양은 $\dfrac{1}{16}$, 동생이 할 수 있는 일의 양은 $\dfrac{1}{12}$이다.

동생이 일한 날수를 x라고 하면

$\dfrac{4}{16}+\dfrac{1}{12}x=1,\ \dfrac{1}{12}x=\dfrac{3}{4}$ $\quad\therefore x=9$

따라서 동생이 일한 날수는 9이다.

단원 마무리하기 개념북 118~120쪽

01 ②	**02** ③	**03** 3	**04** ④	**05** ①
06 ⑤	**07** ③	**08** -2	**09** ④	**10** $\dfrac{5}{2}$
11 ①	**12** 25	**13** 18 cm	**14** 180 g	**15** 40 g
16 242	**17** 38	**18** -8	**19** 3 km	

01 $x=4$를 대입하였을 때 등식이 성립하는 것을 찾는다.
① $4\times4\neq4$　　② $4+3=2\times4-1$
③ $4+4\neq5$　　④ $-4+1\neq-5\times4$
⑤ $2(4+1)\neq7$
따라서 해가 $x=4$인 것은 ②이다.

02 ①, ②, ④, ⑤ 방정식
③ 항등식
따라서 x의 값에 관계없이 항상 참인 등식은 ③이다.

03 $2(x-a)=bx-3$에서 $2x-2a=bx-3$
이 식이 항등식이 되려면 x의 계수는 x의 계수끼리, 상수항은 상수항끼리 같아야 하므로
$2=b,\ -2a=-3$
따라서 $a=\dfrac{3}{2},\ b=2$이므로 $ab=\dfrac{3}{2}\times2=3$

04 ④ $3a=4b$이면 $\dfrac{3a}{12}=\dfrac{4b}{12}$, 즉 $\dfrac{a}{4}=\dfrac{b}{3}$이다.

05 $5x-7=-ax$에서 $5x+ax-7=0,\ (5+a)x-7=0$
이 식이 x에 관한 일차방정식이 되려면
$5+a\neq0$　　∴ $a\neq-5$

06 ① $4x-5=3$에서 $4x=8$　　∴ $x=2$
② $3-x=7-3x$에서 $2x=4$　　∴ $x=2$
③ $1-3(2x-3)=x-4$에서
　$1-6x+9=x-4,\ -7x=-14$　　∴ $x=2$
④ $\dfrac{-2x+1}{3}=\dfrac{5x-12}{2}$의 양변에 분모의 최소공배수 6을
　곱하면
　$2(-2x+1)=3(5x-12)$
　$-4x+2=15x-36,\ -19x=-38$　　∴ $x=2$
⑤ $0.04x+1.3=-1.2x-1.18$의 양변에 100을 곱하면
　$4x+130=-120x-118$
　$124x=-248$　　∴ $x=-2$
따라서 해가 나머지 넷과 다른 하나는 ⑤이다.

07 $ax-3=8-2x+2a$의 해가 $x=-5$이므로
이 식에 $x=-5$를 대입하면
　$-5a-3=8-2\times(-5)+2a$
　$-5a-3=8+10+2a,\ -7a=21$　　∴ $a=-3$

08 $6x-5(x-1)=7$에서
$6x-5x+5=7$　　∴ $x=2$
이때 $2x-7=a+1$의 해가 $x=2$이므로
이 식에 $x=2$를 대입하면
$2\times2-7=a+1,\ -3=a+1$　　∴ $a=-4$
또, $9-x=b-5(x-3)$의 해가 $x=2$이므로
이 식에 $x=2$를 대입하면
$9-2=b-5(2-3),\ 7=b+5$　　∴ $b=2$
∴ $a+b=(-4)+2=-2$

09 $9x=6x+3$에서 $3x=3$　　∴ $x=1$
즉, $x+2a=4ax+3$의 해는 $x=1-3=-2$이므로
$x+2a=4ax+3$에 $x=-2$를 대입하면
$-2+2a=-8a+3,\ 10a=5$　　∴ $a=\dfrac{1}{2}$

10 $4(x-1)-2=2(x+9)$에서
$4x-4-2=2x+18,\ 2x=24$　　∴ $x=12$
이때 $\dfrac{3x}{2}=-x+4m$의 해는 $x=\dfrac{12}{3}=4$이므로 대입하면
$6=-4+4m,\ 4m=10$
∴ $m=\dfrac{5}{2}$

11 3을 a로 잘못 보았다고 하면 보람이가 푼 방정식은
$2x+a=5x+7$
이 방정식의 해가 $x=-5$이므로
이 식에 $x=-5$를 대입하면
$2\times(-5)+a=5\times(-5)+7$
$-10+a=-18$　　∴ $a=-8$
따라서 보람이는 3을 -8로 잘못 보고 풀었다.

12 $0.4(x-2)-0.3(x+1)=1.2$의 양변에 10을 곱하면
$4(x-2)-3(x+1)=12,\ 4x-8-3x-3=12$
∴ $x=23$
$\dfrac{x}{3}-\dfrac{x-2}{6}=\dfrac{x+1}{2}$의 양변에 6을 곱하면
$2x-(x-2)=3(x+1)$
$2x-x+2=3x+3,\ -2x=1$
∴ $x=-\dfrac{1}{2}$
따라서 $a=23,\ b=-\dfrac{1}{2}$이므로
$a-4b=23-4\times\left(-\dfrac{1}{2}\right)=23+2=25$

13 새로운 직사각형의 가로의 길이는 $(10+x)$cm, 세로의 길이는
$10-5=5$(cm)이므로
$(10+x)\times5=90,\ 10+x=18$　　∴ $x=8$
따라서 새로운 직사각형의 가로의 길이는
$10+8=18$(cm)

14 구슬 1개의 무게를 x g이라고 하면 구슬 3개의 무게는 $3x$ g
100 g짜리 추 3개와 40 g짜리 추 6개의 무게의 합은
$100\times3+40\times6=540$(g)

구슬 3개의 무게와 추의 무게의 합이 같으므로
$3x=540$ $\therefore x=180$
따라서 구슬 1개의 무게는 180 g이다.

15 6 %의 소금물 400 g에 들어 있는 소금의 양은
$$\frac{6}{100}\times400=24(g)$$
더 넣어야 할 소금의 양을 x g이라고 하면 10 %의 소금물 $(600+x)$ g에 녹아 있는 소금의 양은 $(24+x)$ g이므로
$$\frac{10}{100}\times(600+x)=24+x$$
$600+x=240+10x,\ 9x=360$ $\therefore x=40$
따라서 더 넣어야 할 소금의 양은 40 g이다.

16 작년 남학생의 수를 x라고 하면 작년 여학생의 수는 $(420-x)$이고, 남학생이 10 % 증가하고 여학생이 7 % 감소하여 전체적으로 8명이 증가하였으므로
$$x\times\frac{10}{100}-(420-x)\times\frac{7}{100}=8$$
$10x-2940+7x=800$
$17x=3740$ $\therefore x=220$
따라서 작년 남학생 수는 220이므로 올해 남학생 수는
$$220+220\times\frac{10}{100}=220+22=242$$

17 **1단계** 처음 자연수의 십의 자리 숫자를 x라고 하면 두 자리의 자연수는
$$x\times10+8\times1=10x+8$$
2단계 십의 자리 숫자와 일의 자리 숫자를 바꾼 자연수는
$$80+x$$
3단계 조건에 맞게 방정식을 세우면
$$80+x=2(10x+8)+7$$
4단계 $80+x=20x+16+7$
$-19x=-57$ $\therefore x=3$
따라서 처음 자연수의 십의 자리 숫자가 3이므로 구하는 자연수는 38이다.

18 $\dfrac{x+9}{6}-0.25(3x-2)=\dfrac{1}{4}$에서
$$\frac{x+9}{6}-\frac{1}{4}(3x-2)=\frac{1}{4}$$
양변에 분모의 최소공배수 12를 곱하면
$2(x+9)-3(3x-2)=3$ ┄┄┄┄┄┄┄ ❶
$2x+18-9x+6=3,\ -7x=-21$
$\therefore x=3$ ┄┄┄┄┄┄┄┄┄┄┄┄ ❷
따라서 $x=3$이 방정식 $a-2x=ax+10$의 해이므로
이 식에 $x=3$을 대입하면
$a-2\times3=3a+10,\ a-6=3a+10$
$-2a=16$ $\therefore a=-8$ ┄┄┄┄ ❸

단계	채점 기준	비율
❶	$\dfrac{x+9}{6}-0.25(3x-2)=\dfrac{1}{4}$의 계수를 정수로 고치기	20 %
❷	$\dfrac{x+9}{6}-0.25(3x-2)=\dfrac{1}{4}$의 해 구하기	40 %
❸	a의 값 구하기	40 %

19 학교에서 도서관까지의 거리를 x km라고 하자. ┄┄┄┄ ❶
민우가 시속 4 km로 가는 데 걸리는 시간은 $\dfrac{x}{4}$시간, 지연이가 시속 10 km로 가는 데 걸리는 시간은 $\dfrac{x}{10}$시간이고
지연이가 민우보다 $(27분)=\left(\dfrac{27}{60}시간\right)=\left(\dfrac{9}{20}시간\right)$ 먼저
도착하므로 조건에 맞게 방정식을 세우면
$$\frac{x}{4}-\frac{x}{10}=\frac{9}{20}$$ ┄┄┄┄┄┄ ❷
양변에 분모의 최소공배수 20을 곱하면
$5x-2x=9,\ 3x=9$
$\therefore x=3$
따라서 학교에서 도서관까지의 거리는 3 km이다. ┄┄┄┄ ❸

단계	채점 기준	비율
❶	미지수 정하기	10 %
❷	조건에 맞게 방정식 세우기	50 %
❸	학교에서 도서관까지의 거리 구하기	40 %

Ⅲ. 좌표평면과 그래프

Ⅲ-1. 좌표평면과 그래프

1 순서쌍과 좌표

01 순서쌍과 좌표
개념북 122쪽

유제1 답 $A\left(\dfrac{1}{2}\right), B(-1)$

유제2 답 $A(-4, 2), B(4, 0)$

개념 확인하기
개념북 123쪽

01 답 $A(-2), B(1.5), C(3), D(4.5)$

02 답 (1) $A(-3, 4)$ (2) $B(0, -3)$ (3) $C(2, 0)$

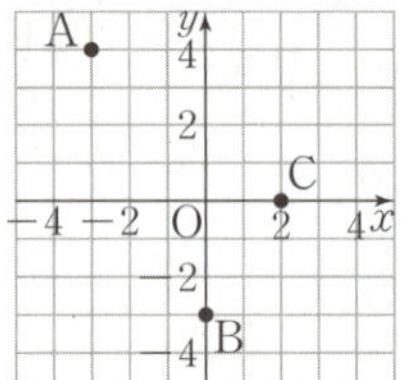

03 답 ⑤
⑤ 점 E의 x좌표는 3, y좌표는 -4이므로 $E(3, -4)$이다.

04 답 ⑤
점 $A(-3a, a+4)$가 x축 위의 점이므로 y좌표는 0이다.
즉, $a+4=0$에서 $a=-4$
또, 점 $B(2b-6, b+1)$이 y축 위의 점이므로 x좌표는 0이다.
즉, $2b-6=0$에서 $b=3$
$\therefore ab=(-4)\times 3=-12$

02 사분면
개념북 124쪽

유제1 답 C, D
제3사분면 위의 점은 $(x$좌표$)<0, (y$좌표$)<0$이다.

유제2 답 (1) $(-2, -7)$ (2) $(2, 7)$ (3) $(2, -7)$
(1) x축에 대하여 대칭이면 y좌표의 부호만 바뀐다.
(2) y축에 대하여 대칭이면 x좌표의 부호만 바뀐다.

개념 확인하기
개념북 125쪽

01 답 (1) 제2사분면 (2) 제3사분면 (3) 제4사분면 (4) 제1사분면

02 답

점의 좌표	(a, b)	$(-a, b)$	$(a, -b)$	$(-a, -b)$
$(x$좌표, y좌표$)$의 부호	$(+, +)$	$(-, +)$	$(+, -)$	$(-, -)$
사분면	제1사분면	제2사분면	제4사분면	제3사분면

03 답 ①, ②
제2사분면 위의 점이므로 $a<0$이다.
따라서 a의 값이 될 수 있는 것은 ①, ②이다.

04 답 (1) $(2, -5)$ (2) $(-2, 5)$ (3) $(-2, -5)$

05 답 ①
점 $A(-3, 4)$와 점 $B(a-2, b+6)$이 y축에 대하여 대칭이
므로 y좌표는 같고, x좌표는 부호만 반대이다.
따라서 $a-2=3$에서 $a=5$, $b+6=4$에서 $b=-2$
$\therefore a+b=5+(-2)=3$

유형 확인하기
개념북 126~129쪽

1 답 $(0, a), (0, b), (0, c), (1, a), (1, b), (1, c)$

1-1 답 (1) $(a, 0), (a, 2), (b, 0), (b, 2), (c, 0), (c, 2)$
(2) $(0, a), (0, b), (0, c), (2, a), (2, b), (2, c)$

1-2 답 $a=-27, b=5$
두 순서쌍이 서로 같으므로 x좌표와 y좌표는 각각 같다.
$\dfrac{1}{3}a=-9, 10=2b$
$\therefore a=-27, b=5$

2 답 ⑤
① $P(2, 3)$ ② $Q(-2, 5)$
③ $R(-4, -3)$ ④ $S(4, 0)$
따라서 바르게 나타낸 것은 ⑤이다.

2-1 답 풀이 참조

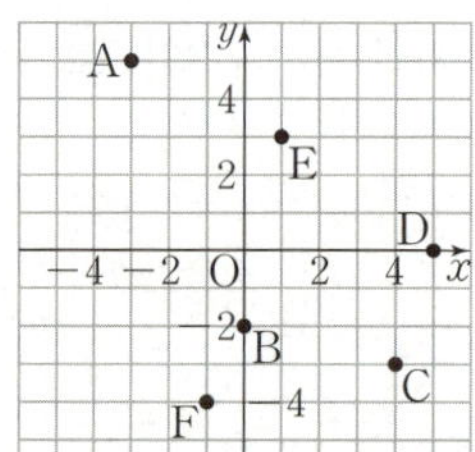

2-2 답 ②
① $A(4, 1)$ ③ $C(-3, 5)$
④ $D(1, 0)$ ⑤ $E(-1, -2)$
따라서 바르게 나타낸 것은 ②이다.

3 답 ②
x축 위에 있으므로 y좌표는 0이다.
따라서 구하는 점의 좌표는 $(-7, 0)$이다.

3-1 답 ③
y축 위에 있으므로 x좌표는 0이다.
따라서 구하는 점의 좌표는 $(0, -15)$이다.

3-2 답 ⑤

점 A는 x축 위에 있으므로 y좌표는 0이다.

즉, $2a=0$에서 $a=0$

점 B는 y축 위에 있으므로 x좌표는 0이다.

즉, $3-3b=0$에서 $b=1$

$\therefore b-a=1-0=1$

4 답 풀이 참조, 21

세 점 A, B, C를 좌표평면 위에 나타
내면 오른쪽 그림과 같으므로

(삼각형 ABC의 넓이)

$=\dfrac{1}{2}\times 7\times 6$

$=21$

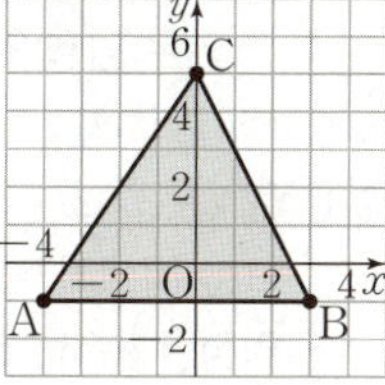

4-1 답 풀이 참조, 15

세 점 A, B, C를 좌표평면 위에 나타
내면 오른쪽 그림과 같으므로

(삼각형 ABC의 넓이)

$=\dfrac{1}{2}\times 6\times 5$

$=15$

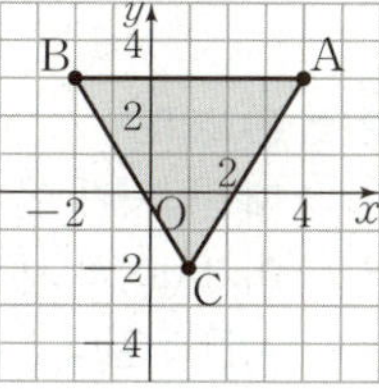

4-2 답 10

세 점 $A(1, 3)$, $B(-3, 0)$, $C(1, -2)$를
좌표평면 위에 나타내면 오른쪽 그림과 같으
므로

(삼각형 ABC의 넓이)

$=\dfrac{1}{2}\times 5\times 4$

$=10$

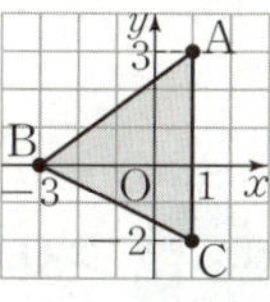

5 답 ②

① 제3사분면

③, ⑤ 좌표축 위의 점은 어느 사분면에도 속하지 않는다.

④ 제1사분면

따라서 바르게 짝지은 것은 ②이다.

5-1 답 ②

제4사분면 위의 점은 (x좌표)>0, (y좌표)<0이므로 제4사분면
에 속하는 점은 $A(3, -3)$, $F(6, -2)$이다.

5-2 답 2개

제3사분면 위의 점은 (x좌표)<0, (y좌표)<0이므로 제3사분면
에 속하는 점은 $A(-1, -6)$, $E(-6, -5)$의 2개이다.

6 답 ③

점 (a, b)가 제2사분면 위의 점이므로 $a<0$, $b>0$

따라서 $-b<0$, $ab<0$이므로 점 $(-b, ab)$는 제3사분면 위
의 점이다.

6-1 답 제1사분면

점 $(-a, b)$가 제3사분면 위의 점이므로 $-a<0$, $b<0$에서
$a>0$, $b<0$

따라서 $-b>0$, $a>0$이므로 점 $(-b, a)$는 제1사분면 위의
점이다.

6-2 답 제2사분면

점 (a, b)가 제3사분면 위의 점이므로 $a<0$, $b<0$

따라서 $a+b<0$, $ab>0$이므로 점 $(a+b, ab)$는 제2사분면
위의 점이다.

7 답 ④

$a>0$, $b<0$이므로 $a-b>0$, $ab<0$

따라서 점 $(a-b, ab)$는 제4사분면 위의 점이다.

7-1 답 ③

$xy>0$이므로 x, y의 부호는 서로 같고, $x+y<0$이므로
$x<0$, $y<0$

따라서 점 (x, y)는 제3사분면 위의 점이다.

7-2 답 ⑤

① $a<0$, $b>0$이므로 점 (a, b)는 제2사분면 위의 점이다.

② $a-b<0$, $ab<0$이므로 점 $(a-b, ab)$는 제3사분면 위의
점이다.

③ $-a>0$, $-a+b>0$이므로 점 $(-a, -a+b)$는 제1사분
면 위의 점이다.

④ $a<0$, $ab<0$이므로 점 (a, ab)는 제3사분면 위의 점이다.

⑤ $-a+b>0$, $a-b<0$이므로 점 $(-a+b, a-b)$는 제4사
분면 위의 점이다.

따라서 제4사분면 위의 점은 ⑤이다.

8 답 ①

두 점 $A(a, 4)$, $B(-3, b)$가 x축에 대하여 대칭이므로 두 점
의 x좌표는 같고, y좌표는 부호가 서로 반대이다.

따라서 $a=-3$, $b=-4$이므로

$a+b=(-3)+(-4)=-7$

8-1 답 4

두 점 $P(2, -6)$, $Q(a, b)$가 y축에 대하여 대칭이므로 두 점
의 y좌표는 같고, x좌표는 부호가 서로 반대이다.

따라서 $a=-2$, $b=-6$이므로

$a-b=(-2)-(-6)=4$

8-2 답 -1

두 점 $A(a, -2)$, $B(5, b)$가 원점에 대하여 대칭이므로 두 점
의 x좌표와 y좌표의 부호가 각각 반대이다.

따라서 $a=-5$, $b=2$이므로

$a+2b=(-5)+2\times 2=(-5)+4=-1$

2 그래프

03 그래프
개념북 130쪽

유제1 답 (1) 5, 6 (2) 500

개념 확인하기
개념북 130쪽

01 답 초속 15 m

02 답 200초부터 250초까지

03 답 170초
일정한 속력으로 움직인 시간은 30초에서 200초까지이므로
170초이다.

04 답 250초
250초 후에 속력이 0이 되었으므로 정지할 때까지 걸린 시간은
250초이다.

유형 확인하기
개념북 131쪽

1 답

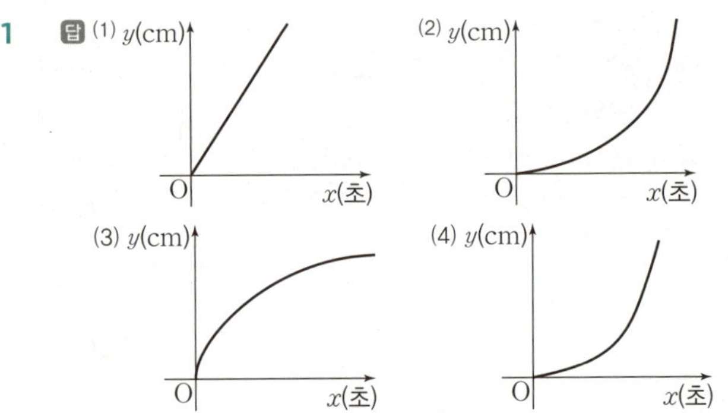

(1) 병의 단면이 일정하므로 물의 높이도 일정하게 높아진다.
(2) 병의 단면이 위로 올라갈수록 좁아지므로 물의 높이는 빠르게 높아진다.
(3) 병의 단면이 위로 올라갈수록 넓어지므로 물의 높이는 천천히 높아진다.
(4) (1)과 (2)의 병이 합쳐진 모양이므로 처음에는 물의 높이가 빠르게 높아지다가 어느 순간부터는 일정하게 높아진다.

1-1 답 풀이 참조
용기를 아랫부분과 윗부분으로 나누었을 때, 용기의 단면은 일정하고 윗부분의 단면은 아랫부분의 단면보다 좁다.
따라서 물의 높이는 아랫부분에서 일정하게 천천히 증가하다가 윗부분에서는 일정하게 더 빨리 증가하므로 그래프는 오른쪽 그림과 같다.

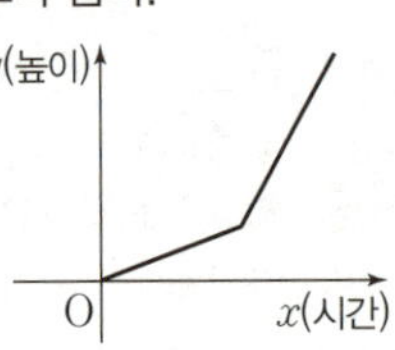

1-2 답 (2)
물의 높이는 일정하게 천천히 높아지다가 가운데 부분에서 일정하게 빨리 증가하다가 다시 일정하게 천천히 높아진다. 따라서

용기의 단면은 위아래가 같고 일정해야 하며, 가운데는 위아래보다 좁고 일정해야 한다.

2 답 (1) 10 m (2) 20초 (3) 10초
(1) 그래프에서 $x=10$일 때 y의 값이 10이므로 출발한 후 10초 동안 이동한 거리는 10 m이다.
(2) 그래프에서 $y=15$일 때 x의 값이 20이므로 출발한 후 15 m를 이동하는 데 걸린 시간은 20초이다.
(3) 그래프로부터 출발한 후 30초 동안 이동하고 그 후 10초 동안은 멈춰 있었음을 알 수 있다.

2-1 답 2분 30초
모형 비행기가 출발한 후 1분 동안 분속 250 m까지 가속한 후 일정한 속력으로 2분을 비행하였다. 그 후 분속 100 m로 감속하여 이 속력으로 30초 비행한 후 총 비행 시간 5분을 기록하며 착륙하였다.
따라서 일정한 속력으로 비행한 총 시간은 2분 30초이다.

2-2 답 20분
대관람차가 한 바퀴 회전하는 데 걸리는 시간은 대관람차의 높이가 0에서 시작하여 가장 높아졌다가 다시 0이 될 때까지 걸린 시간과 같다.
따라서 대관람차가 한 바퀴 회전하는 데 걸린 시간은
$20-0=20$(분)이다.

3 정비례와 반비례

04 정비례 관계와 그 그래프
개념북 132쪽

유제1 답 (2), (4)
정비례하는 관계식은 $y=ax\,(a\neq0)$ 꼴이다.

유제2 답

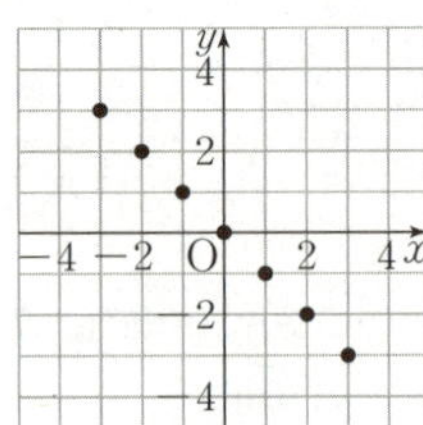

개념 확인하기
개념북 133쪽

01 답 ①, ⑤
y가 x에 정비례하는 관계식은 $y=ax\,(a\neq0)$ 꼴이다.
① $y=500x$ ② $y=\dfrac{500}{x}$
③ $y=200-10x$ ④ $y=300-20x$
⑤ $y=2\times3.14\times x=6.28x$
따라서 y가 x에 정비례하는 것은 ①, ⑤이다.

02 📋 풀이 참조

(1)
x	-2	-1	0	1	2
y	4	2	0	-2	-4

(2) 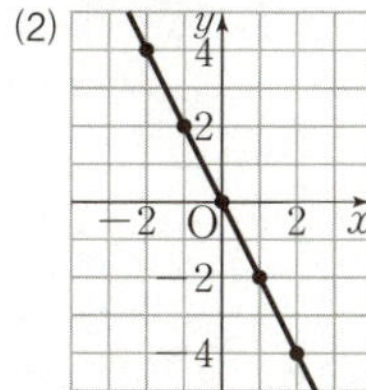

03 📋 ①, ④

② 제1사분면과 제3사분면을 지난다.

③ $x=-2$일 때, $y=5\times(-2)=-10$이므로
　점 $(-2, -10)$을 지난다.

⑤ 정비례 관계 $y=7x$의 그래프가 y축에 더 가까운 직선이다.
따라서 옳은 것은 ①, ④이다.

04 📋 ④

$y=\dfrac{1}{4}x$에 각 점의 좌표를 대입하면

① $0=\dfrac{1}{4}\times0$ 　　　② $1=\dfrac{1}{4}\times4$

③ $\dfrac{3}{2}=\dfrac{1}{4}\times6$ 　　　④ $-2\neq\dfrac{1}{4}\times(-2)$

⑤ $-2=\dfrac{1}{4}\times(-8)$

따라서 $y=\dfrac{1}{4}x$의 그래프 위의 점이 아닌 것은 ④이다.

05 반비례 관계와 그 그래프
개념북 134쪽

유제 1 📋 (2), (3)

반비례하는 관계식은 $y=\dfrac{a}{x}$ $(a\neq0)$ 꼴이다.

유제 2 📋

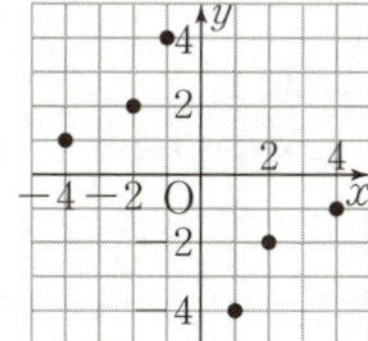

개념 확인하기
개념북 135쪽

01 📋 ①

① $20=\dfrac{x}{100}\times y$에서 $xy=2000$이므로 $y=\dfrac{2000}{x}$

② $y=\dfrac{1}{2}\times6\times x$에서 $y=3x$

③ (거리)=(속력)×(시간)이므로 $y=3x$

④ $y=4x$

⑤ $y=85x$

따라서 ②, ③, ④, ⑤는 정비례 관계이고, ①은 반비례 관계이다.

---

02 📋 풀이 참조

(1)
x	-6	-3	-2	-1	1	2	3	6
y	-1	-2	-3	-6	6	3	2	1

(2) 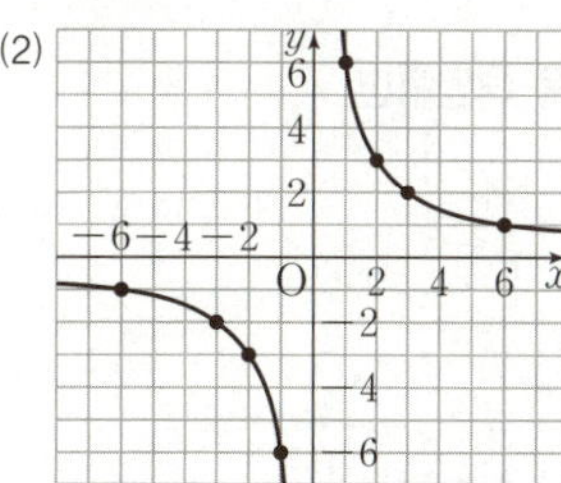

03 📋 ②, ③

① 원점에 대하여 대칭인 한 쌍의 곡선이다.

④ x의 값이 증가하면 y의 값도 증가한다.

⑤ $y=\dfrac{6}{x}$의 그래프가 원점에서 더 멀리 떨어져 있다.

따라서 옳은 것은 ②, ③이다.

04 📋 ④

$y=\dfrac{8}{x}$에 각 점의 좌표를 대입하면

① $8=\dfrac{8}{1}$ 　　② $4=\dfrac{8}{2}$ 　　③ $2=\dfrac{8}{4}$

④ $\dfrac{3}{8}\neq\dfrac{8}{3}$ 　　⑤ $-1=\dfrac{8}{-8}$

따라서 $y=\dfrac{8}{x}$의 그래프 위의 점이 아닌 것은 ④이다.

유형 확인하기
개념북 136~141쪽

1 📋 ②, ⑤

y가 x에 정비례하는 관계식은 $y=ax$ $(a\neq0)$ 꼴이다.

② $\dfrac{y}{x}=-6$에서 $y=-6x$

⑤ $y=7x$

1-1 📋 ②

x의 값이 2배, 3배, 4배, …가 될 때, y의 값도 2배, 3배,
4배, …가 되는 것은 y가 x에 정비례하는 관계로
$y=ax$ $(a\neq0)$ 꼴이다.

② $6x-y=0$에서 $y=6x$

1-2 📋 ⑤

① $\dfrac{1}{2}xy=50$에서 $y=\dfrac{100}{x}$

② 매분 2 L씩 x분 동안 넣은 물의 양은 $2x$ L이므로
　$y=2x+50$

③ (소금물의 농도)$=\dfrac{(\text{소금의 양})}{(\text{소금물의 양})}\times100$이므로

　$y=\dfrac{100x}{200+x}$

④ (시간)$=\dfrac{(\text{거리})}{(\text{속력})}$이므로 $y=\dfrac{90}{x}$

⑤ $y=20x$

따라서 y가 x에 정비례하는 것은 ⑤이다.

2 답 ①

y가 x에 정비례하므로 $y=ax$에 $x=12$, $y=10$을 대입하면

$10=12a$ $\quad\therefore a=\dfrac{5}{6}$

따라서 $y=\dfrac{5}{6}x$에 $x=-6$을 대입하면

$y=\dfrac{5}{6}\times(-6)=-5$

2-1 답 $y=\dfrac{3}{2}x$

y가 x에 정비례하므로 $y=ax$에 $x=6$, $y=9$를 대입하면

$9=6a$ $\quad\therefore a=\dfrac{3}{2}$

따라서 구하는 관계식은 $y=\dfrac{3}{2}x$이다.

2-2 답 $-\dfrac{2}{3}$

y가 x에 정비례하므로 $y=ax$에 $x=6$, $y=-18$을 대입하면

$-18=6a$ $\quad\therefore a=-3$

따라서 $y=-3x$에 $y=2$를 대입하면

$2=-3x$ $\quad\therefore x=-\dfrac{2}{3}$

3 답 ①, ⑤

① $x=-4$일 때, $y=\dfrac{1}{2}\times(-4)=-2$이므로

점 $(-4, -2)$를 지난다.

⑤ 정비례 관계 $y=2x$의 그래프가 정비례 관계 $y=\dfrac{1}{2}x$의 그래프보다 y축에 더 가깝다.

3-1 답 ④

④ $-\dfrac{4}{3}<0$이므로 x의 값이 증가하면 y의 값은 감소한다.

3-2 답 ⑤

$y=ax$에서 a의 절댓값이 클수록 그 그래프가 y축에 가깝다.

$\left|\dfrac{2}{3}\right|<\left|-\dfrac{5}{4}\right|<|-2|<|3|<|-5|$

이므로 그래프가 y축에 가장 가까운 것은 ⑤이다.

4 답 8

$y=-2x$에 $x=-3$, $y=a$를 대입하면

$a=-2\times(-3)=6$

또, $y=-2x$에 $x=b$, $y=-4$를 대입하면

$-4=-2b$ $\quad\therefore b=2$

따라서 $a+b=6+2=8$

4-1 답 13

$y=5x$에 $x=2$, $y=a$를 대입하면

$a=5\times2=10$

또, $y=5x$에 $x=b$, $y=-15$를 대입하면

$-15=5b$ $\quad\therefore b=-3$

$\therefore a-b=10-(-3)=13$

4-2 답 -3

$y=2x$에 $x=-1$, $y=a$를 대입하면

$a=2\times(-1)=-2$

$y=2x$에 $x=b$, $y=-5$를 대입하면

$-5=2b$ $\quad\therefore b=-\dfrac{5}{2}$

$y=2x$에 $x=c$, $y=3$을 대입하면

$3=2c$ $\quad\therefore c=\dfrac{3}{2}$

$\therefore a+b+c=(-2)+\left(-\dfrac{5}{2}\right)+\dfrac{3}{2}=-3$

5 답 (1) $y=-\dfrac{3}{5}x$ (2) -6

(1) 구하는 정비례 관계식을 $y=ax$로 놓으면 그래프가

점 $(-5, 3)$을 지나므로

$3=-5a$ $\quad\therefore a=-\dfrac{3}{5}$

따라서 구하는 정비례 관계식은 $y=-\dfrac{3}{5}x$

(2) $y=-\dfrac{3}{5}x$에 $x=10$, $y=k$를 대입하면

$k=-\dfrac{3}{5}\times10=-6$

5-1 답 -6

주어진 그래프를 나타내는 정비례 관계식을 $y=ax$로 놓으면

그래프가 점 $(2, 4)$를 지나므로

$4=2a$ $\quad\therefore a=2$

따라서 $y=2x$의 그래프가 점 $(-3, k)$를 지나므로

$k=2\times(-3)=-6$

5-2 답 5

$y=ax$에 $x=3$, $y=-15$를 대입하면

$-15=3a$ $\quad\therefore a=-5$

따라서 $y=-5x$에 $x=-2$, $y=b$를 대입하면

$b=-5\times(-2)=10$

$\therefore a+b=(-5)+10=5$

6 답 (1) $y=12x$ (2) $180\ \mathrm{km}$ (3) $22\ \mathrm{L}$

(1) $4\ \mathrm{L}$의 휘발유로 $48\ \mathrm{km}$를 달릴 수 있으므로 $1\ \mathrm{L}$의 휘발유로 $12\ \mathrm{km}$를 달린다.

즉, $x\ \mathrm{L}$의 휘발유로 $12x\ \mathrm{km}$를 달릴 수 있으므로 $y=12x$

(2) $y=12x$에 $x=15$를 대입하면

$y=12\times15=180$

따라서 $15\ \mathrm{L}$의 휘발유로 $180\ \mathrm{km}$를 달릴 수 있다.

(3) $y=12x$에 $y=264$를 대입하면

$264=12x$ $\quad\therefore x=22$

따라서 $264\ \mathrm{km}$를 가려면 $22\ \mathrm{L}$의 휘발유가 필요하다.

6-1 답 (1) $y=4x$ (2) 15분

(1) 수면의 높이가 매분 $4\ \mathrm{cm}$씩 올라가므로 물을 채우기 시작한 지 x분 후의 수면의 높이는 $4x\ \mathrm{cm}$이다.

$\therefore y=4x$

(2) 물통의 높이가 60 cm이므로

$y=4x$에 $y=60$을 대입하면

$60=4x$ ∴ $x=15$

따라서 물통에 물을 가득 채우는 데 15분이 걸린다.

6-2 답 (1) $y=\dfrac{2}{3}x$ (2) 4번

(1) 맞물려 돌아가는 두 톱니바퀴의 톱니의 수는 같으므로

$30\times x=45\times y$

∴ $y=\dfrac{2}{3}x$

(2) $y=\dfrac{2}{3}x$에 $x=6$을 대입하면

$y=\dfrac{2}{3}\times 6=4$

따라서 톱니바퀴 A가 6번 회전할 때, 톱니바퀴 B는 4번 회전한다.

7 답 ②, ⑤

y가 x에 반비례하는 관계식은 $y=\dfrac{a}{x}(a\neq 0)$ 꼴이다.

② $xy=-3$에서 $y=-\dfrac{3}{x}$

⑤ $y=\dfrac{6}{x}$

7-1 답 ⑤

x의 값이 2배, 3배, 4배, …가 될 때, y의 값은 $\dfrac{1}{2}$배, $\dfrac{1}{3}$배, $\dfrac{1}{4}$배, …가 되는 것은 y가 x에 반비례하는 관계로 $y=\dfrac{a}{x}(a\neq 0)$ 꼴이다.

⑤ $xy=-\dfrac{1}{9}$에서 $y=-\dfrac{1}{9x}$

7-2 답 ②

① (소금의 양)$=\dfrac{(소금물의\ 농도)}{100}\times(소금물의\ 양)$이므로

$y=\dfrac{10}{100}\times x$에서 $y=\dfrac{1}{10}x$

② (시간)$=\dfrac{(거리)}{(속력)}$이므로 $y=\dfrac{20}{x}$

③ $y=\dfrac{1}{2}\times x\times 6$에서 $y=3x$

④ $y=1000x$

⑤ $y=2(x+5)$에서 $y=2x+10$

따라서 y가 x에 반비례하는 것은 ②이다.

8 답 ②

y가 x에 반비례하므로 $y=\dfrac{a}{x}$에 $x=3$, $y=-6$을 대입하면

$-6=\dfrac{a}{3}$ ∴ $a=-18$

따라서 $y=-\dfrac{18}{x}$에 $x=9$를 대입하면

$y=-\dfrac{18}{9}=-2$

8-1 답 $y=\dfrac{15}{x}$

y가 x에 반비례하므로 $y=\dfrac{a}{x}$에 $x=3$, $y=5$를 대입하면

$5=\dfrac{a}{3}$ ∴ $a=15$

따라서 구하는 관계식은 $y=\dfrac{15}{x}$이다.

8-2 답 -4

y가 x에 반비례하므로 $y=\dfrac{a}{x}$에 $x=-6$, $y=2$를 대입하면

$2=\dfrac{a}{-6}$ ∴ $a=-12$

따라서 $y=-\dfrac{12}{x}$에 $y=3$을 대입하면

$3=-\dfrac{12}{x}$ ∴ $x=-4$

9 답 ⑤

① 좌표축과 만나지 않는다.

② $x>0$일 때, x의 값이 증가하면 y의 값은 감소한다.

③ $x=-1$일 때 $y=-8$이므로 점 $(-1,\ -8)$을 지난다.

④ $x<0$일 때, 제3사분면을 지난다.

⑤ 반비례 관계 $y=\dfrac{a}{x}$의 그래프는 a의 절댓값이 클수록 원점에서 멀리 떨어져 있다. 즉, 반비례 관계 $y=\dfrac{8}{x}$의 그래프는 반비례 관계 $y=\dfrac{6}{x}$의 그래프보다 원점에서 멀리 떨어져 있다.

따라서 옳은 것은 ⑤이다.

9-1 답 ④, ⑤

④ x의 값이 증가하면 y의 값도 증가한다.

⑤ 반비례 관계 $y=\dfrac{4}{x}$의 그래프보다 원점에서 멀리 떨어져 있다.

9-2 답 ①, ②

$y=ax$의 그래프는 $a>0$일 때, $y=\dfrac{a}{x}$의 그래프는 $a<0$일 때, x의 값이 증가하면 y의 값도 증가한다.

10 답 $-\dfrac{9}{2}$

$y=-\dfrac{9}{x}$에 $x=3$, $y=a$를 대입하면

$a=-\dfrac{9}{3}=-3$

또, $y=-\dfrac{9}{x}$에 $x=b$, $y=6$을 대입하면

$6=-\dfrac{9}{b}$, $6b=-9$ ∴ $b=-\dfrac{3}{2}$

∴ $a+b=(-3)+\left(-\dfrac{3}{2}\right)=-\dfrac{9}{2}$

10-1 답 -5

$y=\dfrac{15}{x}$에 $x=5$, $y=a$를 대입하면

$$a = \frac{15}{5} = 3$$

또, $y = \dfrac{15}{x}$에 $x = b$, $y = -9$를 대입하면

$$-9 = \frac{15}{b}, \; -9b = 15 \quad \therefore b = -\frac{5}{3}$$

$$\therefore ab = 3 \times \left(-\frac{5}{3}\right) = -5$$

10-2 답 -18

$y = \dfrac{a}{x}$에 $x = 3$, $y = -5$를 대입하면

$$-5 = \frac{a}{3} \quad \therefore a = -15$$

따라서 $y = -\dfrac{15}{x}$에 $x = 5$, $y = b$를 대입하면

$$b = -\frac{15}{5} = -3$$

$$\therefore a + b = (-15) + (-3) = -18$$

11 답 (1) $y = -\dfrac{6}{x}$ (2) $-\dfrac{3}{2}$

(1) 구하는 반비례 관계식을 $y = \dfrac{a}{x}$로 놓으면 그래프가

점 $(3, -2)$를 지나므로 $-2 = \dfrac{a}{3} \quad \therefore a = -6$

따라서 구하는 반비례 관계식은 $y = -\dfrac{6}{x}$

(2) $y = -\dfrac{6}{x}$에 $x = 4$, $y = k$를 대입하면

$$k = -\frac{6}{4} = -\frac{3}{2}$$

11-1 답 2

주어진 그래프가 나타내는 반비례 관계식을 $y = \dfrac{a}{x}$로 놓으면
그래프가 점 $(1, 4)$를 지나므로

$$4 = \frac{a}{1} \quad \therefore a = 4$$

따라서 $y = \dfrac{4}{x}$의 그래프가 점 $(2, k)$를 지나므로

$$k = \frac{4}{2} = 2$$

11-2 답 -6

$y = -\dfrac{1}{2}x$에 $x = -4$를 대입하면 $y = -\dfrac{1}{2} \times (-4) = 2$

즉, 점 $P(-4, 2)$이다.

$$\therefore b = 2$$

따라서 $y = \dfrac{a}{x}$의 그래프가 점 $P(-4, 2)$를 지나므로

$$2 = \frac{a}{-4} \quad \therefore a = -8$$

$$\therefore a + b = (-8) + 2 = -6$$

12 답 (1) $y = \dfrac{24}{x}$ (2) 4 m

(1) (직사각형의 넓이)=(가로의 길이)×(세로의 길이)이므로

$$x \times y = 24 \quad \therefore y = \frac{24}{x}$$

(2) $y = \dfrac{24}{x}$에 $x = 6$을 대입하면 $y = \dfrac{24}{6} = 4$

따라서 가로의 길이가 6 m인 직사각형 모양의 벽을 칠할 때,
세로의 길이는 4 m까지 칠할 수 있다.

12-1 답 (1) $y = \dfrac{500}{x}$ (2) 20개

(1) $x \times y = 500 \quad \therefore y = \dfrac{500}{x}$

(2) $y = \dfrac{500}{x}$에 $x = 25$를 대입하면 $y = \dfrac{500}{25} = 20$

따라서 필요한 통은 20개이다.

12-2 답 (1) $y = \dfrac{108}{x}$ (2) 9번

(1) 맞물려 돌아가는 두 톱니바퀴의 톱니의 수는 같으므로

$$36 \times 3 = x \times y \quad \therefore y = \frac{108}{x}$$

(2) $y = \dfrac{108}{x}$에 $x = 12$를 대입하면 $y = \dfrac{108}{12} = 9$

따라서 톱니바퀴 B는 9번 회전한다.

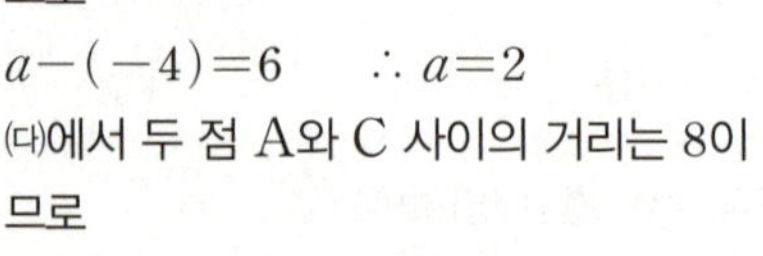

단원 마무리하기   개념북 142~144쪽

01 ③	02 ④	03 -1	04 7	05 ②, ⑤
06 20	07 ④	08 ⑤	09 ②	10 ②, ③
11 1	12 ②	13 -3	14 ④	15 ③
16 -3	17 $\dfrac{4}{9}$	18 -18		

01 ③ 점 $(4, 0)$은 y좌표가 0이므로 x축 위의 점이고 좌표축 위의
점은 어느 사분면에도 속하지 않는다.

02 점 $P(-3a+6, a-3)$이 x축 위에 있으므로 y좌표는 0이다.
즉, $a - 3 = 0$에서 $a = 3$
점 $Q(-b+1, 2b-3)$이 y축 위에 있으므로 x좌표는 0이다.
즉, $-b + 1 = 0$에서 $b = 1$
$\therefore a + b = 3 + 1 = 4$

03 (가)에서 점 B는 제4사분면 위의 점이므로 $a > 0$, 점 C는 제2사
분면 위의 점이므로 $b > 0$
따라서 세 점 A, B, C를 좌표평면 위에
나타내면 오른쪽 그림과 같다.
(나)에서 두 점 A와 B 사이의 거리는 6이
므로

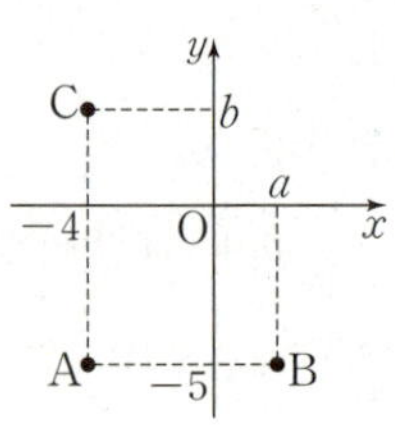

$$a - (-4) = 6 \quad \therefore a = 2$$

(다)에서 두 점 A와 C 사이의 거리는 8이
므로

$$b - (-5) = 8 \quad \therefore b = 3$$

$$\therefore a - b = 2 - 3 = -1$$

04 세 점 A, B, C를 좌표평면 위에 나타내면 오른쪽 그림과 같다.

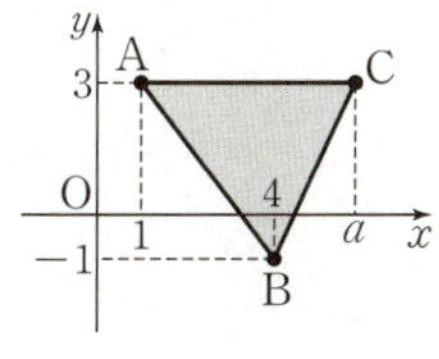

(삼각형 ABC의 넓이)
$$=\frac{1}{2}\times(a-1)\times4=12$$
이므로 $a-1=6$　$\therefore a=7$

05 점 $P(x,-y)$가 제3사분면 위의 점이므로
$$x<0,\ -y<0　\therefore x<0,\ y>0$$
① $x+y$의 부호는 알 수 없다.　② $xy<0$
③ $x-y<0$　④ $\dfrac{x}{y}<0$　⑤ $y-2x>0$
따라서 옳은 것은 ②, ⑤이다.

06 네 점 A, B, C, D를 좌표평면 위에 나타내면 오른쪽 그림과 같다.

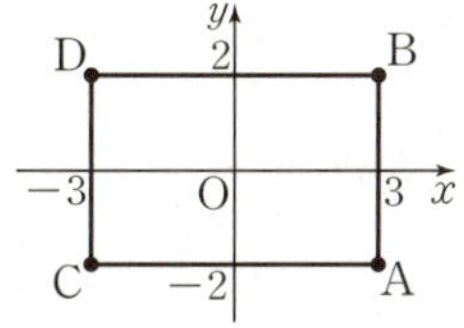

(사각형 ABDC의 둘레의 길이)
$$=2\times(4+6)=20$$

07 ① $y=2x+8$　② $y=x+300$　③ $xy=30$
④ $y=500x$　⑤ $y=24-x$
따라서 정비례 관계인 것은 ④이다.

08 $y=ax$의 그래프에서 $a>0$이면 제1사분면, 제3사분면을 지나고, a의 절댓값이 클수록 y축에 가까우므로 정비례 관계 $y=\dfrac{4}{5}x$의 그래프로 적당한 것은 ⑤이다.

09 $y=3x$에 $x=2a-1,\ y=-a+11$을 대입하면
$$-a+11=3(2a-1),\ -a+11=6a-3$$
$$-7a=-14　\therefore a=2$$

10 ② 제1, 3사분면을 지난다.
③ 오른쪽 위로 향하는 직선이다.
⑤ $\dfrac{3}{2}=\dfrac{3}{8}\times4$이므로 점 $\left(4,\ \dfrac{3}{2}\right)$을 지난다.
따라서 옳지 않은 것은 ②, ③이다.

11 $y=-x$에 $x=2,\ y=b$를 대입하면 $b=-2$
또, $y=\dfrac{2}{3}x$에 $y=-2$를 대입하면 $-2=\dfrac{2}{3}x$
$x=-3$이므로 $a=-3$
$$\therefore a-2b=(-3)-2\times(-2)=1$$

12 y가 x에 반비례하므로 $y=\dfrac{a}{x}$에 $x=-4,\ y=9$를 대입하면
$$9=\frac{a}{-4}　\therefore a=-36$$
따라서 $y=-\dfrac{36}{x}$에서 $x=6$일 때의 y의 값은
$$y=-\frac{36}{6}=-6$$

13 반비례 관계 $y=\dfrac{a}{x}$의 그래프가 점 $(-6, 2)$를 지나므로
$$2=\frac{a}{-6}　\therefore a=-12$$
따라서 $y=-\dfrac{12}{x}$의 그래프가 점 $(4, k)$를 지나므로
$$k=-\frac{12}{4}=-3$$

14 주어진 그래프를 나타내는 반비례 관계식을 $y=\dfrac{a}{x}$로 놓으면 그래프가 점 $(-2, 3)$을 지나므로
$$3=\frac{a}{-2}　\therefore a=-6$$
따라서 반비례 관계식은 $y=-\dfrac{6}{x}$이다.
② $x=-6$일 때, $y=-\dfrac{6}{-6}=1$이므로 점 $(-6, 1)$을 지난다.
④ $y=-\dfrac{8}{x}$의 그래프보다 원점에 더 가깝다.
⑤ $y=-\dfrac{6}{x}$에서 $xy=-6$으로 일정하다.
따라서 옳지 않은 것은 ④이다.

15 가득 채워지는 물의 양은 일정하므로
$$x\times y=5\times40　\therefore y=\frac{200}{x}$$
$y=\dfrac{200}{x}$에 $y=25$를 대입하면
$$25=\frac{200}{x}　\therefore x=8$$
따라서 25분만에 물을 가득 채우려면 매분 8 L씩 물을 넣어야 한다.

16 1단계　$y=ax$의 그래프가 점 $\left(-\dfrac{1}{2}, 3\right)$을 지나므로
$$3=-\frac{1}{2}a　\therefore a=-6$$
2단계　$y=-\dfrac{6}{x}$의 그래프가 점 $(4, b)$를 지나므로
$$b=-\frac{6}{4}=-\frac{3}{2}$$
3단계　$\therefore a-2b=(-6)-2\times\left(-\dfrac{3}{2}\right)=-3$

17 점 P의 x좌표를 t라고 하면 y좌표는 at이므로
$$P(t, at)　\text{❶}$$
삼각형 OAP의 넓이는 $\dfrac{1}{2}\times6\times at=3at$　❷
삼각형 OPB의 넓이는 $\dfrac{1}{2}\times8\times t=4t$　❸
두 삼각형 OAP와 OPB의 넓이의 비가 $1:3$이므로
$$3at:4t=1:3,\ 9at=4t　\therefore a=\frac{4}{9}　\text{❹}$$

단계	채점 기준	비율
❶	점 P의 좌표 설정하기	20 %
❷	삼각형 OAP의 넓이 구하기	25 %
❸	삼각형 OPB의 넓이 구하기	25 %
❹	a의 값 구하기	30 %

18 $y=-\dfrac{3}{8}x$에 $x=-4$를 대입하면

$y=-\dfrac{3}{8}\times(-4)=\dfrac{3}{2}$ $\therefore \mathrm{P}\left(-4,\ \dfrac{3}{2}\right)$ ·················· ❶

$y=\dfrac{a}{x}$의 그래프가 점 $\mathrm{P}\left(-4,\ \dfrac{3}{2}\right)$을 지나므로

$\dfrac{3}{2}=\dfrac{a}{-4},\ 2a=-12$ $\therefore a=-6$ ·················· ❷

따라서 $y=-\dfrac{6}{x}$의 그래프가 점 $(b,\ -2)$를 지나므로

$-2=-\dfrac{6}{b},\ 2b=6$ $\therefore b=3$ ·················· ❸

$\therefore ab=(-6)\times3=-18$ ·················· ❹

단계	채점 기준	비율
❶	점 P의 좌표 구하기	30 %
❷	a의 값 구하기	30 %
❸	b의 값 구하기	30 %
❹	ab의 값 구하기	10 %

풍산자 개념완성

정답과 해설

=워크북=

중학수학

1-1

I. 수와 연산

I-1. 소인수분해

① 소인수분해

01 소수와 합성수
워크북 2~3쪽

01 답 2, 5, 11, 23, 47
$9=1\times9=3\times3$, $34=1\times34=2\times17$
또, 1은 소수도 아니고 합성수도 아니다.
따라서 소수는 2, 5, 11, 23, 47이다.

02 답 ③, ④
③ $21=1\times21=3\times7$
④ $51=1\times51=3\times17$

03 답 ④
10보다 크고 30보다 작은 자연수 중에서 소수는
11, 13, 17, 19, 23, 29의 6개이다.

04 답 18
40보다 크고 60보다 작은 자연수 중에서 소수는 41, 43, 47,
53, 59이므로 가장 큰 소수는 59, 가장 작은 소수는 41이다.
따라서 $x=59$, $y=41$이므로 $x-y=18$

05 답 (1) ×   (2) ×   (3) ○   (4) ×
(1) 소수 중에서 2는 짝수이다.
(2) 2는 소수이다. 소수도 아니고 합성수도 아닌 자연수는 1이다.
(3) 모든 소수는 약수가 2개뿐이다.
(4) 10 이하의 자연수 중 소수는 2, 3, 5, 7의 4개이다.

06 답 ⑤
약수가 $\boxed{3}$개 이상인 자연수를 합성수라고 한다.
자연수 중에서 $\boxed{1}$은 소수도 아니고 합성수도 아니다.
소수 중에서 가장 작은 수는 $\boxed{2}$이다.
따라서 □ 안에 알맞은 수들의 합은 $3+1+2=6$이다.

07 답 ⑤
① 자연수 1은 소수도 아니고 합성수도 아니다.
② $91=1\times91=7\times13$이므로 합성수이다.
③ 합성수는 약수가 3개 이상인 자연수이다.
④ 2는 짝수이고 소수이다.
⑤ 자연수 중에서 20보다 작은 소수는
  2, 3, 5, 7, 11, 13, 17, 19의 8개이다.
따라서 옳은 것은 ⑤이다.

08 답 ⑤
ㄱ. 모든 소수는 약수가 2개이다.

ㄴ. 2는 짝수이고 소수이다.
ㄷ. 자연수 중에서 약수가 1개인 수는 1 하나뿐이다.
ㄹ. 두 소수의 곱은 약수가 3개 이상이므로 합성수이다.
따라서 옳은 것은 ㄷ, ㄹ이다.

09 답 (1) 7^3, 밑: 7, 지수: 3   (2) 3^7, 밑: 3, 지수: 7
(1) $7\times7\times7=7^3$이므로 밑은 7, 지수는 3이다.
(2) $3\times3\times3\times3\times3\times3\times3=3^7$이므로 밑은 3, 지수는 7이다.

10 답 ③
3^5에서 밑이 3, 지수가 5이므로 3을 5번 곱한 것이다.

11 답 ⑤
① $7+7+7=7\times3\ne7^3$
② $2\times5\ne2^5=2\times2\times2\times2\times2$
③ $9\times9\times9=9^3\ne3^9$
④ $2+2+3+3=2\times2+3\times2\ne2^2\times3^2$
⑤ $3\times7\times7\times5\times3\times5=3\times3\times5\times5\times7\times7=3^2\times5^2\times7^2$
따라서 옳은 것은 ⑤이다.

12 답 ③
$4=2^2$이므로
$4\times4\times4=2\times2\times2\times2\times2\times2=2^6$ $\therefore a=6$

02 소인수분해
워크북 3~4쪽

01 답 (1) 2×3^2 (2) $2\times3\times7$ (3) $2^2\times3\times5$ (4) $2^3\times11$
(1) $18=2\times3^2$

   2$\underline{)18}$
   3$\underline{)\ 9}$
     3

(2) $42=2\times3\times7$

   2$\underline{)42}$
   3$\underline{)21}$
     7

(3) $60=2^2\times3\times5$

   2$\underline{)60}$
   2$\underline{)30}$
   3$\underline{)15}$
     5

(4) $88=2^3\times11$

   2$\underline{)88}$
   2$\underline{)44}$
   2$\underline{)22}$
     11

02 답 ③
$240=2^4\times3\times5$

03 답 2, 3, 7
$126=2\times3^2\times7$이므로
소인수는 2, 3, 7이다.

   2$\underline{)126}$
   3$\underline{)\ 63}$
   3$\underline{)\ 21}$
      7

04 답 ③
① $14=2\times7$의 소인수는 2, 7
  $20=2^2\times5$의 소인수는 2, 5
② $30=2\times3\times5$의 소인수는 2, 3, 5
  $42=2\times3\times7$의 소인수는 2, 3, 7
③ $60=2^2\times3\times5$의 소인수는 2, 3, 5
  $180=2^2\times3^2\times5$의 소인수는 2, 3, 5

④ $70=2\times5\times7$의 소인수는 2, 5, 7
　　$105=3\times5\times7$의 소인수는 3, 5, 7
⑤ $75=3\times5^2$의 소인수는 3, 5
　　$98=2\times7^2$의 소인수는 2, 7
따라서 소인수가 같은 수끼리 짝 지어진 것은 ③이다.

05 답 21

$108=2^2\times3^3$이므로 108에 가장 작은 자연수를 곱하여 어떤 수의 제곱이 되게 하려면 모든 소인수의 지수가 짝수가 되도록 해야 한다.
즉, 108에 곱해 주어야 하는 수는 3이므로 $a=3$
이때 $108\times3=2^2\times3^4=(2\times3^2)^2=18^2$이므로
$b=18$
따라서 $a+b=3+18=21$

$$\begin{array}{r} 2\,)\underline{108} \\ 2\,)\underline{\ 54} \\ 3\,)\underline{\ 27} \\ 3\,)\underline{\ \ 9} \\ 3 \end{array}$$

06 답 ④

① $2=2^1$　　　② $12=2^2\times3$　　　③ $24=2^3\times3$
④ $54=2\times3^3$　　⑤ $72=2^3\times3^2$
따라서 $2^3\times3^2$의 약수가 아닌 것은 ④이다.

07 답 ④

$420=2^2\times3\times5\times7$이므로
420의 약수는 ④ ㄱ, ㄴ, ㄹ이다.

$$\begin{array}{r} 2\,)\underline{420} \\ 2\,)\underline{210} \\ 3\,)\underline{105} \\ 5\,)\underline{\ 35} \\ 7 \end{array}$$

08 답 ㄴ, ㄱ, ㄷ, ㅂ, ㅁ, ㄹ

ㄱ. $24=2^3\times3$의 약수의 개수는 $(3+1)\times(1+1)=8$
ㄴ. $81=3^4$의 약수의 개수는 $4+1=5$
ㄷ. $100=2^2\times5^2$의 약수의 개수는 $(2+1)\times(2+1)=9$
ㄹ. $2^4\times5^5$의 약수의 개수는 $(4+1)\times(5+1)=30$
ㅁ. $3^3\times7^3$의 약수의 개수는 $(3+1)\times(3+1)=16$
ㅂ. $5^3\times11^2$의 약수의 개수는 $(3+1)\times(2+1)=12$
따라서 약수의 개수가 적은 것부터 차례대로 나열하면
ㄴ, ㄱ, ㄷ, ㅂ, ㅁ, ㄹ이다.

09 답 ①

약수의 개수는 다음과 같다.
① $(2+1)\times(4+1)=15$
② $(5+1)\times(3+1)=24$
③ $(11+1)\times(1+1)=24$
④ $(2+1)\times(7+1)=24$
⑤ $(1+1)\times(2+1)\times(3+1)=24$
따라서 약수의 개수가 나머지 넷과 다른 하나는 ①이다.

10 답 ③

$144=2^4\times3^2$이므로 144의 약수의 개수는
$(4+1)\times(2+1)=15$
이때 $3^2\times5^a$의 약수의 개수도 15이므로
$(2+1)\times(a+1)=15$
$a+1=5$
$\therefore a=4$

$$\begin{array}{r} 2\,)\underline{144} \\ 2\,)\underline{\ 72} \\ 2\,)\underline{\ 36} \\ 2\,)\underline{\ 18} \\ 3\,)\underline{\ \ 9} \\ 3 \end{array}$$

11 답 ④

$8\times3^x=2^3\times3^x$의 약수의 개수가 24이므로
$(3+1)\times(x+1)=24$
$x+1=6$
$\therefore x=5$

12 답 ⑤

① $2^4\times4=2^6$의 약수의 개수는 7
② $2^4\times5$의 약수의 개수는 10
③ $2^4\times8=2^7$의 약수의 개수는 8
④ $2^4\times16=2^8$의 약수의 개수는 9
⑤ $2^4\times25=2^4\times5^2$의 약수의 개수는 15
따라서 □ 안에 들어갈 수 있는 수는 ⑤이다.

13 답 224

$A=2^a\times7^b$의 약수의 개수가 12이므로
$(a+1)\times(b+1)=12$
이때 a, b는 자연수이므로 $a+1>1$, $b+1>1$
또, 가장 작은 자연수 A에서 a의 값은 가능한 한 큰 수이어야 하고 b의 값은 가능한 한 작은 수이어야 한다.
즉, $12=6\times2=(a+1)\times(b+1)$에서 $a=5$, $b=1$
따라서 가장 작은 자연수 A는
$A=2^5\times7=224$

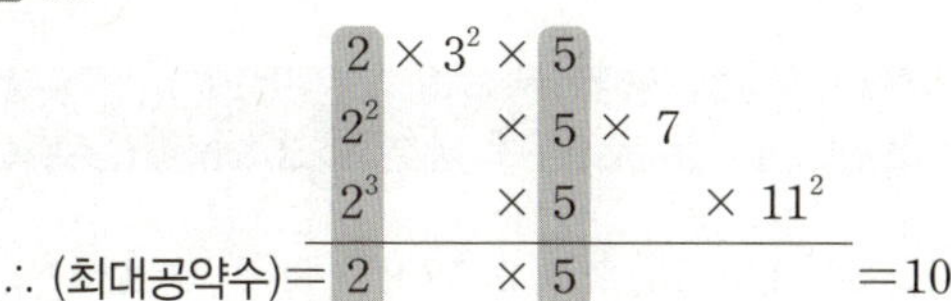

② 최대공약수와 최소공배수

03 공약수와 최대공약수　　워크북 5쪽

01 답 (1) 3, 12, 15, 3, 9　　(2) 2, 7, 14

(1)
$$\begin{array}{r} 3\,)\underline{\ 36\quad 45} \\ \boxed{3}\,)\underline{\boxed{12}\quad\boxed{15}} \\ 4\qquad 5 \end{array}$$
$\rightarrow$ (최대공약수)$=3\times\boxed{3}=\boxed{9}$

(2)
$$\begin{array}{l} 70=2\qquad\ \times5\times7 \\ \underline{84=2^2\times3\qquad\ \times7} \end{array}$$
$\rightarrow$ (최대공약수)$=\boxed{2}\qquad\qquad\times\boxed{7}=\boxed{14}$

02 답 ③

$$\begin{array}{l} 105=\qquad\ \ 3\times5\times7 \\ \underline{\qquad\quad 2\times3\times5^2} \end{array}$$
$\therefore$ (최대공약수)$=\qquad 3\times5\qquad\quad=15$

03 답 10

$$\begin{array}{l} \qquad\ 2\times3^2\times5 \\ \qquad\ 2^2\qquad\times5\times7 \\ \underline{\qquad\ 2^3\qquad\times5\qquad\times11^2} \end{array}$$
$\therefore$ (최대공약수)$=\boxed{2}\qquad\times5\qquad\qquad=10$

04 답 1, 2, 3, 4, 6, 12

두 자연수 a, b의 공약수는 최대공약수의 약수이다. 이때 두 자연수 a, b의 최대공약수가 12이므로 구하는 공약수는 12의 약수인 1, 2, 3, 4, 6, 12이다.

05 답 ④

세 자연수 a, b, c의 공약수는 최대공약수의 약수이다.
이때 세 자연수 a, b, c의 최대공약수가 24이므로 세 자연수의 공약수는 24의 약수인 1, 2, 3, 4, 6, 8, 12, 24이다.
따라서 공약수가 아닌 것은 ④이다.

06 답 ③, ⑤

$$\begin{aligned} 2^2 \times 3^3 \quad &\times 7 \\ 2^3 \quad &\times 5 \times 7^2 \\ \hline \therefore (최대공약수) = 2^2 \quad &\times 7 \end{aligned}$$

이때 두 수의 공약수는 최대공약수 $2^2 \times 7$의 약수이므로 두 수의 공약수가 아닌 것은 ③, ⑤이다.

07 답 ④

$$\begin{aligned} 3^2 \times &5^3 \times 7^2 \\ 2^3 \quad \times &5 \times 7^3 \\ \hline \therefore (최대공약수) = &5 \times 7^2 \end{aligned}$$

이때 두 수의 공약수는 최대공약수 5×7^2의 약수이므로 두 수의 공약수의 개수는 최대공약수의 약수의 개수와 같다.
따라서 두 수의 공약수의 개수는
$(1+1) \times (2+1) = 6$

08 답 1, 2, 4, 7, 8

09 답 ③, ④

$126 = 2 \times 3^2 \times 7$이므로 소인수는 2, 3, 7이다.
① $30 = 2 \times 3 \times 5$의 소인수는 2, 3, 5
② $36 = 2^2 \times 3^2$의 소인수는 2, 3
③ $55 = 5 \times 11$의 소인수는 5, 11
④ $65 = 5 \times 13$의 소인수는 5, 13
⑤ $84 = 2^2 \times 3 \times 7$의 소인수는 2, 3, 7
따라서 126과 서로소인 것은 ③, ④이다.

$$\begin{array}{r} 2)\,126 \\ 3)\,63 \\ 3)\,21 \\ 7 \end{array}$$

10 답 ②

ㄱ. $8 = 2^3$, $21 = 3 \times 7$이므로 서로소이다.
ㄴ. $33 = 3 \times 11$, $48 = 2^4 \times 3$이므로 두 수의 최대공약수는 3이다. 즉, 서로소가 아니다.
ㄷ. $35 = 5 \times 7$, $54 = 2 \times 3^3$이므로 서로소이다.
ㄹ. $49 = 7^2$, $91 = 7 \times 13$이므로 두 수의 최대공약수는 7이다. 즉, 서로소가 아니다.
따라서 서로소인 수끼리 짝 지어진 것은 ② ㄱ, ㄷ이다.

---

04 공배수와 최소공배수
워크북 6쪽

01 답 (1) 12, 30, 3, 6, 15, 5, 3, 5, 120 (2) 2^2, 5, 420

(1)
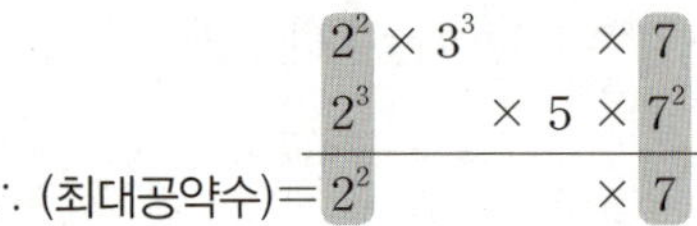

$$\rightarrow (최소공배수) = 2 \times 2 \times 3 \times 2 \times 5 = 120$$

(2)
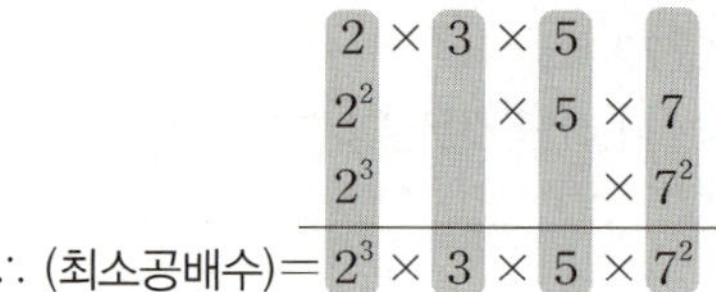

$$\rightarrow (최소공배수) = 2^2 \times 3 \times 5 \times 7 = 420$$

02 답 ④

$$\begin{aligned} 42 = 2 \times 3 \quad &\times 7 \\ 2^2 \times 3 \times 5 \quad& \\ \hline \therefore (최소공배수) = 2^2 \times 3 \times 5 \times 7 &= 420 \end{aligned}$$

03 답 ③

$$\begin{aligned} 2 \times 3 \times 5 \quad& \\ 2^2 \quad \times 5 &\times 7 \\ 2^3 \quad &\times 7^2 \\ \hline \therefore (최소공배수) = 2^3 \times 3 \times 5 &\times 7^2 \end{aligned}$$

04 답 ③, ⑤

두 수 18과 60의 공배수는 18과 60의 최소공배수의 배수이다.

$$\begin{aligned} 18 = 2 \times 3^2 \quad& \\ 60 = 2^2 \times 3 &\times 5 \\ \hline \therefore (최소공배수) = 2^2 \times 3^2 &\times 5 = 180 \end{aligned}$$

따라서 주어진 수 중 18과 60의 공배수는 최소공배수 180의 배수인 ③, ⑤이다.

05 답 4개

두 자연수 a, b의 공배수는 a, b의 최소공배수의 배수이다. 이때 두 자연수 a, b의 최소공배수가 48이므로 구하는 공배수는 48의 배수이다.
따라서 $200 \div 48 = 4 \cdots 8$이므로 48의 배수 중에서 200 이하인 수는 4개이다.

06 답 ⑤

두 수의 공배수는 최소공배수인 $2^3 \times 3^3 \times 5$의 배수이다.
따라서 공배수인 것은 ⑤이다.

07 답 ②

두 수 $2^a \times 3 \times 7$, $2 \times 3^b \times 7^c$의 최소공배수가 $2^3 \times 3^2 \times 7^2$이므로 $a = 3$, $b = 2$, $c = 2$
따라서 $a \times b \times c = 3 \times 2 \times 2 = 12$

08 답 ②

세 수 $2 \times x$, $3 \times x$, $5 \times x$의 최소공배수가 600이므로

$$\begin{array}{r} x)\,2 \times x \quad 3 \times x \quad 5 \times x \\ \hline 2 \qquad 3 \qquad 5 \end{array}$$

$600 = x \times 2 \times 3 \times 5 = 30 \times x$
$\therefore x = 20$

09 답 ④

$24=2^3 \times 3$이고, 최소공배수 $120=2^3 \times 3 \times 5$이므로 자연수 A
는 5를 반드시 인수로 가져야 한다.

또, 2, 2^2, 2^3, 3은 인수로 가질 수도 있고 갖지 않을 수도 있다.

① 5   ② $10=2 \times 5$ ③ $15=3 \times 5$

④ $25=5^2$ ⑤ $40=2^3 \times 5$

따라서 A가 될 수 없는 것은 ④이다.

01 답 ③

가능한 한 많은 학생들에게 남김없이 똑같이 나누어 주어야 하
므로 구하는 학생 수는 60과 84의 최대공약수이다.

60과 84의 최대공약수는

$2 \times 2 \times 3 = 12$

이므로 최대 12명에게 나누어 줄 수 있다.

$$\begin{array}{r|rr} 2 & 60 & 84 \\ \hline 2 & 30 & 42 \\ \hline 3 & 15 & 21 \\ \hline & 5 & 7 \end{array}$$

02 답 사탕: 4개, 초콜릿: 5개

가능한 한 많은 회원들에게 남김없이 똑같이 나누어 주어야 하
므로 구하는 회원 수는 72와 90의 최대공약수이다.

72와 90의 최대공약수는

$2 \times 3 \times 3 = 18$

이므로 최대 18명에게 나누어 줄 수 있다.

따라서 회원 한 명이 받는 사탕은

$72 \div 18 = 4$(개), 초콜릿은 $90 \div 18 = 5$(개)이다.

$$\begin{array}{r|rr} 2 & 72 & 90 \\ \hline 3 & 36 & 45 \\ \hline 3 & 12 & 15 \\ \hline & 4 & 5 \end{array}$$

03 답 8명

가능한 한 많은 학생들에게 남김없이 똑같이 나누어 주어야 하
므로 구하는 학생 수는 32, 24, 16의 최대
공약수이다.

32, 24, 16의 최대공약수는

$2 \times 2 \times 2 = 8$

이므로 최대 8명에게 나누어 줄 수 있다.

$$\begin{array}{r|rrr} 2 & 32 & 24 & 16 \\ \hline 2 & 16 & 12 & 8 \\ \hline 2 & 8 & 6 & 4 \\ \hline & 4 & 3 & 2 \end{array}$$

04 답 ⑤

판자를 자른 조각은 모두 똑같은 정사각형 모양이
므로 조각의 한 변의 길이는 72와 96의 최대공약
수이다.

72와 96의 최대공약수는

$2 \times 2 \times 2 \times 3 = 24$

이므로 가능한 한 큰 정사각형 모양 조각의 한 변의 길이는
24 cm이다.

$$\begin{array}{r|rr} 2 & 72 & 96 \\ \hline 2 & 36 & 48 \\ \hline 2 & 18 & 24 \\ \hline 3 & 9 & 12 \\ \hline & 3 & 4 \end{array}$$

05 답 72

타일은 모두 똑같은 정사각형 모양이므로 타일의 한 변의 길이
는 90과 80의 최대공약수이다.

가능한 한 큰 정사각형 모양의 90과 80의 최대공
약수는 $2 \times 5 = 10$이므로 타일의 한 변의 길이는
10 cm이다.

따라서 타일은 가로 방향으로 $90 \div 10 = 9$(개),

$$\begin{array}{r|rr} 2 & 90 & 80 \\ \hline 5 & 45 & 40 \\ \hline & 9 & 8 \end{array}$$

세로 방향으로 $80 \div 10 = 8$(개) 붙일 수 있으므로 필요한 타일의
개수는 $9 \times 8 = 72$

06 답 (1) 54   (2) 63   (3) 54, 63, 최대공약수, 9

(1) 60을 나누면 6이 남으므로 $60 - 6 = \boxed{54}$의 약수이다.

(2) 70을 나누면 7이 남으므로 $70 - 7 = \boxed{63}$의 약수이다.

(3) 이러한 수 중에서 가장 큰 수는 $\boxed{54}$와 $\boxed{63}$의
$\boxed{\text{최대공약수}}$이므로 $\boxed{9}$이다.

07 답 ④

50을 나누면 2가 남고 32를 나누면 나누어떨어
지는 수는 $50 - 2 = 48$과 32의 공약수이다. 이러
한 수 중에서 가장 큰 수는 48과 32의 최대공약
수이므로 $2 \times 2 \times 2 \times 2 = 16$이다.

$$\begin{array}{r|rr} 2 & 48 & 32 \\ \hline 2 & 24 & 16 \\ \hline 2 & 12 & 8 \\ \hline 2 & 6 & 4 \\ \hline & 3 & 2 \end{array}$$

08 답 4

90을 나누면 2가 남고, 99를 나누면 3이 남는 어떤 수는
$90 - 2 = 88$과 $99 - 3 = 96$의 공약수이고, 나머지인 2, 3보다
큰 수이다.

따라서 어떤 수가 될 수 있는 수는 88과 96의 최
대공약수 8의 약수 중 3보다 큰 수, 즉 4 또는 8
이므로 가장 작은 수는 $a = 4$, 가장 큰 수는
$b = 8$이다.

따라서 $b - a = 8 - 4 = 4$

$$\begin{array}{r|rr} 2 & 88 & 96 \\ \hline 2 & 44 & 48 \\ \hline 2 & 22 & 24 \\ \hline & 11 & 12 \end{array}$$

09 답 ③

오전 9시에 서울 방향과 부산 방향으로 기차가 동시에 출발한
후 처음으로 다시 두 방향의 기차가 동시에 출발할 때까지 걸리
는 시간은 30과 45의 최소공배수이다.

$\therefore 3 \times 5 \times 2 \times 3 = 90$(분)

따라서 기차는 오전 9시 이후 90분마다 동시에
출발하므로 9시 이후 처음으로 다시 동시에 출발하는 시각은
90분 후, 즉 1시간 30분 후인 오전 10시 30분이다.

$$\begin{array}{r|rr} 3 & 30 & 45 \\ \hline 5 & 10 & 15 \\ \hline & 2 & 3 \end{array}$$

10 답 ④

두 신호등은 각각 $20 + 8 = 28$(초), $30 + 12 = 42$(초)에 한 번씩
켜지므로 두 신호등이 동시에 켜진 후 그 다음으
로 동시에 켜질 때까지 걸리는 시간은 28과 42의
최소공배수이다.

$\therefore 2 \times 7 \times 2 \times 3 = 84$(초)

$$\begin{array}{r|rr} 2 & 28 & 42 \\ \hline 7 & 14 & 21 \\ \hline & 2 & 3 \end{array}$$

11 답 ③

두 사람이 동시에 같은 지점에서 출발하여 같은
방향으로 돌 때, 출발점에서 처음으로 다시 만
날 때까지 걸리는 시간은 72와 120의 최소공배
수이다.

$\therefore 2 \times 2 \times 2 \times 3 \times 3 \times 5 = 360$(초)

$$\begin{array}{r|rr} 2 & 72 & 120 \\ \hline 2 & 36 & 60 \\ \hline 2 & 18 & 30 \\ \hline 3 & 9 & 15 \\ \hline & 3 & 5 \end{array}$$

12 답 60 cm

만들 수 있는 가장 작은 정사각형의 한 변의 길이
는 12와 15의 최소공배수이다.

$\therefore 3 \times 4 \times 5 = 60$(cm)

$$\begin{array}{r|rr} 3 & 12 & 15 \\ \hline & 4 & 5 \end{array}$$

13 탭 6장

만들 수 있는 가장 작은 정사각형의 한 변의
길이는 8과 12의 최소공배수이므로
$2 \times 2 \times 2 \times 3 = 24(\mathrm{cm})$
따라서 직사각형 모양의 색종이를 가로 방향으로는
$24 \div 8 = 3$(장), 세로 방향으로는 $24 \div 12 = 2$(장)씩 붙여야 하
므로 필요한 직사각형 모양의 색종이는
$3 \times 2 = 6$(장)

```
2)8   12
2)4    6
  2    3
```

14 탭 90 cm

직육면체 모양의 블록을 가능한 한 적게 사용
하여 만든 정육면체의 한 모서리의 길이는 6,
9, 15의 최소공배수이므로
$3 \times 2 \times 3 \times 5 = 90(\mathrm{cm})$

```
3)6   9   15
  2   3    5
```

15 탭 ③

24와 30의 최소공배수는
$2 \times 3 \times 4 \times 5 = 120$
따라서 두 톱니바퀴가 회전하기 시작하여 같은 톱
니에서 처음으로 다시 맞물리는 것은 톱니바퀴 A가
$120 \div 24 = 5$(번) 회전한 후이다.

```
2)24   30
3)12   15
  4    5
```

16 탭 8

18과 30의 최소공배수는
$2 \times 3 \times 3 \times 5 = 90$
따라서 두 톱니바퀴가 회전하기 시작하여 같은
톱니에서 처음으로 다시 맞물리려면
톱니바퀴 A: $90 \div 18 = 5$(번)
톱니바퀴 B: $90 \div 30 = 3$(번)
회전해야 하므로 $a = 5$, $b = 3$
따라서 $a + b = 8$

```
2)18   30
3) 9   15
   3    5
```

17 탭 143

20으로 나누었을 때 3이 남은 자연수는 (20의 배수)+3
28로 나누었을 때 3이 남은 자연수는 (28의 배수)+3
이므로 20과 28 중 어느 것으로 나누어도 3이 남는 자연수는
(20과 28의 공배수)+3
이때 20과 28의 최소공배수는
$2 \times 2 \times 5 \times 7 = 140$
이므로 가장 작은 수는
$140 + 3 = 143$

```
2)20   28
2)10   14
  5    7
```

18 탭 110

6으로 나눈 나머지가 2인 수는 (6의 배수)+2
9로 나눈 나머지가 2인 수는 (9의 배수)+2
이므로 6과 9 중 어느 것으로 나누어도 나머지가 2인 자연수는
(6과 9의 공배수)+2
이때 6과 9의 최소공배수는
$3 \times 2 \times 3 = 18$
이므로 공배수는 18, 36, $\cdots$, 90, 108, 126, $\cdots$이다.
따라서 가장 작은 세 자리의 자연수는 $108 + 2 = 110$

```
3)6   9
  2   3
```

19 탭 181

4로 나눈 나머지가 1인 수는 (4의 배수)+1
5로 나눈 나머지가 1인 수는 (5의 배수)+1
6으로 나눈 나머지가 1인 수는 (6의 배수)+1
이므로 4, 5, 6 중 어느 것으로 나누어도 나머지가 1인 자연수는
(4, 5, 6의 공배수)+1
이때 4, 5, 6의 최소공배수는 60이므로 공배수는
60, 120, 180, 240, $\cdots$이다.
따라서 200에 가장 가까운 수는
$180 + 1 = 181$

20 탭 626

5로 나눈 나머지가 1인 수는
(5의 배수)+1 또는 (5의 배수)−4
6으로 나눈 나머지가 2인 수는
(6의 배수)+2 또는 (6의 배수)−4
7로 나눈 나머지가 3인 수는
(7의 배수)+3 또는 (7의 배수)−4
즉, 조건을 만족시키는 수는
(5, 6, 7의 공배수)−4
이때 5, 6, 7의 최소공배수는 210이므로 공배수는
210, 420, 630, 840, $\cdots$이다.
따라서 700에 가장 가까운 수는
$630 - 4 = 626$

21 탭 ②

분수 $\dfrac{1}{12}$, $\dfrac{1}{18}$의 어느 것에 곱하여도 그 결과가 자연수가 되도록
하려면 12와 18의 공배수를 곱해야 한다.
이때 12와 18의 최소공배수는 36이므로 공배수는
36, 72, 108, $\cdots$이다.
따라서 1과 100 사이의 자연수 중 조건을 만족시키는 것은
36, 72의 2개이다.

22 탭 $\dfrac{288}{5}$

25와 15의 최대공약수는 5이고, 18과 32의 최소공배수는
288이므로 구하는 분수는 $\dfrac{288}{5}$이다.

23 탭 $\dfrac{144}{11}$

33, 77, 121의 최대공약수는 11이고,
16, 18, 24의 최소공배수는
$2 \times 2 \times 2 \times 3 \times 2 \times 3 = 144$
이므로 구하는 분수는 $\dfrac{144}{11}$이다.

```
2)16   18   24
2) 8    9   12
2) 4    9    6
3) 2    9    3
   2    3    1
```

24 탭 ②

A를 최대공약수 6으로 나눈 몫을 a라고 하자.
60과 A의 최대공약수가 6이므로
$1260 = 6 \times 10 \times a$에서 $a = 21$
따라서 $A = 6 \times a = 6 \times 21 = 126$

```
6)60   A
  10   a
```

25 답 14

$$2^a \times 3^b \times 5^c$$
$$\underline{2^4 \qquad \times 5 \times d}$$
(최대공약수)$= 2^2 \qquad \times 5$
(최소공배수)$= 2^4 \times 3^2 \times 5^3 \times 7$

따라서 $a=2,\ b=2,\ c=3,\ d=7$이므로
$a+b+c+d=2+2+3+7=14$

26 답 528

$504=12\times(2\times3\times7)$이고, A를 12로 나눈 몫을
a라고 하면 세 자연수 A, 36, 84의 최대공약수가
12이므로 a의 값으로 가능한 것은
$2,\ 2\times3,\ 2\times7,\ 2\times3\times7$
중 하나이다.

$$\begin{array}{r} 12\,)\,504 \\ \hline 2\,)\ 42 \\ \hline 3\,)\ 21 \\ \hline 7 \end{array}$$

즉, 자연수 A가 될 수 있는 수 중 가장 작은 수는 $12\times2=24$,
가장 큰 수는 $12\times2\times3\times7=5040$이다.
따라서 가장 작은 수와 가장 큰 수의 합은
$24+504=528$

단원 마무리하기

워크북 10~11쪽

01 ③, ⑤	**02** ③	**03** ④	**04** ㄴ, ㄹ, ㄷ, ㄱ	
05 ②	**06** ③	**07** ①	**08** ③	**09** ③, ⑤
10 ④	**11** ④	**12** ①	**13** ②	**14** ⑤
15 1	**16** 432			

01 ③ 1은 소수도 아니고 합성수도 아니다.
④ 가장 작은 소수는 2이므로 짝수이다.
⑤ 가장 작은 합성수는 4이다.
따라서 옳지 않은 것은 ③, ⑤이다.

02 ① $5+5+5=3\times5\neq3^5$
② $5\times7\neq5^7$
④ $10^3=10\times10\times10\neq3\times10\times10\times10$
⑤ $5+7+7+7=5+7\times3\neq5\times7^3$
따라서 옳은 것은 ③이다.

03 ① $16=2^4$의 소인수는 2
　　$32=2^5$의 소인수는 2
② $18=2\times3^2$의 소인수는 2, 3
　　$24=2^3\times3$의 소인수는 2, 3
③ $45=3^2\times5$의 소인수는 3, 5
　　$135=3^3\times5$의 소인수는 3, 5
④ $105=3\times5\times7$의 소인수는 3, 5, 7
　　$140=2^2\times5\times7$의 소인수는 2, 5, 7
⑤ $120=2^3\times3\times5$의 소인수는 2, 3, 5

$180=2^2\times3^2\times5$의 소인수는 2, 3, 5
따라서 소인수가 같은 것끼리 짝 지어지지 않은 것은 ④이다.

04 ㄱ. $98=2\times7^2$의 약수의 개수는 $(1+1)\times(2+1)=6$
ㄴ. $144=2^4\times3^2$의 약수의 개수는 $(4+1)\times(2+1)=15$
ㄷ. $225=3^2\times5^2$의 약수의 개수는 $(2+1)\times(2+1)=9$
ㄹ. $405=3^4\times5$의 약수의 개수는 $(4+1)\times(1+1)=10$
따라서 약수의 개수가 많은 것부터 차례대로 나열하면
ㄴ, ㄹ, ㄷ, ㄱ이다.

05 (i) □의 소인수가 2일 때, $2^3\times$□의 약수가 12개이려면
　　□$=2^8$
(ii) □의 소인수가 2가 아닐 때, 소인수를 a라고 하자.
　　$2^3\times$□의 약수가 12개이려면 □$=a^2$
　　2 다음으로 가장 작은 소수가 3이므로 □$=3^2=9$
(i), (ii)에서 □ 안에 알맞은 수 중 가장 작은 자연수는 9이다.

06 $126=2\times3^2\times7$이므로 126에 가장 큰 두 자리의 자연수를 곱
하여 어떤 자연수의 제곱이 되려면 모든 소인수의 지수가 짝수
가 되어야 하므로 $x=2\times7\times$(자연수)^2 꼴이어야 한다.
x가 될 수 있는 값은
$2\times7=14,\ 2\times7\times2^2=56,\ 2\times7\times3^2=126,\ \cdots$
이므로 가장 큰 두 자리의 자연수는 56이다.

07 두 수의 공약수는 두 수의 최대공약수의 약수이다. 이때 두 수
A, B의 최대공약수는 $2\times3^2=18$이므로 공약수가 아닌 것은
①이다.

08 ㄱ. $18=2\times3^2$의 소인수는 2, 3이다.
ㄴ. $9^2=3^4$의 약수는 $4+1=5$(개)이다.
ㄷ. $63=3^2\times7$과 $64=2^6$은 서로소이다.
ㄹ. 서로소인 두 수의 최대공약수는 1이므로 홀수이다.
따라서 옳은 것은 ㄷ, ㄹ이다.

09 자연수 A로 136을 나누면 4가 남으므로 A는 $136-4=132$의
약수이다. 또, 자연수 A로 84를 나누면 나누어떨어지므로 A는
84의 약수이다.
즉, 자연수 A는 132와 84의 공약수이므로
두 수의 최대공약수 $2\times2\times3=12$의 약수이다.
이때 A는 나머지 4보다 큰 수이어야 하므로
A로 가능한 것은 ③, ⑤이다.

$$\begin{array}{r} 2\,)\,132\quad 84 \\ \hline 2\,)\ 66\quad 42 \\ \hline 3\,)\ 33\quad 21 \\ \hline 11\quad 7 \end{array}$$

10 심는 나무의 수가 최소가 되게 하므로 나무의 간
격은 48과 30의 최대공약수이다.
즉, 나무를 $2\times3=6$(m) 간격으로 심어야 하므
로 가로의 한 변에 심는 나무는
$48\div6+1=9$(그루)
세로의 한 변에 심는 나무는 $30\div6+1=6$(그루)
이때 네 모퉁이에 심는 나무가 두 번씩 겹치므로 필요한 나무는
$9+9+6+6-4=26$(그루)

$$\begin{array}{r} 2\,)\,48\quad 30 \\ \hline 3\,)\,24\quad 15 \\ \hline 8\quad 5 \end{array}$$

11

$$2^5 \times 3 \times 5^3$$
$$2^3 \times 3^4 \qquad \times 7^4$$
$$\underline{2^2 \times 3^2 \times 5 \times 7}$$
$$\therefore (최대공약수) = 2^2 \times 3$$
$$(최소공배수) = 2^5 \times 3^4 \times 5^3 \times 7^4$$

12 A를 최대공약수 9로 나눈 몫을 a라고 하면 63과
A의 최대공약수가 9이고 최소공배수는 315이므
로

$$\begin{array}{r} 9)\overline{63 \quad A} \\ \overline{7 \quad a} \end{array}$$

$315 = 9 \times 7 \times a$에서 $a = 5$
따라서 $A = 9 \times a = 9 \times 5 = 45$

13

$$2^a \times 3^2$$
$$2 \times 3^b \times 5$$
$$\underline{2^2 \times 3^3 \times 5^c}$$
$$(최소공배수) = 2^3 \times 3^4 \times 5^2$$

따라서 $a = 3$, $b = 4$, $c = 2$이므로 세 수의 최대공약수는
$2 \times 3^2 = 18$이다.

14 55와 20의 최대공약수는 5이고, 42와 27의 최소
공배수는 $3 \times 14 \times 9 = 378$이므로 구하는

$$\begin{array}{r} 3)\overline{42 \quad 27} \\ \overline{14 \quad 9} \end{array}$$

기약분수는 $\dfrac{378}{5}$이다.

즉, $\dfrac{a}{b} = \dfrac{378}{5}$에서 $a = 378$, $b = 5$이므로 $a + b = 383$

15 36과 42의 최소공배수는
$2 \times 3 \times 6 \times 7 = 252$ ····· ❶

$$\begin{array}{r} 2)\overline{36 \quad 42} \\ 3)\overline{18 \quad 21} \\ \overline{6 \quad 7} \end{array}$$

따라서 두 톱니바퀴가 회전하기 시작하여
같은 톱니에서 처음으로 다시 맞물리려면
톱니바퀴 A는 $252 \div 36 = 7$(번)
톱니바퀴 B는 $252 \div 42 = 6$(번)
회전해야 하므로 $a = 7$, $b = 6$ ····· ❷
따라서 $a - b = 1$ ····· ❸

단계	채점 기준	비율
❶	36과 42의 최소공배수 구하기	30 %
❷	a, b의 값 구하기	60 %
❸	$a - b$의 값 구하기	10 %

16 직육면체 모양의 블록을 가능한 한 적게 사용
하여 만든 정육면체 모양의 한 모서리의 길이
는 8, 9, 12의 최소공배수이므로
$2 \times 2 \times 3 \times 2 \times 3 = 72$(cm) ····· ❶

$$\begin{array}{r} 2)\overline{8 \quad 9 \quad 12} \\ 2)\overline{4 \quad 9 \quad 6} \\ 3)\overline{2 \quad 9 \quad 3} \\ \overline{2 \quad 3 \quad 1} \end{array}$$

즉, 직육면체 모양의 블록을
가로 방향으로 쌓는 개수는 $72 \div 8 = 9$
세로 방향으로 쌓는 개수는 $72 \div 9 = 8$
높이 방향으로 쌓는 개수는 $72 \div 12 = 6$ ····· ❷
따라서 사용되는 직육면체 모양의 블록의 개수는
$9 \times 8 \times 6 = 432$ ····· ❸

단계	채점 기준	비율
❶	8, 9, 12의 최소공배수 구하기	20 %
❷	가로, 세로, 높이 방향으로 쌓는 블럭의 개수 구하기	60 %
❸	사용되는 직육면체 모양의 블록의 개수 구하기	20 %

I-2. 정수와 유리수

1 정수와 유리수의 뜻

01 정수와 유리수의 뜻   워크북 12쪽

01 답 (1) -1500 (2) -4 (3) -5 (4) -7.3

02 답 ②
② 영하 6 ℃: -6 ℃

03 답 ①, ④
① -3000원   ② $+20$점   ③ $+3.5$ cm
④ -0.3 ℃   ⑤ $+3$분
따라서 음의 부호를 사용해야 하는 경우는 ①, ④이다.

04 답 ②
① 양수는 $\dfrac{7}{4}$, $+\dfrac{8}{2}$의 2개이다.
② 음수는 -6, -30, -1.5의 3개이다.
③ $+\dfrac{8}{2} = +4$이므로 양의 정수는 1개이다.
④ 음의 정수는 -6, -30의 2개이다.
⑤ 정수가 아닌 유리수는 $\dfrac{7}{4}$, -1.5의 2개이다.
따라서 옳은 것은 ②이다.

05 답 8
양의 정수는 $\dfrac{6}{3} = 2$의 1개
음의 유리수는 $-\dfrac{3}{7}$, -36, -3.5의 3개
정수가 아닌 유리수는 $+3.5$, $-\dfrac{3}{7}$, $+\dfrac{2}{4}$, -3.5의 4개
따라서 $a = 1$, $=3$, $c = 4$이므로 $a + b + c = 1 + 3 + 4 = 8$

06 답 ④
④ 양의 유리수, 음의 유리수, 0을 통틀어 유리수라고 한다.

07 답 ①, ④
② 0보다 작은 음의 정수가 무수히 많이 존재한다.
③ 양의 유리수가 아닌 유리수는 0 또는 음의 유리수이다.
⑤ 자연수가 아닌 유리수도 있다.
따라서 옳은 것은 ①, ④이다.

2 정수와 유리수의 대소 관계

02 수직선과 절댓값   워크북 13쪽

01 답 ③
③ C: 1.25

02 답 ⑤

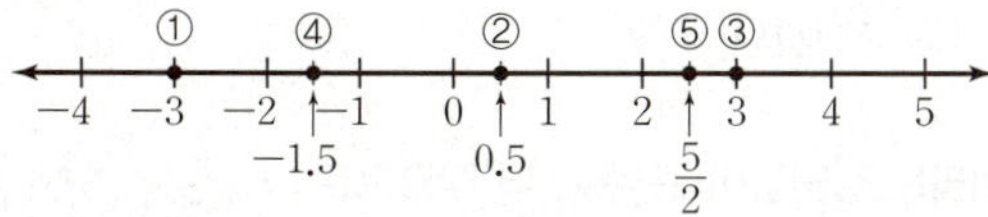

따라서 오른쪽에서 두 번째에 있는 수는 ⑤이다.

03 답 2

수직선 위에서 -1과 5에 대응하는 두 점 사이의 거리는 6이므로 같은 거리에 있는 점에 대응하는 수는 -1에서 오른쪽으로 $\dfrac{6}{2}=3$만큼, 5에서 왼쪽으로 $\dfrac{6}{2}=3$만큼 떨어져 있는 점에 대응하는 수인 2이다.

04 답 ⑤

수직선 위에 나타내었을 때, 절댓값이 가장 큰 수가 원점에서 가장 멀리 떨어져 있다.
각 수의 절댓값은

① $|-5|=5$ ② $\left|-\dfrac{5}{3}\right|=\dfrac{5}{3}$

③ $|1|=1$ ④ $|2.5|=2.5$

⑤ $\left|\dfrac{11}{2}\right|=\dfrac{11}{2}$

따라서 원점에서 가장 멀리 떨어져 있는 수는 ⑤이다.

05 답 -6

절댓값이 같고 부호가 반대인 두 수의 차가 12이므로 두 수는 수직선 위에서 원점으로부터 거리가 각각 $\dfrac{12}{2}=6$만큼 떨어진 점에 대응하는 수이다.
따라서 두 수는 -6, 6이므로 두 수 중 작은 수는 -6이다.

06 답 $\dfrac{7}{4}$

절댓값이 같고 부호가 반대인 두 수에 대응하는 두 점 사이의 거리가 $\dfrac{7}{2}$이므로 두 수는 수직선 위에서 원점으로부터 거리가 각각 $\dfrac{7}{2}\times\dfrac{1}{2}=\dfrac{7}{4}$만큼 떨어진 점에 대응하는 수이다.
따라서 두 수는 $-\dfrac{7}{4}$, $\dfrac{7}{4}$이므로 두 수 중 큰 수는 $\dfrac{7}{4}$이다.

07 답 ②

$\dfrac{23}{6}=3\dfrac{5}{6}$이므로 절댓값이 $\dfrac{23}{6}$보다 작은 정수는 -3, -2, -1, 0, 1, 2, 3의 7개이다.

08 답 10

$\dfrac{25}{3}=8\dfrac{1}{3}$이므로 절댓값이 3보다 크고 $\dfrac{25}{3}$보다 작은 정수는 4, 5, 6, 7, 8, -4, -5, -6, -7, -8의 10개이다.

09 답 -3

㈎에서 절댓값이 4보다 작은 정수는 -3, -2, -1, 0, 1, 2, 3
㈏에서 -2보다 작은 수
따라서 구하는 정수는 -3이다.

01 답 (1) $<$　　(2) $>$　　(3) $>$　　(4) $>$

(1) $\dfrac{16}{3}=5\dfrac{1}{3}$이므로 3.5 $\boxed{<}$ $\dfrac{16}{3}$

(2) 음수는 0보다 작으므로 0 $\boxed{>}$ -4

(3) $-\dfrac{10}{3}=-3\dfrac{1}{3}$이므로 -2.5 $\boxed{>}$ $-\dfrac{10}{3}$

(4) 양수는 음수보다 항상 크므로 12 $\boxed{>}$ -3

02 답 ④

① $0<\dfrac{3}{4}$ 　　　　　② $1.5=\dfrac{3}{2}$

③ $7<|-8|=8$ 　　　　⑤ $-0.8>-\dfrac{5}{4}$

따라서 옳은 것은 ④이다.

03 답 ㄹ, ㄷ, ㄱ, ㄴ

(음수)$<0<$(양수)이고, 음수끼리는 절댓값이 큰 수가 더 작으므로 작은 수부터 차례대로 나열하면 ㄹ, ㄷ, ㄱ, ㄴ이다.

04 답 ④

수직선 위에 나타내었을 때 -1에 대응하는 점보다 오른쪽에 있는 점이 나타내는 수는 $\dfrac{3}{4}$, 1, $\dfrac{2}{3}$, -0.5의 4개이다.

05 답 ④

④ x는 -2보다 작지 않고 2 미만이다. ➜ $-2\leq x<2$

06 답 ①, ④

② x는 -3보다 작지 않고 2보다 크지 않다.
　➜ $-3\leq x\leq 2$
③ x는 -3보다 크고 2보다 작거나 같다. ➜ $-3<x\leq 2$
⑤ x는 -3보다 크고 2 미만이다. ➜ $-3<x<2$
따라서 $-3\leq x<2$를 나타내는 것은 ①, ④이다.

07 답 ①

$-\dfrac{7}{2}=-3\dfrac{1}{2}$이므로 두 수 $-\dfrac{7}{2}$과 1을 수직선 위에 나타내면 다음 그림과 같다.

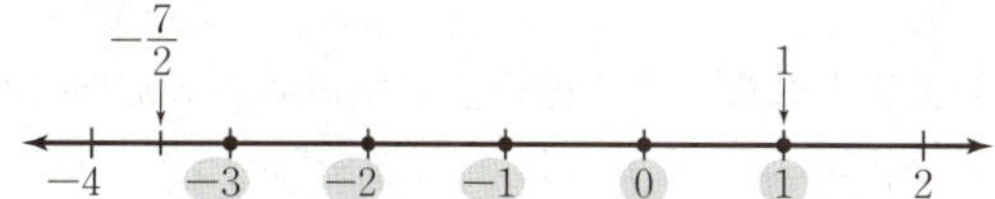

따라서 조건을 만족시키는 정수 a는 -3, -2, -1, 0, 1이다.

08 답 4개

$-\dfrac{5}{3}=-1\dfrac{2}{3}$, $\dfrac{11}{4}=2\dfrac{3}{4}$이므로 두 수 $-\dfrac{5}{3}$와 $\dfrac{11}{4}$을 수직선 위에 나타내면 다음 그림과 같다.

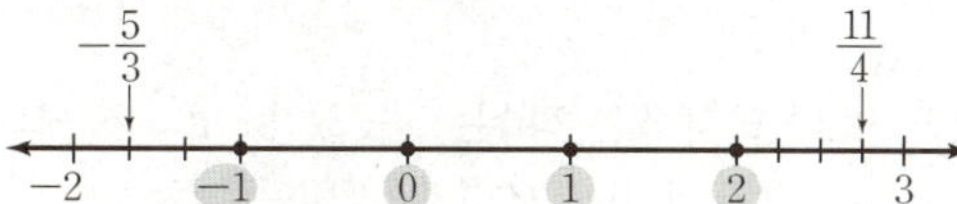

따라서 두 수 사이에 있는 정수는 -1, 0, 1, 2의 4개이다.

단원 마무리하기

워크북 15~16쪽

> **01** ⑤ **02** ③, ④ **03** ② **04** ④ **05** ①
> **06** ② **07** ②, ③ **08** ④ **09** 13 **10** ③, ④
> **11** $-\dfrac{1}{10}$ **12** ④ **13** ③ **14** (1) 7 (2) 5
> **15** $a=-3$, $b=2$, $c=3$

01 ⑤ 해발 150 m: $+150$ m

02 ① 0은 양의 정수도 아니고 음의 정수도 아니다.
② $-\dfrac{1}{3}$과 같이 정수가 아닌 유리수에도 음수는 있다.
⑤ 두 양수에서는 절댓값이 큰 수가 더 크다.
따라서 옳은 것은 ③, ④이다.

03 ② B: -1.5

04 서로 다른 두 수 a, b의 절댓값이 모두 6이므로
$a=6$, $b=-6$ 또는 $a=-6$, $b=6$
따라서 두 수 a, b에 대응하는 두 점 사이의 거리는 12이다.

05 수직선 위에 나타내었을 때, 절댓값이 가장 큰 수가 원점에서 가장 멀리 떨어져 있다. 각 수의 절댓값은
① $|-3|=3$ ② $|-1.5|=1.5$ ③ $|0.15|=0.15$
④ $\left|\dfrac{5}{4}\right|=\dfrac{5}{4}=1.25$ ⑤ $|2.5|=2.5$
따라서 원점에서 가장 멀리 떨어져 있는 수는 ①이다.

06 두 점 사이의 거리가 8이므로 한가운데 있는 점에 대응하는 수 -3에서 거리가 $\dfrac{8}{2}=4$인 점에 대응하는 두 수는 -7, 1이다.

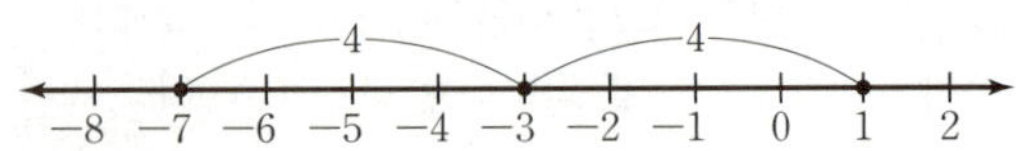

07 ㈎에서 -4, -3, -2, -1, 0, 1, 2, 3, 4
㈏에서 -1보다 작은 수
따라서 두 조건을 모두 만족시키는 수는 -4, -3, -2이다.

08 절댓값이 같고 부호가 반대인 두 유리수 a, b에 대하여 a가 b보다 14만큼 크므로 a, b는 수직선 위에서 원점으로부터 거리가 각각 $\dfrac{14}{2}=7$만큼 떨어진 점에 대응하는 수이다.
이때 a가 b보다 큰 수이므로
$a=7$, $b=-7$

09 $\dfrac{1}{2}$보다 크고 6 이하인 정수는 1, 2, 3, 4, 5, 6의 6개이므로
$a=6$
절댓값이 3보다 크지 않은 정수는 절댓값이 3보다 작거나 같은 정수로 -3, -2, -1, 0, 1, 2, 3의 7개이므로 $b=7$
따라서 $a+b=6+7=13$

10 ③ $|-7|=7$, $|-2|=2$이므로 $|-7|>|-2|$
④ $|-6.5|=6.5$이므로 $|-6.5|>-6.5$

11 음수끼리는 절댓값이 큰 수가 더 작으므로
$$-\dfrac{10}{3}<-2.5<-\dfrac{1}{10}$$
양수끼리는 절댓값이 큰 수가 더 크므로
$$1.5<\dfrac{5}{3}$$
따라서 큰 수부터 차례대로 나열하면
$$\dfrac{5}{3},\ 1.5,\ 0,\ -\dfrac{1}{10},\ -2.5,\ -\dfrac{10}{3}$$
이므로 네 번째에 오는 수는 $-\dfrac{1}{10}$이다.

12 ① $x\geq-2$ ② $1\leq x<5$
③ $0<x\leq\dfrac{3}{2}$ ⑤ $-\dfrac{3}{4}\leq x\leq\dfrac{1}{4}$
따라서 옳은 것은 ④이다.

13 ㈎에서 $a>2$, $b>2$이다.
㈏에서 a와 c의 절댓값은 같고, a와 c는 서로 다른 정수이므로
$c<-2$
㈐에서 b의 절댓값은 c의 절댓값보다 크고 ㈏에서 a와 c의 절댓값은 같으므로 b의 절댓값은 a의 절댓값보다 크다.
$\therefore a<b$
따라서 $b>a>c$이다.

14 (1) 양수는 $+\dfrac{8}{4}$, $\dfrac{7}{6}$, 5, 2.5의 4개이므로 $a=4$
정수가 아닌 유리수는 $-\dfrac{7}{3}$, $\dfrac{7}{6}$, 2.5의 3개이므로
$b=3$ ……………………… ❶
따라서 $a+b=4+3=7$ …………… ❷
(2) 각 수들의 절댓값을 차례대로 구하면
$\dfrac{7}{3}$, 2, $\dfrac{7}{6}$, 5, 3, 2.5, 0 ……………… ❸
이므로 절댓값이 가장 큰 수 $c=5$, 절댓값이 가장 작은 수 $d=0$이다.
따라서 $c+d=5+0=5$ …………… ❹

단계	채점 기준	비율
❶	a, b의 값 구하기	40 %
❷	$a+b$의 값 구하기	10 %
❸	주어진 수들의 절댓값 구하기	20 %
❹	$c+d$의 값 구하기	30 %

15 ㈎에서 b는 양수이고, ㈐에서 b의 절댓값이 2이므로
$b=2$ …………………………… ❶
㈑에서 $b\times c=6$이고 $b=2$이므로 $c=3$ ……… ❷
㈎에서 a는 음수이고, ㈏에서 a, c의 절댓값이 서로 같으므로
$a=-3$ …………………………… ❸

단계	채점 기준	비율
❶	b의 값 구하기	30 %
❷	c의 값 구하기	30 %
❸	a의 값 구하기	40 %

 **1** **정수와 유리수의 덧셈과 뺄셈**

01 정수와 유리수의 덧셈   워크북 17쪽

01 답 ②

02 답 (1) $+\dfrac{13}{4}$ (2) $+2$ (3) $+\dfrac{14}{5}$ (4) $-\dfrac{17}{3}$

(1) $\left(+\dfrac{5}{2}\right)+\left(+\dfrac{3}{4}\right)=+\left(\dfrac{10}{4}+\dfrac{3}{4}\right)=+\dfrac{13}{4}$

(2) $(+3.5)+\left(-\dfrac{3}{2}\right)=\left(+\dfrac{7}{2}\right)+\left(-\dfrac{3}{2}\right)$
$=+\dfrac{4}{2}=+2$

(3) $\left(-\dfrac{6}{5}\right)+(+4)=\left(-\dfrac{6}{5}\right)+\left(+\dfrac{20}{5}\right)=+\dfrac{14}{5}$

(4) $\left(-\dfrac{11}{3}\right)+(-2)=\left(-\dfrac{11}{3}\right)+\left(-\dfrac{6}{3}\right)=-\dfrac{17}{3}$

03 답 ②

① $(-3.5)+(+4)=+0.5$

② $(+2.5)+(-1.3)=+1.2\left(=+\dfrac{6}{5}=+\dfrac{36}{30}\right)$

③ $(+1.5)+\left(-\dfrac{5}{2}\right)=\left(+\dfrac{3}{2}\right)+\left(-\dfrac{5}{2}\right)$
$=-\dfrac{2}{2}=-1$

④ $\left(+\dfrac{1}{3}\right)+\left(+\dfrac{5}{6}\right)=\left(+\dfrac{2}{6}\right)+\left(+\dfrac{5}{6}\right)$
$=+\dfrac{7}{6}\left(=+\dfrac{35}{30}\right)$

⑤ $\left(+\dfrac{17}{4}\right)+(-4)=\left(+\dfrac{17}{4}\right)+\left(-\dfrac{16}{4}\right)=+\dfrac{1}{4}$

따라서 가장 오른쪽에 있는 점에 대응하는 수는 계산 결과가 가장 큰 수이므로 ②이다.

04 답 ②

가장 큰 수는 $+\dfrac{7}{3}$이고 가장 작은 수는 $-\dfrac{13}{3}$이므로

$\left(+\dfrac{7}{3}\right)+\left(-\dfrac{13}{3}\right)=-\left(\dfrac{13}{3}-\dfrac{7}{3}\right)=-\dfrac{6}{3}=-2$

05 답 ②

a의 절댓값이 6이므로 $a=6$ 또는 $a=-6$
b의 절댓값이 3이므로 $b=3$ 또는 $b=-3$
따라서 $a+b$의 값이 될 수 있는 수는
$(-6)+(-3)=-9,\ (-6)+(+3)=-3,$
$(+6)+(-3)=+3,\ (+6)+(+3)=+9$

06 답 덧셈의 교환법칙: ㉠, 덧셈의 결합법칙: ㉡
덧셈에서 더하는 순서를 바꾸어도 그 결과가 같은 것을 덧셈의 교환법칙이라고 하므로 사용된 곳은 ㉠이다.

또, 덧셈에서 어느 두 수를 먼저 더하여도 그 결과가 같은 것을 덧셈의 결합법칙이라고 하므로 사용된 곳은 ㉡이다.

07 답 ③

$\left(-\dfrac{11}{6}\right)+3+\left(+\dfrac{7}{6}\right)+(-2)$
$=\left(-\dfrac{11}{6}\right)+\left(+\dfrac{7}{6}\right)+3+(-2)$ ← 덧셈의 교환법칙
$=\left\{\left(-\dfrac{11}{6}\right)+\left(+\dfrac{7}{6}\right)\right\}+\left\{\left(\boxed{+3}\right)+(-2)\right\}$ ← 덧셈의 결합법칙
$=\left(-\dfrac{4}{6}\right)+\left(\boxed{+1}\right)$
$=+\dfrac{2}{6}=\boxed{+\dfrac{1}{3}}$

02 정수와 유리수의 덧셈과 뺄셈의 혼합 계산   워크북 18~19쪽

01 답 ④

ㄴ. $(+5)-(-9)=(+5)+(+9)$
ㄹ. $(-7)-(-2)=(-7)+(+2)$
따라서 옳지 않은 것은 ㄴ, ㄹ이다.

02 답 (1) $+2.5$ (2) $+\dfrac{29}{7}$ (3) $-\dfrac{43}{6}$ (4) -3.1

(1) $(+3.75)-\left(+\dfrac{5}{4}\right)=(+3.75)+(-1.25)$
$=+(3.75-1.25)=+2.5$

(2) $\left(+\dfrac{15}{7}\right)-(-2)=\left(+\dfrac{15}{7}\right)+(+2)$
$=+\left(\dfrac{15}{7}+\dfrac{14}{7}\right)=+\dfrac{29}{7}$

(3) $\left(-\dfrac{16}{3}\right)-\left(+\dfrac{11}{6}\right)=\left(-\dfrac{32}{6}\right)+\left(-\dfrac{11}{6}\right)$
$=-\left(\dfrac{32}{6}+\dfrac{11}{6}\right)=-\dfrac{43}{6}$

(4) $(-4.6)-\left(-\dfrac{3}{2}\right)=(-4.6)+(+1.5)$
$=-(4.6-1.5)=-3.1$

03 답 ④

① $(-3)-\left(-\dfrac{1}{2}\right)=(-3)+\left(+\dfrac{1}{2}\right)$
$=-\left(\dfrac{6}{2}-\dfrac{1}{2}\right)$
$=-\dfrac{5}{2}$

② $(+1.5)-\left(-\dfrac{5}{2}\right)=\left(+\dfrac{3}{2}\right)+\left(+\dfrac{5}{2}\right)$
$=+\left(\dfrac{3}{2}+\dfrac{5}{2}\right)$
$=4$

③ $(-2.5)-\left(-\dfrac{7}{4}\right)=\left(-\dfrac{10}{4}\right)+\left(+\dfrac{7}{4}\right)$
$=-\left(\dfrac{10}{4}-\dfrac{7}{4}\right)=-\dfrac{3}{4}$

⑤ $\left(+\dfrac{1}{3}\right)-\left(+\dfrac{5}{6}\right)=\left(+\dfrac{2}{6}\right)+\left(-\dfrac{5}{6}\right)$
$=-\left(\dfrac{5}{6}-\dfrac{2}{6}\right)=-\dfrac{3}{6}=-\dfrac{1}{2}$

따라서 옳은 것은 ④이다.

04 답 20

$+\dfrac{17}{2}$, $+\dfrac{4}{3}$ 중에서 큰 수는 $+\dfrac{17}{2}$이므로 $a=+\dfrac{17}{2}$

각 수들의 절댓값을 차례대로 구하면

$\dfrac{17}{2}$, $\dfrac{11}{4}$, 0, 11.5, $\dfrac{4}{3}$이므로 절댓값이 가장 큰 수는

$b=-11.5$

$\therefore a-b=+\dfrac{17}{2}-(-11.5)$

$\qquad\quad =(+8.5)+(+11.5)=20$

05 답 (1) -1 (2) $+\dfrac{5}{4}$

(1) $(-7)+(+11)-(+5)=(+4)+(-5)=-1$

(2) $(-1.5)-\left(-\dfrac{9}{4}\right)+\left(+\dfrac{1}{2}\right)$

$\qquad =\left\{\left(-\dfrac{6}{4}\right)+\left(+\dfrac{9}{4}\right)\right\}+\left(+\dfrac{1}{2}\right)$

$\qquad =\left(+\dfrac{3}{4}\right)+\left(+\dfrac{2}{4}\right)=+\dfrac{5}{4}$

06 답 ④

① $3+6-7=2$ ② $2.7-1.2+0.5=2$

③ $\dfrac{3}{2}-\dfrac{3}{4}+\dfrac{3}{8}=\dfrac{9}{8}$ ⑤ $1.75+\dfrac{1}{4}-4=-2$

따라서 옳은 것은 ④이다.

07 답 ④

① $6-7+5-1=3$ ② $\dfrac{3}{2}-2+\dfrac{7}{2}=3$

③ $\dfrac{2}{5}+3.8-\dfrac{6}{5}=3$ ④ $\dfrac{11}{4}+\dfrac{7}{2}-6=\dfrac{1}{4}$

⑤ $1+\dfrac{1}{2}+\dfrac{3}{4}+0.75=3$

따라서 계산 결과가 나머지 넷과 다른 것은 ④이다.

08 답 ⑤

① $4-1+7-13=-3$

② $-3+5-(-2)+(-3)=1$

③ $-3+\dfrac{9}{7}-(-2)=\dfrac{2}{7}$

④ $-\dfrac{7}{5}+\dfrac{3}{2}-\left(-\dfrac{2}{5}\right)=\dfrac{1}{2}$

⑤ $-\dfrac{13}{4}-(-3)+0.25=0$

따라서 계산 결과의 절댓값이 가장 작은 것은 ⑤이다.

09 답 55

$10-15+20-25+\cdots+80-85+90-95+100$

$=(10-15)+(20-25)+\cdots$

$\qquad\qquad\qquad +(80-85)+(90-95)+100$

$=(-5)+(-5)+\cdots+(-5)+(-5)+100$

$=-45+100=55$

10 답 7

$a=\dfrac{1}{2}+3-\dfrac{11}{2}$

$\quad =(+3)+\left\{\left(+\dfrac{1}{2}\right)+\left(-\dfrac{11}{2}\right)\right\}$

$\quad =(+3)+(-5)=-2$

$b=(+1.75)-\left(-\dfrac{5}{4}\right)$

$\quad =(+1.75)+(+1.25)=3$

$c=3.3-1.7-(-4.4)$

$\quad =(+3.3)+(-1.7)+(+4.4)$

$\quad =\{(+3.3)+(+4.4)\}+(-1.7)$

$\quad =(+7.7)+(-1.7)=6$

$\therefore a+b+c=(-2)+3+6=7$

11 답 ②

① $(-4)+(-2)=-6$ ② $3-(-7)=10$

③ $(-5)+8=3$ ④ $4-5=-1$

⑤ $4+(-6)=-2$

따라서 가장 큰 수는 ②이다.

12 답 $-\dfrac{5}{6}$

$a=\dfrac{8}{5}+(-0.6)=\left(+\dfrac{8}{5}\right)+\left(-\dfrac{3}{5}\right)=1$

$b=5-\dfrac{7}{3}=\left(+\dfrac{15}{3}\right)+\left(-\dfrac{7}{3}\right)=\dfrac{8}{3}$

$c=\dfrac{19}{6}-\left(-\dfrac{4}{3}\right)=\left(+\dfrac{19}{6}\right)+\left(+\dfrac{8}{6}\right)=\dfrac{27}{6}=\dfrac{9}{2}$

$\therefore a+b-c=1+\dfrac{8}{3}-\dfrac{9}{2}=\dfrac{6}{6}+\dfrac{16}{6}-\dfrac{27}{6}=-\dfrac{5}{6}$

13 답 $\dfrac{7}{6}$

$a=4+\left(-\dfrac{1}{2}\right)=\dfrac{7}{2}$, $b=(-3)-\left(-\dfrac{2}{3}\right)=-\dfrac{7}{3}$

$\therefore a+b=\dfrac{7}{2}+\left(-\dfrac{7}{3}\right)=\dfrac{7}{6}$

14 답 $\dfrac{17}{6}$

어떤 유리수를 $\square$라고 하면 $\square-\dfrac{5}{3}=-\dfrac{1}{2}$

$\therefore \square=\left(-\dfrac{1}{2}\right)+\dfrac{5}{3}=\left(-\dfrac{3}{6}\right)+\dfrac{10}{6}=\dfrac{7}{6}$

따라서 바르게 계산하면

$\square+\dfrac{5}{3}=\dfrac{7}{6}+\dfrac{5}{3}=\dfrac{7}{6}+\dfrac{10}{6}=\dfrac{17}{6}$

15 답 (1) $\dfrac{7}{6}$ (2) 3

(1) (어떤 수)$-\dfrac{11}{6}=-\dfrac{2}{3}$에서

(어떤 수)$=\left(-\dfrac{2}{3}\right)+\dfrac{11}{6}=\left(-\dfrac{4}{6}\right)+\dfrac{11}{6}=\dfrac{7}{6}$

(2) 바르게 계산하면

(어떤 수)$+\dfrac{11}{6}=\dfrac{7}{6}+\dfrac{11}{6}=\dfrac{18}{6}=3$

03 정수와 유리수의 곱셈 워크북 20쪽

01 답 ②, ④

두 수의 곱셈에서 곱하는 두 수의 부호가 서로 다르면 곱의 결과가 음수이므로 ②, ④이다.

02 답 (1) -33 (2) -42 (3) $-\dfrac{1}{4}$ (4) $-\dfrac{20}{3}$

(1) $(+3)\times(-11)=-(3\times11)=-33$

(2) $(-6)\times(+7)=-(6\times7)=-42$

(3) $\left(+\dfrac{7}{6}\right)\times\left(-\dfrac{3}{14}\right)=-\left(\dfrac{7}{6}\times\dfrac{3}{14}\right)=-\dfrac{1}{4}$

(4) $\left(-\dfrac{5}{9}\right)\times(+12)=-\left(\dfrac{5}{9}\times12\right)=-\dfrac{20}{3}$

03 답 ④

① $\left(-\dfrac{3}{5}\right)\times(+15)=-9$

② $\left(+\dfrac{35}{6}\right)\times\left(-\dfrac{3}{7}\right)=-\dfrac{5}{2}$

③ $(+21)\times\left(+\dfrac{6}{7}\right)=+18$

⑤ $\left(-\dfrac{4}{3}\right)\times(-9)=+12$

따라서 옳은 것은 ④이다.

04 답 ③

① $\left(+\dfrac{5}{3}\right)\times\left(+\dfrac{9}{20}\right)=+\dfrac{3}{4}$

② $(+3.5)\times\left(-\dfrac{3}{7}\right)=\left(+\dfrac{7}{2}\right)\times\left(-\dfrac{3}{7}\right)=-\dfrac{3}{2}$

③ $(-7)\times(-11)=+77$

④ $(+2.8)\times(+10)=+28$

⑤ $\left(-\dfrac{1}{6}\right)\times(+1.25)=\left(-\dfrac{1}{6}\right)\times\left(+\dfrac{5}{4}\right)=-\dfrac{5}{24}$

따라서 계산 결과가 가장 큰 것은 ③이다.

05 답 $-\dfrac{10}{3}$, $\dfrac{10}{3}$

a는 절댓값이 4이므로 $a=4$ 또는 $a=-4$

b는 절댓값이 $\dfrac{5}{6}$이므로 $b=\dfrac{5}{6}$ 또는 $b=-\dfrac{5}{6}$

따라서 $a\times b$의 값으로 가능한 값은

$a=4$, $b=\dfrac{5}{6}$일 때, $a\times b=\dfrac{10}{3}$

$a=-4$, $b=\dfrac{5}{6}$일 때, $a\times b=-\dfrac{10}{3}$

$a=4$, $b=-\dfrac{5}{6}$일 때, $a\times b=-\dfrac{10}{3}$

$a=-4$, $b=-\dfrac{5}{6}$일 때, $a\times b=\dfrac{10}{3}$

06 답 $+\dfrac{27}{8}$

세 수 중 서로 다른 두 수를 뽑아 곱했을 때 결과가 가장 큰 수

는 양수가 되는 경우이므로 음수와 음수가 곱해져야 한다.

$\therefore\left(-\dfrac{9}{14}\right)\times\left(-\dfrac{21}{4}\right)=+\left(\dfrac{9}{14}\times\dfrac{21}{4}\right)=+\dfrac{27}{8}$

07 답 16

두 정수 a, b에 대하여 $a\times b=-39$이고 $a>b$이므로 a는 양의 정수, b는 음의 정수이다.

$a\times b=-39$를 만족시키는 a, b 중에서 $a+b=10$을 만족시키는 경우를 찾는다.

$a=1$, $b=-39$일 때, $a+b=-38$

$a=3$, $b=-13$일 때, $a+b=-10$

$a=13$, $b=-3$일 때, $a+b=10$

$a=39$, $b=-1$일 때, $a+b=38$

따라서 $a=13$, $b=-3$이므로

$a-b=13-(-3)=13+3=16$

08 답 곱셈의 교환법칙: ㉠, 곱셈의 결합법칙: ㉡

04 거듭제곱의 계산과 분배법칙 워크북 21쪽

01 답 ③

① 양수 ② 양수 ③ 음수

④ 양수 ⑤ 양수

따라서 부호가 나머지 넷과 다른 하나는 ③이다.

02 답 $+1$

$(-1)^2+(-1)^5+(-1)^9+(-1)^{14}+(-1)^{20}$
$=(+1)+(-1)+(-1)+(+1)+(+1)=+1$

03 답 ①

① $(-2)^5\times(-3)=(-32)\times(-3)=+96$

② $(-1)^{1004}\times11=(+1)\times11=+11$

③ $\left(-\dfrac{2}{3}\right)^2\times\left(-\dfrac{3}{2}\right)^2=\left(+\dfrac{4}{9}\right)\times\left(+\dfrac{9}{4}\right)=+1$

④ $\left(-\dfrac{3}{2}\right)^3\times(-8)\times(-1)^6=\left(-\dfrac{27}{8}\right)\times(-8)\times1$
$\qquad\qquad\qquad\qquad=+27$

⑤ $\left(-\dfrac{1}{4}\right)^3\times(-16)\times3=\left(-\dfrac{1}{64}\right)\times(-16)\times3=+\dfrac{3}{4}$

따라서 계산 결과가 가장 큰 것은 ①이다.

04 답 -10

$\left(-\dfrac{5}{2}\right)\times\left(-\dfrac{8}{5}\right)\times\left(-\dfrac{11}{8}\right)$
$\qquad\qquad\times\left(-\dfrac{14}{11}\right)\times\left(-\dfrac{17}{14}\right)\times\left(+\dfrac{20}{17}\right)$
$=-\left(\dfrac{5}{2}\times\dfrac{8}{5}\times\dfrac{11}{8}\times\dfrac{14}{11}\times\dfrac{17}{14}\times\dfrac{20}{17}\right)$
$=-\dfrac{20}{2}=-10$

05 답 $-\dfrac{16}{9}$

네 수 중 서로 다른 세 수를 뽑아 곱한 값이 가장 크려면 양수이어야 하므로 음수 중에서 2개, 양수 1개를 곱해야 한다. 이때 곱해지는 세 수의 절댓값의 곱이 가장 크도록 음수 2개를 뽑아야 한다.

$$\therefore A=\left(-\dfrac{2}{3}\right)\times\dfrac{3}{7}\times(-4)=+\dfrac{8}{7}$$

네 수 중 서로 다른 세 수를 뽑아 곱한 값이 가장 작으려면 음수이어야 하므로 음수 3개를 뽑아 곱하면 된다.

$$\therefore B=\left(-\dfrac{2}{3}\right)\times\left(-\dfrac{7}{12}\right)\times(-4)=-\dfrac{14}{9}$$

$$\therefore A\times B=\left(+\dfrac{8}{7}\right)\times\left(-\dfrac{14}{9}\right)=-\dfrac{16}{9}$$

06 답 $100,\ 100,\ -2900,\ -2929$

$$\begin{aligned}(-29)\times101&=(-29)\times(\boxed{100}+1)\\&=(-29)\times\boxed{100}+(-29)\times1\\&=(\boxed{-2900})+(-29)=\boxed{-2929}\end{aligned}$$

07 답 5700

$$\begin{aligned}&(-313)\times(-19)+(+13)\times(-19)\\&=\{(-313)+(+13)\}\times(-19)\\&=(-300)\times(-19)=5700\end{aligned}$$

08 답 ④

분배법칙 $a\times(b+c)=a\times b+a\times c$를 이용하면

$$\dfrac{7}{6}=\left(-\dfrac{5}{12}\right)+a\times c$$

$$\therefore a\times c=\dfrac{7}{6}-\left(-\dfrac{5}{12}\right)=\dfrac{14}{12}+\dfrac{5}{12}=\dfrac{19}{12}$$

05 정수와 유리수의 나눗셈　　워크북 22~23쪽

01 답 (1) $-\dfrac{1}{3}$　(2) $+5$　(3) $-\dfrac{2}{3}$　(4) $\dfrac{4}{7}$

02 답 ③

① $0.2\times5=1$　② $1\times1=1$

③ $\dfrac{1}{7}\times(-7)=-1$　④ $(-1)\times(-1)=1$

⑤ $\left(-\dfrac{4}{3}\right)\times\left(-\dfrac{3}{4}\right)=1$

따라서 두 수가 서로 역수 관계가 아닌 것은 ③이다.

03 답 ④

$0.7=\dfrac{7}{10}$의 역수는 $a=\dfrac{10}{7}$

$-2\dfrac{1}{3}=-\dfrac{7}{3}$의 역수는 $b=-\dfrac{3}{7}$

$$\therefore a+b=\dfrac{10}{7}+\left(-\dfrac{3}{7}\right)=\dfrac{7}{7}=1$$

04 답 $\dfrac{16}{7}$

a의 역수가 $\dfrac{7}{4}$이므로 $a=\dfrac{4}{7}$, $-\dfrac{7}{12}$의 역수는 $b=-\dfrac{12}{7}$

$$\therefore a-b=\dfrac{4}{7}-\left(-\dfrac{12}{7}\right)=\dfrac{16}{7}$$

05 답 (1) $+6$　(2) -4　(3) $+\dfrac{10}{3}$　(4) $-\dfrac{3}{4}$　(5) -3　(6) $+\dfrac{7}{3}$

(1) $(+12)\div(+2)=+(12\div2)=+6$

(2) $(-36)\div(+9)=-(36\div9)=-4$

(3) $\left(+\dfrac{5}{2}\right)\div\left(+\dfrac{3}{4}\right)=\left(+\dfrac{5}{2}\right)\times\left(+\dfrac{4}{3}\right)$

$$=+\left(\dfrac{5}{2}\times\dfrac{4}{3}\right)=+\dfrac{10}{3}$$

(4) $\left(+\dfrac{5}{6}\right)\div\left(-\dfrac{10}{9}\right)=\left(+\dfrac{5}{6}\right)\times\left(-\dfrac{9}{10}\right)$

$$=-\left(\dfrac{5}{6}\times\dfrac{9}{10}\right)=-\dfrac{3}{4}$$

(5) $(-3.75)\div\left(+\dfrac{5}{4}\right)=\left(-\dfrac{15}{4}\right)\times\left(+\dfrac{4}{5}\right)$

$$=-\left(\dfrac{15}{4}\times\dfrac{4}{5}\right)=-3$$

(6) $(-2.8)\div(-1.2)=\left(-\dfrac{14}{5}\right)\div\left(-\dfrac{6}{5}\right)$

$$=\left(-\dfrac{14}{5}\right)\times\left(-\dfrac{5}{6}\right)$$

$$=+\left(\dfrac{14}{5}\times\dfrac{5}{6}\right)=+\dfrac{7}{3}$$

06 답 ④

① $(-65)\div(+5)=-13$

② $(-54)\div(-42)=+\left(54\times\dfrac{1}{42}\right)=+\dfrac{9}{7}$

③ $\left(+\dfrac{5}{12}\right)\div(+1.75)=\left(+\dfrac{5}{12}\right)\div\left(+\dfrac{7}{4}\right)$

$$=+\left(\dfrac{5}{12}\times\dfrac{4}{7}\right)=+\dfrac{5}{21}$$

④ $\left(-\dfrac{5}{7}\right)\div\left(-\dfrac{3}{14}\right)=+\left(\dfrac{5}{7}\times\dfrac{14}{3}\right)=+\dfrac{10}{3}$

⑤ $(-2.4)\div(-3.2)=\left(-\dfrac{12}{5}\right)\div\left(-\dfrac{16}{5}\right)$

$$=+\left(\dfrac{12}{5}\times\dfrac{5}{16}\right)=+\dfrac{3}{4}$$

따라서 계산 결과가 가장 큰 것은 ④이다.

07 답 $+\dfrac{1}{27}$

$a=(-6)\div(+27)=(-6)\times\left(+\dfrac{1}{27}\right)$

$$=-\left(6\times\dfrac{1}{27}\right)=-\dfrac{2}{9}$$

$b=(-8)\div\left(-\dfrac{1}{3}\right)\div(-4)=(-8)\times(-3)\times\left(-\dfrac{1}{4}\right)$

$$=-\left(8\times3\times\dfrac{1}{4}\right)=-6$$

$\therefore a\div b=\left(-\dfrac{2}{9}\right)\div(-6)=\left(-\dfrac{2}{9}\right)\times\left(-\dfrac{1}{6}\right)$

$$=+\left(\dfrac{2}{9}\times\dfrac{1}{6}\right)=+\dfrac{1}{27}$$

08 답 ④

$a-b<0$이므로 $a<b$

$a\times b<0$이므로 $a<0,\ b>0$

$c\div a>0$이므로 $c<0$

09 답 ⑤

$a<0$이므로 $a=-1$이라고 하면

① $-\dfrac{1}{a^2}=-1$　　② $\dfrac{1}{a}=-1$　　③ $a=-1$

④ $-a^2=-1$　　⑤ $a^2=1$

따라서 가장 큰 수는 ⑤이다.

10 답 ①

$a>1$이므로 $a=2$라고 하면

① $-2^3=-8$　　　　　　② $-\dfrac{1}{2}$

③ $\dfrac{1}{2^2}=\dfrac{1}{4}$　　　　　④ $\dfrac{1}{2}$

따라서 가장 작은 수는 ①이다.

11 답 ②

① $a+b$는 양수일 수도 있고 0일 수도 있고 음수일 수도 있다.

② $a-b=a+(-b)>0$

③ $b-a=b+(-a)<0$

④ $a\times b<0$

⑤ $a\div b<0$

따라서 항상 양수인 것은 ②이다.

12 답 ④

a, b가 서로 다른 음수이므로

① $a\div b>0$　　　② $a^2>0$　　　③ $b^2>0$

④ $a^2\div b<0$　　　⑤ $-a\times b^2>0$

따라서 가장 작은 수는 음수인 ④이다.

06 정수와 유리수의 혼합 계산　　워크북 23~24쪽

01 답 (1) $+20$　　(2) -12　　(3) $-\dfrac{3}{2}$　　(4) $\dfrac{5}{8}$

(1) $(+8)\div(-6)\times(-15)=+\left(8\times\dfrac{1}{6}\times15\right)=+20$

(2) $\left(-\dfrac{3}{4}\right)\times(-6)\div\left(-\dfrac{3}{8}\right)=-\left(\dfrac{3}{4}\times6\times\dfrac{8}{3}\right)=-12$

(3) $(+4)\div\left(+\dfrac{4}{5}\right)\times\left(-\dfrac{3}{10}\right)=-\left(4\times\dfrac{5}{4}\times\dfrac{3}{10}\right)=-\dfrac{3}{2}$

(4) $\dfrac{15}{2}\times\left(-\dfrac{2}{3}\right)\div(-2)^3=\dfrac{15}{2}\times\left(-\dfrac{2}{3}\right)\times\left(-\dfrac{1}{8}\right)=\dfrac{5}{8}$

02 답 $-\dfrac{9}{2}$

$\left(-\dfrac{5}{2}\right)\times\left(-\dfrac{3}{14}\right)\div\left(+\dfrac{2}{21}\right)\div\left(-\dfrac{5}{4}\right)$

$=-\left(\dfrac{5}{2}\times\dfrac{3}{14}\times\dfrac{21}{2}\times\dfrac{4}{5}\right)=-\dfrac{9}{2}$

03 답 $+\dfrac{3}{8}$

$\left(-\dfrac{3}{2}\right)^3\div\left(-\dfrac{6}{5}\right)^2\times(-1)^5\div\left(+\dfrac{5}{2}\right)^2$

$=\left(-\dfrac{27}{8}\right)\div\left(+\dfrac{36}{25}\right)\times(-1)\div\left(+\dfrac{25}{4}\right)$

$=+\left(\dfrac{27}{8}\times\dfrac{25}{36}\times1\times\dfrac{4}{25}\right)=+\dfrac{3}{8}$

04 답 $+64$

$a=\left(-\dfrac{2}{3}\right)^2\times(-18)\div\left(-\dfrac{1}{2}\right)^3$

$\quad=\left(+\dfrac{4}{9}\right)\times(-18)\div\left(-\dfrac{1}{8}\right)$

$\quad=+\left(\dfrac{4}{9}\times18\times8\right)=+64$

$b=(+2)\div(-6)^2\times(-3)^2$

$\quad=(+2)\div(+36)\times(+9)$

$\quad=+\left(2\times\dfrac{1}{36}\times9\right)=+\dfrac{1}{2}$

$c=\left(+\dfrac{5}{3}\right)^2\div(-5)\div\left(-\dfrac{10}{9}\right)$

$\quad=\left(+\dfrac{25}{9}\right)\div(-5)\div\left(-\dfrac{10}{9}\right)$

$\quad=+\left(\dfrac{25}{9}\times\dfrac{1}{5}\times\dfrac{9}{10}\right)=+\dfrac{1}{2}$

$\therefore\ a\div b\times c=(+64)\div\left(+\dfrac{1}{2}\right)\times\left(+\dfrac{1}{2}\right)$

$\qquad\qquad=+\left(64\times2\times\dfrac{1}{2}\right)=+64$

05 답 (1) -9　　(2) $-\dfrac{1}{27}$　　(3) -24　　(4) $\dfrac{3}{32}$

(1) $(\boxed{})\times(-2)^2=-36$에서

$\boxed{}=(-36)\div4=-9$

(2) $(-27)\times(\boxed{})=1$이므로 $\boxed{}=-\dfrac{1}{27}$

(3) $(\boxed{})\div\left(-\dfrac{12}{5}\right)=10$에서

$\boxed{}=10\times\left(-\dfrac{12}{5}\right)=-24$

(4) $\left(-\dfrac{3}{4}\right)^2\div\boxed{}=6$에서 $\dfrac{9}{16}\times\dfrac{1}{\boxed{}}=6$이므로

$\dfrac{1}{\boxed{}}=6\div\dfrac{9}{16}=6\times\dfrac{16}{9}=\dfrac{32}{3}$　　$\therefore\ \boxed{}=\dfrac{3}{32}$

06 답 ⑤

$(-4)\times\left(\boxed{}\right)\div\left(-\dfrac{3}{2}\right)^2=6$에서

$(-4)\times\left(\boxed{}\right)\times\dfrac{4}{9}=6$

$\therefore\ \boxed{}=6\div\dfrac{4}{9}\div(-4)$

$\qquad=6\times\dfrac{9}{4}\times\left(-\dfrac{1}{4}\right)=-\dfrac{27}{8}$

07 답 -6

$(-6)\div a\times9=-2$에서 $(-6)\times\dfrac{1}{a}\times9=-2$이므로

$\dfrac{1}{a}=(-2)\div(-6)\div9=(-2)\times\left(-\dfrac{1}{6}\right)\times\dfrac{1}{9}=\dfrac{1}{27}$

$\therefore\ a=27$

$\left(-\dfrac{4}{3}\right)^2\times b\times\left(-\dfrac{1}{2}\right)^3=1$에서 $\dfrac{16}{9}\times b\times\left(-\dfrac{1}{8}\right)=1$이므로

$b\times\left(-\dfrac{2}{9}\right)=1$　　$\therefore\ b=-\dfrac{9}{2}$

$\therefore\ a\div b=27\div\left(-\dfrac{9}{2}\right)=-\left(27\times\dfrac{2}{9}\right)=-6$

08 답 ㉣, ㉢, ㉡, ㉠

$$(-7)-\{5-3\times(-2)^2\}$$
$$\begin{array}{cccc} \uparrow & \uparrow & \uparrow & \uparrow \\ ㉠ & ㉡ & ㉢ & ㉣ \end{array}$$

에서 계산 순서는 ㉣, ㉢, ㉡, ㉠이다.

09 답 ㉤

$$\frac{3}{2}-\left(-\frac{1}{4}\right)\times\left[\left\{\left(-\frac{3}{4}\right)^2+\frac{3}{8}\right\}\div(-7)\right]$$
$$\begin{array}{ccccc} \uparrow & & \uparrow & \uparrow & \uparrow & \uparrow \\ ㉠ & & ㉡ & ㉢ & ㉣ & ㉤ \end{array}$$

에서 계산 순서는 ㉢, ㉣, ㉤, ㉡, ㉠이다.
따라서 세 번째로 계산해야 하는 곳은 ㉤이다.

10 답 ③

① $(7-4)\times3-2^2=3\times3-4=9-4=5$

② $11-\{(-5)+3\}\div2=11-(-2)\div2=11+1=12$

③ $|-3|\times(-2)+(-2)^2=3\times(-2)+4$
$$=(-6)+4=-2$$

④ $(-1)^5\times(-2)\div0.4=(-1)\times(-2)\times\frac{5}{2}=5$

⑤ $12\div\{3-(-2)\times1.5\}=12\div(3+3)=2$

따라서 계산 결과가 가장 작은 것은 ③이다.

11 답 13

$$\left\{\frac{1}{3}-\left(+\frac{5}{6}\right)\right\}\times(-3)^3+4\div(-8)$$
$$=\left\{\frac{2}{6}-\left(+\frac{5}{6}\right)\right\}\times(-27)+4\times\left(-\frac{1}{8}\right)$$
$$=\left(-\frac{1}{2}\right)\times(-27)+\left(-\frac{1}{2}\right)$$
$$=\frac{27}{2}+\left(-\frac{1}{2}\right)=13$$

12 답 0

$$A=\left(-\frac{1}{8}\right)-\frac{1}{3}\times\left\{\frac{1}{4}\times\frac{4}{5}-(-2)\times(-1)\right\}$$
$$=\left(-\frac{1}{8}\right)-\frac{1}{3}\times\left\{\frac{1}{5}-(+2)\right\}$$
$$=\left(-\frac{1}{8}\right)-\frac{1}{3}\times\left(-\frac{9}{5}\right)$$
$$=\left(-\frac{1}{8}\right)+\frac{3}{5}=\frac{19}{40}$$

따라서 $\frac{19}{40}$에 가장 가까운 정수는 0이다.

13 답 $-\frac{7}{5}$

$$\frac{13}{5}-\left[(-2)^3\times\left\{\left(-\frac{3}{2}\right)^2+\frac{5}{4}\right\}\right]\div(-7)$$
$$=\frac{13}{5}-\left\{(-8)\times\left(\frac{9}{4}+\frac{5}{4}\right)\right\}\div(-7)$$
$$=\frac{13}{5}-\left\{(-8)\times\frac{7}{2}\right\}\div(-7)$$
$$=\frac{13}{5}-(-28)\div(-7)$$
$$=\frac{13}{5}-(-28)\times\left(-\frac{1}{7}\right)$$
$$=\frac{13}{5}-4=-\frac{7}{5}$$

단원 마무리하기 워크북 25~26쪽

01 ④	**02** ①, ⑤	**03** ②	**04** ④	**05** ⑤
06 ⑤	**07** ④	**08** ④	**09** ⑤	**10** ⑤
11 ②	**12** 4	**13** $-\dfrac{3}{2}$		
14 (1) ㉣, ㉢, ㉤, ㉡, ㉠ (2) $-\dfrac{5}{4}$				

01 각 도시의 일교차는 다음과 같다.

강릉: $(-1)-(-5)=4(℃)$
동해: $(-1)-(-4)=3(℃)$
속초: $(-2)-(-9)=7(℃)$
춘천: $2-(-6)=8(℃)$
원주: $0-(-2)=2(℃)$

따라서 일교차가 가장 큰 도시는 춘천시이다.

02 ② $\left(-\frac{1}{2}\right)\times\frac{2}{9}=-\frac{1}{9}$

③ $\left(-\frac{2}{3}\right)\times\left(-\frac{2}{3}\right)=+\frac{4}{9}$

④ $\left(-\frac{7}{8}\right)\times0=0$

따라서 계산 결과가 옳은 것은 ①, ⑤이다.

03 ② $3\times3+3+3\div3=9+3+1=13$

04 오른쪽으로 올라가는 대각선의 세 수의 합은 $1+0+(-1)=0$
이므로 가로, 세로, 대각선의 세 수의 합은 0이다.
$(-4)+x+(-1)=x+0+(-5)=0$이므로 $x=5$
$(-4)+y+1=y+0+(-3)=0$이므로 $y=3$
$(-1)+(-3)+z=1+(-5)+z=(-4)+0+z=0$
이므로 $z=4$

05 ① $(-1)^{100}=1$

② $-(-1)^{99}=-(-1)=1$

③ $(-1)^{99}\times(-1)^{99}=(-1)\times(-1)=1$

④ $-\{-(-1)^{100}\}=-(-1)=1$

⑤ $-(-1)^{100}\times\{-(-1)^{99}\}=(-1)\times\{-(-1)\}$
$$=(-1)\times(+1)=-1$$

따라서 계산 결과가 나머지 넷과 다른 하나는 ⑤이다.

06 두 사람이 가위바위보를 시작한 위치를 0으로 생각하고 1칸 올
라가는 것을 $+1$, 1칸 내려가는 것을 -1이라고 하자.
7번의 가위바위보를 하여 연주가 5번 이겼으므로 연주는 2번
졌다. 따라서 연주의 위치는
$(+3)\times5+(-2)\times2=11$
또, 은희는 5번 지고 2번 이겼으므로 은희의 위치는
$(+3)\times2+(-2)\times5=-4$
따라서 연주는 은희보다 $11-(-4)=15$(칸) 위에 있다.

07 $A=\left(-\frac{7}{3}\right)\times\frac{1}{2}\times(-3)=\frac{7}{2}$

$$B=\left(-\frac{7}{3}\right)\times\left(-\frac{3}{4}\right)\times(-3)=-\frac{21}{4}$$

$$\therefore A^2+B=\frac{7}{2}\times\frac{7}{2}+\left(-\frac{21}{4}\right)$$

$$=\frac{49}{4}+\left(-\frac{21}{4}\right)=\frac{28}{4}=7$$

08 $a<0,\ b>0,\ c>0$에서

① 음수 1개, 양수 2개의 곱은 음수이므로 $a\times b\times c<0$

② 음수와 양수의 곱은 음수이고 음수에서 양수를 빼면 음수이
므로 $a\times b-c<0$

③ 양수 2개의 곱은 양수이고 음수에서 양수를 빼면 음수이므로
$a-b\times c<0$

④ 음수 1개, 양수 2개의 합은 각 수의 절댓값에 따라 양수 또는
0 또는 음수이다.

⑤ 음수에서 양수를 빼면 음수이므로 $a-b-c<0$

따라서 옳지 않은 것은 ④이다.

09 마주 보는 면에 적힌 수가 서로 역수 관계이므로 두 수의 곱이 1
이 되어야 한다.

-3과 마주 보는 면의 수는 $-\dfrac{1}{3}$

$1\dfrac{1}{4}=\dfrac{5}{4}$와 마주 보는 면의 수는 $\dfrac{4}{5}$

$\dfrac{15}{7}$와 마주 보는 면의 수는 $\dfrac{7}{15}$

따라서 구하는 합은 $-\dfrac{1}{3}+\dfrac{4}{5}+\dfrac{7}{15}=\dfrac{14}{15}$

10 $(-4)\times\left\{2+\dfrac{3}{4}\div\left(-\dfrac{5}{8}\right)\times5\right\}$

$=(-4)\times\left\{2+\dfrac{3}{4}\times\left(-\dfrac{8}{5}\right)\times5\right\}$

$=(-4)\times\{2+(-6)\}$

$=(-4)\times(-4)=16$

11 규칙 ㈐에 $\dfrac{4}{3}$를 적용하면

$\left(\dfrac{4}{3}\right)^2\div2=\dfrac{16}{9}\times\dfrac{1}{2}=\dfrac{8}{9}$

규칙 ㈎에 $\dfrac{8}{9}$을 적용하면

$\dfrac{8}{9}\times\dfrac{3}{2}-\left(-\dfrac{2}{3}\right)=\dfrac{4}{3}+\dfrac{2}{3}=2$

규칙 ㈏에 2를 적용하면

$\left\{2-\left(-\dfrac{5}{6}\right)\right\}\times(-9)\div\dfrac{3}{4}=\left(2+\dfrac{5}{6}\right)\times(-9)\times\dfrac{4}{3}$

$=-\left(\dfrac{17}{6}\times9\times\dfrac{4}{3}\right)$

$=-34$

12 $1-\left\{\dfrac{1}{3}+\square\div(-6)\right\}\times6=3$

$\left\{\dfrac{1}{3}+\square\div(-6)\right\}\times6=1-3=-2$

$\dfrac{1}{3}+\square\div(-6)=(-2)\times\dfrac{1}{6}=-\dfrac{1}{3}$

$\square\div(-6)=-\dfrac{1}{3}-\dfrac{1}{3}=-\dfrac{2}{3}$

$\therefore \square=\left(-\dfrac{2}{3}\right)\times(-6)=4$

13 a는 $-\dfrac{6}{19}$의 역수이므로 $a=-\dfrac{19}{6}$ ⋯⋯⋯⋯⋯⋯ ❶

b는 $\dfrac{4}{3}$보다 $-\dfrac{7}{9}$만큼 작은 수이므로

$b=\dfrac{4}{3}-\left(-\dfrac{7}{9}\right)=\dfrac{4}{3}+\dfrac{7}{9}=\dfrac{19}{9}$ ⋯⋯⋯⋯ ❷

$\therefore a\div b=\left(-\dfrac{19}{6}\right)\div\dfrac{19}{9}=\left(-\dfrac{19}{6}\right)\times\dfrac{9}{19}=-\dfrac{3}{2}$ ❸

단계	채점 기준	비율
❶	a의 값 구하기	20 %
❷	b의 값 구하기	40 %
❸	$a\div b$의 값 구하기	40 %

14 (1) ㉣, ㉢, ㉤, ㉡, ㉠ ⋯⋯⋯⋯⋯⋯⋯⋯⋯⋯⋯⋯⋯⋯ ❶

(2) $\dfrac{1}{4}-\left[\dfrac{2}{3}-\left\{(-3)-\dfrac{1}{3}\div\left(-\dfrac{2}{3}\right)\right\}\times\dfrac{1}{3}\right]$

$=\dfrac{1}{4}-\left[\dfrac{2}{3}-\left\{(-3)-\dfrac{1}{3}\times\left(-\dfrac{3}{2}\right)\right\}\times\dfrac{1}{3}\right]$

$=\dfrac{1}{4}-\left[\dfrac{2}{3}-\left\{(-3)-\left(-\dfrac{1}{2}\right)\right\}\times\dfrac{1}{3}\right]$ ⋯⋯ ❷

$=\dfrac{1}{4}-\left\{\dfrac{2}{3}-\left(-\dfrac{5}{2}\right)\times\dfrac{1}{3}\right\}$

$=\dfrac{1}{4}-\left(\dfrac{2}{3}+\dfrac{5}{6}\right)=\dfrac{1}{4}-\dfrac{3}{2}$ ⋯⋯⋯⋯⋯ ❸

$=\dfrac{1}{4}-\dfrac{6}{4}=-\dfrac{5}{4}$ ⋯⋯⋯⋯⋯⋯⋯⋯⋯⋯⋯ ❹

단계	채점 기준	비율
❶	계산 순서 나열하기	30 %
❷	중괄호 안의 나눗셈 계산하기	20 %
❸	괄호 안 계산하기	40 %
❹	답 구하기	10 %

Ⅱ. 문자와 식

Ⅱ-1. 문자의 사용과 식의 계산

 1 문자의 사용과 식의 값

01 문자의 사용, 기호의 생략   워크북 27쪽

01 답 (1) $(1500 \times a + b \times 7)$원 (2) $(2 \times x + 4 \times y)$개
(3) $100 \times a + 70 + 1 \times b$ (4) $(3 \times x + 2 \times y)$점

02 답 (1) $\left(A \times \dfrac{x}{100} \times \dfrac{y}{100}\right)$명 (2) $a \times 2 + b \times 2$

(3) $(x \times y)$ km (4) $\left(y \times \dfrac{x}{100}\right)$g

(1) 참가자 A명 중 $x\,\%$가 중학생이므로 중학생은

$\left(A \times \dfrac{x}{100}\right)$명이고, 이들 중 $y\,\%$가 여자 중학생이므로

여자 중학생은 $\left(A \times \dfrac{x}{100} \times \dfrac{y}{100}\right)$명이다.

(2) (직사각형의 둘레의 길이)
$\quad$ =(가로의 길이)$\times 2$+(세로의 길이)$\times 2$
$\quad = a \times 2 + b \times 2$

(3) (거리)=(속력)$\times$(시간)이므로 $(x \times y)$ km

(4) (소금의 양)=(소금물의 양)$\times \dfrac{(농도)}{100}$이므로 $\left(y \times \dfrac{x}{100}\right)$g

03 답 ⑤
① $0.01 \times a = 0.01a$
② $a \times a \times a = a^3$
③ $a + b \div 5 = a + \dfrac{b}{5}$
④ $x \div 2 \div y = \dfrac{x}{2y}$
따라서 옳은 것은 ⑤이다.

04 답 $5(x+y) - \dfrac{3}{x-y}$

05 답 ②, ④
① $a \times x \times (-1) \times a \times x = -a^2 x^2$
③ $a \times 3 \times a - b \div a \times b = 3a^2 - \dfrac{b^2}{a}$
⑤ $(a+2) \div a - (b-2) \div b = \dfrac{a+2}{a} - \dfrac{b-2}{b}$
따라서 옳은 것은 ②, ④이다.

06 답 ④
① $a \div b \times c = a \times \dfrac{1}{b} \times c = \dfrac{ac}{b}$
② $a \div (b \div c) = a \div \left(b \times \dfrac{1}{c}\right) = a \div \dfrac{b}{c} = a \times \dfrac{c}{b} = \dfrac{ac}{b}$

③ $a \div b \div \dfrac{1}{c} = a \times \dfrac{1}{b} \times c = \dfrac{ac}{b}$
④ $a \times \dfrac{1}{b} \div c = a \times \dfrac{1}{b} \times \dfrac{1}{c} = \dfrac{a}{bc}$
⑤ $a \times \dfrac{1}{b} \div \dfrac{1}{c} = a \times \dfrac{1}{b} \times c = \dfrac{ac}{b}$
따라서 나머지 넷과 다른 하나는 ④이다.

07 답 ㄴ, ㄷ
ㄱ. 한 변의 길이가 a cm인 정삼각형의 둘레의 길이는
$\quad 3a$ cm이다.

08 답 $(100x - y^2)$ cm^2
(색칠한 부분의 넓이)
=(큰 직사각형의 넓이)$-$(내부의 정사각형의 넓이)
$= 4x \times 25 - y \times y$
$= 100x - y^2$
따라서 구하는 넓이는 $(100x - y^2)$ cm^{2}이다.

02 식의 값   워크북 28쪽

01 답 (1) 24 (2) 22 (3) 12 (4) 1
(1) $3x - 4y = 3 \times 4 - 4 \times (-3) = 12 + 12 = 24$
(2) $x^2 - 2y = 4^2 - 2 \times (-3) = 16 + 6 = 22$
(3) $\dfrac{12}{x} - 3y = \dfrac{12}{4} - 3 \times (-3) = 3 + 9 = 12$
(4) $-\dfrac{1}{2}x + \dfrac{y^2}{3} = -\dfrac{1}{2} \times 4 + \dfrac{(-3)^2}{3} = -2 + 3 = 1$

02 답 (1) 7 (2) $\dfrac{7}{2}$ (3) 5 (4) $\dfrac{65}{6}$
(1) $6(a+b) = 6 \times \left(\dfrac{3}{2} - \dfrac{1}{3}\right) = 6 \times \dfrac{7}{6} = 7$
(2) $a - 4ab = \dfrac{3}{2} - 4 \times \dfrac{3}{2} \times \left(-\dfrac{1}{3}\right) = \dfrac{3}{2} + 2 = \dfrac{7}{2}$
(3) $4a - 9b^2 = 4 \times \dfrac{3}{2} - 9 \times \left(-\dfrac{1}{3}\right)^2 = 6 - 1 = 5$
(4) $4a^2 - 3ab + 3b^2$
$\quad = 4 \times \left(\dfrac{3}{2}\right)^2 - 3 \times \dfrac{3}{2} \times \left(-\dfrac{1}{3}\right) + 3 \times \left(-\dfrac{1}{3}\right)^2$
$\quad = 4 \times \dfrac{9}{4} + \dfrac{3}{2} + 3 \times \dfrac{1}{9}$
$\quad = 9 + \dfrac{3}{2} + \dfrac{1}{3} = \dfrac{65}{6}$

03 답 ③
① $3x + 2y = 3 \times \left(-\dfrac{2}{3}\right) + 2 \times (-2) = -2 - 4 = -6$
② $x^2 y = \left(-\dfrac{2}{3}\right)^2 \times (-2) = \dfrac{4}{9} \times (-2) = -\dfrac{8}{9}$
③ $-\dfrac{1}{2}x + \dfrac{1}{y} = -\dfrac{1}{2} \times \left(-\dfrac{2}{3}\right) + \left(-\dfrac{1}{2}\right) = \dfrac{1}{3} - \dfrac{1}{2} = -\dfrac{1}{6}$
④ $\dfrac{3x}{y} + 1 = 3 \times \left(-\dfrac{2}{3}\right) \div (-2) + 1$
$\quad = (-2) \div (-2) + 1 = 1 + 1 = 2$

⑤ $3x+6xy-y^2$
$$=3\times\left(-\frac{2}{3}\right)+6\times\left(-\frac{2}{3}\right)\times(-2)-(-2)^2$$
$$=-2+8-4=2$$
따라서 옳지 않은 것은 ③이다.

04 답 ②
$$\frac{5}{x}+\frac{6}{y}=5\times3+6\times\left(-\frac{4}{3}\right)=15-8=7$$

05 답 ①
키가 165 cm인 사람의 표준 몸무게는
$$\frac{9}{10}(165-100)=\frac{9}{10}\times65=58.5(\text{kg})$$

06 답 ③
지구에서의 몸무게가 60 kg인 사람의 목성에서의 몸무게는
$$2.54\times60=152.4(\text{kg})$$

07 답 (1) $ab\ \text{cm}^2$ (2) $10\ \text{cm}^2$
(1) (평행사변형의 넓이)=(밑변의 길이)×(높이)
$$=a\times b=ab(\text{cm}^2)$$
(2) (평행사변형의 넓이)$=ab=5\times2=10(\text{cm}^2)$

08 답 ⑤
① $a^3=-\frac{1}{27}$ ② $a^2=\frac{1}{9}$ ③ $-a=\frac{1}{3}$

④ $\frac{1}{a}=-3$ ⑤ $-\frac{1}{a^2}=-9$

따라서 식의 값이 가장 작은 것은 ⑤이다.

09 답 $4a^2+\frac{3}{b},\ \frac{3b}{a},\ a+b,\ -\frac{a}{b},\ 2a-3b$
$$a+b=\frac{1}{2}+\left(-\frac{1}{3}\right)=\frac{1}{6}$$
$$2a-3b=2\times\frac{1}{2}-3\times\left(-\frac{1}{3}\right)=1-(-1)=2$$
$$-\frac{a}{b}=-\frac{1}{2}\times(-3)=\frac{3}{2}$$
$$\frac{3b}{a}=3\times\left(-\frac{1}{3}\right)\times2=-2$$
$$4a^2+\frac{3}{b}=4\times\left(\frac{1}{2}\right)^2+3\times(-3)=4\times\frac{1}{4}-9=-8$$
$$\therefore\ 4a^2+\frac{3}{b}<\frac{3b}{a}<a+b<-\frac{a}{b}<2a-3b$$
따라서 식의 값이 작은 것부터 차례대로 나열하면
$4a^2+\frac{3}{b},\ \frac{3b}{a},\ a+b,\ -\frac{a}{b},\ 2a-3b$이다.

03 다항식과 일차식   워크북 29쪽

01 답 4개
단항식은 $\frac{x^2}{2y},\ -x^2,\ 3,\ \frac{2}{xy}$의 4개이다.

02 답 -3
다항식 $\frac{4}{5}x^2-3x+\frac{1}{2}$의 차수는 $a=2$, x의 계수는 $b=-3$,
상수항은 $c=\frac{1}{2}$이므로
$$abc=2\times(-3)\times\frac{1}{2}=-3$$

03 답 ②, ⑤
① 항은 $-3x^2,\ 3x,\ -2y,\ -4$의 4개이다.
③ x^2의 계수는 -3이다.
④ x의 계수는 3, y의 계수는 -2이므로 그 합은
$$3+(-2)=1$$
따라서 옳은 것은 ②, ⑤이다.

04 답 2개
일차식은 $-2x,\ \frac{x}{2}+3$으로 2개이다.

05 답 ②, ④
② x가 분모에 있으므로 일차식이 아니다.
④ $-2x^2$의 차수가 2이므로 일차식이 아니다.
⑤ $x^2\times0+\frac{x}{2}+1=\frac{x}{2}+1$이므로 일차식이다.
따라서 일차식이 아닌 것은 ②, ④이다.

06 답 (1) $-6x-4$ (2) $3a-4b$ (3) $-3x+2$ (4) $6x+3$
(1) $(-2)\times(3x+2)=-6x-4$
(2) $\left(\frac{1}{2}a-\frac{2}{3}b\right)\times6=3a-4b$
(3) $(9x-6)\div(-3)=(9x-6)\times\left(-\frac{1}{3}\right)=-3x+2$
(4) $(4x+2)\div\frac{2}{3}=(4x+2)\times\frac{3}{2}=6x+3$

07 답 ②
$$-3(2x+1)=-6x-3$$
① $(-2x+1)\times3=-6x+3$
② $\left(x+\frac{1}{2}\right)\div\left(-\frac{1}{6}\right)=\left(x+\frac{1}{2}\right)\times(-6)=-6x-3$
③ $-3(2x-1)=-6x+3$
④ $(2x-1)\div\frac{1}{6}=(2x-1)\times6=12x-6$
⑤ $(3x-6)\div(-2)=(3x-6)\times\left(-\frac{1}{2}\right)=-\frac{3}{2}x+3$
따라서 계산 결과가 $-3(2x+1)$과 같은 것은 ②이다.

08 탑 ④

① $\dfrac{3}{4}(x-2)=\dfrac{3}{4}x-\dfrac{3}{2}$

② $(4x-6)\div(-2)=-2x+3$

③ $\left(\dfrac{2}{3}x+\dfrac{1}{2}\right)\times(-6)=-4x-3$

④ $\left(\dfrac{3}{4}x-\dfrac{5}{2}\right)\div\left(-\dfrac{15}{4}\right)=\left(\dfrac{3}{4}x-\dfrac{5}{2}\right)\times\left(-\dfrac{4}{15}\right)$
$$=-\dfrac{1}{5}x+\dfrac{2}{3}$$

⑤ $4\left(x-\dfrac{2}{3}\right)\div\left(-\dfrac{1}{3}\right)=-12\left(x-\dfrac{2}{3}\right)=-12x+8$

따라서 옳은 것은 ④이다.

09 탑 -600

$$-3(12x-8)\div\dfrac{6}{5}=-3(12x-8)\times\dfrac{5}{6}$$
$$=\left(-\dfrac{5}{2}\right)\times(12x-8)=-30x+20$$

따라서 x의 계수는 -30, 상수항은 20이므로
x의 계수와 상수항의 곱은 $(-30)\times20=-600$

04 일차식의 덧셈과 뺄셈　　워크북 30~31쪽

01 탑 ②, ③

$-3x$와 문자와 차수가 같은 것은 ② $9x$, ③ $\dfrac{x}{3}$이다.

02 탑 ⑤

ㄱ. 차수는 서로 같지만 문자가 다르므로 동류항이 아니다.
ㄴ. 문자는 서로 같지만 차수가 다르므로 동류항이 아니다.
따라서 동류항끼리 바르게 짝 지어진 것은 ⑤ ㄷ, ㄹ이다.

03 탑 ①

$$-2(2x+1)+3(x-2)=-4x-2+3x-6$$
$$=-4x+3x-2-6$$
$$=-x-8$$

04 탑 ⑤

① $(3x+2)-(2x-3)=3x+2-2x+3$
$$=x+5$$

② $\left(\dfrac{2}{3}x-\dfrac{1}{6}\right)-\left(\dfrac{4}{3}x+\dfrac{5}{6}\right)=\dfrac{2}{3}x-\dfrac{1}{6}-\dfrac{4}{3}x-\dfrac{5}{6}$
$$=-\dfrac{2}{3}x-1$$

③ $2(x-4)-\dfrac{3}{2}(4x-3)=2x-8-6x+\dfrac{9}{2}$
$$=-4x-\dfrac{7}{2}$$

④ $\dfrac{3}{4}(-x+2)+2\left(\dfrac{1}{8}x-\dfrac{5}{4}\right)=-\dfrac{3}{4}x+\dfrac{3}{2}+\dfrac{1}{4}x-\dfrac{5}{2}$
$$=-\dfrac{1}{2}x-1$$

⑤ $\dfrac{1}{3}x+\dfrac{1}{6}(x+2)+\dfrac{1}{2}(x-3)$
$$=\dfrac{1}{3}x+\dfrac{1}{6}x+\dfrac{1}{3}+\dfrac{1}{2}x-\dfrac{3}{2}=x-\dfrac{7}{6}$$
따라서 옳은 것은 ⑤이다.

05 탑 -8

$$3(x-2)+\dfrac{2}{3}\left(\dfrac{3}{2}x+6\right)=3x-6+x+4=4x-2$$

따라서 x의 계수는 4, 상수항은 -2이므로 구하는 곱은
$4\times(-2)=-8$

06 탑 ④

$$6\left(x+\dfrac{a}{6}\right)-2\left(\dfrac{b}{2}x-3\right)=6x+a-bx+6$$
$$=(6-b)x+a+6$$

이때 상수항이 12이므로 $a+6=12$에서 $a=6$
또, x의 계수가 2이므로 $6-b=2$에서 $b=4$
따라서 $a-b=6-4=2$

07 탑 ②

$$\dfrac{x-3}{2}-\dfrac{3x+1}{4}=\dfrac{2x-6}{4}-\dfrac{3x+1}{4}$$
$$=\dfrac{2x-6-3x-1}{4}$$
$$=\dfrac{-x-7}{4}$$
$$=-\dfrac{1}{4}x-\dfrac{7}{4}$$

08 탑 $\dfrac{29}{6}$

$$\dfrac{3x-2}{2}-\dfrac{5-2x}{3}=\dfrac{9x-6}{6}-\dfrac{10-4x}{6}$$
$$=\dfrac{9x-6-10+4x}{6}$$
$$=\dfrac{13x-16}{6}=\dfrac{13}{6}x-\dfrac{8}{3}$$

따라서 x의 계수는 $a=\dfrac{13}{6}$, 상수항은 $b=-\dfrac{8}{3}$이므로

$$a-b=\dfrac{13}{6}-\left(-\dfrac{8}{3}\right)=\dfrac{29}{6}$$

09 탑 $\dfrac{7}{6}x-\dfrac{1}{2}$

$$\dfrac{2x-1}{3}-\dfrac{3x-2}{6}+\dfrac{1}{2}(2x-1)$$
$$=\dfrac{4x-2-3x+2+6x-3}{6}$$
$$=\dfrac{7x-3}{6}=\dfrac{7}{6}x-\dfrac{1}{2}$$

10 탑 $x+1$

$$-2\left(\dfrac{1}{2}x-2\right)+\dfrac{1}{3}\{2(3x-5)+1\}$$
$$=-2\left(\dfrac{1}{2}x-2\right)+\dfrac{1}{3}(6x-10+1)$$
$$=-2\left(\dfrac{1}{2}x-2\right)+\dfrac{1}{3}(6x-9)$$
$$=-x+4+2x-3$$
$$=x+1$$

11 답 ②

$$-2(3x-4)-3[-x+\{2(2x+3)-2(x+2)\}]$$
$$=-2(3x-4)-3\{-x+(4x+6-2x-4)\}$$
$$=-2(3x-4)-3(-x+2x+2)$$
$$=-2(3x-4)-3(x+2)$$
$$=-6x+8-3x-6$$
$$=-9x+2$$

12 답 32

$$6\left(\frac{1}{3}x+1\right)+\frac{2}{3}[\{4(2x-1)+(x-1)\}+2]$$
$$=6\left(\frac{1}{3}x+1\right)+\frac{2}{3}(8x-4+x-1+2)$$
$$=6\left(\frac{1}{3}x+1\right)+\frac{2}{3}(9x-3)$$
$$=2x+6+6x-2$$
$$=8x+4$$

따라서 x의 계수는 8, 상수항은 4이므로 구하는 곱은
$8\times4=32$

13 답 ③

$$\boxed{}-2(2-x)=5x+3\text{에서}$$
$$\boxed{}=5x+3+2(2-x)$$
$$=5x+3+4-2x$$
$$=3x+7$$

14 답 $\dfrac{x+19}{6}$

$$\frac{3x+5}{2}-\boxed{}=\frac{4x-2}{3}\text{에서}$$
$$\boxed{}=\frac{3x+5}{2}-\frac{4x-2}{3}$$
$$=\frac{9x+15-8x+4}{6}$$
$$=\frac{x+19}{6}$$

15 답 ⑤

(가) $2(x-1)-A=\dfrac{-x-4}{3}$에서

$$A=2(x-1)-\frac{-x-4}{3}$$
$$=\frac{6x-6+x+4}{3}=\frac{7x-2}{3}$$

(나) $B+(3x+7)=-x+2$에서

$$B=-x+2-(3x+7)$$
$$=-x+2-3x-7=-4x-5$$
$$\therefore 3A-B=3\times\frac{7x-2}{3}-(-4x-5)$$
$$=7x-2+4x+5$$
$$=11x+3$$

16 답 $7x-1$

어떤 다항식을 $\boxed{}$라고 하면

$$\boxed{}+(-x-2)=6x-3$$
$$\therefore \boxed{}=6x-3-(-x-2)$$
$$=6x-3+x+2=7x-1$$

17 답 ①

어떤 다항식을 $\boxed{}$라고 하면

$$\boxed{}-(3-2x)=5x+1$$
$$\therefore \boxed{}=5x+1+(3-2x)=3x+4$$

따라서 바르게 계산한 답은
$$\boxed{}+(3-2x)=3x+4+(3-2x)=x+7$$

18 답 $\dfrac{1}{3}$

어떤 다항식을 $\boxed{}$라고 하면

$$\boxed{}+\frac{2x-5}{3}=\frac{7}{3}x-3$$
$$\therefore \boxed{}=\frac{7}{3}x-3-\frac{2x-5}{3}$$
$$=\frac{7x-9-2x+5}{3}$$
$$=\frac{5x-4}{3}$$

이때 바르게 계산한 답은

$$\boxed{}-\frac{2x-5}{3}=\frac{5x-4}{3}-\frac{2x-5}{3}$$
$$=\frac{5x-4-2x+5}{3}$$
$$=\frac{3x+1}{3}$$
$$=x+\frac{1}{3}$$

따라서 x의 계수는 1, 상수항은 $\dfrac{1}{3}$이므로 구하는 곱은 $\dfrac{1}{3}$이다.

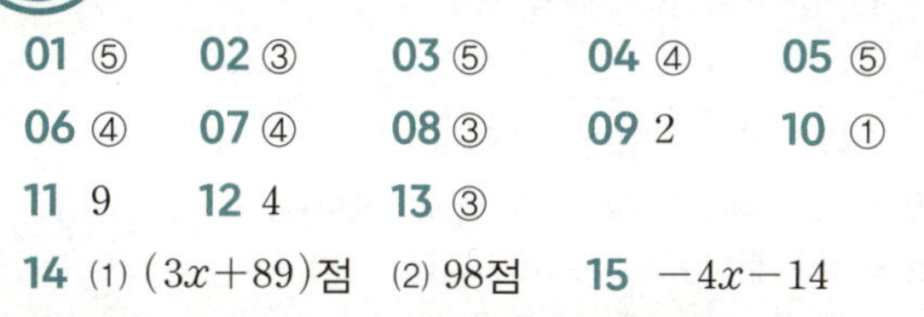

01 ⑤	02 ③	03 ⑤	04 ④	05 ⑤
06 ④	07 ④	08 ③	09 2	10 ①
11 9	12 4	13 ③		
14 (1) $(3x+89)$점 (2) 98점		15 $-4x-14$		

01 $100\times a+500\times b=100a+500b$(원)

02 (색칠한 부분의 넓이)
$=$(직사각형의 넓이)$-$(두 직각삼각형의 넓이의 합)
$$=10\times6-\left(\frac{1}{2}\times3x\times6+\frac{1}{2}\times10\times y\right)$$
$$=60-(9x+5y)$$
$$=60-9x-5y$$

03 ㄱ. a시간 b분 c초 → $(3600a+60b+c)$초

ㄴ. 나누어 준 공책의 수가 $x \times y = xy$(권)이므로 총 100권의 공책 중 나누어 주고 남은 공책의 수는 $(100-xy)$권이다.

ㄷ. (시간)$=\dfrac{(거리)}{(속력)}$이므로 시속 $5\,\text{km}$의 속력으로 $x\,\text{km}$를 걸을 때 걸린 시간은 $\dfrac{x}{5}$시간이다.

ㄹ. 백의 자리 숫자가 x, 십의 자리 숫자가 y, 일의 자리 숫자가 6인 세 자리의 자연수는 $100x+10y+6$이므로 이 자연수를 2로 나누었을 때의 몫은 $(100x+10y+6) \div 2 = 50x+5y+3$

따라서 옳은 것은 ㄴ, ㄷ, ㄹ이다.

04 $3 \times a + b \div 4 = 3a + b \times \dfrac{1}{4} = 3a + \dfrac{b}{4}$

05 $a=-3$을 각 식에 대입하면

① $2a=-6$ ② $a^2=9$ ③ $a^3=-27$

④ $a^2+a=9+(-3)=6$ ⑤ $a^2-a=9-(-3)=12$

따라서 식의 값이 가장 큰 것은 ⑤이다.

06 $x=-2$, $y=3$을 각 식에 대입하면

① $2x-3y=-4-9=-13$

② $x^2+y^2=4+9=13$

③ $(x^2-x) \div y = (4+2) \div 3 = 2$

④ $\dfrac{x}{y}+\dfrac{y}{x}=-\dfrac{2}{3}-\dfrac{3}{2}=-\dfrac{13}{6}$

⑤ $xy-x+y=-6+2+3=-1$

따라서 식의 값이 옳은 것은 ④이다.

07 $x=-\dfrac{1}{2}$, $y=\dfrac{2}{3}$를 각 식에 대입하면

① $2x+3y=-1+2=1$

② $-4x-\dfrac{3}{2}y=2-1=1$

③ $\dfrac{1}{x}+\dfrac{2}{y}=-2+3=1$

④ $3xy+1=-1+1=0$

⑤ $3x+\dfrac{1}{y}+1=-\dfrac{3}{2}+\dfrac{3}{2}+1=1$

따라서 식의 값이 나머지 넷과 다른 하나는 ④이다.

08 ① x^2항이 있으므로 일차식이 아니다.

② 항은 5, $-2x$, $-2y$, $-2x^2$으로 4개이다.

③ x와 y의 계수는 -2로 서로 같다.

④ x의 차수는 1, x^2의 차수는 2이다.

⑤ $-2x$, $-2y$, $-2x^2$의 계수는 모두 같지만 문자와 차수가 서로 다르므로 동류항이 아니다.

따라서 옳은 것은 ③이다.

09 소금의 양은

$200 \times \dfrac{x}{100} + 400 \times \dfrac{10}{100} = 2x+40\,\text{(g)}$

따라서 x의 계수는 2이다.

10 규칙에 의하여 $X-(-x+2)=Y$, $Y-(5-3x)=7x+4$

이때 $Y=7x+4+(5-3x)=4x+9$이므로

$X=Y+(-x+2)=4x+9-x+2=3x+11$

$\therefore 2X+Y=2(3x+11)+(4x+9)$
$=6x+22+4x+9$
$=10x+31$

11 $-3(2x+1)+\dfrac{3}{2}(6x+4)=(-6x-3)+(9x+6)$
$=3x+3$

따라서 x의 계수는 $a=3$, 상수항은 $b=3$이므로

$ab=3 \times 3 = 9$

12 $3x^2+2x-a+2x-bx^2+1=(3-b)x^2+4x+(-a+1)$

이 식이 상수항이 0인 일차식이 되어야 하므로

$3-b=0$, $-a+1=0$ $\therefore a=1$, $b=3$

$\therefore a+b=1+3=4$

13 어떤 다항식을 $\square$라고 하면

$\square - (3x-5) = -7x+2$

$\therefore \square = (-7x+2)+(3x-5) = -4x-3$

따라서 어떤 다항식은 $-4x-3$이므로 바르게 계산하면

$(-4x-3)+(3x-5)=-x-8$

14 (1) 총 12발의 화살을 쏘았으므로 7점에 맞힌 횟수는

$12-x-2-1=9-x$(번) ……… ❶

따라서 소연이의 점수는

$10 \times x + 9 \times 2 + 8 \times 1 + 7 \times (9-x)$
$=10x+18+8+63-7x$
$=3x+89$(점) ……… ❷

(2) 10점에 3번 맞혔을 때의 소연이의 총점수는

$3 \times 3 + 89 = 98$(점) ……… ❸

단계	채점 기준	비율
❶	7점에 맞힌 횟수 구하기	30 %
❷	소연이의 점수를 x에 관한 일차식으로 나타내기	40 %
❸	소연이의 총점수 구하기	30 %

15 $(7x+5)+A=9x+1$에서

$A=9x+1-(7x+5)=9x+1-7x-5=2x-4$ ……… ❶

$B-(-2x+8)=5x-3$에서

$B=5x-3+(-2x+8)=3x+5$ ……… ❷

$\therefore A-2B=(2x-4)-2(3x+5)$
$=2x-4-6x-10$
$=-4x-14$ ……… ❸

단계	채점 기준	비율
❶	식 A 구하기	40 %
❷	식 B 구하기	40 %
❸	$A-2B$ 간단히 하기	20 %

 1 방정식과 그 해

01 방정식과 항등식
워크북 34쪽

01 답 ㄱ, ㄴ

02 답 ④
① $x+7=15$ ② $x+5=2x+3$
③ $50x=700$ ⑤ $2(x+y)=20$
따라서 옳은 것은 ④이다.

03 답 ③, ⑤
$x=-3$을 대입하여 등식이 성립하는 것을 찾는다.
① $(-3)+3\neq3$
② $3\times(-3)+6\neq5\times(-3)$
③ $-3\times(-3)-4=5$
④ $(-3)+4\neq(-2)\times(-3)+5$
⑤ $2\times(-3)+7=1$
따라서 해가 $x=-3$인 방정식은 ③, ⑤이다.

04 답 ④
[ ] 안의 수를 대입했을 때 등식이 성립하지 않는 것을 찾는다.
④ $\dfrac{3-6}{3}=\dfrac{-3}{3}=-1\neq3$

05 답 ㄴ, ㄷ
ㄱ. 방정식
ㄹ. 등식이 아니다.

06 답 ①, ④
① $4-2x=2x-4$: 방정식
② $x+5=5+x$: 항등식
③ $3-x=3(1-x)+2x$에서
  (우변)$=3-3x+2x=3-x=$(좌변)이므로 항등식이다.
④ $-x-2=x+2$: 방정식
⑤ $3x-6=3(x-2)$에서
  (우변)$=3x-6=$(좌변)이므로 항등식이다.
따라서 항등식이 아닌 것은 ①, ④이다.

07 답 $2x+4$
$2(3x+2)=4x+\boxed{}$가 x에 관한 항등식이므로
$6x+4=4x+(2x+4)$에서 $\boxed{}=2x+4$

08 답 -24
주어진 등식의 우변을 정리하면
$-6x+a-1=(b-2)x+5$
이 식이 x에 관한 항등식이므로
$-6=b-2$에서 $b=-4$

$a-1=5$에서 $a=6$
$\therefore ab=6\times(-4)=-24$

09 답 $-\dfrac{3}{2}$
등식 $\dfrac{x+a}{2}=\dfrac{b(x-3)}{3}+1$의 양변을 정리하면
$\dfrac{3x+3a}{6}=\dfrac{2bx-6b+6}{6}$
이 식이 x에 관한 항등식이므로
$3=2b$에서 $b=\dfrac{3}{2}$
$3a=-6b+6$에서 $3a=-3$ $\therefore a=-1$
$\therefore ab=(-1)\times\dfrac{3}{2}=-\dfrac{3}{2}$

02 등식의 성질
워크북 35쪽

01 답 ③
③ $a=b$의 양변에서 b를 빼면 $a-b=b-b$
  $\therefore a-b=0$

02 답 ①, ③
① $3a=9b$의 양변을 3으로 나누면 $a=3b$
③ $a=3b$의 양변에 1을 더하면 $a+1=3b+1$

03 답 ④
① $a=b$의 양변에 3을 더하면 $a+3=b+3$
② $-a=-b$의 양변에 -1을 곱하면 $a=b$
  $a=b$의 양변에서 3을 빼면 $a-3=b-3$
  $a-3=b-3$의 양변을 3으로 나누면 $\dfrac{a-3}{3}=\dfrac{b-3}{3}$
③ $3a=3b$의 양변을 -3으로 나누면 $-a=-b$
  $-a=-b$의 양변에 3을 더하면 $3-a=3-b$
④ $a=-b$의 양변에 2를 곱하면 $2a=-2b$
  $2a=-2b$의 양변에서 1을 빼면 $2a-1=-2b-1$
⑤ $a=4b$의 양변에 4를 더하면 $a+4=4b+4$
  $\therefore a+4=4(b+1)$
따라서 옳지 않은 것은 ④이다.

04 답 ④
① $a+3=b+3$의 양변에서 3을 빼면 $a=b$
  $a=b$의 양변에서 1을 빼면 $a-1=b-1$
② $2a=3b$의 양변에 2를 더하면 $2a+2=3b+2$
③ $\dfrac{a}{2}=\dfrac{b}{3}$의 양변에 6을 곱하면 $3a=2b$
④ $a=\dfrac{b}{2}$의 양변에 2를 곱하면 $2a=b$
  $2a=b$의 양변에서 1을 빼면 $2a-1=b-1$
⑤ $a-2=b+3$의 양변에 3을 더하면 $a+1=b+6$
따라서 옳은 것은 ④이다.

05 답 (가) ㄱ (나) ㄹ
$3x-1=5$의 양변에 1을 더하면
$3x-1+1=5+1$ $\therefore 3x=6$ (ㄱ)

$3x=6$의 양변을 3으로 나누면

$$\frac{3x}{3}=\frac{6}{3} \qquad \therefore x=2 \ (\text{ㄹ})$$

06 답 -2

$$-2x+3=7$$
$$-2x+3+(-3)=7+(-3) \quad \longleftarrow \ \text{(가)에 의해 양변에 } -3\text{을 더하면}$$
$$-2x=4$$
$$-2x\times\left(-\frac{1}{2}\right)=4\times\left(-\frac{1}{2}\right) \quad \longleftarrow \ \text{(나)에 의해 양변에 } -\frac{1}{2}\text{을 곱하면}$$
$$\therefore x=-2$$

따라서 $p=-3,\ q=-\dfrac{1}{2}$이므로

$$p-2q=(-3)-2\times\left(-\frac{1}{2}\right)=-2$$

07 답 ④

④ $2+3x=-1$의 양변에서 2를 빼면

$$2+3x-2=-1-2$$

$3x=-3$의 양변을 3으로 나누면

$$\frac{3x}{3}=\frac{-3}{3} \qquad \therefore x=-1$$

08 답 (1) $x=2$ (2) $x=12$

(1) $5-2x=1$의 양변에서 5를 빼면

$$5-2x-5=1-5,\ -2x=-4$$

이 식의 양변을 -2로 나누면

$$\frac{-2x}{-2}=\frac{-4}{-2} \qquad \therefore x=2$$

(2) $\dfrac{1}{2}x-1=5$의 양변에 1을 더하면

$$\frac{1}{2}x-1+1=5+1,\ \frac{1}{2}x=6$$

이 식의 양변에 2를 곱하면

$$\frac{1}{2}x\times2=6\times2 \qquad \therefore x=12$$

② 일차방정식의 풀이

03 일차방정식의 풀이　　워크북 36~37쪽

01 답 ④

① $-x+4=3 \ \Rightarrow\ -x=3-4$
② $3x-2=1 \ \Rightarrow\ 3x=1+2$
③ $2-x=6x \ \Rightarrow\ 2=6x+x$
⑤ $5+5x=-5 \ \Rightarrow\ 5+5x+5=0$

따라서 바르게 이항한 것은 ④이다.

02 답 ③

ㄴ. $7-4x=x+1 \ \Rightarrow\ -4x-x=1-7$
ㄷ. $2x+1=5x-1 \ \Rightarrow\ 2x-5x=-1-1$

따라서 이항을 바르게 한 것은 ㄱ, ㄹ이다.

03 답 60

$2x-5=7-3x$에서 -5를 이항하면

$$2x=7-3x+5 \qquad \therefore 2x=12-3x$$

이 식에서 $-3x$를 이항하면

$$2x+3x=12,\ 5x=12$$

따라서 $a=5,\ b=12$이므로

$$ab=5\times12=60$$

04 답 ③

① $3x+2 \ \Rightarrow\ $ 일차식
② $x+2>1 \ \Rightarrow\ $ (일차식)$=0$의 꼴이 아니므로 일차방정식이 아닙니다.
④ $x+3=x$에서 $x+3-x=0$

즉, $3=0$은 (일차식)$=0$의 꼴이 아니므로 일차방정식이 아니다.

⑤ $3(x-1)=3x-3$에서 $3x-3=3x-3$

즉, $3x-3-3x+3=0,\ 0=0$에서 (일차식)$=0$의 꼴이 아니므로 일차방정식이 아니다.

따라서 일차방정식은 ③이다.

05 답 ③, ⑤

③ $\dfrac{3}{x}+3=3x \ \Rightarrow\ $ (일차식)$=0$의 꼴이 아니므로 일차방정식이 아니다.

⑤ $x^2-2x=-3$에서 $x^2-2x+3=0 \ \Rightarrow\ $ (일차식)$=0$의 꼴이 아니므로 일차방정식이 아니다.

06 답 ③

$ax-2-b+3x=0$에서 $(a+3)x-(2+b)=0$

이 식이 x에 관한 일차방정식이 되려면

$$a+3\neq0 \qquad \therefore a\neq-3$$

따라서 일차방정식이 될 수 없는 경우는 ③이다.

07 답 ①

$3(ax+1)=x+3b$에서 $3ax+3=x+3b$

즉, $(3a-1)x+3-3b=0$

이 식이 x에 관한 일차방정식이 되려면

$$3a-1\neq0 \qquad \therefore a\neq\frac{1}{3}$$

08 답 5, 12, 4, 3

09 답 ④

① $3x+5=-4$에서 $3x=-9 \qquad \therefore x=-3$
② $3x-1=5+x$에서 $3x-x=5+1$
　$2x=6 \qquad \therefore x=3$
③ $2-4x=6x$에서 $-4x-6x=-2$
　$-10x=-2 \qquad \therefore x=\dfrac{1}{5}$
④ $5x-8=3x+4$에서 $5x-3x=4+8$
　$2x=12 \qquad \therefore x=6$
⑤ $8x+4=-7x-11$에서 $8x+7x=-11-4$
　$15x=-15 \qquad \therefore x=-1$

따라서 해가 가장 큰 것은 ④이다.

10 답 ⑤

$5x+2=7x+8$에서 $5x-7x=8-2$

$-2x=6$ ∴ $x=-3$

① $4-3x=1$에서 $-3x=1-4$

　$-3x=-3$ ∴ $x=1$

② $2x+1=5x-2$에서 $2x-5x=-2-1$

　$-3x=-3$ ∴ $x=1$

③ $3x+6=2x+8$에서 $3x-2x=8-6$ ∴ $x=2$

④ $x-8=3x+4$에서 $x-3x=4+8$

　$-2x=12$ ∴ $x=-6$

⑤ $3x+4=-2x-11$에서 $3x+2x=-11-4$

　$5x=-15$ ∴ $x=-3$

따라서 주어진 일차방정식과 해가 같은 것은 ⑤이다.

11 답 ④

ㄱ. $3+x=-2x$에서 $x+2x=-3$

　$3x=-3$ ∴ $x=-1$

ㄴ. $5-2x=x+1$에서 $-2x-x=1-5$

　$-3x=-4$ ∴ $x=\dfrac{4}{3}$

ㄷ. $3x+2=2-5x$에서 $3x+5x=2-2$

　$8x=0$ ∴ $x=0$

ㄹ. $3x-2=6-x$에서 $3x+x=6+2$

　$4x=8$ ∴ $x=2$

따라서 해가 양수인 것은 ㄴ, ㄹ이다.

12 답 1

일차방정식 $5-2x=x-10$에서

$-2x-x=-10-5$, $-3x=-15$이므로 $x=5$

∴ $a=5$

일차방정식 $5x+1=3x-7$에서

$5x-3x=-7-1$, $2x=-8$이므로 $x=-4$

∴ $b=-4$

따라서 $a+b=5+(-4)=1$

04 복잡한 일차방정식의 풀이　　워크북 37~39쪽

01 답 ②

$3(2-x)+x=7$에서 $6-3x+x=7$, $-2x=7-6$

$-2x=1$ ∴ $x=-\dfrac{1}{2}$

02 답 ④

$3(x-1)=2x+1$에서 $3x-3=2x+1$ ∴ $x=4$

① $x+2=-3(x-1)-1$에서

　$x+2=-3x+3-1$, $x+2=-3x+2$

　$4x=0$ ∴ $x=0$

② $3(x-1)+x=1$에서

　$3x-3+x=1$, $4x=4$ ∴ $x=1$

③ $2(x-1)+x-2=5$에서

　$2x-2+x-2=5$, $3x=9$ ∴ $x=3$

④ $2(3x-1)=4(x+1)+2$에서

　$6x-2=4x+4+2$, $2x=8$ ∴ $x=4$

⑤ $-2(x-1)=-x-3$에서

　$-2x+2=-x-3$, $-x=-5$ ∴ $x=5$

따라서 주어진 방정식과 해가 같은 것은 ④이다.

03 답 ⑤

① $5x+3=4x+5$에서 $5x-4x=5-3$ ∴ $x=2$

② $2(x-1)=2$에서 $2x-2=2$

　$2x=4$ ∴ $x=2$

③ $2(x+1)=-x+8$에서 $2x+2=-x+8$

　$3x=6$ ∴ $x=2$

④ $5(3-x)=7-x$에서 $15-5x=7-x$

　$-4x=-8$ ∴ $x=2$

⑤ $5(x-1)=4(2x+1)$에서 $5x-5=8x+4$

　$-3x=9$ ∴ $x=-3$

따라서 해가 나머지 넷과 다른 하나는 ⑤이다.

04 답 $x=-\dfrac{7}{4}$

$3-\{5+2(x-2)-x\}=9+3x$에서

$3-(5+2x-4-x)=9+3x$

$3-(x+1)=9+3x$, $3-x-1=9+3x$

$-x-3x=9-2$, $-4x=7$ ∴ $x=-\dfrac{7}{4}$

05 답 1

$-2(2x+1)+3\{-(x-2)+5x\}=-4$에서

$-2(2x+1)+3(-x+2+5x)=-4$

$-2(2x+1)+3(4x+2)=-4$

$-4x-2+12x+6=-4$

$8x+4=-4$, $8x=-8$ ∴ $x=-1$

따라서 $a=-1$이므로

$a^2+a+1=(-1)^2+(-1)+1=1$

06 답 (1) $x=-12$　(2) $x=\dfrac{9}{4}$

(1) $1.2x+9.1=0.4x-0.5$의 양변에 10을 곱하면

　$12x+91=4x-5$, $8x=-96$ ∴ $x=-12$

(2) $\dfrac{x}{3}-\dfrac{1}{2}=1-\dfrac{x}{3}$의 양변에 6을 곱하면

　$2x-3=6-2x$, $4x=9$ ∴ $x=\dfrac{9}{4}$

07 답 ①

$0.12x+2.2=0.01x$의 양변에 100을 곱하면

$12x+220=x$, $12x-x=-220$

$11x=-220$ ∴ $x=-20$

08 답 $x=\dfrac{17}{8}$

$\dfrac{x-1}{3}=1-\dfrac{x+1}{5}$의 양변에 15를 곱하면

$5(x-1)=15-3(x+1)$, $5x-5=15-3x-3$

$5x+3x=12+5$, $8x=17$ ∴ $x=\dfrac{17}{8}$

09 답 -3

$\dfrac{x+5}{2}+\dfrac{1}{6}=\dfrac{1-2x}{3}$의 양변에 6을 곱하면

$3(x+5)+1=2(1-2x),\ 3x+15+1=2-4x$

$3x+4x=2-16,\ 7x=-14$ $\therefore x=-2$

따라서 $a=-2$이므로 $2a+1=2\times(-2)+1=-3$

10 답 ④

① $\dfrac{x+3}{3}=\dfrac{3}{2}$의 양변에 6을 곱하면

$2(x+3)=9,\ 2x+6=9,\ 2x=3$ $\therefore x=\dfrac{3}{2}$

② $\dfrac{x-2}{2}=\dfrac{x-1}{3}-\dfrac{5}{12}$의 양변에 12를 곱하면

$6(x-2)=4(x-1)-5,\ 6x-12=4x-4-5$

$6x-4x=-9+12,\ 2x=3$ $\therefore x=\dfrac{3}{2}$

③ $1.2x-1.6=x-1.3$의 양변에 10을 곱하면

$12x-16=10x-13,\ 2x=3$ $\therefore x=\dfrac{3}{2}$

④ $0.3x+1.2=0.1x+0.5$의 양변에 10을 곱하면

$3x+12=x+5,\ 2x=-7$ $\therefore x=-\dfrac{7}{2}$

⑤ $2(1-x)+x+3=8-3x$에서

$2-2x+x+3=8-3x,\ 5-x=8-3x$

$2x=3$ $\therefore x=\dfrac{3}{2}$

따라서 해가 나머지 넷과 다른 하나는 ④이다.

11 답 -1

$2.8x-0.4=-0.8(x-2)$의 양변에 10을 곱하면

$28x-4=-8(x-2),\ 28x-4=-8x+16$

$36x=20$이므로 $x=\dfrac{5}{9}$ $\therefore a=\dfrac{5}{9}$

$\dfrac{3x+1}{8}+\dfrac{1}{3}=\dfrac{x+5}{6}-\dfrac{3}{4}$의 양변에 24를 곱하면

$3(3x+1)+8=4(x+5)-18$

$9x+3+8=4x+20-18$

$5x=-90$이므로 $x=-\dfrac{9}{5}$ $\therefore b=-\dfrac{9}{5}$

$\therefore ab=\dfrac{5}{9}\times\left(-\dfrac{9}{5}\right)=-1$

12 답 $x=\dfrac{9}{7}$

주어진 방정식의 계수를 모두 분수로 나타내면

$\dfrac{1}{6}x+\dfrac{1}{4}=\dfrac{3}{4}x-\dfrac{1}{2}$이고, 이 식의 양변에 12를 곱하면

$2x+3=9x-6,\ -7x=-9$ $\therefore x=\dfrac{9}{7}$

13 답 ②

$(2x+1):(-x-3)=4:3$에서

$4(-x-3)=3(2x+1),\ -4x-12=6x+3$

$-10x=15$ $\therefore x=-\dfrac{3}{2}$

14 답 3

$\dfrac{x-3}{2}:5=2(-x+3):6$에서

$10(-x+3)=6\times\dfrac{x-3}{2},\ -10x+30=3x-9$

$-13x=-39$ $\therefore x=3$

15 답 -3

$1-2x=a-2$에 $x=3$을 대입하면

$1-6=a-2$ $\therefore a=-3$

16 답 -6

$2(x-4)=3(a-x)$에 $x=-2$를 대입하면

$-12=3(a+2),\ -4=a+2$ $\therefore a=-6$

17 답 ④

$\dfrac{x+2}{4}-a=-x+1$에 $x=-1$을 대입하면

$\dfrac{1}{4}-a=2$ $\therefore a=-\dfrac{7}{4}$

$\therefore 4a+10=4\times\left(-\dfrac{7}{4}\right)+10=3$

18 답 $x=1$

$2-\dfrac{x-a}{2}=a-x$의 해가 $x=3$이므로 $x=3$을 대입하면

$2-\dfrac{3-a}{2}=a-3,\ 4-(3-a)=2(a-3)$

$4-3+a=2a-6,\ -a=-7$ $\therefore a=7$

$a(x-1)+2x=x+1$에 $a=7$을 대입하면

$7(x-1)+2x=x+1$이므로

$7x-7+2x=x+1,\ 8x=8$ $\therefore x=1$

19 답 -1

$3x+4=-2$에서 $3x=-6$ $\therefore x=-2$

$x=-2$가 $ax-7=2x+a$의 해이므로

$-2a-7=-4+a,\ -3a=3$ $\therefore a=-1$

20 답 ③

$\dfrac{-x+2}{6}+0.5x=\dfrac{x+1}{2}$의 양변에 6을 곱하면

$-x+2+3x=3(x+1),\ 2x+2=3x+3$

$\therefore x=-1$

이때 주어진 두 일차방정식의 해가 같으므로

$ax+2=4(x-a)+3$에 $x=-1$을 대입하면

$-a+2=-4-4a+3,\ 3a=-3$ $\therefore a=-1$

21 답 86

$\dfrac{2}{5}x-1=\dfrac{1}{2}+0.25x$의 양변에 20을 곱하면

$8x-20=10+5x,\ 3x=30$ $\therefore x=10$

따라서 일차방정식 $3(2-3x)=-x+a$의 해는 $x=-10$이

므로 이 값을 방정식에 대입하면

$3\times32=10+a,\ 96=10+a$ $\therefore a=86$

3 일차방정식의 활용

01 답 24

연속하는 세 짝수를 $x-2$, x, $x+2$라고 하면
$$3x=\{3(x-2)+(x+2)\}-4$$
$$3x=4x-8,\ -x=-8 \quad \therefore x=8$$
따라서 세 짝수는 6, 8, 10이므로 그 합은
$$6+8+10=24$$

02 답 ③

어떤 수를 x라고 하면 잘못 구한 수는 처음 구하려던 수보다 10이 작으므로
$$2x-3=(3x-2)-10,\ 2x-3=3x-12$$
$$-x=-9 \quad \therefore x=9$$
따라서 처음 구하려고 했던 수는
$$3x-2=3\times 9-2=25$$

03 답 27

일의 자리 숫자를 x라고 하면 이 두 자리의 자연수는
$$2\times 10+x\times 1=20+x$$
이 자연수는 각 자리 숫자의 합의 3배와 같으므로
$$20+x=3(2+x),\ 20+x=6+3x$$
$$-2x=-14 \quad \therefore x=7$$
따라서 구하는 자연수는 27이다.

04 답 35

십의 자리 숫자를 x라고 하면 이 자연수는
$$10\times x+5=10x+5$$
십의 자리 숫자와 일의 자리 숫자를 바꾼 수는
$$10\times 5+x=50+x$$
바꾼 수가 처음 수보다 18만큼 크므로
$$50+x=(10x+5)+18$$
$$50+x=10x+23,\ -9x=-27 \quad \therefore x=3$$
따라서 처음 두 자리의 자연수는 $10\times 3+5=35$

05 답 ⑤

아버지의 나이가 아들의 나이의 2배가 되는 것이 x년 후라고 하면 x년 후에 아버지의 나이는 $(43+x)$세, 아들의 나이는 $(14+x)$세이므로
$$43+x=2(14+x),\ 43+x=28+2x$$
$$-x=-15 \quad \therefore x=15$$
따라서 아버지의 나이가 아들의 나이의 2배가 되는 것은 2024년부터 15년 후이므로 2039년이다.

06 답 ②

누나인 은서의 올해 나이를 x세라고 하면 동생인 은수의 나이는 $(30-x)$세이다.

4년 후에 은수의 나이가 은서의 나이의 $\dfrac{1}{2}$보다 5세 더 많아지므로

$$(30-x)+4=(x+4)\times \frac{1}{2}+5$$
$$68-2x=x+14,\ -3x=-54 \quad \therefore x=18$$
따라서 올해 은서의 나이는 18세이다.

07 답 ②

학생 수를 x라고 하자.
5권씩 나누어 주면 3권이 남으므로
(공책의 수)$=5x+3$
또, 6권씩 나누어 주면 9권이 부족하므로
(공책의 수)$=6x-9$
이때 공책의 수는 같으므로 $5x+3=6x-9$
$$-x=-12 \quad \therefore x=12$$
따라서 학생 수는 120이다.

08 답 46명

의자의 개수를 x라고 하자.
한 의자에 4명씩 앉으면 6명이 앉지 못하므로
(학생 수)$=4x+6$ ······ ㉠
또, 한 의자에 5명씩 앉으면 빈 의자는 없고 마지막 의자에는 1명만 앉게 되므로
(학생 수)$=5(x-1)+1=5x-4$ ······ ㉡
이때 학생 수는 같으므로
$$4x+6=5x-4,\ -x=-10 \quad \therefore x=10$$
따라서 의자가 10개이므로 학생은
$$4\times 10+6=46(명)$$

01 답 20분 후

형이 출발한 지 x분 후에 형과 동생이 만난다고 하면
(형이 달린 거리)$=$(동생이 걸은 거리)
이고 동생이 형보다 10분 더 걸었으므로
$$150\times x=100\times (x+10)$$
$$150x=100x+1000,\ 50x=1000 \quad \therefore x=20$$
따라서 형이 동생과 만나는 것은 형이 출발한 지 20분 후이다.

02 답 18 km

태영이의 집에서 종합운동장까지의 거리를 x km라고 하면

버스를 타고 갈 때 걸리는 시간은 $\dfrac{x}{45}$시간, 자가용으로 갈 때 걸리는 시간은 $\dfrac{x}{60}$시간이다.

$(6분)=\left(\dfrac{6}{60}시간\right)$이므로

$$\frac{x}{45}-\frac{x}{60}=\frac{6}{60}$$
양변에 180을 곱하면 $4x-3x=18 \quad \therefore x=18$
따라서 태영이의 집에서 종합운동장까지의 거리는 18 km이다.

03 답 15 km

두 지점 A, B 사이의 거리를 x km라고 하자.
A 지점에서 B 지점으로 갈 때의 배의 속력은 시속
$8+2=10(\text{km})$이고 B 지점에서 A 지점으로 갈 때의 배의
속력은 시속 $8-2=6(\text{km})$이므로

$$\frac{x}{10}+\frac{x}{6}=4,\ 3x+5x=120,\ 8x=120 \qquad \therefore x=15$$

따라서 두 지점 A, B 사이의 거리는 15 km이다.

04 답 400 m

기차의 길이를 x m라고 하면 기차의 속력은 일정하다.
이때 기차가 다리를 완전히 통과할 때까지 이동한 거리는
$(300+x)$m, 기차가 터널을 완전히 통과할 때까지 이동한 거
리는 $(1350+x)$m이므로

$$\frac{300+x}{10}=\frac{1350+x}{25}$$
$$5(300+x)=2(1350+x),\ 3x=1200 \qquad \therefore x=400$$

따라서 기차의 길이는 400 m이다.

05 답 ②

더 넣는 물의 양을 x g이라고 하자. 소금의 양은

$$\frac{6}{100}\times300=\frac{5}{100}\times(300+x)$$
$$1800=1500+5x,\ -5x=-300 \qquad \therefore x=60$$

따라서 더 넣어야 하는 물의 양은 60 g이다.

06 답 20 g

더 넣는 소금의 양을 x g이라고 하자. 소금의 양은

$$\frac{16}{100}\times400+x=\frac{20}{100}\times(400+x)$$
$$6400+100x=8000+20x,\ 80x=1600 \qquad \therefore x=20$$

따라서 더 넣어야 하는 소금의 양은 20 g이다.

07 답 ④

증발한 물의 양을 x g이라고 하자.
물을 증발시켜도 소금의 양은 변하지 않으므로

$$\frac{9}{100}\times200=\frac{10}{100}\times(200-x)$$
$$1800=2000-10x,\ 10x=200 \qquad \therefore x=20$$

따라서 증발한 물의 양은 20 g이다.

08 답 ①

두 소금물을 섞어도 소금의 양은 변하지 않으므로

$$\frac{12}{100}\times500+\frac{x}{100}\times300=\frac{9}{100}\times800$$
$$60+3x=72,\ 3x=12 \qquad \therefore x=4$$

09 답 ③

수박의 정가를 x원이라고 하면

$$\frac{80}{100}x-1000=13400,\ \frac{80}{100}x=14400$$
$$80x=1440000 \qquad \therefore x=18000$$

따라서 이 수박의 정가는 18000원이다.

10 답 12000원

제품의 원가를 x원이라고 하면

$$x\times\frac{110}{100}-500=12700,\ \frac{110}{100}x=13200$$
$$11x=132000 \qquad \therefore x=12000$$

따라서 제품의 원가는 12000원이다.

11 답 2시간 24분

프라모델 하나를 모두 조립하는 것을 1이라고 하면 1시간 동안
조립할 수 있는 양은 재한이가 $\frac{1}{4}$, 동현이가 $\frac{1}{6}$이다.
두 사람이 함께 x시간 동안 프라모델 하나를 모두 조립한다면

$$\frac{1}{4}x+\frac{1}{6}x=1$$
$$3x+2x=12,\ 5x=12 \qquad \therefore x=\frac{12}{5}$$

이때 $\frac{12}{5}$(시간)$=\frac{12}{5}\times60$(분)$=144$(분)이므로 구하는 시간은
2시간 24분이다.

12 답 2시간

물탱크에 물을 가득 채우는 것을 1이라고 하면 1시간 동안 물탱
크에 채우는 물의 양은 A 호스만 사용하면 $\frac{1}{5}$, B 호스만 사용
하면 $\frac{1}{10}$이다.
물탱크를 가득 채울 때까지 B 호스를 사용한 시간을 x시간이라
고 하면

$$\frac{1}{5}\times2+\frac{1}{5}\times x+\frac{1}{10}\times x=1$$
$$4+2x+x=10,\ 3x=6 \qquad \therefore x=2$$

따라서 B 호스를 사용한 시간은 2시간이다.

13 답 21

주어진 그림과 같이 ㄱ자 모양으로 숫자 3개를
선택할 때, 가장 작은 숫자를 x라고 하면 x의
오른쪽의 숫자는 $x+1$, $x+1$의 아래의 숫자는
$x+8$이다.

x	$x+1$
	$x+8$

선택한 숫자 3개의 합이 72이므로

$$x+(x+1)+(x+8)=72,\ 3x=63 \qquad \therefore x=21$$

따라서 선택한 세 숫자는 21, 22, 29이고 이 중 가장 작은 숫자
는 21이다.

14 답 1500원

이 박물관의 어린이 입장료를 x원이라고 하면 어른의 입장료는
$2x$원이다.
경호네 가족은 어른 2명, 어린이 3명이므로

$$2x\times2+x\times3=10500,\ 7x=10500 \qquad \therefore x=1500$$

따라서 이 박물관의 어린이 입장료는 1500원이다.

15 답 3

정사각형에서 줄여 만든 직사각형의 가로의 길이는

$(12-x)$ cm이고 세로의 길이는 $12-4=8(\text{cm})$이다.

이 직사각형의 넓이는 처음 정사각형의 넓이의 $\dfrac{1}{2}$이므로

$$(12-x)\times 8=12\times 12\times \dfrac{1}{2}$$

$96-8x=72,\ -8x=-24 \qquad \therefore\ x=3$

16 답 152

재윤이네 학교의 작년 남학생 수를 x라고 하면
작년 여학생 수는 $(300-x)$이므로

$$x\times\dfrac{95}{100}+\{(300-x)+20\}=300\times\dfrac{104}{100}$$

양변에 100을 곱하여 정리하면

$95x+32000-100x=31200$

$-5x=-800 \qquad \therefore\ x=160$

즉, 재윤이네 학교의 작년 남학생은 160명이고 올해 남학생 수는 작년에 비해 5 % 감소하였으므로

$$160\times\dfrac{95}{100}=152$$

단원 마무리하기

워크북 43~44쪽

01 ④	**02** ⑤	**03** ①, ⑤	**04** ②	**05** ①
06 ⑤	**07** ②	**08** ①	**09** 5	**10** ③
11 19	**12** 7개	**13** ③	**14** 23초	**15** -5
16 120 km				

01 ①, ②, ③, ⑤ 방정식

④ $3(x+2)=3x+6$에서

(좌변)$=3(x+2)=3x+6=$(우변)이므로 항등식이다.

따라서 항등식인 것은 ④이다.

02 등식 $ax-3=2(1-x)+b$를 정리하면

$ax-3=-2x+b+2$

이 식이 x의 값에 관계없이 항상 성립하므로

$a=-2,\ b+2=-3$에서 $b=-5$

$\therefore\ ab=(-2)\times(-5)=10$

03 ① $a-2=b-2$이면 $a=b$ $\qquad \therefore\ 2a=2b$

② $2a+2=4b+4$의 양변을 2로 나누면 $a+1=2b+2$

이 식의 양변에서 1을 빼면 $a=2b+1$

③ $3a=2b$의 양변을 6으로 나누면 $\dfrac{a}{2}=\dfrac{b}{3}$

④ $2a=b$의 양변을 2로 나누면 $a=\dfrac{b}{2}$

이 식의 양변에 1을 더하면 $a+1=\dfrac{b}{2}+1$

⑤ $a-1=b+1$의 양변에 2를 더하면 $a+1=b+3$

따라서 옳은 것은 ①, ⑤이다.

04 $2(2-ax)=3x+b$에서 $4-2ax=3x+b$

$(-2a-3)x+(4-b)=0$

이 식이 x에 관한 일차방정식이 되려면

$-2a-3\neq 0 \qquad \therefore\ a\neq -\dfrac{3}{2}$

05 $0.3(x-6)+1=\dfrac{3x+14}{5}$의 양변에 10을 곱하면

$3(x-6)+10=2(3x+14)$

$3x-8=6x+28,\ -3x=36 \qquad \therefore\ x=-12$

06 $\dfrac{x-3}{5}-\dfrac{3x+1}{2}=8$의 양변에 10을 곱하면

$2(x-3)-5(3x+1)=80$

$2x-6-15x-5=80,\ -13x=91 \qquad \therefore\ x=-7$

따라서 $a=-7$이므로 $a^2+5a=49-35=14$

07 $(-x+7):(9-2x)=4:3$에서

$4(9-2x)=3(-x+7),\ 36-8x=-3x+21$

$-5x=-15 \qquad \therefore\ x=3$

따라서 $a=3$이므로 일차방정식 $\dfrac{x-2}{2}+\dfrac{x+a}{3}=1$에

이 값을 대입하면

$$\dfrac{x-2}{2}+\dfrac{x+3}{3}=1$$

양변에 6을 곱하면 $3(x-2)+2(x+3)=6$

$5x=6 \qquad \therefore\ x=\dfrac{6}{5}$

08 $2\circledcirc x=2-x+2x=x+2$

$\therefore\ (2\circledcirc x)\circledcirc 3=(x+2)\circledcirc 3=(x+2)-3+3(x+2)$
$\qquad\qquad\qquad =4x+5$

따라서 $4x+5=9$에서 $4x=4 \qquad \therefore\ x=1$

09 $\dfrac{x}{6}+1=\dfrac{x}{3}+\dfrac{1}{2}$의 양변에 6을 곱하면

$x+6=2x+3,\ -x=-3 \qquad \therefore\ x=3$

이때 $3x-10=-2x+a$의 해도 $x=3$이므로

$9-10=-6+a,\ -1=-6+a \qquad \therefore\ a=5$

10 $\dfrac{x}{2}-\dfrac{x-a}{4}=1$의 양변에 4를 곱하면

$2x-x+a=4 \qquad \therefore\ x=4-a$

이때 이 해가 자연수가 되어야 하므로

$4-a=1$이려면 $a=3$

$4-a=2$이려면 $a=2$

$4-a=3$이려면 $a=1$

$4-a=4,\ 5,\ 6,\ \cdots$을 만족시키는 자연수 a의 값은 없다.

따라서 주어진 일차방정식의 해가 자연수가 되도록 하는 모든 자연수 a의 값의 합은 $1+2+3=6$

11 네 정수 중 가장 작은 수를 x라고 하면 네 정수는

$x,\ x+3,\ x+6,\ x+9$

이 네 정수의 합이 94이므로
$x+(x+3)+(x+6)+(x+9)=94$
$4x+18=94$, $4x=76$ $\therefore x=19$
따라서 구하는 가장 작은 수는 19이다.

12 형이 동생에게 나누어 준 사과를 x개라고 하면
$59-x=2(19+x)$, $59-x=38+2x$ $\therefore x=7$
따라서 형이 동생에게 나누어 준 사과는 7개이다.

13 놀이 기구의 의자의 수를 x라고 하면
의자 한 개에 4명씩 타면 1명은 타지 못하므로 어린이의 수는 $(4x+1)$
또, 의자 한 개에 3명씩 타면 8명이 타지 못하므로 어린이의 수는 $(3x+8)$
어린이의 수는 같으므로
$4x+1=3x+8$ $\therefore x=7$
따라서 어린이는 모두 $4\times7+1=29$(명)이다.

14 선분 CP의 길이를 x cm라고 하면 사다리꼴 ABCP의 넓이가 2080 cm²이므로
$\frac{1}{2}\times(40+x)\times80=2080$,
$1600+40x=2080$ $\therefore x=12$
그런데 점 P는 꼭짓점 B에서 출발하여 매초 4 cm씩 직사각형의 변을 따라 시계 반대 방향으로 움직이므로 점 B에서 점 C까지 가는 데 걸리는 시간은 $\frac{80}{4}=20$(초), 점 C에서 점 P까지 가는 데 걸리는 시간은 $\frac{12}{4}=3$(초)이다.
따라서 사다리꼴 ABCP의 넓이가 2080 cm²가 되는 지점까지 가는 데 걸리는 시간은 $20+3=23$(초)

15 $8x-6$과 $16-6x$의 값은 절댓값이 같고 부호가 서로 다르므로
$8x-6=-(16-6x)$ ❶
$8x-6=-16+6x$, $2x=-10$ $\therefore x=-5$ ❷

단계	채점 기준	비율
❶	x에 관한 식 세우기	50 %
❷	x의 값 구하기	50 %

16 두 지점 A, B 사이의 거리를 x km라고 하면
(가는 데 걸린 시간)$-$(오는 데 걸린 시간)$=\left(\frac{1}{2}$시간$\right)$
이므로
$\frac{x}{60}-\frac{x}{80}=\frac{1}{2}$ ❶
양변에 240을 곱하면
$4x-3x=120$ $\therefore x=120$ ❷
따라서 두 지점 A, B 사이의 거리는 120 km이다. ❸

단계	채점 기준	비율
❶	x에 관한 식 세우기	50 %
❷	x에 관한 방정식 풀기	30 %
❸	두 지점 A, B 사이의 거리 구하기	20 %

Ⅲ. 좌표평면과 그래프

Ⅲ-1. 좌표평면과 그래프

1 순서쌍과 좌표

01 순서쌍과 좌표   워크북 45~46쪽

01 답 ②
순서쌍 (x, y)는 $(a, 1)$, $(a, 3)$, $(b, 1)$, $(b, 3)$의 4개이다.

02 답 $(2, a)$, $(2, b)$, $(4, a)$, $(4, b)$

03 답 5개
순서쌍 (x, y) 중 $y>x$인 경우는
$(0, 1)$, $(0, 3)$, $(0, 5)$, $(2, 3)$, $(2, 5)$의 5개이다.

04 답 ④
$A(2, 5)$, $B(4, 2)$, $C(0, 3)$, $D(4, -3)$, $E(-2, -3)$이므로 좌표평면 위의 점의 좌표를 바르게 나타낸 것은 ④이다.

05 답 ③
$A(-3, 4)$이므로 $a=-3$, $b=4$
$B(2, -1)$이므로 $c=2$, $d=-1$
$\therefore ac-bd=-6-(-4)=-6+4=-2$

06 답 ②
x좌표가 -4이고 x축 위에 있으므로 y좌표는 0이다.
따라서 구하는 점의 좌표는 $(-4, 0)$이다.

07 답 ④
x축 위의 점은 y좌표가 0이므로 $a+2=0$에서 $a=-2$
y축 위의 점은 x좌표가 0이므로 $2b+1=0$에서 $b=-\frac{1}{2}$
$\therefore ab=(-2)\times\left(-\frac{1}{2}\right)=1$

08 답 16
세 점 A, B, C를 좌표평면 위에 나타내면 오른쪽 그림과 같으므로 삼각형 ABC의 넓이는
$\frac{1}{2}\times4\times8=16$

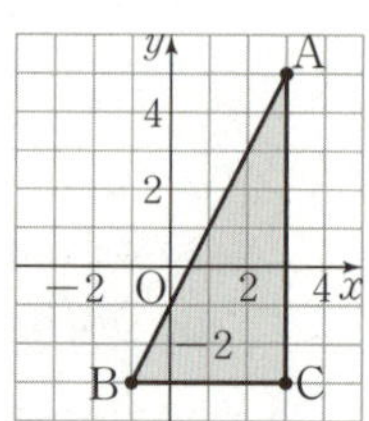

09 답 8
세 점 A, B, C를 좌표평면 위에 나타내면 오른쪽 그림과 같으므로 삼각형 ABC의 넓이는
$\frac{1}{2}\times4\times4=8$

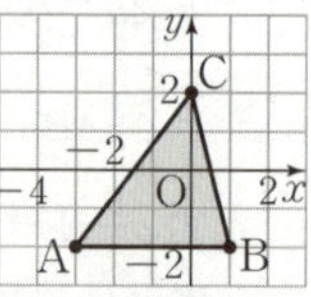

10 답 ④

네 점 A, B, C, D를 좌표평면 위에 나타내면 오른쪽 그림과 같으므로 사각형 ABCD의 넓이는

$\dfrac{1}{2}\times(4+2)\times5=15$

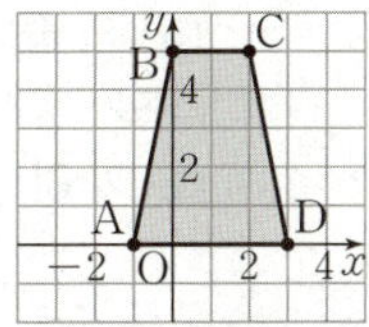

11 답 풀이 참조, 5

세 점 A, B, C를 좌표평면 위에 나타내면 오른쪽 그림과 같으므로 삼각형 ABC의 넓이는

$\dfrac{1}{2}\times2\times5=5$

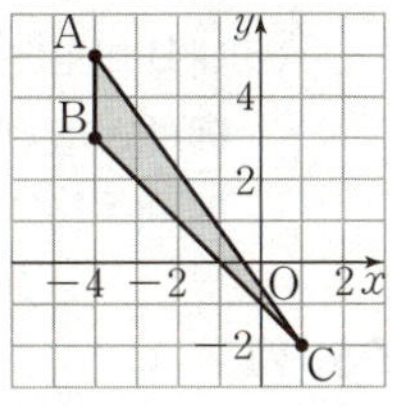

12 답 ④

$a>0$이므로 삼각형 PQR을 좌표평면 위에 나타내면 오른쪽 그림과 같고 삼각형 PQR의 넓이는

$\dfrac{1}{2}\times(a+3)\times6=21$이므로

$a+3=7$ ∴ $a=4$

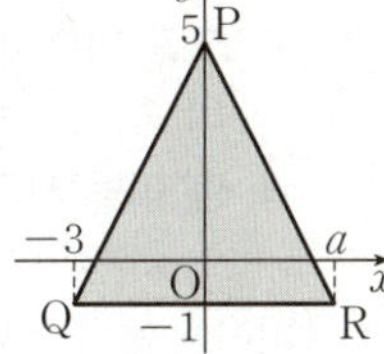

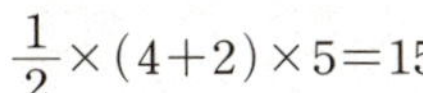 02 사분면   워크북 46~47쪽

01 답 (1) 점 B, 점 I   (2) 점 E   (3) 점 A, 점 D, 점 F

(1) 제2사분면 위의 점의 부호는 $(-,\ +)$이므로 제2사분면 위의 점은 $B(-1,\ 3)$, $I\left(-\dfrac{1}{3},\ 2\right)$이다.

(2) 제3사분면 위의 점의 부호는 $(-,\ -)$이므로 제3사분면 위의 점은 $E(-4,\ -2)$이다.

(3) 원점과 x축, y축 위의 점은 어느 사분면에도 속하지 않으므로 점 $A(1,\ 0)$, $D(0,\ 0)$, $F(0,\ -5)$는 어느 사분면에도 속하지 않는다.

02 답 ④

① 제2사분면   ② 제1사분면
③ y축 위   ⑤ 제3사분면
따라서 바르게 짝 지어진 것은 ④이다.

03 답 제2사분면

점 $P(a,\ -b)$가 제4사분면 위의 점이므로 $a>0$, $-b<0$
따라서 점 $Q(-b,\ a)$는 제2사분면 위의 점이다.

04 답 ③

점 $(a,\ b)$가 제2사분면 위의 점이므로 $a<0$, $b>0$이다.
따라서 $a-b<0$, $ab<0$이므로 점 $(a-b,\ ab)$는 제3사분면 위의 점이다.

05 답 ⑤

점 $P(a,\ b)$가 제3사분면 위의 점이므로 $a<0$, $b<0$
① 점 $Q(b,\ a)$는 제3사분면 위의 점이다.
② $-a>0$, $-b>0$이므로 점 $R(-a,\ -b)$는 제1사분면 위의 점이다.
③ $b<0$, $ab>0$이므로 점 $S(b,\ ab)$는 제2사분면 위의 점이다.
④ $a<0$, $-b>0$이므로 점 $T(a,\ -b)$는 제2사분면 위의 점이다.
⑤ $-a>0$, $a+b<0$이므로 점 $U(-a,\ a+b)$는 제4사분면 위의 점이다.
따라서 제4사분면 위의 점은 ⑤이다.

06 답 ③

$ab<0$이면 $a>0$, $b<0$ 또는 $a<0$, $b>0$
이때 $b>a$이므로 $a<0$, $b>0$
따라서 $a<0$, $-b<0$이므로 점 $P(a,\ -b)$는 제3사분면 위의 점이다.

07 답 ⑤

$xy<0$, $x-y<0$이므로 $x<0$, $y>0$이다.
① $x<0$, $y>0$이므로 점 $(x,\ y)$는 제2사분면 위의 점이다.
② $x<0$, $-y<0$이므로 점 $(x,\ -y)$는 제3사분면 위의 점이다.
③ $-x>0$, $y>0$이므로 점 $(-x,\ y)$는 제1사분면 위의 점이다.
④ $x-y<0$, $\dfrac{y}{x}<0$이므로 점 $\left(x-y,\ \dfrac{y}{x}\right)$는 제3사분면 위의 점이다.
⑤ $x<0$, $-xy>0$이므로 점 $(x,\ -xy)$는 제2사분면 위의 점이다.
따라서 옳지 않은 것은 ⑤이다.

08 답 1

좌표평면에서 y축에 대하여 대칭인 두 점은 x좌표의 부호만 반대이고 y좌표는 같으므로 $a=-3$, $b=4$
∴ $a+b=(-3)+4=1$

09 답 ①

좌표평면에서 x축에 대하여 대칭인 두 점은 y좌표의 부호만 반대이고 x좌표는 같으므로 $a=-4$, $b=1$
따라서 점 $Q(b,\ -a)$, 즉 $Q(1,\ 4)$는 제1사분면 위의 점이다.

10 답 -5

좌표평면에서 원점에 대하여 대칭인 두 점은 x좌표, y좌표의 부호가 모두 반대이므로
$2a-1=5$에서 $2a=6$ ∴ $a=3$
$b+3=-5$에서 $b=-8$
∴ $a+b=3+(-8)=-5$

11 답 ④

$A(4,\ -2)\ \xrightarrow{\ x축\ 대칭\ }\ P(4,\ 2)$

$$A(4, -2) \xrightarrow{y축 \text{ 대칭}} Q(-4, -2)$$
$$A(4, -2) \xrightarrow{원점 \text{ 대칭}} R(-4, 2)$$

세 점 P, Q, R을 좌표평면 위에 나타내면 오른쪽 그림과 같으므로 삼각형 PQR의 넓이는

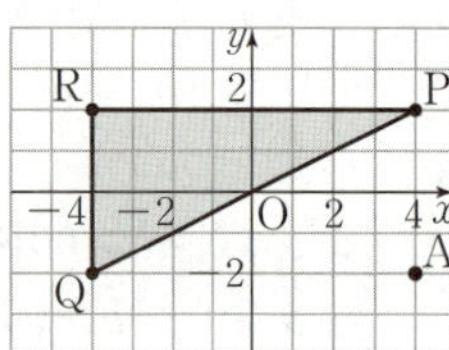

$$\frac{1}{2} \times 8 \times 4 = 16$$

12 답 4

$$A(a, -3) \xrightarrow{y축 \text{ 대칭}} B(-a, -3)$$
$$A(a, -3) \xrightarrow{원점 \text{ 대칭}} C(-a, 3)$$

이때 $a > 0$이므로 $-a < 0$이다.

세 점 A, B, C를 좌표평면 위에 나타내면 오른쪽 그림과 같고, 삼각형 ABC의 넓이가 24이므로

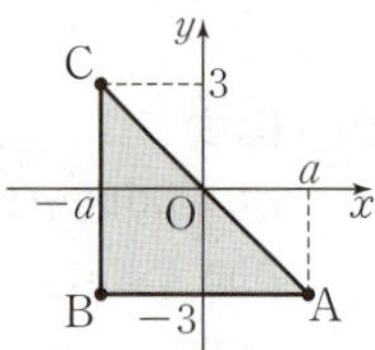

$$\frac{1}{2} \times 2a \times 6 = 24$$
$$6a = 24 \qquad \therefore a = 4$$

2 그래프

03 그래프 워크북 48쪽

01 답 ⑴ ㄱ ⑵ ㄷ ⑶ ㄴ ⑷ ㄹ

⑴ 시간에 따라 거리가 일정하게 늘어나는 그래프이므로 알맞은 상황은 ㄱ이다.

⑵ 시간에 따른 거리의 변화가 일정하게 늘어나다가 시간에 따른 거리의 변화가 없는 구간이 있고, 다시 시간에 따라 거리가 일정하게 줄어드는 그래프이므로 알맞은 상황은 ㄷ이다.

⑶ 시간에 따라 거리가 일정하게 줄어들다가 거리의 변화가 없는 구간이 나타나고, 다시 거리가 일정하게 줄어드는 그래프이므로 알맞은 상황은 ㄴ이다.

⑷ 시간에 따른 거리의 변화가 일정하게 늘어나다가 시간에 따른 거리의 변화가 없는 구간이 나타나고, 다시 일정하게 늘어나다가 시간에 따른 거리의 변화가 없는 구간이 다시 나타난다. 이어서 시간에 따라 거리가 일정하게 줄어드는 그래프이므로 알맞은 상황은 ㄹ이다.

02 답 풀이 참조

x와 y 사이의 관계를 그래프로 나타내면 오른쪽 그림과 같다.

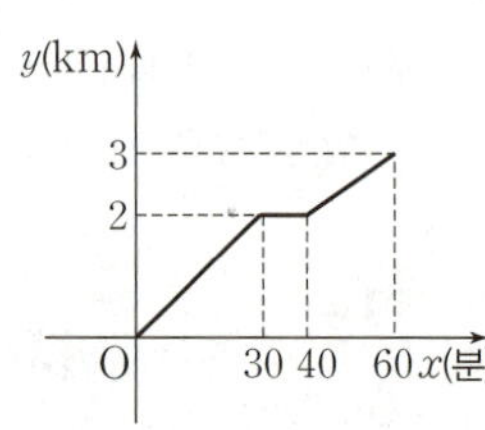

03 답 ⑴ 80 % ⑵ 0시부터 9시까지 ⑶ 9시부터 24시까지

⑴ 15시의 습도는 80 %이다.

⑵ 습도가 증가하는 것은 0시부터 9시까지이다.

⑶ 습도가 감소하는 것은 9시부터 24시까지이다.

04 답 ⑴ 100분 ⑵ 50분

⑴ 대형 마트에 다녀오는 데 걸린 시간은 그래프에서 거리가 다시 0이 되는 지점까지의 시간이므로 100분임을 알 수 있다.

⑵ 대형 마트에 머무른 시간 동안은 거리의 변화가 없다. 그래프에서 30분에서 80분까지 거리의 변화가 없으므로 대형 마트에 머무른 시간은 50분임을 알 수 있다.

05 답 ㄱ, ㄷ

ㄱ. 최대 속력은 시속 50 km이다.

ㄴ. 출발 이후 10초에서 30초까지 시속 50 km로 달렸다.

ㄷ. 출발 이후 30초부터 그래프가 아래로 내려가므로 오토바이의 속력은 계속 감소하였다.

ㄹ. 총 이동 시간은 그래프에서 속력이 다시 0이 되는 지점까지의 시간이므로 60초임을 알 수 있다.

따라서 옳은 것은 ㄱ, ㄷ이다.

3 정비례와 반비례

04 정비례 관계와 그 그래프 워크북 49~51쪽

01 답 ①, ⑤

y가 x에 정비례하는 관계식은 $y = ax\,(a \neq 0)$ 꼴이다.

① $y = 500x$ ② $y = \dfrac{700}{x}$

③ $y = 1000 - 40x$ ④ $y = 800 - 25x$ ⑤ $y = 3x$

따라서 y가 x에 정비례하는 것은 ①, ⑤이다.

02 답 2

y가 x에 정비례하므로 $y = ax$에 $x = -3$, $y = 12$를 대입하면

$$12 = -3a \qquad \therefore a = -4$$

따라서 $y = -4x$에 $y = -8$을 대입하면

$$-8 = -4x \qquad \therefore x = 2$$

03 답 ④

정비례 관계 $y = ax\,(a \neq 0)$의 그래프는 a의 절댓값이 클수록 y축에 더 가까우므로 그래프가 y축에 가장 가까운 것은 ④이다.

04 답 ④

㈎에 의해 그래프의 식은 $y = ax\,(a \neq 0)$ 꼴이다.

㈏, ㈐에 의해 $a < 0$이다.

따라서 주어진 조건을 모두 만족시키는 그래프의 식으로 알맞은 것은 ④ $y = -\dfrac{x}{6}$이다.

05 답 ④

④ 정비례 관계 $y=\dfrac{1}{3}x$의 그래프는
오른쪽 그림과 같으므로 $x<0$이면
$y<0$이다.

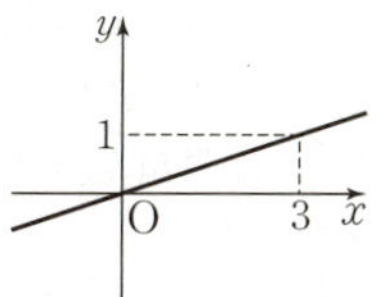

06 답 ⑤

⑤ a의 절댓값이 클수록 y축에 가까워진다.

07 답 ⑤

$y=\dfrac{1}{2}x$에 각 점의 좌표를 대입하면

① $\dfrac{1}{2}\neq\dfrac{1}{2}\times(-1)$ ② $\dfrac{1}{2}\neq\dfrac{1}{2}\times 0$

③ $-1\neq\dfrac{1}{2}\times 2$ ④ $-1\neq\dfrac{1}{2}\times 3$

⑤ $-2=\dfrac{1}{2}\times(-4)$

08 답 8

$y=\dfrac{3}{4}x$에 $x=a$, $y=6$을 대입하면

$6=\dfrac{3}{4}a$ $\therefore a=8$

09 답 13

$y=-4x$의 그래프가 두 점 $(-3, a)$, $(b, -4)$를 지나므로

$a=-4\times(-3)=12$

$-4=-4\times b$에서 $b=1$

$\therefore a+b=12+1=13$

10 답 ④

점 $A(1+a, 8-2a)$가 $y=3x$의 그래프 위의 점이므로

$8-2a=3(1+a)$에서

$8-2a=3+3a$, $-5a=-5$ $\therefore a=1$

11 답 $\dfrac{3}{2}$

점 $P(-4, 6)$과 y축에 대하여 대칭인 점의 좌표는 $(4, 6)$

따라서 점 $(4, 6)$이 $y=ax$의 그래프 위의 점이므로

$6=4a$ $\therefore a=\dfrac{3}{2}$

12 답 ⑤

주어진 그래프를 나타내는 정비례 관계식을 $y=ax$로 놓으면

그래프가 점 $(-2, -3)$을 지나므로

$-3=a\times(-2)$에서 $a=\dfrac{3}{2}$ $\therefore y=\dfrac{3}{2}x$

$y=\dfrac{3}{2}x$에 $y=\dfrac{15}{2}$를 대입하면

$\dfrac{15}{2}=\dfrac{3}{2}x$ $\therefore x=5$

13 답 -2

주어진 그래프를 나타내는 정비례 관계식을 $y=ax$로 놓으면

그래프가 점 $(4, 2)$를 지나므로

$2=4a$에서 $a=\dfrac{1}{2}$ $\therefore y=\dfrac{1}{2}x$

$y=\dfrac{1}{2}x$의 그래프가 점 $(b, -2)$를 지나므로

$-2=\dfrac{1}{2}b$ $\therefore b=-4$

$\therefore ab=\dfrac{1}{2}\times(-4)=-2$

14 답 ③

정비례 관계 $y=ax$의 그래프가 점 $(3, -12)$를 지나므로

$y=ax$에 $x=3$, $y=-12$를 대입하면

$-12=3a$ $\therefore a=-4$

$y=-4x$에 $x=-2$, $y=b$를 대입하면

$b=-4\times(-2)=8$

$y=-4x$에 $x=c$, $y=4$를 대입하면

$4=-4c$ $\therefore c=-1$

$\therefore a+b+c=(-4)+8+(-1)=3$

15 답 $y=4x$

(마름모의 둘레의 길이)$=4\times$(한 변의 길이)이므로 $y=4x$

16 답 ③

(부과된 요금)$=20\times$(건수)이므로 $y=20x$

$y=3740$을 대입하면 $3740=20x$ $\therefore x=187$

따라서 이 달의 문자 전송 건수는 187건이다.

17 답 ④

(A 톱니의 수)$\times$(회전 수)$=$(B 톱니의 수)$\times$(회전 수)이므로

$18\times x=6\times y$ $\therefore y=3x$

$y=3x$에 $x=4$를 대입하면 $y=3\times 4=12$

따라서 톱니바퀴 A가 4번 회전할 때, 톱니바퀴 B는 12번 회전한다.

18 답 28초

1초에 1.5 m씩 올라가므로 x초 동안 $1.5x$ m 올라간다.

$\therefore y=1.5x$

지하 5 m에서 지상 37 m인 건물의 꼭대기까지 거리는

$5+37=42(m)$이므로

$y=1.5x$에 $y=42$를 대입하면

$1.5x=42$에서 $x=28$

따라서 구하는 시간은 28초이다.

19 답 30 g

물체의 무게를 x g, 늘어난 길이를 y cm라고 하면 y가 x에 정비례하므로 $y=ax\,(a\neq 0)$ 꼴이다.

$y=ax$에 $x=100$, $y=20$을 대입하면

$20=100a$에서 $a=\dfrac{1}{5}$ $\therefore y=\dfrac{1}{5}x$

$y=\dfrac{1}{5}x$에 $y=6$을 대입하면 $6=\dfrac{1}{5}x$ $\therefore x=30$

따라서 구하는 물체의 무게는 30 g이다.

20 답 (1) 동생: 10분, 형: 20분 (2) 10분

(1) 동생은 1분에 $\dfrac{400}{2}=200(\text{m})$를 갔으므로 할머니 댁까지

가는 데 걸린 시간은 $\dfrac{2000}{200}=10(\text{분})$이다.

형은 1분에 $\dfrac{200}{2}=100(\text{m})$를 갔으므로 할머니 댁까지 가는

데 걸린 시간은 $\dfrac{2000}{100}=20(\text{분})$이다.

(2) 동생은 10분이 걸리고 형은 20분이 걸리므로 동생이 도착한

후 10분을 기다려야 형이 도착한다.

05 반비례 관계와 그 그래프 워크북 51~53쪽

01 답 ②

y가 x에 반비례하는 관계식은 $y=\dfrac{a}{x}\,(a\neq0)$ 꼴이다.

① $y=1300x$ ② $y=\dfrac{500}{x}$

③ $y=15-x$

④ 시계의 분침은 1분에 $6°$씩 회전하므로 $y=6x$

⑤ $y=24-x$

따라서 y가 x에 반비례하는 것은 ②이다.

02 답 60

$y=\dfrac{a}{x}$에 $x=-3$, $y=16$을 대입하면

$16=\dfrac{a}{-3}$ $\therefore a=-48$

$y=-\dfrac{48}{x}$에 $x=-4$, $y=b$를 대입하면

$b=-\dfrac{48}{-4}=12$

$y=-\dfrac{48}{x}$에 $x=-1$, $y=c$를 대입하면

$c=-\dfrac{48}{-1}=48$

$\therefore b+c=12+48=60$

03 답 ③, ⑤

$y=ax$의 그래프 또는 $y=\dfrac{a}{x}$의 그래프가 제2사분면과 제4사

분면을 지나려면 $a<0$이어야 한다.

⑤ $xy=-2$에서 $y=-\dfrac{2}{x}$이므로 제2사분면과 제4사분면을

지난다.

04 답 ①

① $-2\neq-\dfrac{8}{8}$이므로 $y=-\dfrac{8}{x}$의 그래프는 점 $(8,-2)$를 지

나지 않는다.

② $y=\dfrac{a}{x}\,(a\neq0)$의 그래프이므로 원점에 대하여 대칭인 한 쌍

의 곡선이다.

③ $y=\dfrac{a}{x}\,(a<0)$의 그래프는 제2사분면과 제4사분면을 지난다.

④ x축, y축과 만나지 않는다.

⑤ 그래프가 오른쪽 그림과 같으므로

$x>0$일 때, x의 값이 증가하면 y의 값도

증가한다.

따라서 옳지 않은 것은 ①이다.

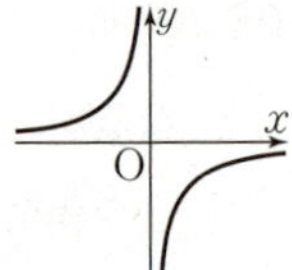

05 답 ①

① $y=\dfrac{a}{x}\,(a\neq0)$의 그래프는 x축, y축과 모두 만나지 않는다.

06 답 ④

④ $12\neq-\dfrac{12}{1}$이므로 점 $(1,12)$는 $y=-\dfrac{12}{x}$의 그래프 위의

점이 아니다.

07 답 -5

$y=\dfrac{10}{x}$의 그래프가 점 $(-2,a)$를 지나므로

$a=\dfrac{10}{-2}=-5$

08 답 -12

$y=\dfrac{a}{x}$의 그래프가 점 $(-2,5)$를 지나므로

$5=\dfrac{a}{-2}$에서 $a=-10$

$y=-\dfrac{10}{x}$의 그래프가 점 $(5,b)$를 지나므로

$b=-\dfrac{10}{5}=-2$

$\therefore a+b=(-10)+(-2)=-12$

09 답 6

점 $A(-2,3)$과 x축에 대하여 대칭인 점의 좌표는 $(-2,-3)$

따라서 점 $(-2,-3)$이 $y=\dfrac{a}{x}$의 그래프 위의 점이므로

$-3=\dfrac{a}{-2}$ $\therefore a=6$

10 답 ④

$y=\dfrac{a}{x}$의 그래프가 점 $(4,-2)$를 지나므로

$-2=\dfrac{a}{4}$ $\therefore a=-8$

따라서 $y=-\dfrac{8}{x}$의 그래프 위의 점 중에서 x좌표와 y좌표가

모두 정수인 점은

$(-8,1)$, $(-4,2)$, $(-2,4)$, $(-1,8)$, $(1,-8)$,

$(2,-4)$, $(4,-2)$, $(8,-1)$의 8개이다.

11 답 -18

$y=\dfrac{a}{x}$의 그래프가 점 $(-6,3)$을 지나므로

$3=\dfrac{a}{-6}$ $\therefore a=-18$

12 답 ②

$y=\dfrac{a}{x}$의 그래프가 점 $(6,2)$를 지나므로

$2=\dfrac{a}{6}$에서 $a=12$ $\therefore y=\dfrac{12}{x}$

따라서 $y=\dfrac{12}{x}$에 $x=-3$을 대입하면

$$y=\dfrac{12}{-3}=-4$$

13 답 ①

$y=-\dfrac{4}{3}x$의 그래프가 점 A를 지나므로 $x=-3$을 대입하면

$$y=\left(-\dfrac{4}{3}\right)\times(-3)=4$$

점 $A(-3,4)$가 $y=\dfrac{a}{x}$의 그래프 위의 점이므로

$$4=\dfrac{a}{-3}   \therefore a=-12$$

14 답 -2

$y=\dfrac{10}{x}$의 그래프가 점 $A(b,-2)$를 지나므로

$$-2=\dfrac{10}{b}$$에서 $-2b=10$ $\therefore b=-5$

따라서 $y=ax$의 그래프가 점 $A(-5,-2)$를 지나므로

$$-2=-5a   \therefore a=\dfrac{2}{5}$$

$$\therefore ab=\dfrac{2}{5}\times(-5)=-2$$

15 답 40

$x\times y=280$이므로 $y=\dfrac{280}{x}$

$y=7$을 $y=\dfrac{280}{x}$에 대입하면 $7=\dfrac{280}{x}$

$7x=280$ $\therefore x=40$

따라서 하루에 읽은 쪽수는 40이다.

16 답 8

$x\times y=120$이므로 $y=\dfrac{120}{x}$

$y=15$를 $y=\dfrac{120}{x}$에 대입하면 $15=\dfrac{120}{x}$

$15x=120$ $\therefore x=8$

따라서 가로에 놓인 타일의 개수는 8이다.

17 답 ④

$x\times y=20\times4$이므로 $y=\dfrac{80}{x}$

$y=5$를 $y=\dfrac{80}{x}$에 대입하면 $5=\dfrac{80}{x}$

$5x=80$ $\therefore x=16$

따라서 필요한 사람은 16명이다.

18 답 5개

$\dfrac{1}{2}\times x\times y=8$에서 $xy=16$ $\therefore y=\dfrac{16}{x}$

x,y가 자연수이므로 순서쌍 (x,y)는
$(1,16),(2,8),(4,4),(8,2),(16,1)$의 5개이다.

01 ③	**02** ⑤	**03** ①	**04** ③	**05** ②
06 10	**07** ④	**08** ②	**09** 15초 후	
10 ⑤	**11** ①	**12** ㄱ, ㅁ	**13** ①	**14** 24
15 ④	**16** ④	**17** ①	**18** ③	**19** ②
20 ④	**21** -12	**22** 5		

01 ③ 점 $(3,0)$은 x축 위의 점이다.

02 ⑤ y좌표가 가장 작은 점은 D이다.

03 점 $(a+2,b-3)$이 x축 위의 점이므로 y좌표는 0이다.
즉, $b-3=0$에서 $b=3$
점 $(ab+3,b-1)$이 y축 위의 점이므로 x좌표는 0이다.
즉, $ab+3=0, 3a+3=0$에서 $a=-1$
$\therefore a-b=(-1)-3=-4$

04 $a>0$이므로 세 점 A, B, C를 좌표평면 위에 나타내면 오른쪽 그림과 같다.
삼각형 ABC의 넓이가 18이므로
$$\dfrac{1}{2}\times6\times(a+3)=18$$
$a+3=6$ $\therefore a=3$

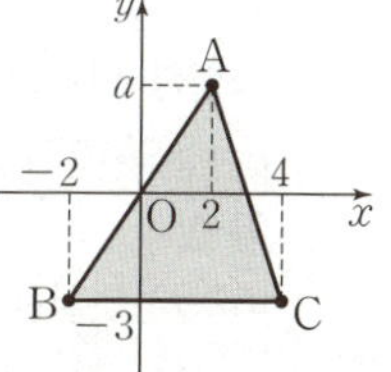

05 점 $P(a,b)$가 제4사분면 위의 점이므로 $a>0, b<0$이다.
$ab<0, -b>0$이므로 점 $A(ab,-b)$는 제2사분면 위의 점이다.
① 제1사분면   ② 제2사분면   ③ 제3사분면
④ 제4사분면   ⑤ y축 위의 점
따라서 점 A와 같은 사분면 위에 있는 점은 ②이다.

06 두 점 $A(a,b-1)$, $B(3b,a+2)$가 모두 x축 위의 점이므로 y좌표가 0이어야 한다.
$b-1=0$에서 $b=1$
$a+2=0$에서 $a=-2$
$\therefore A(-2,0), B(3,0), C(2,4)$
세 점 A, B, C를 좌표평면 위에 나타내면 오른쪽 그림과 같으므로 삼각형 ABC의 넓이는
$$\dfrac{1}{2}\times5\times4=10$$

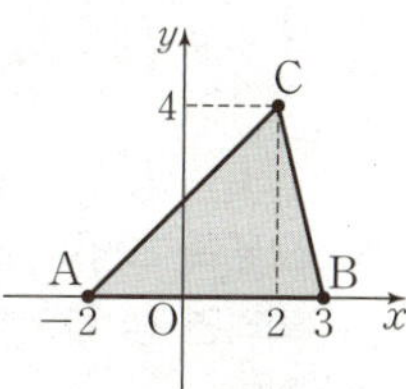

07 점 $(xy,x-y)$가 제2사분면 위의 점이므로
$xy<0, x-y>0$이다.
$\therefore x>0, y<0$
$-x<0, y<0$이므로 점 $(-x,y)$는 제3사분면 위의 점이다.
따라서 점 $(-x,y)$와 y축에 대하여 대칭인 점은 제4사분면 위의 점이다.

08 $-4a+3=-9$에서 $-4a=-12$ $\therefore a=3$

$b-1=-5$에서 $b=-4$

$\therefore a+b=3+(-4)=-1$

09 두 그래프는 점 $(25,\ 100)$에서 만나므로 형과 동생이 만나는 시간은 25초일 때이고, 동생이 출발한 지 25초 이후에 형이 동생을 추월한다.

이때 형은 동생이 출발한 지 10초 후에 출발하므로 형이 동생을 추월하는 것은 형이 출발한 지 $25-10=15$(초) 후이다.

10 ① $1\neq\left(-\dfrac{1}{2}\right)\times 2$이므로 점 $(2,\ 1)$을 지나지 않는다.

② 원점을 지난다.

③ $y=ax\,(a\neq 0)$ 꼴이므로 y는 x에 정비례한다.

④ $y=ax$의 그래프는 $a<0$일 때 제2사분면과 제4사분면을 지난다.

⑤ 그래프가 오른쪽 그림과 같으므로 x의 값이 증가할 때, y의 값은 감소한다.

따라서 옳은 것은 ⑤이다.

11 색칠한 부분만 지나려면 $y=ax\,(a>0)$의 그래프이어야 하고 $y=x$의 그래프보다 y축에 가까우므로 a의 절댓값이 1보다 커야 한다.

따라서 색칠한 부분을 지나는 그래프의 식은 ①이다.

12 제1, 3사분면을 지나는 것: ㄱ, ㅁ

제2, 4사분면을 지나는 것: ㄴ, ㄷ, ㄹ

13 $y=\dfrac{4}{5}x$의 그래프가 점 $(k,\ -12)$를 지나므로

$-12=\dfrac{4}{5}k$　　$\therefore k=-15$

14 $y=\dfrac{3}{4}x$에 $y=6$을 대입하면

$6=\dfrac{3}{4}x$　　$\therefore x=8$

따라서 $\mathrm{P}(8,\ 0)$, $\mathrm{Q}(8,\ 6)$이므로 삼각형 OPQ의 넓이는

$\dfrac{1}{2}\times 8\times 6=24$

15 오른쪽 그림과 같이 직사각형 ABCD가 되려면 점 D의 좌표는 $\mathrm{D}(5,\ 4)$이어야 한다.

이때 점 D는 $y=ax$의 그래프 위의 점이므로

$4=5a$　　$\therefore a=\dfrac{4}{5}$

16 요가를 20분 하면 64 kcal의 열량이 소모되므로 1분에 $\dfrac{64}{20}=3.2(\mathrm{kcal})$가 소모된다.

$\therefore y=3.2x$

17 $y=\dfrac{a}{x}$에 $x=2$를 대입하면 $y=\dfrac{a}{2}$

$x=-4$를 대입하면 $y=-\dfrac{a}{4}$

이때 두 점 P, Q의 y좌표의 합이 4이므로

$\dfrac{a}{2}+\left(-\dfrac{a}{4}\right)=4$에서 $\dfrac{a}{4}=4$　　$\therefore a=16$

18 $y=\dfrac{a}{x}$의 그래프가 점 $(3,\ 2)$를 지나므로

$2=\dfrac{a}{3}$에서 $a=6$　　$\therefore y=\dfrac{6}{x}$

따라서 x좌표와 y좌표가 모두 정수인 점은 $(1,\ 6),\ (2,\ 3),\ (3,\ 2),\ (6,\ 1),\ (-1,\ -6),\ (-2,\ -3),\ (-3,\ -2),\ (-6,\ -1)$의 8개이다.

19 점 P의 좌표를 $\left(t,\ \dfrac{a}{t}\right)$라고 하면

(선분 AP의 길이)$=\dfrac{a}{t}$, (선분 BP의 길이)$=t$

따라서 $\dfrac{a}{t}\times t=8$이므로 $a=8$

20 $xy=60$이므로 $y=\dfrac{60}{x}$

$y=\dfrac{60}{x}$에 $x=80$을 대입하면

$y=\dfrac{60}{80}=\dfrac{3}{4}$

따라서 걸리는 시간은 $\dfrac{3}{4}$(시간), 즉 $\dfrac{3}{4}\times 60=45$(분)이다.

21 $y=ax$의 그래프가 점 $(3,\ 2)$를 지나므로

$2=3a$에서 $a=\dfrac{2}{3}$

$\therefore y=\dfrac{2}{3}x$　　❶

$y=\dfrac{2}{3}x$의 그래프가 점 $(k,\ -8)$을 지나므로

$-8=\dfrac{2}{3}k$에서 $2k=-24$　　$\therefore k=-12$　　❷

단계	채점 기준	비율
❶	정비례 관계의 식 구하기	50 %
❷	k의 값 구하기	50 %

22 $y=\dfrac{5}{2}x$의 그래프가 점 $\mathrm{P}(-2,\ k)$를 지나므로

$k=\dfrac{5}{2}\times(-2)=-5$　　❶

$y=\dfrac{a}{x}$의 그래프가 점 $\mathrm{P}(-2,\ -5)$를 지나므로

$-5=\dfrac{a}{-2}$　　$\therefore a=10$　　❷

$\therefore a+k=10+(-5)=5$　　❸

단계	채점 기준	비율
❶	k의 값 구하기	40 %
❷	a의 값 구하기	50 %
❸	$a+k$의 값 구하기	10 %

풍산자

개념완성

중학수학

1-1